U0175265

国家科学技术学术著作出版基金资助出版

超高温材料力学

方岱宁　李卫国　著

科学出版社
北京

内 容 简 介

本书系统介绍近年来作者在超高温材料力学性能方面的理论建模、数值模拟和实验研究成果。本书共 9 章，内容包括：绪论、超高温材料热力耦合本构关系、超高温陶瓷材料温度相关性断裂强度理论表征模型、超高温陶瓷基复合材料高温断裂强度理论表征模型、陶瓷材料的抗热震性能、高温层状及涂层材料高温力学行为、热防护材料热力氧耦合计算力学、超高温实验力学测试技术与仪器、高温点阵热防护结构功能一体化设计与表征等。

本书适合固体力学、材料科学和应用物理等领域的教师、研究生和专业技术人员参考。

图书在版编目（CIP）数据

超高温材料力学 / 方岱宁，李卫国著. —北京：科学出版社，2022.6
ISBN 978-7-03-072386-4

Ⅰ.①超… Ⅱ.①方… ②李… Ⅲ.①超高温–材料力学 Ⅳ.①TB301

中国版本图书馆 CIP 数据核字（2022）第 089922 号

责任编辑：牛宇锋 / 责任校对：任苗苗
责任印制：吴兆东 / 封面设计：蓝正设计

科学出版社 出版
北京东黄城根北街 16 号
邮政编码：100717
http://www.sciencep.com
北京中科印刷有限公司 印刷
科学出版社发行　各地新华书店经销
*

2022 年 6 月第 一 版　开本：720×1000　B5
2023 年 3 月第二次印刷　印张：25 3/4
字数：505 000

定价：196.00 元
（如有印装质量问题，我社负责调换）

前　　言

随着现代科技的发展，材料在高温领域的应用日益广泛，特别是随着航空航天、核工业和国防等领域高新技术的快速发展，材料的使役环境温度越来越高，对其高温力学性能也提出了越来越苛刻的要求。高温环境对材料力学性能影响显著，对已有的材料力学性能测试和表征方法带来了极大的挑战。目前，材料的高温力学性能测试极其困难，现有的实验测试技术与设备难以满足科学研究与工程应用需求。我国这方面的技术较为落后且缺少先进实验设备，而国外相关技术与设备对我国实行严格封锁与禁运。理论方面，与材料常温力学性能的理论研究相比，材料高温力学性能的理论表征方法研究相对滞后，非唯象理论表征模型极其缺乏。因此，虽然诸多科研人员对材料在高温环境下的各种性能进行了大量的研究，并取得了许多卓有成效的成果，但材料的高温力学性能表征与测试仍是高温领域发展的难点，严重制约了高性能超高温材料的研发和应用。

本书作者多年来一直从事材料的高温力学性能表征与测试研究，取得了较为可观的成果，本书系统阐述作者在该领域所取得的研究成果和进展。本书旨在抛砖引玉，希望本书的出版对推动高温固体力学的发展有所裨益。书中所列的参考文献虽然十分广泛，但远不是全部。由于文献浩繁，书中引用的参考文献难免挂一漏万，对该领域的一些工作可能没有提到，对此我们表示歉意。作者殷切地期望本书的出版能够对我国高性能超高温材料的研发和应用起到促进作用，同时也为从事固体力学、材料科学、应用物理等领域研究的高等院校师生、科研人员和工程技术人员提供一本高水平的专业参考书。

本书作者曾获国家自然科学基金重大项目、国家重大科研仪器设备研制项目、973 计划项目、国防 863 计划项目、国防重大专项、国防重点预研等项目的资助，在此一并表示诚挚的谢意。本书中的一些内容是作者研究组同事、博士后、研究生多年来辛勤劳动的部分成果，作者对他们在研究工作中所展示的勤劳、智慧、无私奉献和精诚合作表示感谢。最后，要特别感谢作者的研究生在本书手稿的文字输入、图表修订、文献索引等技术性整理方面所给予的大力协助。

限于作者的理论水平和实践经验，书中难免有疏漏和不当之处，望能得到专家和读者的垂教、批评及指正。

方岱宁

2021 年 4 月

目　录

第1章 绪 论

超高温陶瓷材料、超高温陶瓷基复合材料等超高温材料在航空航天、核工业和国防等领域有着广泛的应用,其在高温服役环境下的力学性能备受关注,特别是在航空航天领域,用作高超声速飞行器热防护系统及发动机热端部件的超高温材料在使役历程中常常面临着复杂多样的热环境,对已有的材料力学性能表征方法和测试技术带来了极大的挑战。虽然诸多科研人员对材料在高温极端环境下的各种性能开展了大量研究,并取得了许多卓有成效的研究成果,但材料的高温力学性能表征与测试仍是高温领域的难点,严重制约着高性能超高温材料的研发和应用。因此,有必要充分研究材料在高温条件下的响应特性,科学表征和评价材料的高温力学性能,为设计、研发和应用高性能超高温材料奠定基础。本章首先介绍高温材料的特性,然后阐述高温材料力学性能的研究背景,最后给出本书的结构与内容安排。

1.1 高温材料的特性

1. 超高温陶瓷材料

超高温陶瓷是以 ZrB_2、TaC、HfN、HfB_2、ZrC 等高熔点(3000℃以上)过渡金属化合物为主的复合陶瓷体系,具有很好的物理化学稳定性,以及良好的热震和抗烧蚀性能。超高温陶瓷材料在超高温度环境(2000℃以上)和有氧气氛等苛刻环境条件下仍能照常使用,是难熔金属、C/C(C/SiC)的最佳替代者,是超高温领域最有前途的材料。

2. 超高温陶瓷基复合材料

陶瓷材料具有耐高温、抗腐蚀以及耐磨损等优点,但固有的脆性限制了其广泛应用。研究表明,添加增强相,如增强颗粒、纤维,是提高超高温陶瓷材料力学性能和抗氧化性能最有前途的手段,同时能克服陶瓷材料易脆性失效的缺点。超高温陶瓷基复合材料因其具有的高熔点、高硬度、高热导率,以及优异的高温强度、高温韧性和抗氧化性能等优点而广泛应用于高超声速飞行器的热防护系统及鼻锥、翼前缘等关键部位,或者其他2000℃以上的有氧/热腐蚀环境部件。

3. 高温点阵材料

作为一种典型的多孔材料，点阵材料具有超轻、高比刚度、高比强度、高能量吸收、减振降噪等多功能特性(方岱宁等，2009a，2009b)。另外，点阵材料在强迫对流下是优良的传热介质，通过合理设计可以作为承受高密度热流的结构(Liu et al.，2007；Kim et al.，2004)。此外，在具有高孔隙率的点阵材料中填充隔热纤维(如 Saffil 氧化铝纤维)，还可以实现隔热与承载的双重功能。因此，点阵材料不仅具有承载作用，还可以兼具高效散热、隔热等功能，具有承载与防热/隔热的多功能集成特性，在航空航天结构隔热部件、核电厂交换器隔热层、大规模集成电子封装中的超轻多功能散热装置等领域有广泛应用(卢天健等，2010)。

陶瓷材料由于具有耐高温、高硬度、抗氧化、抗腐蚀等优良性能，在高温领域应用广泛。将点阵结构与耐高温陶瓷材料相结合获得的高温点阵材料(如 C/SiC 陶瓷基复合点阵材料)具有轻质、高强、防热、耐氧化、耐烧蚀等多功能特性。采用高温点阵材料作为主承载结构，并在芯层空隙填充隔热材料作为隔热层设计的集成式热防护系统结构紧凑，集轻质、承载、防热/隔热于一体，具有结构形式简单、效率高、可大面积制造及维护成本低等优点，在高超声速飞行器热防护系统等领域具有广阔的应用前景。

1.2 高温材料力学的研究背景

1.2.1 超高温陶瓷材料研究概况

超高温陶瓷具有高熔点、耐高温、抗氧化、耐酸碱腐蚀、大硬度、小密度等特性，由美国空军首次开发，主要用于高超声速导弹、高超声速飞行器等的热防护系统，如作为翼前缘、端头帽以及发动机的热端等。超高温陶瓷由于其在军工方面具有极其重要的价值，一直以来受到高度的重视，现在有美国国家航空航天局(NASA)的艾姆斯(Ames)研究中心、美国能源部(DOE)的桑迪亚(Sandia)国家实验室等 15 家单位在从事超高温陶瓷材料方面的研发工作。据最新报道，NASA 的 Ames 研究中心、DOE 的 Sandia 国家实验室以及美国空军联合研制的超高温陶瓷材料已经在加利福尼亚州空军基地通过民兵Ⅲ导弹进行了飞行模拟，通过 23min 的高速飞行，材料经受 2730℃高温没有烧蚀。看到超高温陶瓷材料极其重要的军事价值，2004 年美国国家科学基金会-空军科学研究实验室(NSF-AFOSR)组织 15 家超高温研究单位组成了"超高温学会"，并对超高温材料未来的发展进行了统一规划，实行资源优势互补，使美国超高温材料的发展走上了正轨。

早期关于超高温陶瓷材料的研究主要集中在高温氧化问题上(Lavrenko et al.，1982；Fenter，1971；Kaufman，1970；Clougherty et al.，1969；Hill，1967；Kaufman and

Clougherty, 1965)。到 20 世纪 70 年代初期，多数学者逐渐认识到 ZrB_2 和 HfB_2 化合物是最有希望应用到 2700℃的高温环境中的热防护材料(Fenter, 1971)。Opeka 等(1999) 对温度对 HfB_2、$HfC_{0.98}$、$HfC_{0.67}$ 及 $HfN_{0.92}$ 陶瓷的热传导、热膨胀、杨氏模量(弹性模量)和弯曲强度的影响进行了实验研究，并研究了其脆韧转变现象。Collin 和 Rowcliffe(2000)研究了脆性材料的热震性能并对一些影响因素做了分析。Qian 等(1998)采用有限元方法分析了温度梯度、裂纹位置和裂纹方向对材料性能的影响，并根据外推的部分材料性质随温度的变化规律研究了材料性能与温度的关系，但研究的最高温度也只是达到 1100℃，且仅考虑了一部分材料性质随温度的变化。在国内，从 20 世纪 70 年代开始开展超高温材料的探索工作，哈尔滨工业大学、西北工业大学、中国航天科技集团公司(701 所、703 所、14 所)、总装备部二十九基地、中材山东工业陶瓷研究设计院有限公司、中国科学院金属研究所、中国科学院上海硅酸盐研究所、清华大学、武汉理工大学、北京理工大学、重庆大学等单位参与了超高温材料的研究工作，获得了许多可喜成果，并对陶瓷材料的应用仍面临着的问题进行了评述(李金平等, 2005; 张立同等, 2003; 徐强等, 2002; 方岱宁, 2000; 傅恒志等, 2000; 李世波和张立同, 2000)。

虽然国内外学者的一些研究工作涉及超高温陶瓷材料的组分、制备工艺、微观结构、材料密度、环境温度等因素对材料强度和断裂韧性的影响，并取得了一系列可喜的研究成果，但研究的工作温度远没有达到飞行器实际承受的超高温。此外，研究多数侧重于采取实验方法，实验体系比较分散、理论分析不系统，超高温陶瓷材料的高温强韧化理论还近乎于空白。在过去的几十年里，世界各国的陶瓷材料力学工作者为发展一套适用于陶瓷材料的断裂强度理论付出了艰辛的努力，常温或略高于常温下的理论框架已经初步建立(龚江宏, 2001; 斯温, 1998; Green, 1998)。但由于超高温防热材料与传统的陶瓷材料不同，用于超高温度环境下的防热材料在长时间的动态热力耦合载荷下表现出的力学行为和破坏机理与常温下材料的性能差别较大，目前已有的一些强韧化方法和机制在超高温制备和服役条件下失去了效能，甚至会降低材料的强韧化指标；一些已建立的材料参数受温度影响的经验公式在超高温度环境下已不再适用，原有理论的建立基础在超高温条件下(2000℃以上)不再完全满足。因此，想要提高超高温陶瓷防热材料的高温强韧化性能，就必须在理论上有所突破，建立超高温陶瓷材料高温强度和断裂韧性的表征方法，确定其高温强韧化性能与相关因素的联系，建立起超高温陶瓷材料的高温强度与断裂理论。

1.2.2 超高温陶瓷基复合材料研究概况

作为航空航天飞行器上的关键材料，超高温陶瓷基复合材料扮演着保驾护航者的角色，帮助飞行器不断突破速度和空间上的极限，因而受到世界各军事大国的高度重视。对于应用于高温领域的超高温陶瓷基复合材料,其在使役历程中往往承受复杂的高温及氧化环境,温度变化幅度大,这就对其高温强度性能提出了严峻的挑战。如何表征及提高陶瓷基复合材料的高温强度性能一直是高温结构陶瓷领域研究的重点和热点;研究其在复杂高温环境下的渐进损伤与失效机理,并建立相应的具有深刻物理背景的且可考虑使役环境的表征模型,具有十分重要的理论意义及工程应用背景。目前,关于超高温陶瓷材料的研究工作主要集中于利用材料的制备工艺提高材料的性能上。研究表明,添加增强相是提高超高温陶瓷材料力学性能和抗氧化性能最有前途的手段。

以前很多研究工作都被投入到认识和提高超高温陶瓷基复合材料室温下的断裂强度上,而对于添加增强相的陶瓷材料,由于增强颗粒或纤维与基体的热膨胀系数的不同,当从烧结温度冷却到室温时,在两相间将产生残余热应力,从而影响陶瓷基复合材料的力学性能。目前残余热应力的试验测试方法主要有中子衍射法、拉曼光谱仪法及 X 射线衍射法三种方法。中子衍射法测量残余热应力时耗时较长、价格昂贵,且无法测量材料表面的残余热应力,而拉曼光谱仪法及 X 射线衍射法通常只能用来测试材料表面的残余热应力。因此利用试验测量材料内部的残余热应力非常不方便,特别是超高温陶瓷材料复杂的使役环境更加剧了利用试验研究残余热应力的难度。目前还没有材料在不同温度下的残余热应力值及其对材料强度性能的影响的研究报道。在理论方面,一些研究者较为普遍接受的理论已经建立,但现有的理论模型基本上都没有考虑使役热环境的影响。

对于作为高超声速飞行器热防护材料的超高温陶瓷基复合材料,在其使役环境中往往承受复杂的高温环境,因此其高温下的断裂强度是一个至关重要的因素。目前,一些试验研究报道了有关超高温陶瓷基复合材料在高温下的断裂机制及强度。Fahrenholtz 团队(Zhu et al., 2007)报道了 ZrB_2 和 SiC 晶粒尺寸对 ZrB_2-SiC 复合材料室温强度的影响,指出添加的 SiC 颗粒对决定材料微观结构及断裂强度起着关键性作用。Hu 和 Wang(2010)报道了室温强度为 500MPa 的 ZrB_2-15%SiC(体积分数,下同)复合材料在 1800℃时断裂强度下降到了 217MPa。他们指出, ZrB_2-SiC 复合材料在 1800℃时的断裂强度主要取决于 ZrB_2 及 SiC 尺寸。Zhao 等(2014)报道了 TiB_2-SiC 复合材料在室温至 1200℃下的断裂强度。由于裂纹弥合及残余热应力释放的影响,该复合材料在 800℃时的断裂强度要高于室温强度,而当温度升至 1000℃以上时,材料断裂强度衰减严重。Zou 等(2012)报道了 ZrB_2-20%SiC 复合材料在高纯度氩气环境下从室温到 1600℃时的断裂强度。该复合材料在室温下断裂强度为 662MPa,当温度升高至 1600℃时,材料强度下降至 345MPa,而由于裂纹弥合或是残余热应力释放的影响,该材料在 1300℃时仍保持 614MPa 的高强度。他们指出,晶粒尺寸、晶粒边界情况、杂质及微损伤都会影响材料高温下的断裂强度。Neuman 等(2013)测试了 ZrB_2-30%SiC 复合材料在空气环境下从室温至 1600℃的断裂强度,并且发现当温度升至 1400℃以上时材料强度主要取决于氧化层厚度。Song 等(2002)报道了碳纤维增强 TiC 陶瓷基复合材料从室温到 1400℃内的断裂强度,从室温下的 593MPa 降低到 1400℃下的 439MPa。Jing 等(2015)测试了 SiC 纤维增强陶瓷基复合材料在室温、1100℃和 1300℃下的断裂强度,并且发现高温下的氧化损伤是导致此类材料强度衰减的主要原因。Volkmann 等(2015)测试了多种纤维增强陶瓷基复合材料高温下的拉伸强度,实验研究结果表明,高温下复合材料强度和韧性降低主要是由纤维力学性能的退化引起的。

从上述已取得的实验研究成果可以看出,目前已有的关于超高温陶瓷基复合材料断裂强度的试验数据比较分散,尤其是在高温下。众所周知,不同研究者所用的陶瓷基复合材料由于制备工艺的差异,材料内部微缺陷等微观结构很容易会出现不同。随着温度的升高,陶瓷基复合材料内部微结构也会发生变化。这些都会导致超高温陶瓷基复合材料的高温断裂强度及断裂机制出现很大的不同。温度和微观结构的共同影响使我们很难仅通过试验手段充分认识超高温陶瓷基复合材料在不同温度下的断裂机制。目前这些针对超高温陶瓷基复合材料高温强度分散的试验结果不能给予我们对该类材料在高温下断裂机制的一个系统的认知。这些分散的试验结果需要进一步整合。此外,目前大多数试验结果报道的其研究的最高温度仅为 1800℃,这远没有达到高超声速飞行器使役环境温度的实际要求(大于 2000℃)。同时,超高温陶瓷材料高温断裂强度测试属破坏性试验,且存在样品制备周期长、试件难加工、测试样品尺寸局限、测试费用高,特别是高温测试难以开展等难题。目前,针对陶瓷基复合材料室温下断裂强度的理论框架已建立,然而,鲜有高温下的断裂强度理论。陶瓷基复合材料的断裂是涉及温度与材料微观结构共同影响的一个非常复杂的科学问题,目前还缺乏能够很好地反映材料断裂强度与温度、材料微观结构及其演化之间定量关系的理论表征模型,超高温陶瓷基复合材料高温断裂强度的理论表征仍然是一个尚未解决的问题。基于以上研究现状及困难,对超高温陶瓷基复合材料高温强度的理论研究就显得十分重要和必要。

1.2.3 高温点阵材料研究概况

随着现代科技的快速发展,以高超声速、高机动性、远距离精确打击为特征的高超声速飞行器已成为世界各国航空航天领域竞相发展的方向。高超声速飞行器可重复使用、长时间、高马赫数飞行的服役特点对飞行器关键部位的防热措施提出了苛刻的要求。在高超声速飞行器跨大气层飞行及再入过程中,表面温度都会很高(Olynick, 1998; Strauss and Hulewicz, 1997)。例如,当飞行器以 8 马赫的速度在 27km 高度飞行时,机身后部温度最低,约为 760℃,机翼和尾翼前缘的温度为 1455℃,飞行器头锥处的温度则高达 1793℃(Qiu, 1994)。因此,为了保证飞行器结构和内部设备在许可温度范围内正常运行,必须使用热防护系统(thermal protection system, TPS)对飞行器的关键部位进行隔热。

根据热防护原理的不同，热防护系统主要分为被动、半被动和主动三类(史丽萍和赫晓东，2004)。主动热防护系统的结构和技术较为复杂，不便于检查、维护和维修；而被动热防护方案结构简单、技术可靠、易于实现，因此被广泛采用(关春龙等，2003)。传统意义上的飞行器承载结构和热防护结构是分开的，热防护结构是飞行器承载结构外的防热层，其主要功能是将再入气动热量用各种途径加以耗散，热防护层除了维护自身完整外，并无其他承载作用。这种传统的隔热层在设计上具有严重的安全隐患。例如，美国"哥伦比亚号"航天飞机的失事就是缘于隔热瓦的脱落，酿成悲剧的根本原因就在于传统热防护结构的防热和承载是分离的。由于传统热防护结构功能单一，不具备承载能力，已不再适应当今飞行器日益复杂服役环境的要求。

热防护系统主要应用于飞行器的鼻锥、机翼前缘等关键部位，在飞行器发射及往返飞行时由于经历严重的气动加热过程，承受较大的温度载荷和气动载荷，对热防护系统的隔热性能与承载性能带来极大的挑战。同时，为了降低飞行器的发射成本，必须进一步减轻热防护系统等飞行器结构的重量。因此，往往要求飞行器的热防护结构同时具备轻质、承载、隔热等多功能特性(吴大方等，2011)。目前，已发展了多种基于多孔材料的热防护结构，例如，蜂窝材料(张立同等，2003)、泡沫材料(Xie et al., 2013)、波纹板及点阵材料(Jayaseelan et al., 2015; Song et al., 2015; Wei et al., 2015)。其中，点阵材料是具有高孔隙率的轻量化材料，因其具有超轻及力学性能优异的特性而得到了广泛的研究(Song et al., 2015; Yazici, 2014; Yin et al., 2011)。Kim 等(2005)针对点阵材料高孔隙率的特点，通过在点阵材料结构内部铺设热管等方式进行主动防热设计，取得了一定的进展。方岱宁团队(曾涛等，2010；方岱宁等，2009a, 2009b)发展的陶瓷基点阵复合材料不仅能够满足航空航天领域对材料的轻量化要求，还具有较好的防/隔热效果。陈立明等(2011)以航天器防热结构为背景，提出了一种基于点阵材料的轻质一体化多层热防护结构设计方案。近年来，具有优异热防护性能的C/C 和C/SiC 复合材料得到了广泛的关注和研究。但是，目前的研究主要针对块体C/C 和C/SiC 复合材料，由于其具有较高的密度，难以满足飞行器轻量化的要求。为了进一步减轻重量，一些学者开展了针对C/C 和C/SiC 复合材料的轻量化设计工作。Wei 等(2015)和Song 等(2015)分别设计并制备了C/SiC 四棱锥点阵复合材料，实验表明该材料具有较高的比刚度与比强度，具有应用于高超声速飞行器热防护系统的巨大潜力。

等效热导率是表征高温热防护系统防隔热性能的重要参数，目前开展了大量研究来评价不同材料的等效热导率(Gori et al., 2012; Li et al., 2010)。Swann 和Pittman(1961)发展了一种半解析模型用于预测蜂窝夹芯板的等效热导率，同时分析了蜂窝夹芯板几何尺寸与材料性质对等效热导率的影响。Daryabeigi(2002)采用有限差分法研究了考虑辐射影响的蜂窝等效热导率的性能。唐羽烨和薛明德(2005)采用理论方法分析了蜂窝夹芯板的热学和力学特性。Fatemi 和 Lemmen(2009)基于圆柱假设给出了蜂窝夹芯板的热导率表达式。Zheng 等(2013)采用实验方法研究了高温金属蜂窝在900℃下的防隔热性能。Zhu 等(2014)、Ma 和 Ye(2014)分别从数值计算和理论分析方面给出了泡沫夹芯板的等效热导率。Gao 和 Sun(2014)研究了碳纤维复合材料点阵夹芯板在对流换热条件下的传热特性。然而，与蜂窝及其他的具有封闭胞元的材料不同，点阵材料的胞元是开放的，胞元之间相互连通，因此热辐射可以在胞元之间相互传递，这就导致很难用解析方法分析热辐射性质在点阵材料中的复杂传播过程。目前，一些研究人员开展了有关开孔泡沫隔热材料辐射传热特性的研究工作。Baillis 等(1999)研究了开孔泡沫材料反射系数与散射系数的计算方法。Kumar 和 Topin(2014)采用米氏散射理论和几何光学方法研究了孔洞随机分布的多孔材料的等效热导率。

1.3 本书的结构与内容安排

本书的论述主要是围绕超高温材料的力学性能表征与测试展开的，内容涵盖了超高温材料的热力耦合本构关系、高温断裂强度理论、抗热震性能、高温压痕断裂行为、高温氧化行为、超高温实验测试方法以及热防护系统设计。作者多年来一直从事材料的高温力学性能表征与测试研究，涉及高温极端环境下材料与结构的设计、制备、力学理论、数值计算与实验方法研究，本书着重介绍作者在超高温材料力学性能表征与测试方面的研究成果。

全书共9章，各章节及内容安排如下：第1章为绪论，主要介绍高温材料的特性及研究背景；第2章介绍超高温材料的热力耦合本构关系；第3章介绍超高温陶瓷材料的温度相关性断裂强度理论模型；第4章介绍超高温陶瓷基复合材料的高温断裂强度理论表征模型；第5章介绍不同热环境下陶瓷材料的抗热震性能；第6章介绍高温层状与涂层材料的高温力学行为；第7章介绍热防护材料的热力氧耦合计算方法及相关理论模型；第8章介绍几种超高温实验力学测试技术与仪器；第9章介绍高温点阵材料的力学及防隔热性能，并讨论高温点阵热防护结构功能一体化设计。

参 考 文 献

陈立明, 戴政, 谷宇, 等. 2011. 轻质多层热防护结构的一体化优化设计研究. 力学学报, 43(2): 289-295.

方岱宁. 2000. 先进复合材料的宏微观力学与强韧化设计: 挑战与发展. 复合材料学报, 17(2): 1-7.

方岱宁, 曾涛, 范华林, 等. 2009a. 点阵复合材料多功能设计、制备与表征. 2009 年度全国复合材料力学研讨会, 长沙.

方岱宁, 张一慧, 崔晓东. 2009b. 轻质点阵材料力学与多功能设计. 北京: 科学出版社.

傅恒志, 朱明, 杨尚勤. 2000. 空天技术与材料科学. 北京: 清华大学出版社; 广州: 暨南大学出版社.

龚江宏. 2001. 陶瓷材料断裂力学. 北京: 清华大学出版社.

关春龙, 李垚, 赫晓东. 2003. 可重复使用热防护系统防热结构及材料的研究现状. 宇航材料工艺, 6: 7-11.

李金平, 孟松鹤, 韩杰才, 等. 2005. 双相颗粒混合增韧 ZrB_2 陶瓷复合材料的研究. 哈尔滨工业大学学报, 37(6): 727-729.

李世波, 张立同. 2000. 高温新材料 Si(B)CN. 材料工程, (12): 39-41.

刘军, 熊翔, 王建营, 等. 2005. 耐超高温材料研究. 宇航材料工艺, 35(1): 6-9.

卢天健, 徐峰, 文婷. 2010. 周期性多孔金属材料的热流性能. 北京: 科学出版社.

史丽萍, 赫晓东. 2004. 可重复使用航天器的热防护系统概述. 航空制造技术, 7: 80-82.

斯温 M V. 1998. 陶瓷的结构与性能. 郭景坤, 等译. 北京: 科学出版社.

唐羽烨, 薛明德. 2005. 蜂窝夹芯板的热学与力学特性分析. 复合材料学报, 22(2): 130-136.

吴大方, 王岳武, 潘兵, 等. 2011. 高速飞行器轻质防热材料高温环境下的隔热性能研究. 强度与环境, 38(6): 1-11.

徐强, 张幸红, 韩杰才, 等. 2002. 先进高温材料的研究现状和展望. 固体火箭技术, 25(3): 51-55.

张立同, 成来飞, 徐永东. 2003. 新型碳化硅陶瓷基复合材料的研究进展. 航空制造技术, 1: 24-32.

曾涛, 严实, 张坤, 等. 2010. 金字塔形点阵夹芯结构压缩力学性能研究. 第十六届全国复合材料学术会议, 复合材料: 创新与可持续发展(下册), 长沙.

Baillis D, Raynaud M, Sacadura J F. 1999. Spectral radiative properties of open-cell foam insulation. Journal of Thermophysics and Heat Transfer, 13(3): 292-298.

Clougherty E V, Peters E T, Kalish D. 1969. Diboride materials, candidates for aerospace applications. Proceedings of 15th National SAMPE Symposium and Exhibition, Los Angeles.

Collin M, Rowcliffe D. 2000. Analysis and prediction of thermal shock in brittle materials. Acta Materialia, 48(8): 1655-1665.

Daryabeigi K. 2002. Heat transfer in adhesively bonded honeycomb core panels. Journal of Thermophysics and Heat Transfer, 16(2): 217-221.

Fatemi J, Lemmen M. 2009. Effective thermal/mechanical properties of honeycomb core panels for hot structure applications. Journal of Spacecraft and Rockets, 46(3): 514-525.

Fenter J R. 1971. Refractory diborides as engineering materials (Refractory diborides in oxidizing environments, considering mechanical strength, thermal stability, oxidation resistance, heat conductivity, thermal expansion, specific heat and electrical resistance). Sampe Quarterly, 2: 1-15.

Gao L, Sun Y G. 2014. Fluid flow and heat transfer characteristics of composite lattice core sandwich structures. Journal of Thermophysics and Heat Transfer, 28(2): 258-269.

Gori F, Corasaniti S, Worek W M, et al. 2012. Theoretical prediction of thermal conductivity for thermal protection systems. Applied Thermal Engineering, 49: 124-130.

Green D. 1998. An Introduction to the Mechanical Properties of Ceramics. Cambridge: Cambridge

University Press.

Hill M L. 1967. Materials for small radius leading edges for hypersonic vehicles. The AIAA/ASME 8th Structures, Structural Dynamics and Material Conference, Palm Springs, California.

Hu P, Wang Z. 2010. Flexural strength and fracture behavior of ZrB_2-SiC ultra-high temperature ceramic composites at 1800℃. Journal of the European Ceramic Society, 30: 1021-1026.

Jayaseelan D D, Xin Y, Vandeperre L, et al. 2015. Development of multi-layered thermal protection system (TPS) for aerospace applications. Composites Part B: Engineering, 79: 392-405.

Jing X, Shi D Q, Yang X G, et al. 2015. Fiber strength measurement for KD-I(f)/SiC composites and correlation to tensile mechanical behavior at room and elevated temperatures. Ceramics International, 41(1): 299-307.

Kaufman L. 1970. Boride composites-A new generation of nose cap and leading edge materials for reusable lifting reentry systems. Advanced Space Transportation Meeting, Orlando.

Kaufman L, Clougherty E V. 1965. Investigation of boride compounds for very high temperature applications. Part II: Techn. Rep. No. TRD-TDR-63-4096-PT-2/Manlabs Inc. Cambridge.

Kim T, Hodson H P, Lu T J. 2004. Fluid-flow and endwall heat-transfer characteristics of an ultralight lattice-frame material. International Journal of Heat and Mass Transfer, 47(6-7): 1129-1140.

Kim T, Hodson H P, Lu T J. 2005. Contribution of vortex structures and flow separation to local and overall pressure and heat transfer characteristics in an ultralight weight lattice material. International Journal of Heat and Mass Transfer, 48(19): 4243-4264.

Kumar P, Topin F. 2014. Simultaneous determination of intrinsic solid phase conductivity and effective thermal conductivity of Kelvin like foams. Applied Thermal Engineering, 71(1): 536-547.

Kumar S, Haftka R, Sankar B. 2008. Probabilistic optimization of integrated thermal protection system. 12th AIAA/ISSMO Multidisciplinary Analysis and Optimization Conference, City of Victoria.

Lavrenko V A, Panasyuk A D, Protsenko T G, et al. 1982. High-temperature reactions of materials of the ZrB_2-$ZrSi_2$ system with oxygen. Soviet Powder Metallurgy and Metal Ceramics, 21(6): 471-473.

Li T Q, Xu Z H, Hu Z J, et al. 2010. Application of a high thermal conductivity C/C composite in a heat-redistribution thermal protection system. Carbon, 48(3): 924-925.

Liu T, Zeng Z C, Liu T J. 2007. Bi-functional optimization of actively cooled, pressurized hollow sandwich cylinders with prismatic cores. Journal of the Mechanics and Physics of Solids, 55(12): 2565-2602.

Ma M Y, Ye H. 2014. An image analysis method to obtain the effective thermal conductivity of metallic foams via a redefined concept of shape factor. Applied Thermal Engineering, 73(1): 1279-1284.

Neuman E W, Hilmas G E, Fahrenholtz W G. 2013. Mechanical behavior of zirconium diboride–silicon carbide ceramics at elevated temperature in air. Journal of the European Ceramic Society, 33: 2889-2899.

Olynick D. 1998. Trajectory-based thermal protection system sizing for X-33 winged vehicle concept. Journal of Spacecraft and Rockets, 35(3): 249-257.

Opeka M M, Talmy I G, Wuchina E J, et al. 1999. Mechanical, thermal, and oxidation properties of refractory hafnium and zirconium compounds. Journal of the European Ceramic Society, 19(13-14):

2405-2414.

Qian G, Nakamura T, Berndt C C. 1998. Effects of thermal gradient and residual stresses on thermal barrier coating fracture. Mechanics of Materials, 27(2): 91-110.

Qiu H Z. 1994. The latest material developments for the American national aerospace plane. Aerospace Materials and Technology, 24(3): 5-9.

Song G M, Wu Y, Li Q. 2002. Elevated temperature strength and thermal shock behavior of hot-pressed carbon fiber reinforced TiC composites. Journal of the European Ceramic Society, 22(4): 559-566.

Song Z, Cheng S, Zeng T, et al. 2015. Compressive behavior of C/SiC composite sandwich structure with stitched lattice core. Composites Part B: Engineering, 69: 243-248.

Strauss B, Hulewicz J. 1997. X-33 advanced metallic thermal protection system. Advanced Materials and Processed, 151(2): 55-56.

Swann R T, Pittman C W. 1961. Analysis of effective thermal conductivities of honeycomb-core and corrugated-core sandwich panels. NASA Technical Note D-714.

Volkmann E, Tushtev K, Koch D, et al. 2015. Assessment of three oxide/oxide ceramic matrix composites: Mechanical performance and effects of heat treatments. Composites Part A. Applied Science and Manufacturing, 68:19-28.

Wei K, He R J, Cheng X M, et al. 2015. Fabrication and heat transfer characteristics of C/SiC pyramidal core lattice sandwich panel. Applied Thermal Engineering, 81: 10-17.

Xie G, Wang Q, Sunden B, et al. 2013. Thermomechanical optimization of lightweight thermal protection system under aerodynamic heating. Applied Thermal Engineering, 59(1): 425-434.

Yao C G, Hongjun L, Jia Z H. 2008. A study on metallic thermal protection system panel for Reusable Launch Vehicle. Acta Astronautica, 63(1-4): 280-284.

Yazici M, Wright J, Bertin D, et al. 2014. Experimental and numerical study of foam filled corrugated core steel sandwich structures subjected to blast loading. Composite Structures, 110: 98-109.

Yin S, Wu L Z, Ma L, et al. 2011. Pyramidal lattice sandwich structures with hollow composite trusses. Composite Structures, 93(12): 3104-3111.

Zhao G L, Huang C Z, Liu H L, et al. 2014. Microstructure and mechanical properties of hot pressed TiB_2-SiC composite ceramic tool materials at room and elevated temperatures. Materials Science and Engineering A, 606: 108-116.

Zheng L M, Wu D F, Pan B, et al. 2013. Experimental investigation and numerical simulation of heat-transfer properties of metallic honeycomb core structure up to 900℃. Applied Thermal Engineering, 60(1): 379-386.

Zhu S M, Fahrenholtz W G, Hilmas G E. 2007. Influence of silicon carbide particle size on the microstructure and mechanical properties of zirconium diboride-silicon carbide ceramics. Journal of the European Ceramic Society, 27: 2077-2083.

Zhu X L, Ai S G, Lu X F, et al. 2014. Thermal conductivity of closed-cell aluminum foam based on the 3D geometrical reconstruction. International Journal of Heat and Mass Transfer, 72: 242-249.

Zou J, Zhang G J, Hu C F, Nishimura T, et al. 2012. High-temperature bending strength, internal friction and stiffness of ZrB_2-20vol% SiC ceramics. Journal of the European Ceramic Society, 32: 2519-2527.

第 2 章　超高温材料的热力耦合本构关系

以 C/SiC、SiC/SiC 等编织复合材料为代表的先进陶瓷基复合材料具有优良的高比刚度、比强度力学性能及出色的高温环境下的抗氧化、抗腐蚀、耐磨的化学性能，在航天飞行器、核反应堆第一壁、高铁刹车片等结构中具有广泛的应用前景。然而，这类材料的面内偏轴拉伸、压缩及剪切的应力-应变关系(常温、高温)均具有显著的非线性行为。此前的理论研究主要基于 Maire 和 Chaboche(1997)所发展的连续介质损伤力学模型，以及 Xie 等(2017)所发展的弹塑性损伤耦合模型，这些模型只适用于常温环境，并不能描述陶瓷基复合材料在高温环境下的非线性本构关系。以 C/SiC 复合材料为例，高温环境下 C/SiC 复合材料的非线性响应分为有氧和无氧两种情况，两种情况下的应力-应变曲线截然相反。有氧环境下，应力-应变曲线与金属类似，是热软化的过程；而在无氧环境下，却是热硬化响应。有氧高温下，C/SiC 复合材料非线性响应过于复杂，因此本章主要研究 C/SiC 编织复合材料在高温无氧环境下的非线性本构关系。本章首先对 C/SiC 编织复合材料高温非线性行为的物理机制作详细的分析和讨论；然后给出考虑单边效应、正交各向异性、拉压异性以及无氧高温热硬化效应的等效塑性屈服函数，基于弹塑性理论框架建立了一般性增量型本构关系框架，理论预测常温下偏轴拉伸、压缩及无氧高温下的轴向拉伸应力-应变行为，理论预测与实验吻合得比较好。

2.1　C/SiC 复合材料高温非线性行为物理机制

2.1.1　微裂纹扩展与拉压异性

C/SiC 编织复合材料中 C 纤维和 SiC 基体两个组分材料的热膨胀系数相差巨大，常温下 C 纤维的轴向热膨胀系数接近于零，径向热膨胀系数约为 $10^{-5}K^{-1}$，而 SiC 基体的热膨胀系数约为 $4.6 \times 10^{-6}K^{-1}$。因此当试件从制备温度(约 1000℃)冷却至室温时，由于热膨胀系数失配导致两个组分之间产生不可忽视的热失配应力，其中一部分热失配应力释放导致 SiC 基体内部产生初始微裂纹，另一部分成为残余热应力，沿纤维方向上，基体受拉而纤维受压(Evans and Zok, 1994)。因此，在常温下，沿纤维束方向以较小载荷拉伸就会导致显著的非线性应力-应变响应。

李俊(2014)研究的常温下面内偏轴拉伸、压缩及面内剪切实验的应力-应变曲线均表现出相似的非线性特征，如图 2.1 所示。随着偏轴角的增加，拉伸及压缩的应力-应变曲线显示出更小的弹性区域、更快的模量退化以及更大的非弹性应变。特别地，0°和 15°的压缩应力-应变关系几乎为线弹性，因此可以认为沿纤维束方向的压缩载荷不会引起非线性行为，这就是所谓的单边效应(unilateral effect)(Camus, 2000)。图 2.2 为 C/SiC 编织复合材料面内偏轴拉伸、压缩断裂表面的 SEM 照片(李俊，2014)。在纯剪载荷下，裂纹与最大主应力方向一致，即与纤维束方向夹角约为 45°或 135°(Brøndsted et al., 1994)。纯剪应力可以等效于相互垂直且相等的拉伸主应力与压缩应力共同作用，如图 2.3 所示，裂纹垂直于拉伸主应力。也就是说，剪切载荷导致的微裂纹应变本质上还是拉伸应力分量在起作用(Zhang et al., 2016)。

拉压异性，即相同偏轴角的拉压应力-应变曲线不一样说明了拉压的模量、非线性起始应力大小以及非弹性应变存在差异。

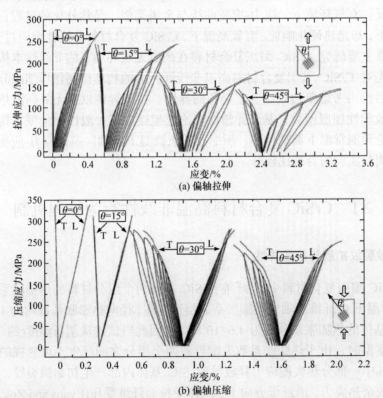

(a) 偏轴拉伸

(b) 偏轴压缩

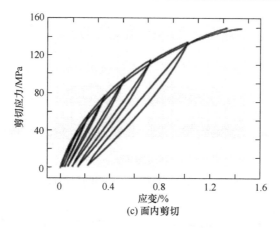

(c) 面内剪切

图 2.1　常温下 C/SiC 编织复合材料应力-应变关系(李俊，2014)

图中，θ 表示偏轴角，L、T 分别表示纵向和横向，下同

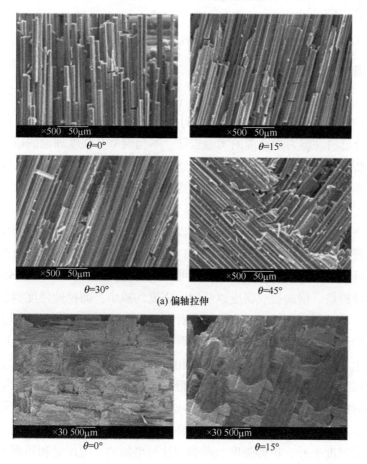

(b) 偏轴压缩

图 2.2 C/SiC 编织复合材料断裂表面 SEM 照片(李俊，2014)

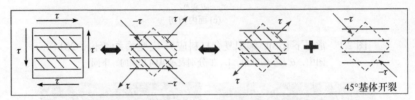

图 2.3 面内剪切载荷下裂纹产生机理

2.1.2 高温对非线性行为的影响

  C/SiC 复合材料主要应用于航天器件热防护结构、发动机引擎燃烧室和喷管等关键部位，超过 1000℃ 的服役温度对实验设备的要求非常高，因此，目前对 C/SiC 复合材料高温力学性能的实验表征、本构模型及强度理论的研究还处于起步阶段，C/SiC 复合材料的高温力学实验数据还十分缺乏。但从前人对陶瓷基复合材料体系的研究成果以及作者课题组提供的实验数据仍然可以定性总结出高温对 C/SiC 复合材料力学行为的影响规律。

  高温下 C/SiC 复合材料力学测试可以分为有氧和无氧测试两种类型，两种测试的结果截然相反。Guo 和 Kagawa(2001)对 HN-SiC/BN/SiC 复合材料在高温大气环境下沿纤维束进行拉伸测试。研究表明，随着温度上升，HN-SiC/BN/SiC 复合材料的弹性模量、横向裂纹密度以及屈服强度均减小，而拉伸强度则是先增加后减小。Chen 等(2016)在大气环境下对 3D 针刺 C/C-SiC 复合材料进行室温到2000℃的力学拉伸测试，实验结果表明，室温到 1800℃ 拉伸强度、断裂韧性以及失效应变随温度上升而增加，而模量则表现出相反的趋势；在 1800～2000℃ 拉伸强度、断裂韧性以及失效应变随温度上升而降低。高温下，由于 C 纤维和热解炭(PyC)基体之间界面强度的下降，大量的纤维或纤维束被拔出。随着温度上升，残余热应力的释放不仅提高了基体的强度，同样降低了界面强度。总体来说，在有氧环境下，随着温度上升，拉伸强度、断裂韧性是增加的，但模量和屈服强度却在减小。对于无氧环境下的高温力学性能测试，Zhang 等(2011)的实验数据表明，

C/Si-B-C 复合材料的拉伸强度和失效应变在室温到 1273K 随着温度上升而增大，而在温度高于 1273K 后减小，这与有氧测试趋势是一致的。但是随着温度上升，非线性区域减少且纤维拔出长度变窄，表明纤维和基体之间的界面强度增大。层间剪切和面内剪切强度均得到了相似的结论。强度的变化可以通过残余热应力以及纤维和基体的 B₄C 界面的结晶程度进行解释。相似的 2D C/SiC 复合材料应力-应变曲线同样在 Yang 等(2017)和作者课题组的实验结果(如图 2.4 所示)得到。在有氧环境下的 C/SiC 复合材料的力学行为严重依赖于高温氧化的时间以及氧化氛围等，非线性机理较为复杂，因此本章主要研究在无氧环境下 2D C/SiC 编织复合材料的高温非线性本构关系。

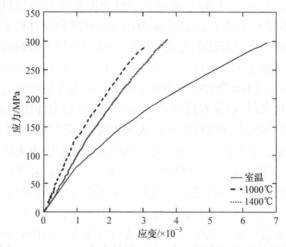

图 2.4　2D C/SiC 复合材料不同温度下拉伸应力-应变曲线

　　根据以上对陶瓷基编织复合材料在高温无氧环境下非线性行为物理机制的分析，可以得到如下结论：

　　(1) C/SiC 复合材料的弹性模量、断裂强度、屈服强度及失效应变在一定温度范围之内随着温度上升而增加，而超过一定的温度后开始减小；

　　(2) C/SiC 复合材料的非线性应力-应变行为是微裂纹扩展的结果；

　　(3) 单边效应，即沿纤维束方向的压缩分量由于裂纹闭合效应不会引起非线性应力-应变行为，只有沿纤维束方向的拉伸应力分量和剪切应力分量才会引起非线性；

　　(4) 拉压异性，即在拉伸和压缩过程中模量、屈服强度、断裂强度及应力-应变关系不一致；

　　(5) 高温无氧环境下，裂纹萌生和扩展仅依赖于当前应力状态，温度仅决定裂纹萌生的临界应力。

2.2　C/SiC 复合材料热力耦合本构关系框架

传统上研究陶瓷基复合材料本构关系主要是基于 Maire 和 Chaboche(1997)所发展的连续介质损伤本构关系，该理论采用损伤变量描述 C/SiC 或 SiC/SiC 等陶瓷基复合材料具有方向性的损伤程度，另外在势能函数中考虑了残余热应变和损伤钝化效应。该模型在理论上接近完备，但是其数学表达式过于复杂，模型参数难以通过简单的实验确定。近年来，国内外学者基于连续介质损伤力学和弹塑性理论发展了弹塑性损伤耦合本构模型。矫桂琼团队(Li et al., 2014)基于连续介质损伤力学和塑性理论框架，推导得到常温下 2D C/SiC 编织复合材料的弹塑性损伤耦合本构模型。该模型首先基于蔡-吴(Tsai-Wu)失效准则判断材料是否发生裂纹扩展损伤，然后再将损伤变量描述的等效应力代入到塑性势函数判断材料是否发生塑性行为。该模型考虑了拉压异性，但认为 C/SiC 材料面内两个纤维束方向的变形行为是完全一致的。Chen 等(2016)的研究表明，损伤变量可以通过弹塑性理论推导得到的中间变量求得，意味着连续介质损伤理论和弹塑性理论本质上是一致的：材料由于微裂纹扩展引起刚度降低从而表现出应力-应变非线性行为。弹塑性损伤本构模型过于复杂，而且以失效强度代入到塑性屈服准则中无疑低估了材料的非线性行为。因此，本节主要基于弹塑性理论框架，建立一套精确而简单的 2D C/SiC 编织复合材料非线性唯象本构关系。在推导室温本构关系框架之前，我们做以下假设：①材料各层之间黏结良好，各层之间变形连续；②变形仍在弹性范围内，非线性响应主要来自微裂纹萌生、扩展；③沿纤维束方向压缩分量不会引起非线性，只有拉伸应力分量和面内剪切分量才会引起非线性，即单边效应；④拉压异性，即同方向(偏轴角)拉伸和压缩对应的模量、屈服强度和失效强度不等。

2.2.1　塑性屈服函数

考虑到 2D C/SiC 编织复合材料体系的单边效应和正交异性，基于 Sun 和 Chen(1989)所提出的应用于树脂基单层板复合材料的二阶正交各向异性塑性屈服函数，本节提出了适用于陶瓷基复合材料的一般性 3D 塑性屈服函数：

$$f\left(\sigma_{ij},\bar{\varepsilon}_{\mathrm{p}}\right)=\sqrt{a_{1}\hat{\sigma}_{11}^{2}+a_{2}\hat{\sigma}_{22}^{2}+a_{3}\hat{\sigma}_{33}^{2}+2a_{4}\sigma_{23}^{2}+2a_{5}\sigma_{13}^{2}+2a_{6}\sigma_{12}^{2}+2a_{12}\hat{\sigma}_{11}\hat{\sigma}_{22}+2a_{13}\hat{\sigma}_{11}\hat{\sigma}_{33}+2a_{23}\hat{\sigma}_{22}\hat{\sigma}_{33}}-\bar{\sigma}\left(\bar{\varepsilon}_{\mathrm{p}}\right)$$

$$(2.1)$$

式中，$\hat{\sigma}_{ij}=H\left(\sigma_{ij}\right)\sigma_{ij}$，$H(x)$ 是 Heaviside 函数，$H\left(x\right)=\begin{cases}0 & x\leqslant 0\\1 & x>0\end{cases}$，$\hat{\sigma}_{ij}$ 表示当 σ_{ij} 为压缩应力时取为零值，即考虑了单边效应；$\bar{\sigma}$、$\bar{\varepsilon}_{\mathrm{p}}$ 分别为等效塑性屈服应力和等效塑性应变；$a_{i}\left(i=1,2,\cdots,6\right)$ 和 $a_{ij}\left(ij=12,13,23\right)$ 为塑性参数。对于平面应力状

态，即有

$$f\left(\sigma_{ij},\bar{\varepsilon}_{\mathrm{p}}\right)=\sqrt{a_1\hat{\sigma}_{11}^2+a_2\hat{\sigma}_{22}^2+2a_6\sigma_{12}^2+2a_{12}\hat{\sigma}_{11}\hat{\sigma}_{22}}-\bar{\sigma}\left(\bar{\varepsilon}_{\mathrm{p}}\right) \tag{2.2}$$

不失一般地，令 $2a_6=1$

$$f\left(\sigma_{ij},\bar{\varepsilon}_{\mathrm{p}}\right)=\sqrt{a_1\hat{\sigma}_{11}^2+a_2\hat{\sigma}_{22}^2+\sigma_{12}^2+2a_{12}\hat{\sigma}_{11}\hat{\sigma}_{22}}-\bar{\sigma}\left(\bar{\varepsilon}_{\mathrm{p}}\right) \tag{2.3}$$

考虑到 2D C/SiC 编织复合材料的拉压异性，且压缩应力对剪切屈服强度的增强效应，等效屈服应力定义为

$$\bar{\sigma}\left(\bar{\varepsilon}_{\mathrm{p}}\right)=\begin{cases}A_1\left(\bar{\varepsilon}_{\mathrm{p}}\right)^{n_1}+B_1 & \sigma_x\leqslant0\\A_2\left(\bar{\varepsilon}_{\mathrm{p}}\right)^{n_2}+B_2 & \sigma_x>0\end{cases} \tag{2.4}$$

以上式中，a_1、a_2、a_{12}、A_1、B_1、n_1、A_2、B_2 和 n_2 为正交各向异性塑性参数，在拉压条件下等效塑性应力不一致。

2.2.2　一般性增量型本构关系框架

对于一般性非线性弹塑性本构关系，应变增量可以分解为弹性应变增量和塑性应变增量两部分：

$$\mathrm{d}\boldsymbol{\varepsilon}=\mathrm{d}\boldsymbol{\varepsilon}^{\mathrm{e}}+\mathrm{d}\boldsymbol{\varepsilon}^{\mathrm{p}} \tag{2.5}$$

式中，$\mathrm{d}\boldsymbol{\varepsilon}^{\mathrm{e}}$ 和 $\mathrm{d}\boldsymbol{\varepsilon}^{\mathrm{p}}$ 分别为弹性应变增量和塑性应变增量张量。根据胡克(Hooke)定律，应力增量张量可以表示为

$$\mathrm{d}\boldsymbol{\sigma}=\boldsymbol{C}:\left(\mathrm{d}\boldsymbol{\varepsilon}-\mathrm{d}\boldsymbol{\varepsilon}^{\mathrm{p}}\right) \tag{2.6}$$

式中，$\boldsymbol{C}$ 为弹性刚度张量。根据关联性流动法则，塑性应变增量表示为

$$\mathrm{d}\boldsymbol{\varepsilon}^{\mathrm{p}}=\mathrm{d}\lambda\frac{\partial f}{\partial\boldsymbol{\sigma}} \tag{2.7}$$

式中，$\mathrm{d}\lambda$ 为塑性乘子；f 是塑性屈服函数。整个系统的塑性功增量为

$$\mathrm{d}W^{\mathrm{p}}=\bar{\sigma}\cdot\mathrm{d}\bar{\varepsilon}_{\mathrm{p}}=\boldsymbol{\sigma}:\mathrm{d}\boldsymbol{\varepsilon}^{\mathrm{p}}=\boldsymbol{\sigma}:\frac{\partial f}{\partial\boldsymbol{\sigma}}\cdot\mathrm{d}\lambda=f\cdot\mathrm{d}\lambda \tag{2.8}$$

推导得到

$$\mathrm{d}\lambda=\mathrm{d}\bar{\varepsilon}_{\mathrm{p}} \tag{2.9}$$

当应力位于屈服面之内时，材料不会产生新的塑性变形，应力和应变之间呈线弹性关系。当应力位于屈服面并继续加载时，引起新的塑性变形。此时的屈服面将变为

$$f\left(\boldsymbol{\sigma}+\mathrm{d}\boldsymbol{\sigma},\overline{\varepsilon}_{\mathrm{p}}+\mathrm{d}\overline{\varepsilon}_{\mathrm{p}}\right)=0 \tag{2.10}$$

在弹塑性加载过程中，屈服函数应满足一致性条件：

$$\frac{\partial f}{\partial \boldsymbol{\sigma}}:\mathrm{d}\boldsymbol{\sigma}+\frac{\partial f}{\partial \overline{\varepsilon}_{\mathrm{p}}}\cdot \mathrm{d}\overline{\varepsilon}_{\mathrm{p}}=0 \tag{2.11}$$

联合式(2.6)、式(2.7)、式(2.9)和式(2.11)可得

$$\mathrm{d}\overline{\varepsilon}_{\mathrm{p}}=\frac{\dfrac{\partial f}{\partial \boldsymbol{\sigma}}:C:\mathrm{d}\boldsymbol{\varepsilon}}{\dfrac{\partial f}{\partial \boldsymbol{\sigma}}:C:\dfrac{\partial f}{\partial \boldsymbol{\sigma}}+H_{\mathrm{p}}} \tag{2.12}$$

式中，$H_{\mathrm{p}}=-\dfrac{\partial f}{\partial \overline{\varepsilon}_{\mathrm{p}}}$ 为切线模量。最终得到一般性塑性增量本构方程：

$$\mathrm{d}\boldsymbol{\sigma}=\left[C-\frac{\left(C:\dfrac{\partial f}{\partial \boldsymbol{\sigma}}\right)\otimes\left(C:\dfrac{\partial f}{\partial \boldsymbol{\sigma}}\right)}{\dfrac{\partial f}{\partial \boldsymbol{\sigma}}:C:\dfrac{\partial f}{\partial \boldsymbol{\sigma}}+H_{\mathrm{p}}}\right]:\mathrm{d}\boldsymbol{\varepsilon} \tag{2.13}$$

2.3 温度效应的引入

由 2.2.2 节分析可知，在无氧高温环境下，温度除了对 C/SiC 复合材料组分性能产生影响以外，对 C/SiC 复合材料内部残余热应力与初始微裂纹分布也息息相关。简而言之，温度变化对 C/SiC 复合材料的应力-应变非线性响应影响很大。本章所建立的 2D C/SiC 编织复合材料非线性本构关系主要基于弹塑性理论框架，因此，温度对 C/SiC 复合材料的非线性影响体现在材料模量和塑性起始、硬化过程。

C/SiC 复合材料内部微裂纹的形成、扩展只与应力状态有关，因此，考虑了温度响应的 3D 塑性屈服函数可以通过方程(2.1)变形得到

$$f\left(\sigma_{ij},\overline{\varepsilon}_{\mathrm{p}},T\right)=\left(a_1(T)\hat{\sigma}_{11}^2+a_2(T)\hat{\sigma}_{22}^2+a_3(T)\hat{\sigma}_{33}^2+2a_4(T)\sigma_{23}^2+2a_5(T)\sigma_{13}^2+2a_6(T)\sigma_{12}^2\right.$$
$$\left.+2a_{12}(T)\hat{\sigma}_{11}\hat{\sigma}_{22}+2a_{13}(T)\hat{\sigma}_{11}\hat{\sigma}_{33}+2a_{23}(T)\hat{\sigma}_{22}\hat{\sigma}_{33}\right)^{1/2}-\overline{\sigma}\left(\overline{\varepsilon}_{\mathrm{p}},T\right)$$

$$\tag{2.14}$$

式中，T 为温度；$a_i(T)$ $(i=1,2,\cdots,6)$ 和 $a_{ij}(T)$ $(ij=12,13,23)$ 为温度相关的塑性参数；$\overline{\sigma}\left(\overline{\varepsilon}_{\mathrm{p}},T\right)$ 为温度相关的等效屈服应力。

在低应变率下，等效屈服应力硬化遵循关系式：

$$\bar{\sigma} = A + B\left(\bar{\varepsilon}_{\mathrm{p}}\right)^{n} \tag{2.15}$$

式中，A 为初始等效屈服应力；n 为塑性硬化指数；B 为系数。对于金属材料而言，温度对流动应力的影响是热软化的过程，可表示为

$$\bar{\sigma} = \sigma_{\mathrm{r}}\left(1 - T^{*m}\right) \tag{2.16}$$

式中，σ_{r} 为室温下的流动应力；$T^{*} = (T - T_{\mathrm{r}})/(T_{\mathrm{m}} - T_{\mathrm{r}}) \in [0,1]$ 是无量纲温度，T_{r} 和 T_{m} 分别为室温和材料的熔化温度；m 为由实验测定的拟合参数。

材料的应变率效应比较复杂，可简化为

$$\bar{\sigma} \propto \ln \dot{\varepsilon}_{\mathrm{p}} \tag{2.17}$$

Johnson 等(1983，1988)在考虑所有这些因素的基础上，提出了 Johnson-Cook 材料模型，将等效屈服应力表示为

$$\bar{\sigma} = \left(A + B\left(\bar{\varepsilon}_{\mathrm{p}}\right)^{n}\right)\left(1 + C \ln \dot{\bar{\varepsilon}}^{*}\right)\left(1 - T^{*m}\right) \tag{2.18}$$

式中，$\dot{\bar{\varepsilon}}^{*} = \dot{\varepsilon}_{\mathrm{p}}/\dot{\varepsilon}_{0}$ 是无量纲等效塑性应变率；A、B、C、n、m 是材料常数。

然而 C/SiC 复合材料在无氧高温下，温度对等效屈服应力的影响十分复杂，可以分为两个阶段：第一阶段，由室温升至制备温度过程中，由于残余热应力释放，等效屈服应力随温度上升而增大，当温度升至制备温度时，残余热应力完全释放，等效屈服应力最大；第二阶段，温度高于制备温度小于材料熔化温度，此时 C/SiC 复合材料由于组分材料的热膨胀系数失配，内部重新形成残余热应力，等效屈服应力逐渐降为零。也就是，C/SiC 复合材料在无氧高温下，等效屈服应力先增大后降低直至为零，如图 2.5 所示。因此，本节提出了适用于无氧高温下 C/SiC 复合材料的修正 Johnson-Cook 材料模型，等效屈服应力为

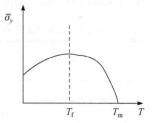

图 2.5　等效屈服应力与温度
之间的关系

$$\begin{cases} \bar{\sigma} = \left(A + B\left(\bar{\varepsilon}_{\mathrm{p}}\right)^{n}\right)\left(1 + C \ln \dot{\bar{\varepsilon}}^{*}\right)\left(1 + T^{*m_1}\right) & T \leqslant T_{\mathrm{f}} \\ \bar{\sigma} = \left(A + B\left(\bar{\varepsilon}_{\mathrm{p}}\right)^{n}\right)\left(1 + C \ln \dot{\bar{\varepsilon}}^{*}\right)\left(D - DT^{*m_2}\right) & T > T_{\mathrm{f}} \end{cases} \tag{2.19}$$

式中，T_{f} 为制备温度；D、m_1、m_2 为材料常数。该模型保证了温度在 T_{f} 时等效屈服应力的连续性和温度在 T_{m} 时等效屈服应力为零。在准静态加载下，方程(2.19)进一步简化为

$$\begin{cases} \bar{\sigma} = \left(A + B\left(\bar{\varepsilon}_p\right)^n\right)\left(1 + T^{*m_1}\right) & T \leqslant T_f \\ \bar{\sigma} = \left(A + B\left(\bar{\varepsilon}_p\right)^n\right)\left(D - DT^{*m_2}\right) & T > T_f \end{cases} \tag{2.20}$$

为确保温度在 T_f 时等效屈服应力的连续性，D 应满足以下条件：

$$D = \frac{1 + T^{*m_1}}{1 - T^{*m_2}} \tag{2.21}$$

方程(2.20)中的参数在拉伸和压缩状态下不一样。

考虑到温度对材料性能的影响，温度相关的增量型应力-应变关系为

$$\mathrm{d}\boldsymbol{\sigma} = \left[\boldsymbol{C}(T) - \frac{\left(\boldsymbol{C}(T) : \dfrac{\partial f(T)}{\partial \boldsymbol{\sigma}}\right) \otimes \left(\boldsymbol{C}(T) : \dfrac{\partial f(T)}{\partial \boldsymbol{\sigma}}\right)}{\dfrac{\partial f(T)}{\partial \boldsymbol{\sigma}} : \boldsymbol{C}(T) : \dfrac{\partial f(T)}{\partial \boldsymbol{\sigma}} + H_p(T)} \right] : \mathrm{d}\boldsymbol{\varepsilon} \tag{2.22}$$

2.4 本构关系参数的确定

由 2.2 节和 2.3 节可知，本构关系中的参数分为两类：一类是材料常数，可以通过实验或查阅参考文献、材料手册获得。表 2.1 给出了由图 2.1 获得的偏轴拉伸、压缩及面内剪切的 C/SiC 复合材料材料常数。

表 2.1 由图 2.1 获得的偏轴拉伸、压缩及面内剪切的 C/SiC 复合材料材料参数

材料参数		偏轴角/			
		0°	15°	30°	45°
偏轴模量/GPa	拉伸	121.7	111.7	75.0	72.0
	压缩	147.1	127.1	87.1	84.1
剪切模量/GPa			26.3		

另一类是本构模型中的参数。在平面应力状态下，考虑到拉压异性和率无关，本章所提的本构模型中的参数如表 2.2 所示。

表 2.2 常温下 2D C/SiC 编织复合材料本构模型参数

状态	模型参数					
拉伸	A_1	B_1	n_1	a_1	a_2	a_{12}
	1026	21.03	0.4209	0.38	2.30	0.345
压缩	A_2	B_2	n_2	D	m_2	
	201.9	0.2182	71.58	—	—	

常温下偏轴拉压测试的实验数据来自李俊(2014)的工作，如图 2.6 所示。

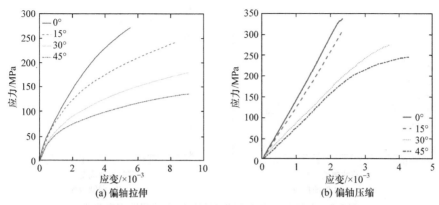

图 2.6　2D C/SiC 编织复合材料偏轴拉伸和压缩应力-应变曲线(李俊，2014)

　　而高温无氧环境下沿轴向的拉伸测试在作者课题组的高温力学测试设备上完成，分别测试了 2D C/SiC 编织复合材料在常温、1000℃和 1400℃三种不同温度下的拉伸应力-应变曲线，如图 2.4 所示。参考 Sun 和 Chen(1993，1989)、Thiruppukuzhi 和 Sun(2001)，以及 Cho 等(2010)的工作可以确定本构关系的参数。通过莫尔圆或转换方程，沿材料主方向上的应力和应变分量由以下表达式给出：

$$\begin{cases} \sigma_{11} = \sigma_x \cos^2 \theta, \quad \sigma_{22} = \sigma_x \sin^2 \theta, \quad \sigma_{12} = -\sigma_x \sin \theta \cos \theta \\ \mathrm{d}\varepsilon_x^p = \mathrm{d}\varepsilon_{11}^p \cos^2 \theta + \mathrm{d}\varepsilon_{22}^p \sin^2 \theta - \mathrm{d}\gamma_{12}^p \sin \theta \cos \theta \end{cases} \quad (2.23)$$

式中，θ、$\mathrm{d}\varepsilon_x^p$ 和 $\mathrm{d}\varepsilon_{ij}^p$ 分别为偏轴角、偏轴塑性应变和塑性应变分量。偏轴塑性应变可以通过下式进行计算：

$$\varepsilon_x^p = \varepsilon_x - \frac{\sigma_x}{E_x} \quad (2.24)$$

式中，ε_x、σ_x 和 E_x 分别为偏轴应变、偏轴应力和偏轴弹性模量。将方程(2.23)代入方程(2.24)获得等效应力和等效塑性应变：

$$\bar{\sigma} = h(\theta)\sigma_x, \quad \bar{\varepsilon}_p = \varepsilon_x^p / h(\theta) \quad (2.25)$$

式中，

$$\begin{cases} h(\theta) = \sqrt{a_1 \cos^4 \theta + a_2 \sin^4 \theta + (1 + 2a_{12})\sin^2 \theta \cos^2 \theta} & \sigma_x \geqslant 0 \\ h(\theta) = \sin \theta \cos \theta & \sigma_x < 0 \end{cases} \quad (2.26)$$

用方程(2.26)将偏轴拉伸/压缩实验数据转换成得到等效应力和等效塑性应变，并使得它们落在主曲线(master curve)上。常温下的 $\bar{\sigma}$-$\bar{\varepsilon}_p$ 曲线如图 2.7 所示，本构模型中对应的参数在表 2.2 中给出。

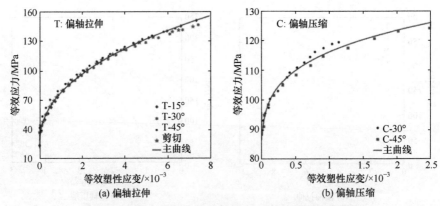

(a) 偏轴拉伸　　　　　　　　(b) 偏轴压缩

图 2.7　常温下拉伸和压缩等效应力-等效塑性应变曲线

特别地，由于高温实验进行十分困难，为了验证我们理论的正确性，在方程(2.14)中令 $a_1 = 1$，则平面应力状态下的温度相关的塑性屈服函数为

$$f\left(\sigma_{ij}, \overline{\varepsilon}_p, T\right) = \sqrt{\hat{\sigma}_{11}^2 + a_2(T)\hat{\sigma}_{22}^2 + 2a_6(T)\sigma_{12}^2 + 2a_{12}(T)\hat{\sigma}_{11}\hat{\sigma}_{22}} - \overline{\sigma}\left(\overline{\varepsilon}_p, T\right) \quad (2.27)$$

此时在拉伸状态下的 $\overline{\sigma}$-$\overline{\varepsilon}_p$ 曲线与沿轴向方向的 σ_{11}-ε_{11}^p 曲线完全等效。如果只是为了与轴向的高温应力-应变曲线对比，则不需要确定 $a_2(T)$、$a_6(T)$ 和 $a_{12}(T)$。

图 2.8 是本章 2D C/SiC 复合材料在无氧高温下的轴向 σ_{11}-ε_{11}^p 曲线。令

$$\begin{cases} k(T) = \left(1 + T^{*m_1}\right) & T \leqslant T_f \\ k(T) = \left(D - DT^{*m_2}\right) & T > T_f \end{cases} \quad (2.28)$$

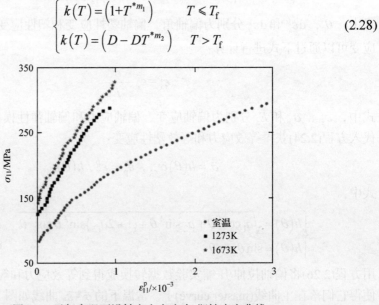

图 2.8　无氧高温下沿轴向方向应力-塑性应变曲线

则方程(2.20)可以写作

$$\frac{\overline{\sigma}}{k(T)} = A + B\left(\overline{\varepsilon}_p\right)^n \tag{2.29}$$

即任何无氧高温下的 $\overline{\sigma}$-$\overline{\varepsilon}_p$ 曲线都可以通过方程(2.29)转化成与常温下的 $\overline{\sigma}$-$\overline{\varepsilon}_p$ 重合的曲线,如图 2.9 所示。图 2.10 显示了不同温度下 $k(T)$ 的值,利用式(2.28)可拟合得到 m_1 值。在拉伸状态下,2D C/SiC 编织复合材料无氧高温轴向弹性模量和本构模型参数分别在表 2.3 和表 2.4 中给出。

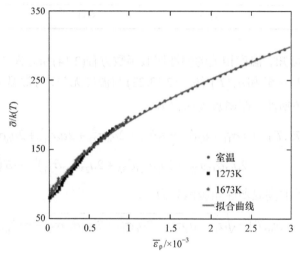

图 2.9　无氧高温下 $\overline{\sigma}/k(T)$-$\overline{\varepsilon}_p$ 曲线

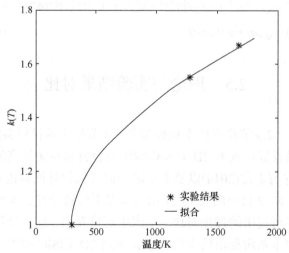

图 2.10　$k(T)$ 和温度之间的关系曲线

表 2.3　2D C/SiC 编织复合材料无氧高温轴向弹性模量

参数	温度		
	室温	1000℃	1400℃
轴向弹性模量/GPa	78.8	137.9	102.1

表 2.4　在拉伸状态下 2D C/SiC 编织复合材料无氧高温本构模型参数

A	B	n	m_1
5887	62.28	0.5534	0.5283

由图 2.10 可知，温度相关的塑性屈服函数方程(2.14)和方程(2.27)中的塑性参数 $a_i(T)$ $(i=1,2,\cdots,6)$ 和 $a_{ij}(T)$ $(ij=12,13,23)$ 与温度无关，与常温下的塑性参数一致，即高温下的塑性屈服函数表达式为

$$f\left(\sigma_{ij},\overline{\varepsilon}_{\mathrm{p}},T\right)=\left(a_1\hat{\sigma}_{11}^2+a_2\hat{\sigma}_{22}^2+a_3\hat{\sigma}_{33}^2+2a_4\sigma_{23}^2+2a_5\sigma_{13}^2+2a_6\sigma_{12}^2\right.$$
$$\left.+2a_{12}\hat{\sigma}_{11}\hat{\sigma}_{22}+2a_{13}\hat{\sigma}_{11}\hat{\sigma}_{33}+2a_{23}\hat{\sigma}_{22}\hat{\sigma}_{33}\right)^{1/2}-\overline{\sigma}\left(\overline{\varepsilon}_{\mathrm{p}},T\right) \quad (2.30)$$

平面应力状态下的高温塑性屈服函数为

$$f\left(\sigma_{ij},\overline{\varepsilon}_{\mathrm{p}},T\right)=\sqrt{\hat{\sigma}_{11}^2+a_2\hat{\sigma}_{22}^2+2a_6\sigma_{12}^2+2a_{12}\hat{\sigma}_{11}\hat{\sigma}_{22}}-\overline{\sigma}\left(\overline{\varepsilon}_{\mathrm{p}},T\right) \quad (2.31)$$

此时则有

$$\begin{cases} h(\theta)=\sqrt{a_1\cos^4\theta+a_2\sin^4\theta+2(a_6+a_{12})\sin^2\theta\cos^2\theta} & \sigma_x\geqslant 0 \\ h(\theta)=\sqrt{2a_6}\sin\theta\cos\theta & \sigma_x<0 \end{cases} \quad (2.32)$$

2.5　理论与实验结果对比

采用 2.2 节、2.3 节建立的本构模型和 2.4 节给出的材料参数、模型参数，给出由本构关系计算得到的 2D C/SiC 编织复合材料在无氧高温下的非线性应力-应变曲线，并与李俊(2014)以及本章的高温无氧拉伸试验进行对比，以验证理论的适用性。图 2.11～图 2.13 所示为常温下偏轴拉伸、偏轴压缩以及面内剪切实验与本章所提出的理论对比。从图中可以看出，理论计算和实验结果吻合得很好，说明本章所提出的本构关系在预测 2D C/SiC 编织复合材料非线性方面有很好的表现。

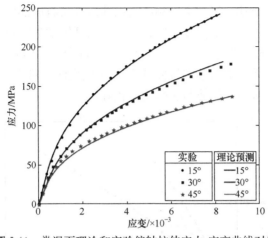

图 2.11　常温下理论和实验偏轴拉伸应力-应变曲线对比

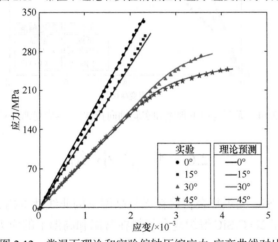

图 2.12　常温下理论和实验偏轴压缩应力-应变曲线对比

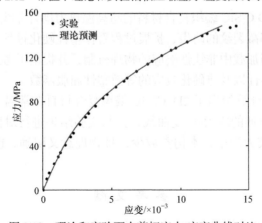

图 2.13　理论和实验面内剪切应力-应变曲线对比

此外，如前文所述，温度会影响材料属性以及材料内部残余热应力、微裂纹的分布，材料中存在明显的温度效应，尤其是碳纤维增强陶瓷基复合材料的高温非线性响应，这方面的理论工作前人研究得还比较少。图 2.14 给出了无氧氛围中，不同温度下本构关系预测与轴向拉伸试验应力-应变曲线对比，可以看到，理论预测结果的基本变化规律和趋势与实验吻合较好。

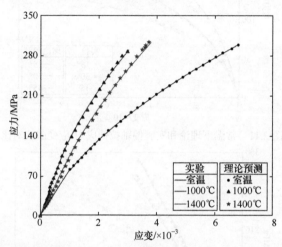

图 2.14　无氧高温下理论和实验轴向拉伸应力-应变曲线对比

2.6　本 章 小 结

本章对 2D C/SiC 编织复合材料在无氧高温下的非线性本构关系进行了研究，定量描述和解释了 2D C/SiC 编织复合材料在常温和高温下的应力-应变实验结果。主要结论如下：

(1) 建立了 2D C/SiC 编织复合材料的超高温热力耦合非线性本构关系，该本构关系将材料内部微裂纹的萌生、扩展过程看作塑性硬化过程，准确描述材料在拉伸、压缩及剪切加载中非线性响应的物理机制，并提出了考虑拉压异性、单边效应、正交各向异性以及热硬化效应的等效塑性屈服函数。

(2) 通过理论计算给出了 2D C/SiC 编织复合材料在常温下偏轴拉伸和压缩以及高温下轴向拉伸的应力-应变曲线，并与实验结果进行对比，吻合较好。此外，该本构关系较为简单，本构参数少，且物理意义明确，能够从实验数据中方便获得。

参 考 文 献

李俊. 2014. 二维 C/SiC 复合材料的非线性本构关系研究. 西安: 西北工业大学.

Brøndsted P, Heredia F E, Evans A G. 1994. In-plane shear properties of 2-D ceramic matrix composites. Journal of the American Ceramic Society, 77 (10): 2569-2574.

Camus G. 2000. Modelling of the mechanical behavior and damage processes of fibrous ceramic matrix composites: Application to a 2-D SiC/SiC. International Journal of solids and Structures, 37(6): 919-942.

Chen J, Sun C. 1993. A plastic potential function suitable for anisotropic fiber composites. Journal of Composite Materials, 27 (14):1379-1390.

Chen Z, Fang G, Xie J, et al. 2016. Experimental study of high-temperature tensile mechanical properties of 3D needled C/C-SiC composites. Materials Science and Engineering A, 654 (27): 271-277.

Cho J, Fenner J, Werner B, et al. 2010. A constitutive model for fiber-reinforced polymer composites. Journal of Composite Materials, 44 (26):3133-3150.

Evans A, Zok F. 1994. The physics and mechanics of fibre-reinforced brittle matrix composites. Journal of Materials Science, 29 (15):3857-3896.

Guo S, Kagawa Y. 2001. Temperature dependence of tensile strength for a woven Boron-Nitride-Coated Hi-Nicalon™ SiC fiber-reinforced Silicon-Carbide-matrix composite. Journal of the American Ceramic Society, 84 (9):2079-2085.

Johnson G R, Cook W H. 1983. A constitutive model and data for materials subjected to large strains, high strain rates, and high temperatures. Proceedings of the Seventh International Symposium on Ballistics, 21:541-547.

Johnson G R, Holmquist T J. 1988. Evaluation of cylinder-impact test data for constitutive model constants. Journal of Applied Physics, 64 (8):3901-3910.

Li J, Jiao G, Wang B, et al. 2014. Damage characteristics and constitutive modeling of the 2D C/SiC composite: Part I-Experiment and analysis. Chinese Journal of Aeronautics, 27(6):1586-1597.

Maire J, Chaboche J. 1997. A new formulation of continuum damage mechanics (CDM) for composite materials. Aerospace Science and Technology, 1 (4):247-257.

Sun C, Chen J. 1989. A simple flow rule for characterizing nonlinear behavior of fiber composites. Journal of Composite Materials, 23 (10):1009-1020.

Thiruppukuzhi S V, Sun C. 2001. Models for the strain-rate-dependent behavior of polymer composites. Composites Science and Technology, 61 (1):1-12.

Xie J, Fang G, Chen Z, et al. 2017. An anisotropic elastoplastic damage constitutive model for 3D needled C/C-SiC composites. Composite Structures, 176:164-177.

Yang C P, Zhang L, Wang B, et al. 2017. Tensile behavior of 2D-C/SiC composites at elevated temperatures: Experiment and modeling. Journal of the European Ceramic Society, 37(4):1281-1290.

Zhang C, Qiao S, Yan K, et al. 2011. Mechanical properties of a carbon fiber reinforced self-healing multilayered matrix composite at elevated temperatures. Materials Science and Engineering A, 528 (7):3073-3078.

Zhang Y, Zhang L, Yin X, et al. 2016. Effects of porosity on in-plane and interlaminar shear strengths of two-dimensional carbon fiber reinforced silicon carbide composites. Materials and Design, 98(Supplement C):120-127.

第 3 章 超高温陶瓷材料温度相关性断裂强度理论表征模型

为了研究超高温陶瓷材料的高温力学性能，广大科研工作者开展了大量的实验研究工作，并取得了系列研究进展，大大加深了人们对超高温陶瓷材料高温力学性能的理解和认识。但是，由于超高温实验环境的营造极其困难，测量工作更是面临极大的挑战，目前的实验条件还难以完全满足基础研究及工程应用的需求。与此同时，科研工作者也建立了诸多的理论模型对超高温陶瓷材料常温下的力学性能进行表征，但超高温陶瓷材料的高温力学性能理论表征方法研究却相对滞后，理论表征模型屈指可数，且大都是基于唯象方法建立的。因此，进一步丰富和深入研究超高温陶瓷材料的高温变形及断裂理论，建立更具物理机理的温度相关性理论表征模型对更广泛材料的高温力学性能进行表征和预测迫在眉睫，同时也是材料力学性能研究急需突破的难点。

研究高温断裂强度对作为超高声速飞行器热防护材料的超高温陶瓷材料的设计和提高其应用可靠性至关重要。提高超高温陶瓷材料的高温断裂强度一直以来都是研究者追求的目标，且当前对此有重大需求。但目前对高温断裂强度的研究侧重于实验研究，实验测试的温度还比较低，还远远满足不了当前对高温断裂强度研究的强烈需求，且高温断裂强度很难测试，目前没有标准的方法，同时试验成本较高；特别是断裂强度试验，属于破坏性试验，需要一系列的试件，对于陶瓷材料，初始缺陷及不同工艺造成试件本身存在较大差异，这些都会导致断裂强度的分散性大，影响对材料温度相关性断裂强度的表征；而弹性模量(杨氏模量)试验测试属于非破坏性试验，可使用同一批试件进行不同温度下的实验测试，最大限度地避免了因试件差异带来的对温度相关性实验结果的影响。此外，高温下的弹性模量试验比断裂强度试验更易开展。基于此原因，美国国家航空航天局(NASA)采用的就是通过测试不同温度下的杨氏模量来间接表征相应温度下断裂强度的方法。特别是由于超高温陶瓷材料随着温度的升高其拉压异性逐渐增强，导致如果不对三点弯曲强度计算公式做出相应修正以充分考虑其拉压异性的影响，就会使得到的实验结果与实际高温强度存在较大偏差，而不同温度下如何对三点弯曲强度计算公式做出合理的修正本身就是一个尚未解决的难题。因此，超高温陶瓷高温断裂强度试验存在极大挑战，亟须开展理论研究工作，尽管常温下的力学性能理论表征工作很多，但不能直接推广应用于高温力学研究。本章在研究影响超高温陶瓷材料高温断裂强度的各种物理机制的基础上，提出一个可定量表征温度对材料强度影响的方法，建立具有深刻物理背景的温度相关性断裂强度模型，模型使得在现有条件下难以进行的高温断裂强度理论预报工作得以实现，且模型能较好地反映控制高温断裂强度的物理机理，阐明断裂强度对相关参数的敏感性及其敏感性随温度的变化规律。

3.1　超高温陶瓷材料温度相关性断裂强度模型

3.1.1　建模思想

　　基于机械力与热能均可打断化学键的事实，为了定量表征温度对断裂强度的影响，李卫国和方岱宁课题组(Li et al., 2010)提出了一个可定量表征温度对材料强度影响的方法——力热能量密度等效原理，其思想如下：①对一种特定材料，认为其存在一个储能极限，即材料发生破坏时对应一个固定不变的能量最大值，这个最大值可以用应变能表征，也可以用热能进行表征；②从对材料的破坏效果讲，认为材料储存的热能与应变能之间存在一种定量的等效关系。针对超高温陶瓷材料，提出了温度相关性临界失效能密度准则，即认为不同温度下，当材料内部的能量密度(应变能密度与等效的热能密度之和)达到了该固定不变的临界值时，材料即发生断裂。

3.1.2　理论模型

　　基于力热能量密度等效原理，李卫国和方岱宁课题组(Li et al., 2010)建立了温度相关性断裂强度理论表征模型，其推导过程如下。

　　由该建模思想可得

$$W_{\text{TOTAL}} = W_{\sigma_{\text{th}}}(T) + K W_T(T) \tag{3.1}$$

式中，W_{TOTAL} 为单位体积材料的储能极限值；$W_T(T)$ 为 T 温度下单位体积材料储存的热能；$W_{\sigma_{\text{th}}}(T)$ 为 T 温度下单位体积材料破坏时对应的应变能；T 为当前温度；K 为热能与应变能间的能量等效系数。

　　假设超高温陶瓷材料在脆韧转变温度以前符合线弹性关系，则 T 温度下单位体积材料断裂时对应的应变能可表达如下：

$$W_{\sigma_{\text{th}}}(T) = \frac{\left(\sigma_{\text{th}}(T)\right)^2}{2E(T)} \tag{3.2}$$

式中，$\sigma_{\text{th}}(T)$ 为材料温度相关性断裂强度；$E(T)$ 为材料温度相关性杨氏模量。

以 0℃为参考温度，对应的热能可表示为

$$W_T(T) = \int_0^T \rho C_p(T) \mathrm{d}T \tag{3.3}$$

式中，$C_p(T)$ 为材料温度相关性的定压比热容；ρ 为密度(温度对陶瓷材料 ρ 的影响很小)。

由以上定义可知

$$W_T(0) = 0 \tag{3.4}$$

当材料温度到达熔点 T_m 时，材料将因熔化而无法承受机械载荷作用，即

$$W_{\sigma_{th}}(T_m) = 0 \tag{3.5}$$

由式(3.1)可得到如下关系式：

$$W_{\mathrm{TOTAL}} = W_{\sigma_{th}}(0) = K W_T(T_m) \tag{3.6}$$

进而由式(3.6)可得

$$K = \frac{W_{\sigma_{th}}(0)}{W_T(T_m)} \tag{3.7}$$

即

$$K = \frac{\left(\sigma_{th}^0\right)^2}{2E_0} \frac{1}{\int_0^{T_m} \rho C_p(T) \mathrm{d}T} \tag{3.8}$$

式中，σ_{th}^0 与 E_0 分别为参考温度下的断裂强度与杨氏模量。

对陶瓷材料，由于其拉伸性能较压缩性能差，研究其拉伸断裂强度更重要。

对于单轴拉伸：

$$W_{\mathrm{TOTAL}} = K W_T(T) + W_{\sigma_{th}}(T) = K \int_0^T \rho C_p(T) \mathrm{d}T + \frac{\left(\sigma_{th}(T)\right)^2}{2E(T)} \tag{3.9}$$

若已知 $C_p(T)$ 与 $E(T)$，由式(3.9)可求得 $\sigma_{th}(T)$：

$$\sigma_{th}(T) = \left[2E(T) \left(W_{\mathrm{TOTAL}} - K \int_0^T \rho C_p(T) \mathrm{d}T \right) \right]^{1/2} \tag{3.10}$$

将式(3.6)与式(3.8)代入式(3.10)可得

$$\sigma_{th}(T) = \left[\frac{E(T)}{E_0} \left(1 - \frac{\int_0^T C_p(T) \mathrm{d}T}{\int_0^{T_m} C_p(T) \mathrm{d}T} \right) \right]^{1/2} \sigma_{th}^0 \tag{3.11}$$

式(3.11)即为建立的温度相关性断裂强度理论表征模型。从式(3.11)可以看出，该模型建立了不同温度下断裂强度与杨氏模量之间的定量关系，且模型中无任何拟合参数；模型中参考温度下的断裂强度与杨氏模量可以较容易地通过实验得到，比热容可以容易地从材料手册查到，而温度相关性杨氏模量亦可较容易地由实验获取，由此可通过温度相关性的杨氏模量及任意一个易获取的参考温度下的断裂强度来预测不同温度下的断裂强度，从而避免了高温断裂强度试验所带来的困难。此后，李卫国和方岱宁课题组将该模型的参考温度推广为任意温度，实现了对材料的温度相关性断裂强度更方便地预测，如式(3.12)所示：

$$\sigma_{\text{th}}(T) = \left[\frac{E(T)}{E(T_0)} \left(1 - \frac{\int_{T_0}^{T} C_p(T)\mathrm{d}T}{\int_{T_0}^{T_{\text{m}}} C_p(T)\mathrm{d}T} \right) \right]^{1/2} \sigma_{\text{th}}(T_0) \tag{3.12}$$

式中，T_0 为任意参考温度；$E(T_0)$ 和 $\sigma_{\text{th}}(T_0)$ 分别为任意参考温度 T_0 下材料的杨氏模量和断裂强度。

以上两个模型均无任何拟合参数，模型中的 T_{m} 与 $C_p(T)$ 可方便地从材料手册查到，且材料温度相关性的杨氏模量较易获取。

3.1.3　理论与实验结果对比

利用建立的温度相关性断裂强度模型(式(3.11))分别对 HfB$_2$、TiC 和 ZrB$_2$ 的断裂强度随温度的变化进行了预测，并与实验结果进行了对比，如图 3.1～图 3.3 所示。

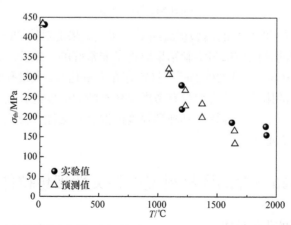

图 3.1　HfB$_2$ 的温度相关性强度与模型预测结果(Li et al., 2010) [实验数据来源于 Wuchina 等(2004)]

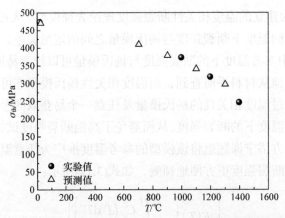

图 3.2　TiC 的温度相关性强度与模型预测结果(Li et al., 2010) [实验数据来源于 Song 等(2003)]

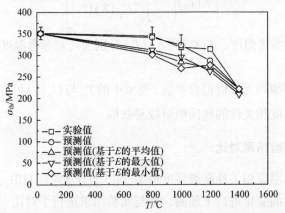

图 3.3　ZrB₂ 的温度相关性强度与模型预测结果(Li et al., 2010) [实验数据来源于 Meléndez-MartíNez 等(2002)]

　　从 HfB₂、TiC 和 ZrB₂ 的模型预测结果和实验结果的对比图(图 3.1～图 3.3)可以看到,该模型的预测结果与实验结果取得了非常好的一致性。在图 3.3 中,文献(Meléndez-MartíNez et al., 2002)所用材料存在大量孔洞。大量孔洞的存在对断裂强度会带来显著的影响,该模型没有考虑损伤对断裂强度的影响。对含有较明显缺陷的材料,为了能更好地描述其断裂强度的温度相关性,模型进一步考虑损伤的影响就显得很有必要。

3.2　单晶超高温陶瓷材料温度相关性理想拉伸强度模型

3.2.1　单晶材料的失效模式

　　目前,对于单晶材料,利用实验和计算方法,如分子动力学(molecular

dynamics, MD)方法、从头(ab initio, AI)计算方法，以及从头计算分子动力学(ab initio molecular dynamics, AI MD)方法研究其温度相关性理想拉伸强度还非常困难。很多单晶材料的温度相关性热学和力学性能均已通过实验测定，同时在 0K 的理想拉伸强度均已用 AI 方法计算得到，这为从理论上研究单晶材料的温度相关性理想拉伸强度提供了可能。在理论建模之前，先讨论 AI 和 MD 方法及晶须拉伸试验中单晶材料的失效模式。在 AI 计算中，理想强度被考虑为弹性不稳定或声子软化，应力-应变曲线类似于正弦形式(Krenn et al., 2001; Roundy et al., 2001; Šob et al., 1997)。这样，在 AI 计算中，理想强度是杨氏模量或剪切模量变为零时的最大应力。然而，在晶须拉伸试验中，直到晶须被拉断也没有出现塑性变形(Starliper and Kenworthy, 1974)。此外，在 MD 计算中，单晶材料表现出脆性断裂(Kotrechko and Ovsjannikov, 2009)。AI 和 MD 方法最大的差别之一就是 AI 方法模拟的是晶格本身的行为，而 MD 方法考虑了物体的有限尺寸。尽管存在如上差别，AI 计算给出的理想拉伸强度通常和晶须拉伸试验结果是比较接近的。例如，根据钨的晶须拉伸试验测得的室温理想拉伸强度为 26.17GPa (Starliper and Kenworthy, 1974)，用后面即将介绍的临界应变准则计算得到的 0K 理想拉伸强度为 27.25GPa，这个值和 AI 计算结果 28.9GPa (Šob et al., 1997)和 29.5GPa (Roundy et al., 2001)较为接近。这说明 AI 计算中的非线性对材料的理想拉伸强度贡献较小，或者晶须在接近晶格失稳或声子软化时发生破坏。

　　AI 计算中，弹性不稳定对应的应变和晶须拉伸试验中的断裂应变之间可按如下方式建立一个简单的转换关系。最大应力和 Bain 应变的关系式可写成(Grimvall et al., 2012)

$$\sigma^{\max} \approx \frac{2\varepsilon_{c}^{AI}}{\pi}E \tag{3.13}$$

式中，ε_{c}^{AI} 为 AI 计算中弹性不稳定对应的应变；E 为杨氏模量。

　　此外，根据晶须拉伸试验，理想强度可表示为

$$\sigma_{t} = \varepsilon_{c}^{LE}E \tag{3.14}$$

式中，ε_{c}^{LE} 为晶须拉伸试验中的断裂应变。

　　令式(3.13)与式(3.14)相等，即可得到 ε_{c}^{AI} 和 ε_{c}^{LE} 间的转换关系式：

$$\varepsilon_{c}^{LE} \approx \frac{2\varepsilon_{c}^{AI}}{\pi} = 0.6366\varepsilon_{c}^{AI} \tag{3.15}$$

　　Wang 等(1995)应用 Foiles 等(1986)给出的嵌入原子法函数，建立了原子间相互作用势模型，研究了 Au 在静水拉伸状态下的力学不稳定行为。根据 Wang 等

(1995)给出的 Au 的温度相关性晶格常数和一系列温度下力学不稳定时的应变,自由热应变可根据定义计算得到,断裂应变可根据式(3.15)计算得到,这样临界应变(自由热应变和断裂应变之和)便可得到,如图 3.4 所示。可见,临界应变均匀分布在用最小二乘法拟合的零斜率直线两边。

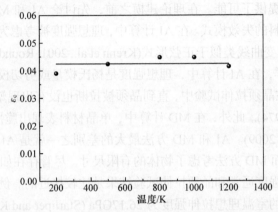

图 3.4　静水拉伸下 Au 的临界应变随温度的变化关系(自由热应变的参考温度为 0K)

为与晶须拉伸试验一致,本章的理论研究考虑了断裂失效,即考虑了没有位错发生,直到断裂塑性变形也不会出现,因此,线弹性理论仍然适用。

3.2.2　理论模型

1. 立方单晶的温度相关性理想拉伸强度模型

1) 立方单晶的本构关系

立方晶体有 3 个独立的柔度常数(或刚度系数),这些常数通常在如图 3.5 所示的笛卡儿直角坐标系(X, Y, Z)中给出,相应的本构关系可表示为

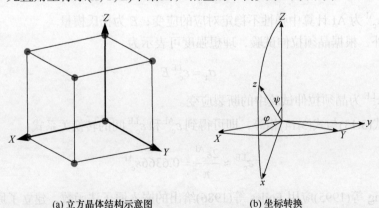

(a) 立方晶体结构示意图　　　　(b) 坐标转换

图 3.5　立方晶体结构示意图(坐标轴 X、Y 和 Z 分别平行于[100]、[010]和[001]晶向)和坐标转换

$$\begin{pmatrix} \varepsilon_1 \\ \varepsilon_2 \\ \varepsilon_3 \\ \varepsilon_4 \\ \varepsilon_5 \\ \varepsilon_6 \end{pmatrix} = \begin{bmatrix} S_{11} & S_{12} & S_{12} & 0 & 0 & 0 \\ S_{12} & S_{11} & S_{12} & 0 & 0 & 0 \\ S_{12} & S_{12} & S_{11} & 0 & 0 & 0 \\ 0 & 0 & 0 & S_{44} & 0 & 0 \\ 0 & 0 & 0 & 0 & S_{44} & 0 \\ 0 & 0 & 0 & 0 & 0 & S_{44} \end{bmatrix} \begin{pmatrix} \sigma_1 \\ \sigma_2 \\ \sigma_3 \\ \sigma_4 \\ \sigma_5 \\ \sigma_6 \end{pmatrix} \tag{3.16}$$

式中，ε_i 和 σ_i $(i=1,2,\cdots,6)$ 分别为名义(工程)应变和名义应力；S_{11}、S_{12} 和 S_{44} 为柔度常数(这里采用了 Voigt 记法)。

对于立方晶体，柔度常数、任意晶体学方向的杨氏模量 $E_{[hkl]}$ 和体积模数 B 均可从 3 个独立的弹性常数 C_{11}、C_{12} 和 C_{44} 中计算得到。相应的表达式可在文献(Liu et al., 2011; Grimvall, 1999)中找到。对于任意笛卡儿直角坐标系(x, y, z)(由(X, Y, Z)坐标系分别绕着 Z 和 Y 轴旋转 φ 和 ψ 角度得到)中的柔度常数可根据张量法则由(X, Y, Z)坐标系中的柔度常数转换得到(Zhang et al., 2008, 2006; Ballato, 1996)。特别地，任意晶体学方向$[hkl]$的杨氏模量可表示为(Liu et al., 2011; Zhang et al., 2008, 2006; Grimvall, 1999; Ballato, 1996)

$$\frac{1}{E_{[hkl]}} = S_{11} - 2\left(S_{11} - S_{12} - \frac{1}{2}S_{44}\right)\left(l_1^2 l_2^2 + l_2^2 l_3^2 + l_3^2 l_1^2\right) \tag{3.17}$$

式中，l_1、l_2 和 l_3 表示$[hkl]$方向在(X, Y, Z)坐标系中的方向余弦。特别地，对于[100]方向，$l_1=1$，$l_2=l_3=0$；对于[110]方向，$l_1=l_2=\dfrac{1}{\sqrt{2}}$，$l_3=0$；对于[111]方向，$l_1=l_2=l_3=\dfrac{1}{\sqrt{3}}$。

此外，$[hkl]$方向的线热膨胀系数可表示如下(Grimvall, 1999)：

$$\alpha_{[hkl]} = l_1^2 \alpha_1 + l_2^2 \alpha_2 + l_3^2 \alpha_3 = \alpha \tag{3.18}$$

式中，α_1、α_2 和 α_3 分别为[100]、[010]和[001]方向的线热膨胀系数。对于立方晶体，$\alpha_1=\alpha_2=\alpha_3=\alpha$，即立方晶体的线热膨胀系数与晶体学方向无关。

2) 临界失效能密度准则

改变系统热力学状态的方式有两种——机械功和热传递。换句话说，应变能和热能都对材料的断裂失效有贡献。然而，它们以不同的形式影响着材料的热力学状态，因此，在用它们共同去描述材料的热力学状态时，需要一个等价的转换。假设单位体积的材料存在一个最大储能值 W，这个值对应着材料断裂失效的起始，包含了应变能和与之等效的热能，可被诠释为临界失效能密度(Li et al., 2010)。

　　由于直到断裂，材料均为弹性，因而断裂强度是一个状态量。例如，选择材料的一个参考状态，在此状态，温度为 T_0，应力为零，那么在温度 T 下的断裂强度可按如下方式得到。先把物体均匀缓慢地从 T_0 加热到 T，然后再以准静态方式施加应力直至断裂。

　　为方便阐述和表达，下面的推导中先假设主应力方向平行于 X、Y 和 Z 轴。对于处于静水拉伸应力状态下的材料，临界失效能密度可表示为(Li et al., 2010)：

$$W = KW_T(T) + W_\sigma(T) \tag{3.19}$$

式中，$W_T(T)$ 为从 T_0 到 T 单位体积材料的热能改变量；$W_\sigma(T)$ 为温度 T 下材料断裂需要的应变能密度；K 为热能和应变能之间的转换系数。

　　$W_T(T)$ 可从式(3.20)计算得到：

$$W_T(T) = \int_{T_0}^{T} \rho C_p(T) \mathrm{d}T \tag{3.20}$$

式中，$C_p(T)$ 为定压比热容；ρ 为密度。

　　随着温度的升高，ρ 的改变量较小，因此忽略 ρ 的温度相关性。对于线弹性立方晶体，根据本构关系式(3.16)，静水拉伸应力状态下的应变能密度可表示为

$$W_\sigma(T) = \frac{3\sigma^2}{2}\left(S_{11}(T) + 2S_{12}(T)\right) \tag{3.21}$$

　　对于单晶材料，材料在刚升温到熔点时仍能抵抗拉伸变形，直到材料吸收了 ΔH_M 的热能(融化热)变成了液体，于是

$$W = K\left(W_T(T_m) + \rho \Delta H_M\right) \tag{3.22}$$

式中，T_m 为材料熔点。

　　如果参考温度 T_0 下，材料的静水理想拉伸强度 $\sigma_{ht}(T_0)$ 已知，则临界失效能密度还可表示为

$$W = \frac{3\left(\sigma_{ht}(T_0)\right)^2}{2}\left(S_{11}(T_0) + 2S_{12}(T_0)\right) \tag{3.23}$$

　　于是，热能和应变能之间的转换系数可表示为

$$K = \frac{1}{\int_{T_0}^{T_m} \rho C_p(T)\mathrm{d}T + \rho \Delta H_M}\frac{3\left(\sigma_{ht}(T_0)\right)^2}{2}\left(S_{11}(T_0) + 2S_{12}(T_0)\right) \tag{3.24}$$

　　这样，静水拉伸应力状态下立方单晶的温度相关性理想拉伸强度模型可表示

如下：

$$\sigma_{\mathrm{ht}}(T) = \sigma_{\mathrm{ht}}(T_0)\left[\frac{1}{S_{11}(T)+2S_{12}(T)}\left(S_{11}(T_0)+2S_{12}(T_0)\right)\right.$$

$$\left.\times\left(1-\frac{1}{\int_{T_0}^{T_{\mathrm{m}}}C_p(T)\mathrm{d}T+\Delta H_{\mathrm{M}}}\int_{T_0}^{T}C_p(T)\mathrm{d}T\right)\right]^{1/2} \tag{3.25}$$

此外，对于线弹性立方单晶，根据本构关系式(3.16)，一般三轴应力状态下的应变能密度可表示为

$$W_\sigma(T)=\frac{S_{11}(T)}{2}\left[\sigma_1^2+\sigma_2^2+\sigma_3^2+\frac{2}{S_{11}(T)}S_{12}(T)(\sigma_1\sigma_2+\sigma_2\sigma_3+\sigma_3\sigma_1)\right] \tag{3.26}$$

令式(3.26)等于式(3.21)，可得到与一般三轴应力状态相等效的静水拉伸应力：

$$\sigma=\left\{\frac{S_{11}(T)}{3\left(S_{11}(T)+2S_{12}(T)\right)}\left[\sigma_1^2+\sigma_2^2+\sigma_3^2+\frac{2}{S_{11}(T)}S_{12}(T)(\sigma_1\sigma_2+\sigma_2\sigma_3+\sigma_3\sigma_1)\right]\right\}^{1/2} \tag{3.27}$$

对于单轴拉伸：

$$\sigma=\left[\frac{S_{11}(T)}{3\left(S_{11}(T)+2S_{12}(T)\right)}\right]^{1/2}\sigma_1 \tag{3.28}$$

将式(3.28)代入式(3.23)，可得到用参考温度下的单轴理想拉伸强度 $\sigma_{\mathrm{ut}}(T_0)$ 表示的临界失效能密度：

$$W=\frac{S_{11}(T_0)}{2}\left(\sigma_{\mathrm{ut}}(T_0)\right)^2 \tag{3.29}$$

于是，式(3.24)变成

$$K=\frac{1}{\int_{T_0}^{T_{\mathrm{m}}}\rho C_p(T)\mathrm{d}T+\rho\Delta H_{\mathrm{M}}}\times\frac{S_{11}(T_0)}{2}\left(\sigma_{\mathrm{ut}}(T_0)\right)^2 \tag{3.30}$$

于是，可得到用参考温度下的单轴理想拉伸强度作为参考强度的静水拉伸应力状态下的温度相关性理想拉伸强度模型：

$$\sigma_{\mathrm{ht}}(T) = \sigma_{\mathrm{ut}}(T_0) \left[S_{11}(T_0) \frac{1}{3\left(S_{11}(T) + 2S_{12}(T)\right)} \right.$$

$$\left. \times \left(1 - \frac{1}{\int_{T_0}^{T_{\mathrm{m}}} C_p(T)\mathrm{d}T + \Delta H_{\mathrm{M}}} \int_{T_0}^{T} C_p(T)\mathrm{d}T \right) \right]^{1/2} \tag{3.31}$$

式(3.31)还可直接用式(3.28)将式(3.25)中的参考温度下的静水拉伸强度用单轴拉伸强度替换后得到。令式(3.27)等于式(3.31)，即可得到用单轴理想拉伸强度作为参考强度的一般三轴拉伸应力状态下的温度相关性理想拉伸强度模型。特别地，对于等双轴拉伸：

$$\sigma_{\mathrm{bt}}(T) = \sigma_{\mathrm{ut}}(T_0) \left[S_{11}(T_0) \frac{1}{2\left(S_{11}(T) + S_{12}(T)\right)} \times \left(1 - \frac{1}{\int_{T_0}^{T_{\mathrm{m}}} C_p(T)\mathrm{d}T + \Delta H_{\mathrm{M}}} \int_{T_0}^{T} C_p(T)\mathrm{d}T \right) \right]^{1/2} \tag{3.32}$$

式中，$\sigma_{\mathrm{bt}}(T)$ 为等双轴理想拉伸强度。

对于单轴拉伸：

$$\sigma_{\mathrm{ut}}(T) = \sigma_{\mathrm{ut}}(T_0) \left[S_{11}(T_0) \frac{1}{S_{11}(T)} \times \left(1 - \frac{1}{\int_{T_0}^{T_{\mathrm{m}}} C_p(T)\mathrm{d}T + \Delta H_{\mathrm{M}}} \int_{T_0}^{T} C_p(T)\mathrm{d}T \right) \right]^{1/2} \tag{3.33}$$

式(3.31)～式(3.33)可统一表示为

$$\sigma_{\mathrm{t}}(T) = \sigma_{\mathrm{ut}}(T_0) \left[S_{11}(T_0) \frac{1}{(n+1)\left(S_{11}(T) + nS_{12}(T)\right)} \right.$$

$$\left. \times \left(1 - \frac{1}{\int_{T_0}^{T_{\mathrm{m}}} C_p(T)\mathrm{d}T + \Delta H_{\mathrm{M}}} \int_{T_0}^{T} C_p(T)\mathrm{d}T \right) \right]^{1/2} \tag{3.34}$$

式中，$n = 0$、1 和 2 分别对应着单轴拉伸、等双轴拉伸和静水拉伸(此定义适用于本章中所有模型)。

如果参考温度下，材料的理想拉伸强度不满足临界失效能密度准则，即不同应力状态下的理想拉伸强度不满足式(3.35)：

$$\left(\sigma_{\mathrm{ut}}\left(T_0\right)\right)^2 = \left(\sigma_{\mathrm{t}}\left(T_0\right)\right)^2 + \sigma_2^2 + \sigma_3^2 + 2\frac{S_{12}\left(T_0\right)}{S_{11}\left(T_0\right)}\left(\sigma_{\mathrm{t}}\left(T_0\right)\sigma_2 + \sigma_2\sigma_3 + \sigma_3\sigma_{\mathrm{t}}\left(T_0\right)\right)$$

$$(3.35)$$

则该应力状态下的理想拉伸强度应用来确定临界失效能密度和转换系数 K，如式(3.25)，静水拉伸应力状态；式(3.33)，单轴拉伸应力状态；式(3.36)，等双轴拉伸应力状态。

$$\sigma_{\mathrm{bt}}\left(T\right) = \sigma_{\mathrm{bt}}\left(T_0\right)\left[\left(S_{11}\left(T_0\right) + S_{12}\left(T_0\right)\right)\frac{1}{S_{11}\left(T\right) + S_{12}\left(T\right)}\right.$$

$$\left. \times\left(1 - \frac{1}{\int_{T_0}^{T_{\mathrm{m}}}C_p\left(T\right)\mathrm{d}T + \Delta H_{\mathrm{M}}}\int_{T_0}^{T}C_p\left(T\right)\mathrm{d}T\right)\right]^{1/2}$$

$$(3.36)$$

同样，式(3.25)、式(3.33)和式(3.36)可统一表示为

$$\sigma_{\mathrm{t}}\left(T\right) = \sigma_{\mathrm{t}}\left(T_0\right)\left[\left(S_{11}\left(T_0\right) + nS_{12}\left(T_0\right)\right)\frac{1}{S_{11}\left(T\right) + nS_{12}\left(T\right)}\right.$$

$$\left. \times\left(1 - \frac{1}{\int_{T_0}^{T_{\mathrm{m}}}C_p\left(T\right)\mathrm{d}T + \Delta H_{\mathrm{M}}}\int_{T_0}^{T}C_p\left(T\right)\mathrm{d}T\right)\right]^{1/2}$$

$$(3.37)$$

特别地，利用体积模数的定义，静水拉伸应力状态下的温度相关性理想拉伸强度模型可表示为

$$\sigma_{\mathrm{ht}}\left(T\right) = \sigma_{\mathrm{ht}}\left(T_0\right)\left[\frac{1}{B\left(T_0\right)}B\left(T\right)\times\left(1 - \frac{1}{\int_{T_0}^{T_{\mathrm{m}}}C_p\left(T\right)\mathrm{d}T + \Delta H_{\mathrm{M}}}\int_{T_0}^{T}C_p\left(T\right)\mathrm{d}T\right)\right]^{1/2} \quad (3.38)$$

式中，B 为体积模数：

$$B = \frac{1}{3}(C_{11} + 2C_{12}) \tag{3.39}$$

注意，如上推导都是在主应力方向平行于[100]、[010]和[001]晶体学方向时得到的。对于任意应力状态，即在任意坐标系(x, y, z)下的理想拉伸强度模型，应首先根据张量规则得到该坐标系下的本构关系，然后再根据上面的建模思想和建模步骤推导。特别地，对于任意[hkl]方向的温度相关性单轴理想拉伸强度模型可表示为

$$\sigma_{[hkl]\mathrm{t}}(T) = \sigma_{[hkl]\mathrm{t}}(T_0)\left[\frac{1}{E_{[hkl]}(T_0)}E_{[hkl]}(T) \times \left(1 - \frac{1}{\int_{T_0}^{T_\mathrm{m}} C_p(T)\mathrm{d}T + \Delta H_\mathrm{M}}\int_{T_0}^{T} C_p(T)\mathrm{d}T\right)\right]^{1/2}$$

$$\tag{3.40}$$

3) 临界应变准则

材料的断裂失效本质上是由于机械载荷和热载荷作用破坏了原子键或分子键。因此，也可认为断裂失效是由于在机械载荷和热载荷作用下原子或分子间的最大间距达到了相应的临界值。换句话说，当由应力和温度引起的最大主应变达到了相应的临界值，断裂失效即发生。一般而言，临界应变可能与应力状态和温度有关。为简单起见，本节先讨论临界应变是温度无关的情形。

设主应力方向与(X, Y, Z)坐标轴平行，且参考温度 T_0^σ 下，材料的单轴理想拉伸强度 $\sigma_{\mathrm{ut}}(T_0^\sigma)$ 已知。从参考温度 T_0^σ 到当前温度 T 的自由热应变 $\varepsilon_{\mathrm{th}}(T)$ 可根据式(3.41)计算得到：

$$\varepsilon_{\mathrm{th}}(T) = \alpha(T)\left(T - T_0^\alpha\right) - \alpha\left(T_0^\sigma\right)\left(T_0^\sigma - T_0^\alpha\right) \tag{3.41}$$

式中，α 为总体形式线热膨胀系数；T_0^α 为热膨胀系数的参考温度。

这样，当前温度 T 下断裂失效需要的机械应变可表示为

$$\varepsilon_{\mathrm{c}}^{\mathrm{me}}(T) = S_{11}\left(T_0^\sigma\right)\sigma_{\mathrm{ut}}\left(T_0^\sigma\right) - \varepsilon_{\mathrm{th}}(T) \tag{3.42}$$

此外，由于断裂前材料均表现为线弹性的，故根据本构关系式(3.16)，临界应变还可表示为

$$\varepsilon_{\mathrm{c}}^{\mathrm{me}}(T) = S_{11}(T)\left[\sigma_{\mathrm{t}}(T) + \frac{S_{12}(T)}{S_{11}(T)}(\sigma_2 + \sigma_3)\right] \tag{3.43}$$

令式(3.43)等于式(3.42)，一般三轴应力状态下的温度相关性理想拉伸强度模型可表示为

$$\sigma_{\mathrm{t}}(T) = \frac{1}{S_{11}(T)}\left[S_{11}\left(T_0^{\sigma}\right)\sigma_{\mathrm{ut}}\left(T_0^{\sigma}\right) - \varepsilon_{\mathrm{th}}(T) - S_{12}(T)(\sigma_2 + \sigma_3)\right] \tag{3.44}$$

特别地，对于等轴拉伸，温度相关性理想拉伸强度模型可统一表示为

$$\sigma_{\mathrm{t}}(T) = \frac{1}{S_{11}(T) + nS_{12}(T)}\left[S_{11}\left(T_0^{\sigma}\right)\sigma_{\mathrm{ut}}\left(T_0^{\sigma}\right) - \varepsilon_{\mathrm{th}}(T)\right] \tag{3.45}$$

如果 $T_0^{\sigma} = T_0^{\alpha} = T_0$ (如两个参考温度都为室温或 0K)，式(3.41)可退化成

$$\varepsilon_{\mathrm{th}}(T) = \alpha(T)(T - T_0) \tag{3.46}$$

将式(3.46)代入式(3.44)即可得到相应的温度相关性理想拉伸强度模型。例如，等轴拉伸强度模型(式(3.45))变成

$$\sigma_{\mathrm{t}}(T) = \frac{1}{S_{11}(T) + nS_{12}(T)}\left[S_{11}\left(T_0^{\sigma}\right)\sigma_{\mathrm{ut}}\left(T_0^{\sigma}\right) - \alpha(T)(T - T_0)\right] \tag{3.47}$$

如果在参考温度下，材料一般应力状态下的理想拉伸强度不能通过单轴理想拉伸强度由最大线应变理论计算得到：

$$\sigma_{\mathrm{t}}\left(T_0^{\sigma}\right) + \frac{S_{12}\left(T_0^{\sigma}\right)}{S_{11}\left(T_0^{\sigma}\right)}(\sigma_2 + \sigma_3) = \sigma_{\mathrm{ut}}\left(T_0^{\sigma}\right) \tag{3.48}$$

则该应力状态下的理想拉伸强度应用来确定临界应变。类似地，可得到相应的温度相关性理想拉伸强度模型。特别地，对于等轴拉伸，温度相关性理想拉伸强度模型可表示为

$$\sigma_{\mathrm{t}}(T) = \frac{1}{S_{11}(T) + nS_{12}(T)}\left[\left(S_{11}\left(T_0^{\sigma}\right) + nS_{12}\left(T_0^{\sigma}\right)\right)\sigma_{\mathrm{t}}\left(T_0^{\sigma}\right) - \varepsilon_{\mathrm{th}}(T)\right] \tag{3.49}$$

特别地，静水拉伸应力状态下的温度相关性理想拉伸强度模型还可表示为

$$\sigma_{\mathrm{ht}}(T) = \left(\frac{1}{B\left(T_0^{\sigma}\right)}\sigma_{\mathrm{ht}}\left(T_0^{\sigma}\right) - 3\varepsilon_{\mathrm{th}}(T)\right)B(T) \tag{3.50}$$

同样，对于任意坐标系(x, y, z)下的理想拉伸强度模型，应首先根据张量规则得到该坐标系下的本构关系，然后再根据上面的建模思想和建模步骤推导相应的温度相关性理想拉伸强度模型。特别地，对于任意[hkl]方向的温度相关性单轴理想拉伸强度模型可表示为

$$\sigma_{[hkl]\mathrm{t}}(T) = \left(\frac{1}{E_{[hkl]}\left(T_0^{\sigma}\right)}\sigma_{[hkl]\mathrm{t}}\left(T_0^{\sigma}\right) - \varepsilon_{\mathrm{th}}(T)\right)E_{[hkl]}(T) \tag{3.51}$$

值得说明的是，上面的推导是在认为材料的临界应变温度无关的情形下得到

的。根据后面的计算结果和讨论，若不同温度下材料的临界应变不能看成一个常数，则在用临界应变准则建模时需要相应的参数化处理。

4) 模型讨论

上述两类模型建立起单晶材料的温度相关性理想拉伸强度和温度相关性弹性性质、定压比热容(临界失效能密度准则)和线热膨胀系数(临界应变准则)间的关系。很多单晶材料的高低温弹性常数、室温到材料熔点的定压比热容和 0K 到材料熔点的线热膨胀系数均已试验测定，可从文献或材料手册上查找到。

单晶材料 0K 的理想拉伸强度可用 AI 计算方法方便地计算得到，且很多材料的 0K 理想拉伸强度都已报道。因此，应用上面建立的温度相关性理想拉伸强度模型可方便地将材料参考温度下的理想拉伸强度推广到高温下。

2. 六方单晶的温度相关性理想拉伸强度

1) 六方单晶的本构关系

六方晶体有 5 个独立的柔度常数(或刚度系数)，这些常数通常在如图 3.6 所示的笛卡儿直角坐标系(X, Y, Z)中给出，相应的本构关系可表示为

$$
\begin{pmatrix} \varepsilon_1 \\ \varepsilon_2 \\ \varepsilon_3 \\ \varepsilon_4 \\ \varepsilon_5 \\ \varepsilon_6 \end{pmatrix} = \begin{bmatrix} S_{11} & S_{12} & S_{13} & 0 & 0 & 0 \\ S_{12} & S_{11} & S_{13} & 0 & 0 & 0 \\ S_{13} & S_{13} & S_{33} & 0 & 0 & 0 \\ 0 & 0 & 0 & S_{44} & 0 & 0 \\ 0 & 0 & 0 & 0 & S_{44} & 0 \\ 0 & 0 & 0 & 0 & 0 & 2(S_{11}-S_{12}) \end{bmatrix} \begin{pmatrix} \sigma_1 \\ \sigma_2 \\ \sigma_3 \\ \sigma_4 \\ \sigma_5 \\ \sigma_6 \end{pmatrix} \tag{3.52}
$$

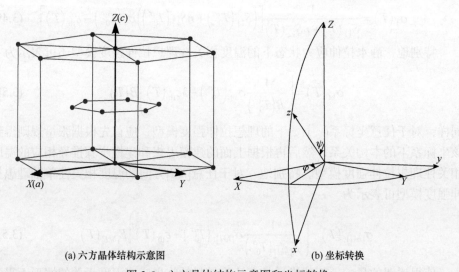

(a) 六方晶体结构示意图　　　(b) 坐标转换

图 3.6　六方晶体结构示意图和坐标转换

对于任意笛卡儿直角坐标系(x, y, z)(由(X, Y, Z)坐标系分别绕着Z和y轴旋转φ和ψ角度得到)中的柔度常数可根据张量法则由(X, Y, Z)坐标系中的柔度常数转换得到(Zhang et al., 2007, 2006)。特别地,沿任意z轴方向的杨氏模量可表示为(Zhang et al., 2007, 2006)

$$\frac{1}{E_z} = S_{11}\sin^4\psi + S_{33}\cos^4\psi + (2S_{13} + S_{44})\sin^2\psi\cos^2\psi \tag{3.53}$$

可见,E_z仅为ψ的函数,而与φ无关。这是由于六方晶体的晶体学Z轴具有最高 6 重的对称性(Zhang et al., 2007, 2006)。到目前为止,很多材料的刚度常数C_{11}、C_{12}、C_{13}、C_{33}和C_{44}均已试验测定。柔度常数可通过求解刚度矩阵的逆得到,并可表达为

$$S_{11} = \frac{1}{2}\left(\frac{1}{C_{11} - C_{12}} + C_{33}S\right) \tag{3.54}$$

$$S_{12} = \frac{1}{2}\left(C_{33}S - \frac{1}{C_{11} - C_{12}}\right) \tag{3.55}$$

$$S_{13} = -C_{13}S \tag{3.56}$$

$$S_{33} = (C_{11} + C_{12})S \tag{3.57}$$

$$S_{44} = \frac{1}{C_{44}} \tag{3.58}$$

$$S = \frac{1}{(C_{11} + C_{12})C_{33} - 2C_{13}^2} \tag{3.59}$$

六方晶体的热膨胀是晶体学方向相关的,任意z轴方向的线热膨胀系数可表示为(Grimvall, 1999)

$$\alpha_z = \alpha_c\cos^2\psi + \alpha_a\sin^2\psi \tag{3.60}$$

式中,α_c和α_a分别为c和a轴方向的线热膨胀系数。可见,α_z也仅为ψ的函数,而与φ无关。

2) 临界失效能密度准则

临界失效能密度准则认为单位体积的材料存在一个能量储存的最大值,这个值对应着材料断裂失效的起始,被称为临界失效能密度,它包含了应变能和与之等效的热能(Li et al., 2010)。如主应力方向平行于X、Y和Z方向,根据本构关系式(3.52),则六方单晶的应变能密度可表示为

$$
\begin{aligned}
&W_\sigma(T, \sigma_1, \sigma_2, \sigma_3) \\
&= \frac{1}{2}S_{11}(T)(\sigma_1^2 + \sigma_2^2) + \frac{1}{2}S_{33}(T)\sigma_3^2 + S_{12}(T)\sigma_1\sigma_2 + S_{13}(T)(\sigma_1 + \sigma_2)\sigma_3
\end{aligned} \tag{3.61}
$$

式中，σ_1、σ_2 和 σ_3 分别为 X、Y 和 Z 方向的主应力。从参考温度 T_0 到当前温度 T 的单位体积的热能可根据式(3.20)计算得到。如参考温度 T_0 下，参考强度 σ_1、σ_2、$\sigma_{3t}(T_0)$（$\sigma_{3t}(T_0)$ 为 Z 方向的拉伸强度）已知，则热能和应变能之间的转换系数可表示为

$$K = \frac{1}{\displaystyle\int_{T_0}^{T_m} \rho C_p(T)\mathrm{d}T + \rho\Delta H_M} W_\sigma\left(T_0, \sigma_1, \sigma_2, \sigma_{3t}(T_0)\right) \tag{3.62}$$

从而，相应的温度相关性理想拉伸强度可从下式计算得到：

$$W_\sigma\left(T, \sigma_X, \sigma_Y, \sigma_{3t}(T)\right) = W_\sigma\left(T_0, \sigma_1, \sigma_2, \sigma_{3t}(T_0)\right)\left(1 - \frac{1}{\displaystyle\int_{T_0}^{T_m} C_p(T)\mathrm{d}T + \Delta H_M}\int_{T_0}^{T} C_p(T)\mathrm{d}T\right)$$

$$\tag{3.63}$$

式中，σ_X 和 σ_Y 为当前状态下 X 和 Y 方向的主应力；$\sigma_{3t}(T)$ 为 Z 方向的理想拉伸强度。

类似地，X 和 Y 方向的温度相关性理想拉伸强度可分别从下面两式计算得到：

$$W_\sigma\left(T, \sigma_{1t}(T), \sigma_Y, \sigma_Z\right) = W_\sigma\left(T_0, \sigma_{1t}(T_0), \sigma_2, \sigma_3\right)\left(1 - \frac{1}{\displaystyle\int_{T_0}^{T_m} C_p(T)\mathrm{d}T + \Delta H_M}\int_{T_0}^{T} C_p(T)\mathrm{d}T\right)$$

$$\tag{3.64}$$

$$W_\sigma\left(T, \sigma_X, \sigma_{2t}(T), \sigma_Z\right) = W_\sigma\left(T_0, \sigma_1, \sigma_{2t}(T_0), \sigma_3\right)\left(1 - \frac{1}{\displaystyle\int_{T_0}^{T_m} C_p(T)\mathrm{d}T + \Delta H_M}\int_{T_0}^{T} C_p(T)\mathrm{d}T\right)$$

$$\tag{3.65}$$

式中，$\sigma_{1t}(T_0)$ 和 $\sigma_{2t}(T_0)$ 分别为参考状态下 X 和 Y 方向的理想拉伸强度；σ_3 和 σ_Z 分别为参考状态和当前状态下 Z 方向的主应力；$\sigma_{1t}(T)$ 和 $\sigma_{2t}(T)$ 分别为 X 和 Y 方向的理想拉伸强度。

如主应力方向不平行于 X、Y 和 Z 轴，则式(3.52)中的柔度矩阵应用转换后的柔度矩阵替换，相应的温度相关性理想拉伸强度模型可根据相同的步骤推导得到。特别地，对于单轴拉伸，任意 Z 轴方向的温度相关性理想拉伸强度模型可表示为

$$\sigma_{Zt}(T) = \sigma_{Zt}(T_0) \left[\frac{1}{E_Z(T_0)} E_Z(T) \left(1 - \frac{1}{\int_{T_0}^{T_m} C_p(T)\mathrm{d}T + \Delta H_M} \int_{T_0}^{T} C_p(T)\mathrm{d}T \right) \right]^{1/2}$$

(3.66)

式中，$\sigma_{Zt}(T_0)$ 和 $E_Z(T_0)$ 分别为参考温度 T_0 下 Z 轴方向的单轴理想拉伸强度和杨氏模量。

3) 临界应变准则

在上一节中，为了揭示立方单晶的高温失效准则，用临界应变准则研究了立方单晶的温度相关性理想拉伸强度。结果表明，临界应变准则能合理地给出立方单晶理想拉伸强度的温度相关性，这说明了立方单晶的高温失效准则是应变控制的。这里，出于同样的原因，将用临界应变准则(Cheng and Li, 2015)研究六方单晶的温度相关性理想拉伸强度。设参考温度 T_0^σ 下，Z 方向的参考强度为 $(\sigma_1, \sigma_2, \sigma_{3t}(T_0^\sigma))$，则当前温度 T 下，Z 方向的临界应变的机械部分可表示为

$$\varepsilon_c^{me}(T) = S_{13}(T_0^\sigma)(\sigma_1 + \sigma_2) + S_{33}(T_0^\sigma)\sigma_{3t}(T_0^\sigma) - \varepsilon_{th}(T)$$

(3.67)

式中，ε_{th} 是从参考温度 T_0^σ 到当前温度 T 的自由热应变，见式(3.41)。注意，此时 α 为 c 轴方向的线热膨胀系数，即 $\alpha = \alpha_c$。此外，$\varepsilon_c^{me}(T)$ 还可表示为

$$\varepsilon_c^{me}(T) = S_{13}(T)(\sigma_X + \sigma_Y) + S_{33}(T)\sigma_{3t}(T)$$

(3.68)

令式(3.68)等于式(3.67)，则相应的温度相关性理想拉伸强度模型可表示如下：

$$\sigma_{3t}(T) = \frac{1}{S_{33}(T)} \left[S_{13}(T_0^\sigma)(\sigma_1 + \sigma_2) + S_{33}(T_0^\sigma)\sigma_{3t}(T_0^\sigma) - \varepsilon_{th}(T) - S_{13}(T)(\sigma_X + \sigma_Y) \right]$$

(3.69)

同样，若断裂失效发生在 X 或 Y 方向，相应的温度相关性理想拉伸强度模型可类似地得到，并表达为

$$\sigma_{1t}(T) = \frac{1}{S_{11}(T)} \times \Big(S_{11}(T_0^\sigma)\sigma_{1t}(T_0^\sigma) + S_{12}(T_0^\sigma)\sigma_2 + S_{13}(T_0^\sigma)\sigma_3 \\ - \varepsilon_{th}(T) - S_{12}(T)\sigma_Y - S_{13}(T)\sigma_Z \Big)$$

(3.70)

$$\sigma_{2t}(T) = \frac{1}{S_{11}(T)} \times \Big(S_{12}(T_0^\sigma)\sigma_1 + S_{11}(T_0^\sigma)\sigma_{2t}(T_0^\sigma) + S_{13}(T_0^\sigma)\sigma_3 \\ - \varepsilon_{th}(T) - S_{12}(T)\sigma_X - S_{13}(T)\sigma_Z \Big)$$

(3.71)

注意，对于六方单晶，线热膨胀系数是与 ψ 有关的，故在式(3.70)和式(3.71)

中 a 轴方向的线热膨胀系数应用来计算自由热应变，即 $\alpha=\alpha_a$。特别地，对于单轴拉伸，任意 Z 方向的温度相关性理想拉伸强度模型可表示为

$$\sigma_{Zt}(T)=\left(\frac{1}{E_Z\left(T_0^\sigma\right)}\sigma_{Zt}\left(T_0^\sigma\right)-\varepsilon_{th}(T)\right)E_Z(T) \tag{3.72}$$

式中，$\sigma_{Zt}\left(T_0^\sigma\right)$ 和 $E_Z\left(T_0^\sigma\right)$ 分别为参考温度 T_0^σ 下 Z 轴方向的单轴理想拉伸强度和杨氏模量。同样，式(3.72)中应用 Z 轴方向的线热膨胀系数(式(3.60))来计算自由热应变。

3.2.3 理论与实验结果对比

1. 单晶 ZrB_2

ZrB_2 从 0K 到室温和从室温到材料熔点($T_m=3518K$(Fahrenholtz et al., 2010))的定压比热容可分别在文献(Sun et al., 2013; Lawson et al., 2011; Chase, 1998)和材料手册(Knacke et al., 1991; 叶大伦, 1981)中找到。ZrB_2 的熔化热 $\Delta H_M=104.6kJ/mol$(Knacke et al., 1991; 叶大伦, 1981)。Lönnberg (1988)试验测定了Ⅳ-Ⅶ过渡族金属硼化物从室温到 1500K 的晶格常数 a 和 c，由此，ZrB_2 的线热膨胀系数可从式(3.54)计算得到。本小节中取 $T_0^\sigma=T_0^\alpha=T_0=300K$(临界应变准则中强度参考温度和线热膨胀系数参考温度都为室温)和 $T_0=0K$(临界失效能密度准则中强度参考温度为热力学零度)。ZrB_2 的温度相关性定压比热容和晶格常数如图 3.7 所示。计算中大于 1500K 的晶格常数由 Lönnberg 提供的公式外推得到。

Okamoto 等(2010, 2003)测量了从室温到 1373K 的 ZrB_2 单晶 5 个独立的弹性常数，相应的柔度常数可从式(3.54)~式(3.59)计算得到，进而 a 向和 c 向的杨氏模量可由式(3.53)计算得到，如图 3.8 所示。ZrB_2 多晶的等效杨氏模量可根据 Voigt-

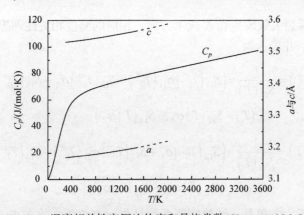

图 3.7 ZrB_2 温度相关性定压比热容和晶格常数(Cheng and Li, 2015)

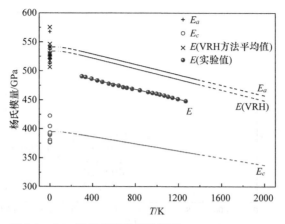

图 3.8　ZrB$_2$ 温度相关性杨氏模量(Cheng et al., 2015)

Reuss-Hill (VRH)方法(Hill, 1952; Reuss, 1929; Voigt, 1928)计算得到(对于六方单晶，相应的计算公式可在文献(Panda and Chandran, 2006; Grimvall, 1999)中方便找到)。高于 1373K 的杨氏模量根据 Okamoto 等提供的公式外推得到的弹性常数计算得到。低温杨氏模量(由室温到 350K 之间的杨氏模量)可用式(3.73)拟合(Wachtman et al., 1961)：

$$E(T) = E_0 - HT \exp\left(-\frac{T_E}{T}\right) \tag{3.73}$$

式中，$E(T)$ 的单位为 GPa；T 的单位为 K；E_0 为 0K 的杨氏模量；H 和 T_E 为拟合参数，室温以上的杨氏模量可用二次多项式拟合。

图 3.8 中还给出了 Wiley 等(1969)试验测得的 ZrB$_2$ 多晶的杨氏模量和根据 AI 计算(Duan et al., 2012; Kumar et al., 2012; Lawson et al., 2011; Zhang et al., 2010, 2009; Milman et al., 2005; Mahmud et al., 2004)给出的 0K 弹性常数计算得到的杨氏模量。从图 3.8 可见，根据 AI 计算给出的弹性常数计算得到的杨氏模量均匀分布在用式(3.73)外推得到的 0K 杨氏模量两边，这说明杨氏模量的外推是合理的。

Zhang 等(2010)用 AI 计算方法得到了 ZrB$_2$ 在 0K 的理想拉伸强度，$\sigma_{\langle 0001 \rangle t} = 53.3$GPa，$\sigma_{\langle \bar{1}2\bar{1}0 \rangle t} = 56.9$GPa 和 $\sigma_{\langle 10\bar{1}0 \rangle t} = 41.6$GPa。进而，ZrB$_2$ 沿着这 3 个晶体学方向的温度相关性单轴理想拉伸强度可计算得到，如图 3.9 所示。此外，Samvedi 和 Tomar(2013)还用 AI MD 方法研究了 ZrB$_2$ 沿 c 轴方向的从室温到 2500K 的理想拉伸强度。

2. 单晶 HfB$_2$

由于昂贵的造价，文献中关于 HfB$_2$ 的实验数据非常少。Kaur 等(2009)和

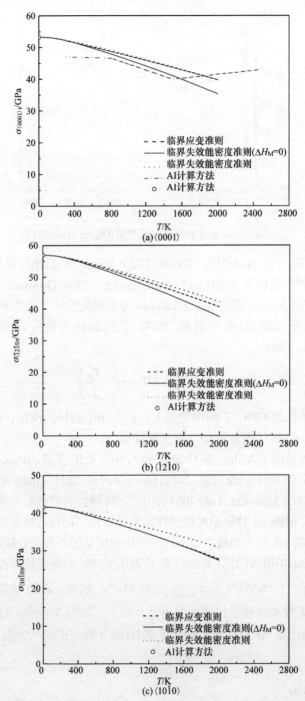

图 3.9　ZrB_2 的 $\langle 0001 \rangle$、$\langle \bar{1}2\bar{1}0 \rangle$ 和 $\langle 10\bar{1}0 \rangle$ 晶体学方向的温度相关性单轴理想拉伸强度

(Cheng and Li, 2015)

Lawson 等(2011)用计算的手段研究报道了 HfB$_2$ 从 0K 到 1000K 的定压比热容。Lawson 等的结果表明,在 1000K 以下 HfB$_2$ 和 ZrB$_2$ 的定压比热容几乎是一样的。本算例中计算需要的从 0K 到室温的定压比热容取自 Lawson 等的报道。材料手册(Knacke et al., 1991; 叶大伦, 1981)给出了 HfB$_2$ 从室温到 1500K 的定压比热容的表达式。此外, Loehman 等(2006)根据热物理特性研究中心(TPRC)数据(Touloukian et al., 1975)给出了 HfB$_2$ 从室温到 2500K 的定压比热容表达式。本算例中 HfB$_2$ 从室温到材料熔点(T_m = 3653K(Fahrenholtz et al., 2010))的定压比热容为材料手册和 Loehman 等提供的公式的平均。作者没有查找到 HfB$_2$ 的熔化热, 计算中取 ZrB$_2$ 和 TiB$_2$ 熔化热的平均, 为 ΔH_M = 104.600kJ/mol。HfB$_2$ 的温度相关性晶格常数来自 Lönnberg 的试验及外推。HfB$_2$ 的温度相关性定压比热容和晶格常数如图 3.10 所示。

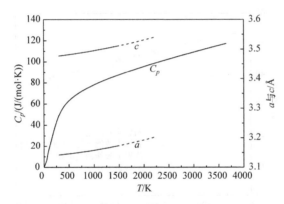

图 3.10　HfB$_2$ 温度相关性定压比热容和晶格常数(Cheng and Li, 2015)

Gonzales 等(2010)用 AI MD 方法计算给出了 HfB$_2$ 在 273K、1273K、1673K、2000K 和 2200K 的弹性常数。进而, 可计算出从 273K 到 2200K 的 HfB$_2$ 的 a 向和 c 向杨氏模量, 如图 3.11 所示(注意, 由于 Gonzales 等给出的 1673K 时的弹性常数明显偏高, 故计算中没有用这组数据)。低温杨氏模量由 273K 到室温之间的杨氏模量根据式(3.66)用最小二乘法外推得到。此外, 0K 杨氏模量还根据 AI 计算(Duan et al., 2012; Lawson et al., 2011; Zhang et al., 2010, 2009)给出的弹性常数计算得到。可见, 根据 Gonzales 等提供的数据外推后的 0K 杨氏模量比根据 AI 数据的计算结果偏低。

将 Zhang 等(2010)报道的 HfB$_2$ 在 0K 的理想拉伸强度, $\sigma_{\langle 0001 \rangle\,t}$ = 53.8GPa, $\sigma_{\langle \bar{1}2\bar{1}0 \rangle\,t}$ = 58.6GPa 和 $\sigma_{\langle 10\bar{1}0 \rangle\,t}$ = 37.3GPa 作为参考强度, 计算得到的 HfB$_2$ 的温度相关性单轴理想拉伸强度如图 3.12 所示。

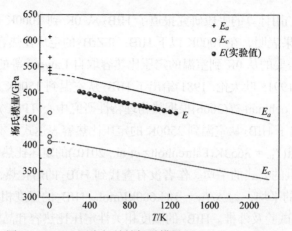

图 3.11 HfB₂ 温度相关性杨氏模量(Cheng and Li, 2015)

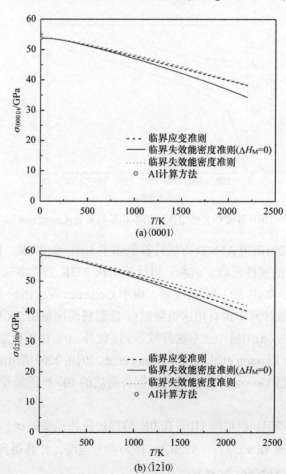

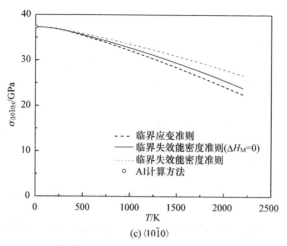

(c) ⟨10$\bar{1}$0⟩

图 3.12　HfB$_2$ 的 ⟨0001⟩、⟨$\bar{1}$2$\bar{1}$0⟩ 和 ⟨10$\bar{1}$0⟩ 晶体学方向的温度相关性单轴理想拉伸强度

(Cheng and Li, 2015)

3. 单晶 TiB$_2$

TiB$_2$ 的温度相关性定压比热容和晶格常数如图 3.13 所示。其中，0～100K、100K 到室温、室温到材料熔点(T_m = 3193K(Knacke et al., 1991; 叶大伦, 1981))的定压比热容分别来自文献(Sun et al., 2013; Chase, 1998)和材料手册(Knacke et al., 1991; 叶大伦, 1981)。TiB$_2$ 的熔化热 ΔH_M = 100.416kJ/mol (Knacke et al., 1991; 叶大伦, 1981)。室温到 2000K 的晶格常数 a 和 c 均来自 Munro (2000)的文献。

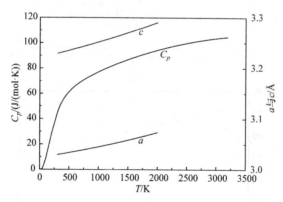

图 3.13　TiB$_2$ 温度相关性定压比热容和晶格常数(Cheng and Li, 2015)

TiB$_2$ 从 0K 到 2000K 的杨氏模量根据 Okamoto 等(2010)的数据按照和 ZrB$_2$ 相同的步骤计算得到，0K 的杨氏模量还根据 AI 计算(Sun et al., 2013; Duan et al., 2012; Kumar et al., 2012; Zhang et al., 2010; Panda and Chandran, 2006; Milman and Warren, 2001)给出的弹性常数计算得到，如图 3.14 所示。

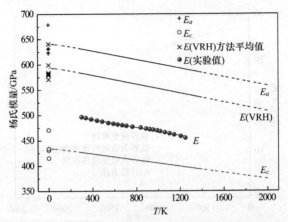

图 3.14　TiB₂ 温度相关性杨氏模量(Cheng and Li, 2015)

根据 Zhang 等(2010)报道的参考强度 $\sigma_{\langle 0001 \rangle \, t}$ = 60.2GPa、$\sigma_{\langle \bar{1}2\bar{1}0 \rangle \, t}$ = 72.5GPa 和 $\sigma_{\langle 10\bar{1}0 \rangle \, t}$ = 54.1GPa,计算得到的 TiB₂ 的温度相关性单轴理想拉伸强度如图 3.15 所示。

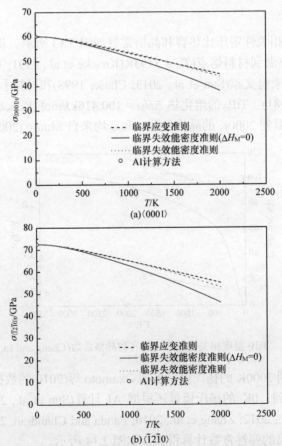

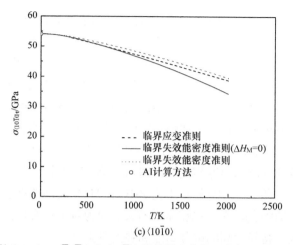

(c) $\langle 10\bar{1}0 \rangle$

图 3.15　TiB$_2$ 的 $\langle 0001 \rangle$、$\langle \bar{1}2\bar{1}0 \rangle$ 和 $\langle 10\bar{1}0 \rangle$ 晶体学方向的温度相关性单轴理想拉伸强度

(Cheng and Li, 2015)

4. 讨论

从图 3.8、图 3.11 和图 3.14 可见，随着温度的升高，ZrB$_2$、HfB$_2$ 和 TiB$_2$ 的杨氏模量先近似保持不变，然后再近似线性地降低。这与上一节的立方单晶的杨氏模量的温度相关性是一致的。杨氏模量以零斜率逼近 0K 时的数值是热力学第三定律的要求(Wachtman et al., 1961)。此外，从图 3.8 和图 3.14 可见，实际测量到的多晶体的杨氏模量比根据单晶弹性常数用 VRH 方法计算得到的杨氏模量低，但它们的温度相关性是一致的(Voigt 和 Reuss 公式给出的上下限非常接近，因此，用 VRH 方法计算得到的等效杨氏模量是非常精确的)。这是由于晶界、杂质和微缺陷(如损伤和微裂纹)会降低杨氏模量的数值，但通常不会改变其温度相关性。

从图 3.9、图 3.12 和图 3.15 可见，临界应变准则给出的 $\langle 0001 \rangle$ 方向的单轴理想拉伸强度和临界失效能密度准则给出的结果吻合得很好。然而，两个模型在预测 $\langle \bar{1}2\bar{1}0 \rangle$ 和 $\langle 10\bar{1}0 \rangle$ 方向的单轴理想拉伸强度时存在一些偏差。这是由于，计算中用到了 AI 计算给出的 0K 理想拉伸强度作为参考强度，然而，在(0001)基面内，AI 计算给出的理想拉伸强度是各向异性的，而杨氏模量和热膨胀又是各向同性的(见式(3.53)和式(3.70))。AI 计算给出的理想拉伸强度的这种各向异性在立方单晶中也存在。此外，从 Zhang 等(2010)的计算结果可见，$\langle \bar{1}2\bar{1}0 \rangle$ 和 $\langle 10\bar{1}0 \rangle$ 方向的应力-应变曲线几乎是重合的，直到非线性出现，即理想拉伸强度在(0001)基面内的这种各向异性与加载过程中非线性的出现有关。

从图 3.9(a)可见，AI MD 方法给出的理想拉伸强度在 800～1500K 时和理论模型给出的相近，但在 300～800K 时 AI MD 方法给出的理想拉伸强度随着温度的升高下降得非常缓慢,1500～2500K 时理想拉伸强度表现出弱的逆温度相关性。Samvedi 和 Tomar(2013)认为,这种反常的行为是由在拉伸过程中发生了键的严重旋转和出现了缺陷(如位错)所致。从图 3.8、图 3.9、图 3.11、图 3.12、图 3.14 和图 3.15 可见,ZrB_2、HfB_2 和 TiB_2 理想拉伸强度的温度相关性和杨氏模量相似,即随着温度的升高,理想拉伸强度先近似保持不变,然后再近似线性地降低。这与前面给出的立方单晶的理想拉伸强度的温度相关性是一致的。

基于上面的讨论,临界失效能密度准则合理地给出了这 3 个硼化物超高温陶瓷材料的理想拉伸强度的温度相关性,即六方单晶理想拉伸强度的高温失效准则也是应变控制的。此外,TiB_2 显示出比 ZrB_2 和 HfB_2 较高的理想拉伸强度和杨氏模量。这应该与 TiB_2 的较短的晶格常数有关,因为对于具有相似电子结构的材料而言,较短的键长将导致高的键分离能和强的键强度。

3.3　超高温陶瓷材料热-损伤断裂强度模型

3.3.1　理论模型

目前研究结果表明,随着温度的升高,①控制断裂的主要机制会发生变化(例如,室温破坏往往是由已经存在的裂纹突然扩展所致——对单个裂纹尺寸敏感;而高温破坏是一个广泛分布的显微结构损伤积累的过程——对单个裂纹尺寸不敏感)。②高温下损伤缺陷形态会发生演化(例如,等效裂纹趋于椭球形)。

鉴于断裂强度与弹性模量对缺陷敏感性的差异,为了能更好地描述高温断裂强度的温度相关性,特别是对含有明显缺陷的材料,模型进一步考虑损伤的影响就显得很有必要。

基于以上分析采用解耦的思想,建立了如式(3.74)所示的热-损伤断裂强度模型:

$$\sigma_{th}(T,l) = \sigma_{th}(T)\frac{\sigma_0^f}{\sigma_{th}^0} \qquad (3.74)$$

式中,$\sigma_{th}(T)$ 为初始损伤状态的温度相关性断裂强度;σ_0^f 为参考温度下与当前损伤相关的断裂强度;σ_{th}^0 为初始状态参考温度下的断裂强度;l 为裂纹的半长。

1. $\sigma_{th}(T)$ 的表达

与前面建立的温度相关性断裂强度模型(式(3.11))类似,不同之处是多考虑了熔化热的影响。基于力热能量密度等效原理可得

$$W_{\text{TOTAL}} = KW_T(T) + W_{\sigma_{\text{th}}}(T) \qquad (3.75)$$

式中，W_{TOTAL} 为单位体积材料的储能极限值；T 为当前温度；$W_T(T)$ 为 T 温度下单位体积材料储存的热能；$W_{\sigma_{\text{th}}}(T)$ 为 T 温度下单位体积材料破坏时对应的应变能；K 为热能与应变能间的能量转换系数。

陶瓷材料假设符合线弹性关系：

$$W_{\sigma_{\text{th}}}(T) = \frac{\left(\sigma_{\text{th}}(T)\right)^2}{2E(T)} \qquad (3.76)$$

式中，$\sigma_{\text{th}}(T)$ 为 T 温度下对应的材料强度；$E(T)$ 为 T 温度下对应的杨氏模量。

以 0℃为参考温度对应热能可表示为

$$W_T(T) = \int_0^T \rho C_p(T)\mathrm{d}T + \rho\Delta H \qquad (3.77)$$

式中，$C_p(T)$ 为 T 温度下对应的定压比热容；ρ 为材料的密度(温度对陶瓷材料的密度影响很小)；ΔH 与熔化热 ΔH_{M} 相关，可具体表示为

$$\begin{cases} \Delta H = 0 & T < T_{\text{m}} \\ \Delta H = \Delta H_{\text{M}} & T = T_{\text{m}} \end{cases} \qquad (3.78)$$

由以上定义可知

$$W_T(0) = 0 \qquad (3.79)$$

$$W_{\sigma_{\text{th}}}(T_{\text{m}}) = 0 \qquad (3.80)$$

所以由式(3.75)可得到式(3.81)：

$$W_{\text{TOTAL}} = W_{\sigma_{\text{th}}}\big|_{T=0} = K\left(W_T + \rho\Delta H_{\text{M}}\right)\big|_{T=T_{\text{m}}} \qquad (3.81)$$

由式(3.81)可得

$$K = \frac{W_{\sigma_{\text{th}}}\big|_{T=0}}{\left(W_T + \rho\Delta H_{\text{M}}\right)\big|_{T=T_{\text{m}}}} \qquad (3.82)$$

即

$$K = \frac{\left(\sigma_{\text{th}}^0\right)^2}{2E_0\left(\int_0^{T_{\text{m}}} \rho C_p(T)\mathrm{d}T + \rho\Delta H_{\text{M}}\right)} \qquad (3.83)$$

陶瓷材料拉伸性能较差，考虑单轴拉伸情况：

$$W_{\text{TOTAL}} = KW_T(T) + W_{\sigma_{\text{th}}}(T) = K\int_0^T \rho C_p(T)\mathrm{d}T + \frac{\left(\sigma_{\text{th}}(T)\right)^2}{2E(T)} \tag{3.84}$$

若已知 K、$C_p(T)$、$E(T)$ 以及 ΔH_{M}，由式(3.84)与式(3.81)、式(3.83)可求 $\sigma_{\text{th}}(T)$：

$$\sigma_{\text{th}}(T) = \left[\frac{\left(\sigma_{\text{th}}^0\right)^2}{E_0} \cdot E(T)\left(1 - \frac{1}{\int_0^{T_{\text{m}}} C_p(T)\mathrm{d}T + \Delta H_{\text{M}}}\int_0^T C_p(T)\mathrm{d}T\right)\right]^{1/2} \tag{3.85}$$

2. σ_0^{f} 的表达

对于扁平状裂纹，临界断裂强度 σ_0^{f} 与 l 存在以下关系：

$$\sigma_0^{\text{f}} = \left[\frac{E_0 G_0^{\text{f}}}{2\left(1 - \nu^2\right)l}\right]^{1/2} \tag{3.86}$$

式中，E_0、ν、G_0^{f} 分别为参考温度下初始状态的杨氏模量、泊松比和断裂能；l 为裂纹的半长。

式(3.86)中没有考虑损伤对杨氏模量的影响，当损伤积累效应明显时，有必要考虑损伤积累对杨氏模量的影响。

如果材料中的裂纹均匀分布，则微裂纹的存在对材料杨氏模量的影响为 (Krstic and Erickson, 1987)：

$$E = E_0\left[1 + \frac{16\left(1 - \nu^2\right)Nl^3}{3}\right]^{-1} \tag{3.87}$$

式中，E_0 为无裂纹存在时复合材料的杨氏模量；N 为单位体积中的裂纹数，即裂纹密度；假设微裂纹的存在对材料的泊松比 ν 没有大的影响。

高温破坏是一个广泛分布的显微结构损伤的积累过程，且对单个裂纹尺寸不敏感，因此为考虑损伤积累对强度的影响，利用式(3.86)、式(3.87)可得修正的断裂强度表达式：

$$\sigma_0^{\text{f}} = \left\{\frac{E_0 G_0^{\text{f}}}{2\left(1 - \nu^2\right)l}\left[1 + \frac{16\left(1 - \nu^2\right)Nl^3}{3}\right]^{-1}\right\}^{1/2} \tag{3.88}$$

3. 适用于高温的断裂强度

把式(3.85)与式(3.88)代入式(3.74)可得 $T < T_\mathrm{m}$ 时高温断裂强度的表达式：

$$\sigma_\mathrm{th}(T,l) = \sigma_\mathrm{th}(T)\frac{\sigma_0^\mathrm{f}}{\sigma_\mathrm{th}^0}$$

$$= \left\{\frac{G_0^\mathrm{f}E(T)}{2(1-\nu^2)l}\left(1-\frac{1}{\int_0^{T_\mathrm{m}}C_p(T)\mathrm{d}T+\Delta H_\mathrm{M}}\int_0^T C_p(T)\mathrm{d}T\right)\left[1+\frac{16(1-\nu^2)Nl^3}{3}\right]^{-1}\right\}^{1/2}$$

$$(3.89)$$

4. 适用于高温的断裂强度的一种简化形式

利用已有杨氏模量温度相关性的实验结果可对式(3.89)进一步简化，文献中的实验表明，杨氏模量的变化显然是温度与损伤共同作用的结果，因此文献中的杨氏模量可记为 $E(T,N,l)$

$$E(T,N,l) = E(T)\left[1+\frac{16(1-\nu^2)Nl^3}{3}\right]^{-1} \tag{3.90}$$

由式(3.90)可得

$$E(T) = E(T,N,l)\left[1+\frac{16(1-\nu^2)Nl^3}{3}\right] \tag{3.91}$$

把式(3.91)代入式(3.89)可得 $T < T_\mathrm{m}$ 时高温断裂强度的表达式：

$$\sigma_\mathrm{th}(T,l) = \left[\frac{G_0^\mathrm{f}E(T,N,l)}{2(1-\nu^2)l}\left(1-\frac{1}{\int_0^{T_\mathrm{m}}C_p(T)\mathrm{d}T+\Delta H_\mathrm{M}}\int_0^T C_p(T)\mathrm{d}T\right)\right]^{1/2} \tag{3.92}$$

$$\sigma_\mathrm{th}(T,l) = \left[\frac{G_0^\mathrm{f}E(T,N,l)}{2(1-\nu^2)\left(\frac{3V}{4\pi\alpha}\right)^{\frac{1}{3}}}\left(1-\frac{1}{\int_0^{T_\mathrm{m}}C_p(T)\mathrm{d}T+\Delta H_\mathrm{M}}\int_0^T C_p(T)\mathrm{d}T\right)\right]^{1/2} \tag{3.93}$$

$$G_0^\mathrm{f} = \frac{K_\mathrm{IC}^2}{E_0} \qquad \text{(平面应力情形)} \tag{3.94}$$

$$\sigma_{\text{th}}(T,l) = \left[\frac{K_{\text{IC}}^2 E(T,N,l)}{2E_0\left(1-\nu^2\right)\left(\dfrac{3V}{4\pi\alpha}\right)^{\frac{1}{3}}} \left(1 - \frac{1}{\displaystyle\int_0^{T_m} C_p(T)\mathrm{d}T + \Delta H_{\text{M}}} \int_0^T C_p(T)\mathrm{d}T \right) \right]^{1/2} \quad (3.95)$$

式中，V 为单个损伤体积；α 为损伤形状系数，用以描述裂纹形状的变化。

式(3.95)即为得到的适用于超高温的热-损伤耦合的强度模型。该模型的优点：

(1) 通过 $C_p(T)$ 这个缺陷不敏感参数方便地把温度与缺陷影响分离，且 $C_p(T)$ 可以方便地从材料手册得到；

(2) 断裂能 G_f 随温度的变化趋势较复杂，实验难以得到，该模型仅使用参考温度下的断裂能，避开了对其温度相关性的依赖；

(3) 模型更好地揭示了控制高温强度的物理机理；

(4) 适用于整个温度历程；

(5) 可方便地往各种情况退化，当不考虑温度影响、不考虑损伤的积累及形状的变化时即为格里菲斯强度模型。

模型使得在现有条件下难以进行的高温强度理论预报工作得以实现，且模型较好地揭示了控制高温强度的物理机理。

3.3.2　理论与实验结果对比

利用前面建立的超高温陶瓷材料的断裂强度模型对碳化钛(TiC)陶瓷材料断裂强度的温度相关性进行了预测，并对断裂强度对相关参数的敏感性进行了分析。

TiC 高温断裂强度预测中使用的材料参数如表 3.1 所示，从图 3.16 可看出，计算结果和实验结果吻合较好。

表 3.1　碳化钛的材料参数

参数	数值及表达式
$E(T)$ /GPa	见文献(Song et al., 2003)
E_0 /GPa	444 (Song et al., 2003)
ν	0.195 (Zhang et al., 1995)
K_{IC} /(MPa·m$^{1/2}$)	3.82 (Plucknett et al., 2010)
T_m /℃	3016.85 (叶大伦, 1981)
ΔH_{M} /(cal/mol)	1.7×10^4 (叶大伦, 1981)
$C_p(T)$ /(cal/mol)	$11.94+0.23\times10^{-3}T-3.53\times10^5T^{-2}+0.45\times10^{-6}T^2$ (叶大伦, 1981)

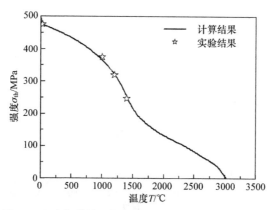

图 3.16　碳化钛(TiC)温度相关性强度及模型预测[实验数据来源于 Song 等(2003)]

3.3.3　裂纹形状及尺寸对高温断裂强度的影响

为了考察断裂强度对裂纹尺寸敏感性随温度的变化规律,采用图 3.17 中裂纹尺寸与温度的对应关系对断裂强度进行了预测,得到了如图 3.18 所示的计算结果。从图 3.17 和图 3.18 可以看出,随着温度的升高,尽管对应的裂纹尺寸存在较大差异,A、B 对应的断裂强度曲线差异越来越小并趋于重合,这说明随着温度的升高断裂强度对裂纹尺寸的敏感性迅速变小。因此,高温下裂纹尺寸对断裂强度的影响相对于温度对断裂强度的影响已经变得很微小。

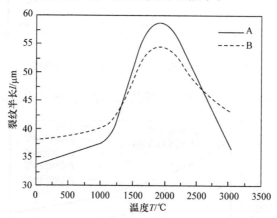

图 3.17　裂纹半长与温度的对应关系曲线

从图 3.19 可以看出,随着温度升高,曲线斜率越来越小直至趋于水平,这说明断裂强度对裂纹尺寸的敏感性随着温度的升高迅速降低。由单个曲线斜率的变化可以看出,敏感程度随 Δl 的变化,l 增加幅度越小越显著,减小幅度越大越显著。同时,增减相同幅值时,对应的对断裂强度造成的变化幅值存在较大差异,尺寸减小对应较大的断裂强度变化,温度越低差异越明显。

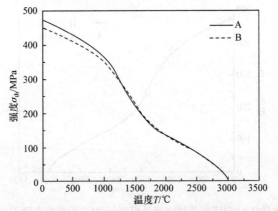

图 3.18　对应图 3.17 中裂纹尺寸的强度与温度的关系曲线

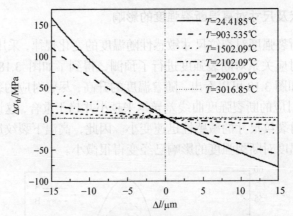

图 3.19　不同温度对应的 $\Delta\sigma_{th}$-Δl 关系曲线

从图 3.20 中不同温度对应的系列曲线可以看出，随着温度的升高断裂强度对

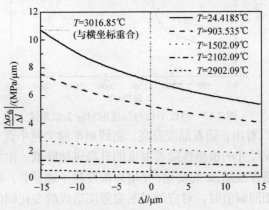

图 3.20　不同温度对应的 $\left|\dfrac{\Delta\sigma_{th}}{\Delta l}\right|$-$\Delta l$ 关系曲线

裂纹尺寸的敏感性越来越低；由较低温度对应的曲线的变化趋势可以看出敏感程度随 l 增减幅度 Δl 的变化趋势，l 增加幅度越小越显著，减小幅度越大越显著。而温度较高时，断裂强度对裂纹尺寸增幅 Δl 的敏感性较低且变化不大。

3.3.4　杨氏模量对高温断裂强度的影响

从图 3.21 可以看出，温度较低时 ΔE-$\Delta\sigma_{th}$ 关系曲线几乎是几条相互重合的直线，表明较低温度下，断裂强度对 E 及其变化幅值的大小不敏感；由较高温度对应曲线非线性程度的增强可以看出，随着温度的升高断裂强度对 E 的敏感性增强。另外，由单个曲线斜率的变化可以看出，高温时敏感程度随 E 增减幅度的变化，E 增加幅度越小曲线斜率越大，即断裂强度对小幅度杨氏模量的增加更敏感；而由 $T = 2902.09℃$ 对应的曲线可以看出，当 E 减小时，减小幅度越大断裂强度对其变化越敏感。增减相同幅值时，模量的减小对断裂强度的影响更显著。

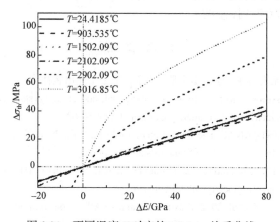

图 3.21　不同温度 T 对应的 ΔE-$\Delta\sigma_{th}$ 关系曲线

3.4　本 章 小 结

本章建立了基于物理机理的温度相关性断裂强度模型及热-损伤断裂强度模型。模型使得在现有条件下难以进行的高温断裂强度理论预报工作得以实现，且模型较好地反映了控制高温断裂强度的物理机理；对高温断裂强度进行了预测，预测结果与实验结果吻合较好；阐明了断裂强度对相关参数的敏感性及其敏感性随温度的变化规律。研究结果表明，超高温陶瓷材料的高温断裂强度对裂纹尺寸不敏感、对弹性模量非常敏感，弹性模量是高温断裂强度的主导。此结论可以为达到低温增韧高温增强的目的设计出具有较高高温断裂强度及较好低温韧性的材料提供思路和途径。

　　用理论方法详细研究了立方单晶和六方单晶的温度相关性理想拉伸强度。从临界失效能密度准则和临界应变准则出发，建立了立方单晶和六方单晶的温度相关性理想拉伸强度模型，从而将单晶材料的温度相关性理想拉伸强度和温度相关性弹性性质，定压比热容(临界失效能密度准则)和线热膨胀系数(临界应变准则)联系了起来，进而将参考温度下的理想拉伸强度外推到其他温度。计算中需要的温度相关性弹性常数、定压比热容、线热膨胀系数和参考强度都可方便地从文献中找到。从理论上研究了立方单晶(W、Al 和 Fe)和六方单晶(ZrB$_2$、HfB$_2$ 和 TiB$_2$)的温度相关性理想拉伸强度。特别地，Al 是从热力学零度到材料熔点的。研究表明，立方单晶和六方单晶的理想拉伸强度与杨氏模量的温度相关性相似，即随着温度的升高，理想拉伸强度先近似保持不变，然后再近似线性地降低。计算结果和 AI 计算方法、AI MD 方法和 MD 方法的结果进行了比较，通过理论分析说明了所建模型在预测单晶材料理想拉伸强度时的合理性，且说明了立方单晶和六方单晶的高温失效准则均为应变控制的。

参 考 文 献

叶大伦. 1981. 实用无机物热力学数据手册. 北京：冶金工业出版社.

Ballato A. 1996. Poisson's ratio for tetragonal, hexagonal, and cubic crystals. IEEE Transactions on Ultrasonics Ferroelectrics and Frequency Control, 43(1): 56-62.

Chase M W. 1998. NIST-JANAF, Thermochemical Tables. 4th Ed. New York: American Institute of Physics for the National Institute of Standards and Technology.

Cheng T, Li W. 2015. The temperature-dependent ideal tensile strength of ZrB$_2$, HfB$_2$, and TiB$_2$. Journal of the American Ceramic Society, 98(1): 190-196.

Duan Y H, Sun Y, Guo Z Z, et al. 2012. Elastic constants of AlB$_2$-type compounds from first-principles calculations. Computational Materials Science, 51(1): 112-116.

Fahrenholtz W G, Hilmas G E, Talmy I G, et al. 2010. Refractory diborides of zirconium and hafnium. Journal of the American Ceramic Society, 90(5): 1347-1364.

Foiles S M, Baskes M I, Daw M S. 1986. Embedded-atom-method functions for the fcc metals Cu, Ag, Au, Ni, Pd, Pt, and their alloys. Physical Review B, 33(12): 7983-7991.

Gonzales M, Chessa J, Ramana C V. 2010. An ab initio study of the elastic behavior of single crystal group (IV) diborides at elevated temperatures. Applied Physics Letters, 97(21): 211908.

Grimvall G. 1999. Thermophysical Properties of Materials. Amsterdam: Elsevier .

Grimvall G, Magyari-Köpe B, Ozolinš V, et al. 2012. Lattice instabilities in metallic elements. Review of Modern Physics, 84(2): 945-986.

Hill R. 1952. The elastic behaviour of a crystalline aggregate. Proceedings of the Physical Society, Section A, 65(5): 349-354.

Kaur N, Mohan R, Gaur N K, et al. 2009. Cohesive and thermal properties of transition metal diborides. Physica B: Condensed Matter, 404(8-11): 1607-1610.

Knacke O, Kubaschewski O, Hesselmann K. 1991. Thermochemical Properties of Inorganic

Substances. 2nd Ed. Berlin:Springer.

Kotrechko S, Ovsjannikov A. 2009. Temperature dependence of the yield stress of metallic nano-sized crystals. Philosophical Magazine, 89(33): 3049-3058.

Krenn C R, Roundy D, Morris J W, et al. 2001. Ideal strengths of bcc metals. Materials Science and Engineering A, 319-321: 111-114.

Krstic V O, Erickson W H. 1987. A model for the porosity dependence of Young's modulus in brittle solids based on crack opening displacement. Journal of Materials Science, 22(8): 2881-2886.

Kumar R, Mishra M C, Sharma B K, et al. 2012. Electronic structure and elastic properties of TiB_2 and ZrB_2. Computational Materials Science, 61: 150-157.

Lawson J W, Jr C W B, Daw M S. 2011. Ab initio computations of electronic, mechanical, and thermal properties of ZrB_2 and HfB_2. Journal of the American Ceramic Society, 94(10): 3494-3499.

Li W, Yang F, Fang D. 2010. The temperature-dependent fracture strength model for ultra-high temperature ceramics. Acta Mechanica Sinica, 26(2): 235-239.

Liu Y L, Zhou H B, Zhang Y. 2011. Ideal mechanical properties of vanadium by a first-principles computational tensile test. Journal of Nuclear Materials, 416(3): 345-349.

Loehman R, Corral E, Dumm H P, et al. 2006. Ultra high temperature ceramics for hypersonic vehicle applications. Albuquerque: Sandia National Laboratories.

Lönnberg B. 1988. Thermal expansion studies on the group IV-VII transition metal diborides. Journal of the Less-Common Metals, 141(1): 145-156.

Mahmud S T, Islam A K M A, Islam F N. 2004. VB_2 and ZrB_2: A density functional study. Journal of Physics: Condensed Matter, 16(13): 2335-2344.

Meléndez-MartíNez J J, DomíNguez-RodríGuez A, Monteverde F, et al. 2002. Characterisation and high temperature mechanical properties of zirconium boride-based materials. Journal of the European Ceramic Society, 22(14-15): 2543-2549.

Milman V, Probert M I J, Winkler B. 2005. Stiffness and thermal expansion of ZrB_2: An ab initio study. Journal of Physics: Condensed Matter, 17(13): 2233-2242.

Milman V, Warren M C. 2001. Elastic properties of TiB_2 and MgB_2. Journal of Physics: Condensed Matter, 13(13): 5585-5595.

Munro R G. 2000. Material properties of titanium diboride. Journal of Research of the National Institute of Standards and Technology, 105(5): 709-720.

Okamoto N L, Kusakari M, Tanaka K, et al. 2003. Temperature dependence of thermal expansion and elastic constants of single crystals of ZrB_2 and the suitability of ZrB_2 as a substrate for GaN film. Journal of Applied Physics, 93(1): 88-93.

Okamoto N L, Kusakari M, Tanaka K, et al. 2010. Anisotropic elastic constants and thermal expansivities in monocrystal CrB, TiB, and ZrB. Acta Materialia, 58(1): 76-84.

Panda K B, Chandran K S R. 2006. Determination of elastic constants of titanium diboride (TiB) from first principles using FLAPW implementation of the density functional theory. Computational Materials Science, 35(2): 134-150.

Plucknett K P, Becher P F, Alexander K B. 2010. In-situ SEM observation of the fracture behaviour of titanium carbide/nickel aluminide composites. Journal of Microscopy, 185(2): 206-216.

Reuss A Z. 1929. Berechnung der fliessgrenze von mischkristallen auf grund der plastizitaettsbedieng ung fuer einkristalle. Zeitschrift fur Angewandte Mathematik und Mechanik, 9(1): 49-58.

Roundy D, Krenn C R, Cohen M L, et al. 2001. The ideal strength of tungsten. Philosophical Magazine A, 81(7): 1725-1747.

Samvedi V, Tomar V. 2013. An ab initio study of ZrB_2-SiC interface strength as a function of temperature: Correlating phononic and electronic thermal contributions. Journal of the European Ceramic Society, 33(3): 615-625.

Šob M, Wang L G, Vitek V. 1997. Theoretical tensile stress in tungsten single crystals by full-potential first-principles calculations. Materials Science and Engineering A, 234-236: 1075-1078.

Song G M, Zhou Y, Kang S J L. 2003. Experimental description of thermomechanical properties of carbon fiber-reinforced TiC matrix composites. Materials and Design, 24(8): 639-646.

Starliper A G, Kenworthy H. 1974. Tungsten whiskers by vapor-phase growth. Electrodeposition and Surface Treatments, 2(4): 249-262.

Sun L, Gao Y, Xiao B, et al. 2013. Anisotropic elastic and thermal properties of titanium borides by first-principles calculations. Journal of Alloys and Compounds, 579(6): 457-467.

Touloukian Y S, Kirby R K, Taylor R E, et al. 1975. Thermal Expansion of Metallic Elements and Alloys, Thermophysical Properties of Matter. New York: Plenum Press.

Voigt W. 1928. Lehrbook der Kristallphysik. 2nd ed. Teubner: Leipsig.

Wachtman J B, Tefft W E, Lam D G, et al. 1961. Exponential temperature dependence of Young's modulus for several oxides. Physical Review, 122(6): 1754-1759.

Wang J H, Li J, Yip S, et al. 1995. Mechanical instabilities of homogeneous crystals. Physical Review B, 52(17): 12627-12635.

Wiley D E, Manning W R, Jr O H. 1969. Elastic properties of polycrystalline TiB_2, ZrB_2 and HfB_2 from room temperature to 1300K. Journal of the Less-Common Metals, 18(2): 149-157.

Wuchina E, Opeka M, Causey S, et al. 2004. Designing for ultra-high-temperature applications: The mechanical and thermal properties of HfB_2, HfC_x, HfN_x and $\alpha Hf(N)$. Journal of Materials Science, 39(19): 1729-1752.

Zhang L M, Liu J, Yuan R Z, et al. 1995. Properties of TiC-Ni_3Al composites and structural optimization of TiC-Ni_3Al functionally gradient materials. Materials Science and Engineering A, 203(1-2): 272-277.

Zhang J M, Zhang Y, Xu K W, et al. 2006. General compliance transformation relation and applications for anisotropic hexagonal metals. Solid State Communications, 139(3): 87-91.

Zhang J M, Zhang Y, Xu K W, et al. 2007. Anisotropic elasticity in hexagonal crystals. Thin Solid Films, 515(17): 7020-7024.

Zhang J M, Zhang Y, Xu K W, et al. 2008. Young's modulus surface and Poisson's ratio curve for cubic metals. Chinese Physics B, 38(5): 1565-1573.

Zhang X, Luo X, Han J, et al. 2009. Electronic structure, elasticity and hardness of diborides of zirconium and hafnium: First principles calculations. Computational Materials Science, 44(2): 411-421.

Zhang X, Luo X, Li J, et al. 2010. The ideal strength of transition metal diborides TMB (TM=Ti, Zr, Hf): Plastic anisotropy and the role of prismatic slip. Scripta Materialia, 62(8): 625-628.

第 4 章　超高温陶瓷基复合材料高温断裂强度
理论表征模型

超高温陶瓷基复合材料因其具有较高的断裂强度、断裂韧性、硬度及抗氧化性能等优点而备受关注，其被广泛应用于高超声速飞行器的鼻锥、翼前缘等关键部位。考虑到材料的高温应用背景，开展材料温度相关性断裂强度研究就显得非常重要。实验方面，目前超高温陶瓷基复合材料高温强度的实验研究结果因高温强度测试的困难及涉密等原因，致使实验数据匮乏且较为分散、不系统。而且，目前大多数实验测试温度偏低，没有达到飞行器实际使役环境温度的要求。与此同时，一个系统的实验往往需要大量的人力、物力与时间。理论方面，正如 Science 一篇头版综述中所指出的 "陶瓷材料的高温应用是应用大大超前于理论研究的一个例子。要想充分发挥陶瓷材料的潜力，必须从基础理论研究出发"。《中国学科发展战略·新型飞行器中的关键力学问题》指出，建立科学有效的材料高温强度理论是力学工作者的使命和重要任务。当前，陶瓷基复合材料在不同温度下断裂强度的理论表征仍然是一个尚未解决的问题。本章介绍在李卫国和方岱宁提出的力热能量密度等效原理以及经典的断裂理论的基础上，分别建立的可考虑增强颗粒、纤维与层状结构影响的超高温陶瓷基复合材料的温度相关性断裂强度模型，可实现对陶瓷基复合材料温度相关性断裂强度方便的预测。此外，利用所建模型，系统研究不同影响机制在不同温度下对超高温陶瓷基复合材料断裂强度的影响，进一步为提高材料高温强度、应用可靠性提供指导及可能的途径。

4.1　颗粒增强超高温陶瓷基复合材料

4.1.1　温度相关性断裂强度模型

对于颗粒增强陶瓷基复合材料，由于基体材料和添加材料之间热膨胀系数的不同，当从烧结温度冷却到室温时材料中会产生残余热应力，较大的残余热应力会导致添加颗粒周围产生裂纹，尤其是在其他应力作用下(Krstic, 2006, 1988, 1984; Green, 1981; Davidge and Green, 1968)。当基体热膨胀系数大于添加相的热膨胀系数时，添加颗粒周围会产生射线形裂纹。研究表明，添加颗粒边界衍生出的射线形裂纹对材料强度非常危险，因为该裂纹很容易和附近颗粒边界衍生出的裂纹或是材料中的主要裂纹相连接(Green, 1981; Davidge and Green, 1968)。材料的临界缺陷尺寸会和该射线形裂纹有关，还和材料制备过程中形成的孔洞等初始缺陷有关。目前已有研究结果表明，颗粒增强陶瓷基复合材料的断裂强度主要受添加相晶粒尺寸及已有缺陷尺寸的共同影响(Krstic, 2006, 1988, 1984; Green, 1981)。本章首先将介绍关于添加一定体积含量的球形增强颗粒的陶瓷基复合材料的温度相关性断裂强度的表征工作，其模型如图 4.1 所示，增强颗粒周围包围一个环形裂纹。在本节中，假设基体材料热膨胀系数大于增强颗粒热膨胀系数；增强颗粒在材料中均匀分布且不考虑缺陷之间的相互影响。

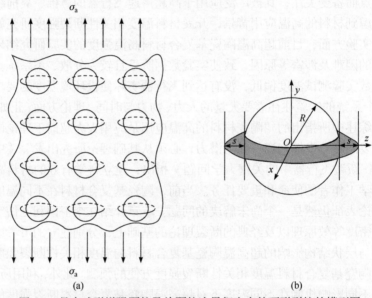

图 4.1 具有球形增强颗粒及从颗粒边界衍生出的环形裂纹的模型图
σ_a 为外部应力；R 为晶粒尺寸；s 为缺陷尺寸

对于具有球形颗粒及从其晶粒边界衍生出裂纹的陶瓷基复合材料，当施加外部应力时，从晶粒边界衍生出的裂纹尖端应力集中由外部应力和残余热应力引起(Krstic, 2006, 1988, 1984; Green, 1981)。因此，当计算裂纹尖端应力强度因子时，需综合考虑外部应力和残余热应力的影响。从球形颗粒边界衍生出的环形裂纹形状可等效为一个球形孔加径向裂纹，且求解该裂纹尖端应力强度因子时可通过假设将球形颗粒放入具有相同尺寸的球形孔中来处理(Krstic, 2006, 1988, 1984)。本节将利用上述思想求解环形裂纹尖端应力强度因子。

从颗粒边界衍生出的裂纹的应力强度因子可由式(4.1)获取(Barenblatt, 1962)：

$$K = \frac{2}{(\pi C)^{1/2}} \int_a^b \frac{\sigma r \mathrm{d}r}{(C^2 - r^2)^{1/2}} \tag{4.1}$$

式中，K 为应力强度因子；$C=R+s$；σ 为应力分布函数；r 为从颗粒中心到积分点的距离；(a,b)是对应的应力积分区间。这里，两种应力分布需要考虑，一种是分布于球形孔边界及裂纹面上由外部应力引起的应力场，另一种是分布于球形颗粒边界及裂纹面上由残余热应力引起的应力场，如图 4.2 所示。这两种应力都可引起裂纹的张开。

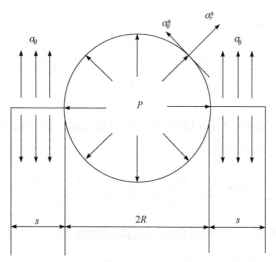

图 4.2　球形颗粒及裂纹面应力分布简图

σ_r^a 和 σ_θ^a 分别为由外部应力引起的分布于颗粒边界径向应力部分和切向应力部分；P 为残余热应力；σ_θ 为由外部应力和残余热应力引起的分布于裂纹面上的切向应力部分

由外部应力 σ_a 引起的分布于球形孔边界上径向应力部分和切向应力部分可表示如下(Goodier, 1933)：

$$\sigma_r^a = \frac{\sigma_a}{2}(1+\cos 2\theta) + \sigma_a \left\{ -\frac{13-10\nu_m}{2(7-5\nu_m)}\left(\frac{R}{r}\right)^3 - \frac{5\nu_m}{2(7-5\nu_m)}\left(\frac{R}{r}\right)^3 + \frac{3}{7-5\nu_m}\left(\frac{R}{r}\right)^5 \right.$$
$$\left. + \left[-\frac{5(5-\nu_m)}{2(7-5\nu_m)}\left(\frac{R}{r}\right)^3 + \frac{9}{7-5\nu_m}\left(\frac{R}{r}\right)^5 \right]\cos 2\theta \right\}$$

$$(4.2a)$$

$$\sigma_\theta^a = \frac{\sigma_a}{2}(1-\cos 2\theta) + \sigma_a \left\{ \frac{13-10\nu_m}{4(7-5\nu_m)}\left(\frac{R}{r}\right)^3 - \frac{5\nu_m}{2(7-5\nu_m)}\left(\frac{R}{r}\right)^3 - \frac{3}{4(7-5\nu_m)}\left(\frac{R}{r}\right)^5 \right.$$
$$\left. + \left[\frac{5(1-2\nu_m)}{4(7-5\nu_m)}\left(\frac{R}{r}\right)^3 - \frac{21}{4(7-5\nu_m)}\left(\frac{R}{r}\right)^5 \right]\cos 2\theta \right\}$$

$$(4.2b)$$

式中，ν_m 为基体材料泊松比；r 为极半径。

上述径向应力部分和切向应力部分都会加强裂纹尖端的应力集中，因为两种应力沿垂直于裂纹面方向的分量都可使裂纹张开(Krstic, 2006, 1988, 1984)。这两种应力对裂纹尖端应力集中的贡献取决于 θ 角的大小。这两种应力沿垂直于裂纹面方向的分量的合力可表示如下：

$$\sigma_t^h = \sigma_r^a \cos\theta + \sigma_\theta^a \sin\theta$$
$$= \sigma_a\left[\frac{1}{2}\sin\theta - \frac{1}{2}\cos 2\theta\sin\theta + \frac{5-10\nu_m}{2(7-5\nu_m)}\sin\theta - \frac{8+5\nu_m}{2(7-5\nu_m)}\cos 2\theta\sin\theta\right]$$

(4.3)

由外部应力引起的分布于 $(R,R+s)$ 区间内裂纹面上的切向应力也会加大裂纹尖端的应力集中，其表达式如下：

$$\sigma_{\theta=\frac{\pi}{2}}^a = \sigma_a\left[\frac{4-5\nu_m}{2(7-5\nu_m)}\left(\frac{R}{r}\right)^3 + \frac{9}{2(7-5\nu_m)}\left(\frac{R}{r}\right)^5 + 1\right]$$ (4.4)

将式(4.3)代入式(4.1)，可得由 σ_t^h 引起的裂纹尖端应力强度因子表达式：

$$K_t^h = \frac{2}{(\pi C)^{1/2}}\int_0^R\left(\int_0^{\frac{\pi}{2}}\sigma_t^h d\theta\right)\frac{rdr}{(C^2-r^2)^{1/2}}$$
$$= 2\sigma_a\left(\frac{C}{\pi}\right)^{1/2}\left[\frac{\pi}{2}-\frac{2}{3}+\frac{5-10\nu_m}{2(7-5\nu_m)}+\frac{8+5\nu_m}{6(7-5\nu_m)}\right]\left[1-\left(1-\frac{R^2}{(R+s)^2}\right)^{1/2}\right]$$ (4.5)

同样的，将式(4.4)代入式(4.1)，可得由 $\sigma_{\theta=\frac{\pi}{2}}^a$ 引起的裂纹尖端应力强度因子表达式：

$$K_{\theta=\frac{\pi}{2}}^a = \frac{2}{(\pi C)^{1/2}}\int_R^C\frac{\sigma_{\theta=\frac{\pi}{2}}^a rdr}{(C^2-r^2)^{1/2}}$$
$$= 2\sigma_a\left(\frac{C}{\pi}\right)^{1/2}\left[1-\frac{R^2}{(R+s)^2}\right]^{1/2}\left\{\frac{4-5\nu_m}{2(7-5\nu_m)}\frac{R^2}{(R+s)^2}\right.$$
$$\left.+\frac{9}{2(7-5\nu_m)}\frac{R^4}{(R+s)^4}\left[1+\frac{1}{3}\left(\frac{(R+s)^2}{R^2}-1\right)\right]+1\right\}$$ (4.6)

联立式(4.5)和式(4.6)可得由外部应力引起的裂纹尖端应力强度因子表达式：

$$K_1 = K_t^h + K_a^a\Big|_{\theta=\frac{\pi}{2}}$$

$$= 2\sigma_a \left(\frac{C}{\pi}\right)^{1/2} \left\{ \left[\frac{\pi}{2} - \frac{2}{3} + \frac{5-10\nu_m}{2(7-5\nu_m)} + \frac{8+5\nu_m}{6(7-5\nu_m)}\right]\left[1 - \left(1 - \frac{R^2}{(R+s)^2}\right)^{1/2}\right] \right.$$

$$\left. + \left(1 - \frac{R^2}{(R+s)^2}\right)^{1/2}\left\{\frac{4-5\nu_m}{2(7-5\nu_m)}\frac{R^2}{(R+s)^2} + \frac{9}{2(7-5\nu_m)}\frac{R^4}{(R+s)^4}\left[1 + \frac{1}{3}\left(\frac{(R+s)^2}{R^2} - 1\right)\right] + 1\right\}\right\}$$

$$(4.7)$$

由于基体材料热膨胀系数和添加颗粒热膨胀系数不同，当温度从烧结温度冷却到室温时，放置于球形孔中的颗粒内部及周围会产生残余热应力场。残余热应力模型可表示如下(Selsing, 1961)：

$$P = \left(\alpha_m - \alpha_p\right)\left(T_s - T_r\right)\left(\frac{1+\nu_m}{2E_m} + \frac{1-2\nu_p}{E_p}\right)^{-1} \tag{4.8}$$

式中，E_m 和 E_p 分别为基体材料和添加颗粒的杨氏模量；α_m 和 α_p 分别为基体材料和添加颗粒的热膨胀系数；ν_p 为添加颗粒的泊松比；T_s 为材料的烧结温度；T_r 为室温。

随着温度的升高，残余热应力会释放，同时材料性质也会改变。而且，材料中缺陷的形成也会释放一部分的残余热应力。因此，将模型(4.8)推广应用于宽温域，得到如下所示的温度相关性残余热应力模型：

$$P(T) = A\left(\alpha_m(T) - \alpha_p(T)\right)\left(T_s - T\right)\left(\frac{1+\nu_m(T)}{2E_m(T)} + \frac{1-2\nu_p(T)}{E_p(T)}\right)^{-1} \tag{4.9}$$

式中，T 为当前温度；A 为残余热应力释放因子(Wang and Krstic, 1998)；$\alpha_m(T)$ 和 $\alpha_p(T)$ 分别为基体材料及添加颗粒的温度相关性热膨胀系数；$E_m(T)$ 和 $E_p(T)$ 分别为基体材料及添加颗粒的温度相关性杨氏模量；$\nu_m(T)$ 和 $\nu_p(T)$ 分别为基体材料及添加颗粒的温度相关性泊松比。

残余热应力径向应力分量和切向应力分量可表示如下：

$$\sigma_r^P = -P(T)\left(\frac{R}{r}\right)^3 = -A\left(\alpha_m(T) - \alpha_p(T)\right)\left(T_s - T\right)\left(\frac{1+\nu_m(T)}{2E_m(T)} + \frac{1-2\nu_p(T)}{E_p(T)}\right)^{-1}\left(\frac{R}{r}\right)^3$$

$$(4.10)$$

$$\sigma_\theta^{\mathrm{P}} = \frac{P(T)}{2}\left(\frac{R}{r}\right)^3 = \frac{1}{2}A\big(\alpha_{\mathrm{m}}(T) - \alpha_{\mathrm{p}}(T)\big)(T_{\mathrm{s}} - T)\left(\frac{1+\nu_{\mathrm{m}}(T)}{2E_{\mathrm{m}}(T)} + \frac{1-2\nu_{\mathrm{p}}(T)}{E_{\mathrm{p}}(T)}\right)^{-1}\left(\frac{R}{r}\right)^3$$

$$(4.11)$$

形成的分布于晶粒边界及裂纹面上的残余热应力会加大裂纹尖端的应力集中。和以上处理方式相同，基于式(4.1)、式(4.10)及式(4.11)，可得由温度相关性残余热应力引起的裂纹尖端的应力强度因子：

$$K_2 = \frac{2AP(T)R^{1/2}}{\pi^{1/2}}\left\{\left(\frac{R+s}{R}\right)^{1/2}\left[1-\left(1-\frac{1}{\left(1+\frac{s}{R}\right)^2}\right)^{1/2}\right] + \frac{1}{2\left(1+\frac{s}{R}\right)^{3/2}}\left(1-\frac{1}{\left(1+\frac{s}{R}\right)^2}\right)^{1/2}\right\}$$

$$(4.12)$$

通过联立式(4.7)和式(4.12)，得到可评价由外部应力和残余热应力引起的温度相关性裂纹尖端总的应力强度因子表达式：

$$K(T) = 2\sigma_{\mathrm{a}}\left(\frac{C}{\pi}\right)^{1/2}\left(\left[\frac{\pi}{2} - \frac{2}{3} + \frac{5-10\nu_{\mathrm{m}}(T)}{2\big(7-5\nu_{\mathrm{m}}(T)\big)} + \frac{8+5\nu_{\mathrm{m}}(T)}{6\big(7-5\nu_{\mathrm{m}}(T)\big)}\right]\left[1-\left(1-\frac{R^2}{(R+s)^2}\right)^{1/2}\right]\right.$$

$$+ \left(1-\frac{R^2}{(R+s)^2}\right)^{1/2}\left\{\frac{4-5\nu_{\mathrm{m}}(T)}{2\big(7-5\nu_{\mathrm{m}}(T)\big)}\frac{R^2}{(R+s)^2} + \frac{9}{2\big(7-5\nu_{\mathrm{m}}(T)\big)}\frac{R^4}{(R+s)^4}\left[1+\frac{1}{3}\left(\frac{(R+s)^2}{R^2}-1\right)\right]+1\right\}\right)$$

$$+ \frac{2AP(T)R^{1/2}}{\pi^{1/2}}\left\{\left(\frac{R+s}{R}\right)^{1/2}\left[1-\left(1-\frac{1}{\left(1+\frac{s}{R}\right)^2}\right)^{1/2}\right] + \frac{1}{2\left(1+\frac{s}{R}\right)^{3/2}}\left(1-\frac{1}{\left(1+\frac{s}{R}\right)^2}\right)^{1/2}\right\}$$

$$(4.13)$$

材料的断裂表面能是脆性断裂理论的支柱。众所周知，固体材料的断裂表面能很难通过实验手段获得，而温度和微结构的共同影响更是加剧了其难度。目前，鲜有适用于不同温度阶段的材料的断裂表面能理论模型。当前，如何合理表征材料的温度相关性断裂表面能是一个重点和难点。Volokh(2007)在其研究中指出，材料在破坏时存在一个应变能储能极限，但是其研究中没有考虑温度的影响。材料的破坏不仅因机械力的作用而发生，并且在很大程度上是热能起伏破坏了化学键的结果。考虑到两者破坏的不相关性，热能与机械力作用产生的应变能应存在一种等效关系，即热能可以等效成一定数量的应变能。基于以上分析，Li 等(2010)提出了以下可考虑热能及应变能对材料断裂的影响的力热能量密度等效原理：

(1) 对一种特定材料，认为其存在一个储能极限，即材料发生破坏时对应一个固定不变的能量最大值，这个最大值可以用应变能表征，也可以用热能表征；

(2) 从对材料的破坏效果讲，认为材料储存的热能与应变能之间存在一种定量的等效关系。

基于该建模思想，Li 等建立了一个以 0℃为参考温度的单相陶瓷材料的温度相关性断裂强度模型(Li et al., 2010)。下面介绍基于以上基本思想及经典的断裂力学理论所建立的一个可以任意温度 T_0 为参考温度的单相陶瓷材料的温度相关性断裂表面能模型。

根据上述两个基本思想，可得式(4.14)：

$$W_{\text{TOTAL}} = K\left(W_T(T) + \Delta H\right) + W_{\sigma_{\text{th}}}(T) \tag{4.14}$$

式中，W_{TOTAL} 为材料破坏时单位体积材料的储能极限值；$W_T(T)$ 为材料在不同温度下破坏时对应的热能；$W_{\sigma_{\text{th}}}(T)$ 为材料在不同温度下破坏时对应的应变能；K 为热能与应变能间的能量转换系数；ΔH 为材料熔化过程中消耗的热能，当温度 T 小于熔点时，$\Delta H = 0$，当材料完全熔化时，$\Delta H = \Delta H_{\text{M}}$，$\Delta H_{\text{M}}$ 为材料的熔化热。

假设陶瓷材料符合线弹性关系，其理论断裂强度可通过单轴拉伸变形预测。在单轴拉伸应力状态下，材料在 T 温度下破坏时对应的应变能可表示如下：

$$W_{\sigma_{\text{th}}}(T) = \frac{\left(\sigma_{\text{th}}(T)\right)^2}{2E(T)} \tag{4.15}$$

式中，$\sigma_{\text{th}}(T)$ 为 T 温度下对应的材料断裂强度；$E(T)$ 为 T 温度下对应的杨氏模量。

材料在 T 温度下破坏时对应的热能为

$$W_T(T) = \int_0^T \rho C_p(T)\mathrm{d}T \tag{4.16}$$

式中，$C_p(T)$ 为 T 温度下对应的定压比热容；ρ 为材料的密度(温度对陶瓷材料的密度影响很小)。

联立式(4.14)、式(4.15)及式(4.16)可得

$$W_{\text{TOTAL}} = K\left(W_T(T) + \rho\Delta H\right) + W_{\sigma}(T) = K\left(\int_0^T \rho C_p(T)\mathrm{d}T + \rho\Delta H\right) + \frac{\left(\sigma_{\text{th}}(T)\right)^2}{2E(T)} \tag{4.17}$$

由以上定义可知，初始温度下及材料完全熔化时式(4.18)成立：

$$W_T(0) = 0 , \qquad W_{\sigma_{\text{th}}}(T_{\text{m}}) = 0 \tag{4.18}$$

对任意一个低于材料熔点的温度 T_0，$\Delta H = 0$，由式(4.14)可得

$$W_{\text{TOTAL}} = W_{\sigma_{\text{th}}}\Big|_{T=T_0} + K\int_0^{T_0} \rho C_p(T)\mathrm{d}T = K\left(W_T + \rho\Delta H_{\text{M}}\right)\big|_{T=T_{\text{m}}} \tag{4.19}$$

式中，$W_{\sigma_{th}}\big|_{T=T_0}$ 为温度为 T_0 时材料破坏所对应的应变能。

由式(4.19)可得

$$K = \frac{W_{\sigma_{th}}\big|_{T=T_0}}{(W_T + \rho\Delta H_M)\big|_{T=T_m} - \int_0^{T_0}\rho C_p(T)\mathrm{d}T} \tag{4.20}$$

即

$$K = \frac{(\sigma_{th}(T_0))^2}{2E(T_0)}\Bigg/\left(\int_0^{T_m}\rho C_p(T)\mathrm{d}T + \rho\Delta H_M - \int_0^{T_0}\rho C_p(T)\mathrm{d}T\right)$$

$$= \frac{(\sigma_{th}(T_0))^2}{2E(T_0)}\Bigg/\left(\int_{T_0}^{T_m}\rho C_p(T)\mathrm{d}T + \rho\Delta H_M\right) \tag{4.21}$$

式中，$\sigma_{th}(T_0)$ 及 $E(T_0)$ 为材料在温度为 T_0 时的断裂强度及杨氏模量。

联立式(4.17)和式(4.21)可得 W_{TOTAL} 表达式

$$W_{\mathrm{TOTAL}} = \frac{(\sigma_{th}(T_0))^2}{2E(T_0)}\Bigg/\left(\int_{T_0}^{T_m}\rho C_p(T)\mathrm{d}T + \rho\Delta H_M\right)\left(\int_0^T\rho C_p(T)\mathrm{d}T + \rho\Delta H\right) + \frac{(\sigma_{th}(T))^2}{2E(T)} \tag{4.22}$$

进一步联立式(4.19)和式(4.22)可得

$$\frac{(\sigma_{th}(T))^2}{E(T)} = \frac{(\sigma_{th}(T_0))^2}{E(T_0)}\left[1 - \frac{1}{\int_{T_0}^{T_m}C_p(T)\mathrm{d}T + \Delta H_M}\left(\int_{T_0}^T C_p(T)\mathrm{d}T + \Delta H\right)\right] \tag{4.23}$$

根据格里菲斯能量准则(Griffith, 1921)，外力功为 0 时，脆性材料裂纹扩展时单位体积释放的应变能和材料的断裂表面能存在下述关系：

$$\frac{\partial W}{\partial S} = 2\gamma \tag{4.24}$$

式中，W 为释放的应变能；S 为裂纹面积；γ 为材料的断裂表面能。

根据格里菲斯断裂理论，假设材料破坏时对应的应变能全部转化为表面自由能，可得

$$\frac{\partial(W_{\sigma_{th}}(T)V)}{\partial S} = 2\gamma(T) \tag{4.25}$$

$$\frac{\partial(W_{\sigma_{th}}(T_0)V)}{\partial S} = 2\gamma(T_0) \tag{4.26}$$

式中，$\gamma(T)$ 为材料的温度相关性断裂表面能；$\gamma(T_0)$ 为材料在温度为 T_0 时的断裂

表面能；V 为体积。

联立式(4.15)、式(4.25)及式(4.26)可得

$$\partial\left(\frac{\left(\sigma_{\text{th}}\left(T\right)\right)^2}{2E\left(T\right)}V\right)\bigg/\partial S = 2\gamma\left(T\right) \tag{4.27}$$

$$\partial\left(\frac{\left(\sigma_{\text{th}}\left(T_0\right)\right)^2}{2E\left(T_0\right)}V\right)\bigg/\partial S = 2\gamma\left(T_0\right) \tag{4.28}$$

联立式(4.23)、式(4.27)及式(4.28)可得材料温度相关性断裂表面能模型

$$\gamma\left(T\right) = \gamma\left(T_0\right)\left[1 - \frac{1}{\int_{T_0}^{T_{\text{m}}} C_p\left(T\right)\mathrm{d}T + \Delta H_{\text{M}}}\left(\int_{T_0}^{T} C_p\left(T\right)\mathrm{d}T + \Delta H\right)\right] \tag{4.29}$$

该模型建立了断裂表面能与比热容、温度的一个简单的定量关系。

根据格里菲斯能量准则，材料的温度相关性断裂韧性可表示如下：

$$K_{\text{IC}} = \left(\frac{2\gamma\left(T\right)E\left(T\right)}{1 - \nu\left(T\right)^2}\right)^{\frac{1}{2}} \tag{4.30}$$

式中，$E(T)$ 为复合材料的温度相关性杨氏模量；$\nu(T)$ 为复合材料的温度相关性泊松比。对于杨氏模量及泊松比这两个基本的材料参数可容易地通过试验获得。理论方面，可通过夹杂理论求得，模型如下：

$$E(T) = E_{\text{m}}(T)V_{\text{m}} + E_{\text{p}}(T)V_{\text{p}} \tag{4.31}$$

$$\nu(T) = \nu_{\text{m}}(T)V_{\text{m}} + \nu_{\text{p}}(T)V_{\text{p}} \tag{4.32}$$

式中，V_{m} 和 V_{p} 分别为基体材料和添加颗粒的体积分数。

对于脆性材料，当材料中临界缺陷开始扩展时即可认为材料破坏。此时，临界缺陷尖端应力强度因子等于材料断裂韧性。对于颗粒增强超高温陶瓷基复合材料，目前试验研究结果指出其强度主要受添加颗粒的影响，且材料的临界缺陷尺寸与添加颗粒尺寸以及颗粒周围的缺陷有关，如致密度较差的添加颗粒形成的簇，晶粒边界上的杂质及氧化层等(Neuman et al., 2015, 2013)。在本节中，将材料内部临界缺陷简化为上述分析的球形颗粒及其周围包围的环形裂纹。当上述环形裂纹尖端应力强度因子达到材料断裂韧性时，材料发生破坏，使 $K(T) = K_{\text{IC}} = \left[\dfrac{2\gamma(T)E(T)}{1 - \nu(T)^2}\right]^{1/2}$，$\sigma_{\text{a}} = \sigma_{\text{f}}$，可得颗粒增强陶瓷基复合材料的温度相关性断裂强

度模型，如下所示：

$$
\sigma_{\mathrm{f}}(T) = \frac{1}{\varPhi_{\mathrm{c}}} \left[\frac{\pi \gamma(T_0) E(T)}{2R(1+s/R)\left(1-\nu(T)^2\right)} \left(1 - \frac{\displaystyle\int_{T_0}^{T} C_p(T)\mathrm{d}T + \Delta H}{\displaystyle\int_{T_0}^{T_{\mathrm{m}}} C_p(T)\mathrm{d}T + \Delta H_{\mathrm{M}}} \right) \right]^{1/2} - AP(T)\frac{\varPhi_{\mathrm{t}}}{\varPhi_{\mathrm{c}}}
$$

$$(4.33)$$

式中，

$$
\varPhi_{\mathrm{c}} = \left[\frac{\pi}{2} - \frac{2}{3} + \frac{5-10\nu_{\mathrm{m}}(T)}{2\left(7-5\nu_{\mathrm{m}}(T)\right)} + \frac{8+5\nu_{\mathrm{m}}(T)}{6\left(7-5\nu_{\mathrm{m}}(T)\right)} \right] \left[1 - \left(1 - \frac{R^2}{(R+s)^2} \right)^{1/2} \right]
$$

$$
+ \left(1 - \frac{R^2}{(R+s)^2} \right)^{1/2} \left\{ \frac{4-5\nu_{\mathrm{m}}(T)}{2\left(7-5\nu_{\mathrm{m}}(T)\right)} \frac{R^2}{(R+s)^2} + \frac{9}{2\left(7-5\nu_{\mathrm{m}}(T)\right)} \frac{R^4}{(R+s)^4} \left[1 + \frac{1}{3}\left(\frac{(R+s)^2}{R^2} - 1 \right) \right] + 1 \right\}
$$

$$(4.34)$$

$$
\varPhi_{\mathrm{t}} = 1 - \left[1 - \frac{1}{\left(1 + \dfrac{s}{R} \right)^2} \right]^{1/2} + \frac{1}{2\left(1 + \dfrac{s}{R} \right)^2} \left[1 - \frac{1}{\left(1 + \dfrac{s}{R} \right)^2} \right]^{1/2}
$$

$$(4.35)$$

上述颗粒增强陶瓷基复合材料的温度相关性断裂强度模型考虑了温度、晶粒尺寸、缺陷尺寸以及残余热应力等因素的综合影响。模型中无需任何拟合参数，计算过程中用到的材料在参考温度下的断裂韧性及杨氏模量可容易地通过试验获得，温度相关性的材料杨氏模量同样可容易地由试验给出或是通过简单的理论模型计算得到，材料的比热容可容易地通过材料手册获得。因此，利用上述模型可容易地预测材料的温度相关性断裂强度。

1. 温度相关性断裂强度模型的验证

利用上述颗粒增强陶瓷基复合材料温度相关性断裂强度模型(式(4.33))对一些 ZrB$_2$-SiC 复合材料在不同温度下的断裂强度进行了预测，并与试验结果进行了对比。计算当中需要的列于表 4.1(Neuman et al., 2015; Mallik et al., 2011; Chamberlain et al., 2004; Zhang et al., 2000; 叶大伦, 1981)中的相关材料参数由试验得出。

表 4.1　材料参数

材料参数	数值与表达式
ν_{m}	0.25
ν_{p}	0.19
T_{g}/℃	1950

续表

材料参数	数值与表达式
T_m/℃	3049.85
T_0/℃	25
A	0.68
$\gamma(T_0)$/(J/m^2)	12.76
$C_p(T)$/(cal/(mol·K))	$15.34+2.25\times10^{-3}(T+273.15)-3.96\times10^5(T+273.15)^{-2}$

ZrB$_2$ 及 SiC 的温度相关性杨氏模量及热膨胀系数表示如下(Han and Wang, 2011; Li et al., 2011; Snead et al., 2007)：

$$E_m(T)=450.0-2.54T\exp\left(-\frac{T_m}{T}\right)+1.9\big(T-0.363T_m+|T-0.363T_m|\big)\exp\left(-\frac{T_m}{T}\right)$$

$$(4.36)$$

$$E_p(T)=410-0.04(T+273.15)\exp\left(-\frac{962}{T+273.15}\right) \tag{4.37}$$

$$\alpha_m(T)=\left[2.33+0.006\times(T+273.15)-0.2\times10^{-5}\times(T+273.15)^2\right]\times10^{-6} \tag{4.38}$$

$$\begin{cases}\alpha_p(T)=\Big[-1.8276+0.0178(T+273.15)-1.5544\times10^{-5}(T+273.15)^2\\\qquad\quad+4.5246\times10^{-9}(T+273.15)^3\Big]\times10^{-6} & 0℃\leqslant T<1000℃\\\alpha_p(T)=5.0\times10^{-6} & T\geqslant1000℃\end{cases}$$

$$(4.39)$$

在本节中考虑到温度对材料的泊松比影响很小，计算过程中用到的材料泊松比都为室温下的值。计算中用到的材料晶粒尺寸 R 来自文献，裂纹尺寸 s 根据模型(见式(4.33))及室温下的断裂强度试验值反推得到。

图 4.3 表明温度相关性断裂强度模型能够很好地预测该 ZrB$_2$-20%SiC(体积分数，余同)材料的温度相关性断裂强度。

图 4.4 表明温度相关性断裂强度模型可以非常准确地预测该 ZrB$_2$-15%SiC 材料的温度相关性断裂强度。

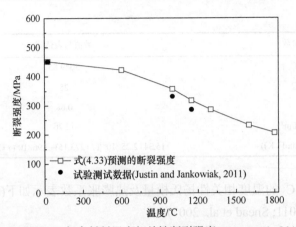

图 4.3　ZrB$_2$-20%SiC 复合材料温度相关性断裂强度(Wang et al., 2017b, 2015)

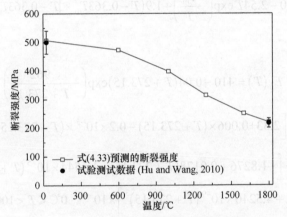

图 4.4　ZrB$_2$-15%SiC 复合材料温度相关性断裂强度(Wang et al., 2017b, 2015)

　　从图 4.5 可以看出，温度相关性断裂强度模型计算的材料在低温和高温下的断裂强度与试验结果吻合得非常好。在温度为 1300℃时，文献中的试验强度要明显高于利用模型(式(4.33))预测的材料强度。Zou 等(2013)在其文章中指出，ZrB$_2$-20%SiC 材料在温度为 1300℃时，由于裂纹弥合现象或残余热应力的释放而具有较高的材料强度，而以上模型没有考虑裂纹尺寸随温度的变化，因此预测的强度值与试验结果有较大偏差。此外 Zou 等在其文章中还指出，在 1600℃时该材料 SiC 晶界上的杂质等缺陷会对材料强度产生很大的影响，所以尽管断裂强度模型没有考虑裂纹弥合的影响，利用其计算出的对应 1600℃的材料强度仍与试验结果取得较好的一致性。同时从图 4.5 可以看出，对于某些随温度升高缺陷尺寸会发生明显变化的陶瓷基复合材料，利用模型预测其温度相关性断裂强度时需进一步考虑缺陷尺寸的温度相关性。

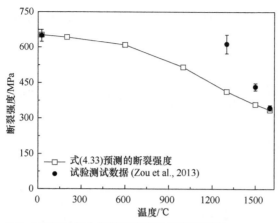

图 4.5　ZrB₂-20%SiC 复合材料温度相关性断裂强度(Wang et al., 2015)

2. 引入温度相关性缺陷尺寸影响的断裂强度模型及其验证

随着温度的升高，材料的微结构会发生变化，如裂纹弥合、晶界的软化或硬化、晶界上出现杂质以及液相的生成等，这些都会影响材料的临界缺陷尺寸。这些因素对材料断裂强度的影响都会转化为缺陷对材料断裂强度的影响。对于某些随温度升高会发生明显的缺陷尺寸变化现象的颗粒增强陶瓷基复合材料，在推导上述温度相关性裂纹尖端的应力强度因子的过程中引入温度相关性缺陷尺寸的影响，所得的模型如下所示：

$$
\begin{aligned}
K(T) = {} & 2\sigma_a \left(\frac{R+s(T)}{\pi} \right)^{1/2} \left(\left(\frac{\pi}{2} - \frac{2}{3} + \frac{5-10v_m(T)}{2(7-5v_m(T))} + \frac{8+5v_m(T)}{6(7-5v_m(T))} \right) \left[1 - \left(1 - \frac{R^2}{(R+s(T))^2} \right)^{1/2} \right] \right. \\
& + \left. \left(1 - \frac{R^2}{(R+s(T))^2} \right)^{1/2} \left\{ \frac{4-5v_m(T)}{2(7-5v_m(T))} \frac{R^2}{(R+s(T))^2} + \frac{9}{2(7-5v_m(T))} \frac{R^4}{(R+s(T))^4} \left[1 + \frac{1}{3} \left(\frac{(R+s(T))^2}{R^2} - 1 \right) \right] + 1 \right\} \right) \\
& + \frac{2AP(T)R^{1/2}}{\pi^{1/2}} \left\{ \left(1 + \frac{s(T)}{R} \right)^{1/2} \left[1 - \left(1 - \frac{1}{\left(1 + \frac{s(T)}{R}\right)^2} \right)^{1/2} \right] + \frac{1}{2\left(1 + \frac{s(T)}{R}\right)^{3/2}} \left[1 - \left(1 - \frac{1}{\left(1 + \frac{s(T)}{R}\right)^2} \right)^{1/2} \right] \right\}
\end{aligned}
$$

(4.40)

式中，$s(T)$ 为温度相关性缺陷尺寸。

同样，使 $K(T) = K_{IC} = \left[\dfrac{2\gamma(T)E(T)}{1-\nu(T)^2} \right]^{1/2}$，$\sigma_a = \sigma_f$，可得考虑温度相关性缺陷

尺寸影响的颗粒增强陶瓷基复合材料的温度相关性断裂强度模型，如下所示：

$$
\sigma_f(T) = \frac{1}{\Phi_c(T)} \left[\frac{\pi \gamma(T_0) E(T)}{2R\left(1 + \dfrac{s(T)}{R}\right)\left(1 - \nu(T)^2\right)} \left(1 - \frac{\displaystyle\int_{T_0}^{T} C_p(T)\,\mathrm{d}T + \Delta H}{\displaystyle\int_{T_0}^{T_m} C_p(T)\,\mathrm{d}T + \Delta H_M} \right) \right]^{1/2}
$$

$$
- AP(T)\frac{\Phi_t(T)}{\Phi_c(T)}
$$

$$\tag{4.41}$$

式中，

$$
\Phi_c(T) = \left[\frac{\pi}{2} - \frac{2}{3} + \frac{5 - 10\nu_m(T)}{2(7 - 5\nu_m(T))} + \frac{8 + 5\nu_m(T)}{6(7 - 5\nu_m(T))} \right] \left\{ 1 - \left[1 - \frac{R^2}{(R + s(T))^2} \right]^{1/2} \right\}
$$

$$
+ \left[1 - \frac{R^2}{(R + s(T))^2} \right]^{1/2} \left\{ \frac{4 - 5\nu_m(T)}{2(7 - 5\nu_m(T))} \frac{R^2}{(R + s(T))^2} + \frac{9}{2(7 - 5\nu_m(T))} \right.
$$

$$
\times \frac{R^4}{(R + s(T))^4} \left[1 + \frac{1}{3}\left(\frac{(R + s(T))^2}{R^2} - 1 \right) \right] + 1 \right\}
$$

$$\tag{4.42}$$

$$
\Phi_t(T) = 1 - \left[1 - \frac{1}{\left(1 + \dfrac{s(T)}{R}\right)^2} \right]^{1/2} + \frac{1}{2\left(1 + \dfrac{s(T)}{R}\right)^2}\left[1 - \frac{1}{\left(1 + \dfrac{s(T)}{R}\right)^2} \right]^{1/2}
$$

$$\tag{4.43}$$

Neuman 等(2015)研究了添加少量 B₄C 的 ZrB₂-30%SiC 复合材料在氩气环境下 0~2200℃的力学行为，给出了试验测得的材料的温度相关性断裂强度及杨氏模量，指出在温度低于 1800℃时材料强度值取决于碳化硅簇的尺寸，材料中的临界缺陷尺寸等效为最大碳化硅簇尺寸，并测出了温度相关性的碳化硅簇尺寸，具体如表 4.2 所示(Neuman et al., 2015)。

表 4.2　ZrB₂-30%SiC-2%B₄C 复合材料温度相关性试验断裂强度、杨氏模量及缺陷尺寸值

温度/℃	断裂强度/MPa	杨氏模量/GPa	最大碳化硅簇尺寸/μm
25	695±69	513	32.8
1000	674±81	501	28.4
1200	633±42	431	32.6

续表

温度/℃	断裂强度/MPa	杨氏模量/GPa	最大碳化硅簇尺寸/μm
1400	608±55	427	31.0
1600	569±56	399	33.2
1800	538±16	345	32.5
2000	419±46	283	38.4
2200	262±28	164	46.5

利用表 4.2 中给出的 ZrB_2-30%SiC-2%B_4C 复合材料的温度相关性杨氏模量及缺陷尺寸，利用温度相关性断裂强度模型(式(4.41))对该材料的温度相关性断裂强度进行了预测，并与其试验测得的结果进行了对比(图 4.6)。

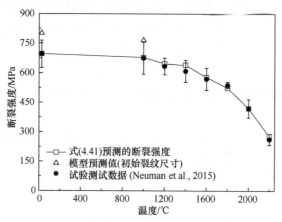

图 4.6　ZrB_2-30%SiC-2%B_4C 复合材料温度相关性断裂强度(Wang et al., 2017b)

图 4.6 表明，最大的 SiC 簇的尺寸等效为临界缺陷尺寸时利用温度相关性断裂强度模型(式(4.41))计算得到的 ZrB_2-30%SiC-2%B_4C 复合材料在 25℃和 1000℃下的强度要明显高于试验强度。Neuman 等(2015)指出，B_4C 在材料中也会形成簇，在 25℃和 1000℃时最大的 B_4C 簇的尺寸可达 11μm 和 8.11μm，Neuman 等(2013)还指出 B_4C 簇会对 ZrB_2-30%SiC-2%B_4C 这种复合材料的断裂强度产生影响，因此认为材料在 25℃和 1000℃时的临界缺陷尺寸应等效为最大的 SiC 簇和 B_4C 簇的尺寸。由于 B_4C 具有很好的热稳定性(Ulrich et al., 1998)，当温度在 1200℃及以上时，其对材料强度的影响会变小，因此在温度大于 1200℃时，可以认为 Neuman 等将临界缺陷尺寸等效为最大的 SiC 簇的尺寸是合理的。图 4.6 表明，利用上面定义的临界缺陷尺寸，使用所建的温度相关性断裂强度模型计算出的温度相关性断裂强度与试验结果取得了非常好的一致性。这说明，把低温下(25℃和 1000℃)的临界缺陷尺寸定义为最大的 SiC 簇和 B_4C 簇的尺寸之和是非常合理的，同时也表明 Neuman 等定义该材料在高温下的临界缺陷尺寸的方法的合理性。通过推导

的温度相关性断裂强度模型的预测能力还可以看出，脆性材料的断裂起始于最大裂纹的扩展，且材料中最大裂纹之间的相互影响以及最大裂纹与其周边较小裂纹之间的影响都很小。

　　Neuman 等还利用方程(式(4.44))计算了 ZrB_2-30%SiC-2%B_4C 复合材料在不同温度下的临界缺陷尺寸，并与最大的 SiC 簇的尺寸进行了对比，发现在 2200℃时计算得到的临界缺陷尺寸比最大的 SiC 簇的尺寸大很多，因此他们认为当温度高于 1800℃时，SiC 簇的尺寸已不是影响材料强度的主导因素(Neuman et al., 2015)。但是利用其提供的最大的 SiC 簇的尺寸通过所建的温度相关性模型(4.41)计算得到的材料在温度高于 1800℃时的强度与试验结果吻合得非常好，所以认为在温度高于 1800℃时 SiC 簇的尺寸仍然是控制材料强度的主导因素。根据前面建立的温度相关性模型(见式(4.41))，利用 Neuman 等提供的温度相关性强度和杨氏模量，反推了材料在不同温度下的临界缺陷尺寸，并与 Neuman 等通过试验测得的以及理论计算出的临界缺陷尺寸进行了对比(图 4.7)。

$$K = Y\sigma\sqrt{a} = K_{IC}, \quad Y = \pi^{1/2} \tag{4.44}$$

式中，K 为应力强度因子；K_{IC} 为断裂韧性；σ 为材料强度；a 为缺陷尺寸；Y 为缺陷形状因子。

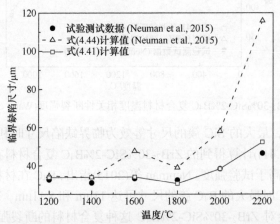

图 4.7　ZrB_2-30%SiC-2%B_4C 复合材料温度相关性临界缺陷尺寸(Wang et al., 2017b)

　　从图 4.7 可以看出，利用之前建立的温度相关性模型(式(4.41))预测出的 ZrB_2-30%SiC-2%B_4C 复合材料的临界缺陷尺寸值与 Neuman 等通过试验方法测得的临界缺陷值吻合得非常好。与 Neuman 等的计算结果相比，所建的模型中考虑了材料的晶粒、缺陷以及残余热应力的综合影响，其更接近于真实情况。此外，Neuman 等(2015)指出，当温度为 2200℃时，该材料中出现的液体相及化学杂质也会降低材料的强度。因此，该温度下的临界缺陷尺寸应大于最大的 SiC

簇的尺寸，这与计算结果在 2200℃时略大于试验结果是一致的。同时通过计算结果可以看出，在温度为 2200℃时最大的 SiC 簇的尺寸仍然是控制该材料强度的主导因素。可以看出，利用所建的温度相关性模型可以非常准确地预测材料的温度相关性临界缺陷尺寸。因此以上模型有助于确定材料在不同温度下控制其断裂强度的主要机制，从而为提高材料的高温强度提供理论基础与指导。

从以上结论可以看出，无需任何拟合参数，温度相关性断裂强度模型可以非常准确地预测材料的温度相关性断裂强度以及温度相关性临界缺陷尺寸。

Neuman 等(2013)报道了添加 B_4C 的 ZrB_2-30%SiC 复合材料在 25～1600℃空气环境下的断裂强度，他们指出，当温度高于 1400℃时材料的强度取决于氧化层厚度，氧化层厚度即等效为临界缺陷尺寸。该复合材料断裂强度、杨氏模量及氧化层厚度的测试值见表 4.3。

表 4.3　ZrB_2-30%SiC-2%B_4C 复合材料在高温氧化环境下温度相关性试验断裂强度、杨氏模量及氧化层厚度

温度/℃	断裂强度/MPa	杨氏模量/GPa	氧化层厚度/μm
1400	439±41	247	16.7
1500	359±23	209	23.2
1600	384±42	110	27.4

同时 Neuman 等指出，该 ZrB_2-30%SiC 复合材料在 1600℃下形成了一层致密的 ZrO_2 层，这与温度为 1400℃和 1500℃下很不同，如图 4.8 所示。可以看出，对应温度为 1400℃及 1500℃的氧化层中都有很多孔，而 1600℃时在氧化层的中部形成了一层很厚的致密的 ZrO_2 层，该层的强度会很高，因此利用温度相关性断裂强度模型计算 1600℃该材料的断裂强度时定义临界缺陷尺寸为氧化层中弱性能层厚度的最大值，即为 12.1μm。利用上述定义的不同温度下的临界缺陷尺寸，利用模型预测了该材料不同温度下的断裂强度，并与试验结果进行了对比。

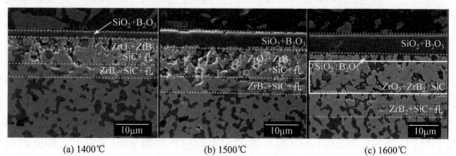

(a) 1400℃　　　　　(b) 1500℃　　　　　(c) 1600℃

图 4.8　ZrB_2-30%SiC 复合材料试件在承受不同温度空气环境下的四点弯曲试验后受拉面微观组织图(Neuman et al., 2013)

从图 4.9 可以看出，利用以上模型(式(4.41))预测的 ZrB_2-30%SiC 复合材料在不同温度空气环境下的断裂强度值与试验结果吻合得非常好，这证明了 Neuman 等及本书定义的该材料在高温氧化环境下临界缺陷尺寸的合理性。鉴于材料的温度相关性杨氏模量及氧化层厚度可以容易地通过试验获得，利用所建的温度相关性强度模型可以容易地预测材料在高温及氧化环境下的断裂强度。

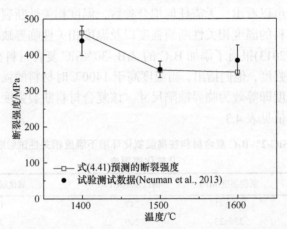

图 4.9　ZrB_2-30%SiC 复合材料在空气环境下的温度相关性断裂强度(Wang et al., 2017b)

从以上分析可知，为获得在高温下仍具有较高断裂强度的颗粒增强超高温陶瓷基复合材料，可提高制备材料的初始粉末纯度及改进烧结技术，以减小添加颗粒尺寸以及制备过程中形成的初始缺陷的尺寸，降低分布于材料微结构中添加相的含量及其集中度。对于高温氧化情况下的复合材料，可设计提高氧化层致密度以提高其断裂强度。

3. 相关因素对陶瓷基复合材料高温断裂强度的影响

利用上述推导的颗粒增强陶瓷基复合材料温度相关性断裂强度模型，系统研究了基本材料参数对材料高温强度的影响。本书以 ZrB_2-20%SiC 为例，计算过程中用到的材料参数见表 4.1。

图 4.10 表明，陶瓷基复合材料的断裂强度受初始缺陷尺寸、晶粒尺寸及温度的共同影响。随着初始缺陷尺寸的增加，材料断裂强度衰减严重，尤其是当晶粒尺寸较小和温度较低时。当材料中缺陷尺寸很小且温度较低时，材料断裂强度对缺陷尺寸非常敏感，随着温度的升高，敏感性出现明显的下降。当材料中初始缺陷尺寸增长到一定数值时，改变其值的大小对材料强度影响非常小，即此时材料强度对初始缺陷尺寸很不敏感，而且此时晶粒尺寸与温度对于强度对缺陷尺寸的敏感性的影响也变得很小。从图 4.10 还可看出，材料断裂强度随着晶粒尺寸的增加而减小。当材料中缺陷尺寸较小且温度较低时，材料断裂强度对晶粒尺寸变化

比较敏感。随着温度的升高或是缺陷尺寸的增加，材料断裂强度对晶粒尺寸的敏感性都会降低。当材料中缺陷尺寸增长到一定值时，晶粒尺寸的变化对材料断裂强度的影响非常小。

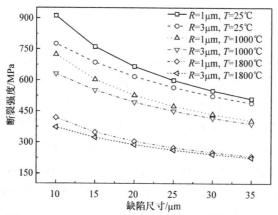

图 4.10　对应一定晶粒尺寸及温度的材料断裂强度与初始缺陷尺寸预测关系曲线(Wang et al., 2017b)

从图 4.11 可以看出，陶瓷基复合材料断裂强度($\Delta\sigma$)随着杨氏模量的增加而增加。当温度较低时，$\Delta\sigma/\Delta E$ 随着温度的升高变化很小，而当温度较高时，随着温度的继续升高，$\Delta\sigma/\Delta E$ 出现明显的增大趋势，这表明在高温下一定的 ΔE 对应更大的 $\Delta\sigma$。由此可知，陶瓷基复合材料断裂强度在高温下对杨氏模量比较敏感。因此增加杨氏模量可以得到具有更高的高温断裂强度的陶瓷基复合材料。从图 4.11 还可看出，材料断裂强度对杨氏模量的敏感性还与晶粒尺寸和初始缺陷尺寸有关。当晶粒尺寸和初始缺陷尺寸较小时，材料断裂强度对杨氏模量更加敏感。从以上结论

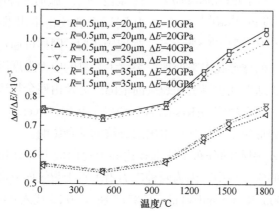

图 4.11　对应一定晶粒尺寸、初始缺陷尺寸和杨氏模量增量 (ΔE) 的 $\Delta\sigma/\Delta E$ 与温度预测关系曲线(Wang et al.,2017b)

可以看出，为保持材料在高温下的断裂强度，我们应当降低材料中初始缺陷尺寸以及提高材料的杨氏模量。

4. 基体材料热膨胀系数小于添加相热膨胀系数时的情形

颗粒增强陶瓷基复合材料断裂强度主要取决于晶粒尺寸和缺陷尺寸的共同影响。较高的残余热应力可导致材料中产生缺陷，尤其是在较大晶粒边界或是在其他应力作用下。由于基体材料和添加物材料热膨胀系数的不同，当从烧结温度冷却到室温时，添加颗粒周围会形成残余热应力。当基体材料热膨胀系数小于添加物材料热膨胀系数时，由于残余热应力的作用添加颗粒周围会形成圆周形裂纹(Green, 1981; Davidge and Green, 1968)。研究表明，此类复合材料的断裂强度和上述圆周形裂纹尺寸有关，且裂纹尺寸等于材料晶粒尺寸(Davidge and Green, 1968)。当材料承受残余热应力及其他施加应力时，从上述圆周形裂纹处会衍生出新的裂纹(Davidge and Green, 1968)，导致该类陶瓷基复合材料破坏的临界缺陷会和上述圆周形裂纹及从其衍生出的裂纹有关。在本书中，以添加球形 $MoSi_2$ 颗粒的 $ZrB_2\text{-}MoSi_2$ 复合材料为例，研究基体材料热膨胀系数小于添加颗粒热膨胀系数时，该类复合材料的温度相关性断裂强度模型。假设球形 $MoSi_2$ 颗粒在材料中均匀分布，在该颗粒周围包围一圆周形裂纹，且圆周形裂纹处衍生出了新的裂纹，模型如图 4.12 所示。施加外部应力情况下，求解从圆周形裂纹衍生出的裂纹尖端的应力强度因子时，同样可通过假设将球形颗粒放入具有相同尺寸的球形孔中来处理。裂纹尖端总的应力强度因子取决于由外部应力引起的分布于球形孔边界上和裂纹面上的应力及由残余热应力引起的分布于晶粒边界上和裂纹面上的应力(Krstic, 2006, 1988, 1984; Green, 1981)。很明显，这种方法考虑了圆周形裂纹及从其衍生出的裂纹的综合影响。

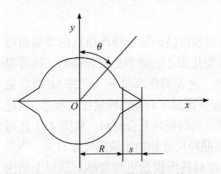

图 4.12　从基体-颗粒边界衍生出的圆周形裂纹及从其衍生出的缺陷图

R 为晶粒尺寸；s 为缺陷尺寸；θ 为极角

由外部应力 σ_a 引起的分布于球形孔边界上径向应力部分和切向应力部分都会加强裂纹尖端的应力集中，因为两种应力沿垂直于裂纹面方向的分量都可使裂纹张开(Krstic, 2006; Krstic and Vlajic, 1983)。将 $\nu_m=0.25$ 代入式(4.2a)和式(4.2b)，并计算出这两种应力沿垂直于裂纹面方向的分量的合力：

$$\sigma_t^h = \sigma_r^a \cos\theta + \sigma_\theta^a \sin\theta$$

$$= \sigma_a \left(\cos^2\theta - \frac{1}{2}\cos\theta - \frac{1}{2}\cos 2\theta \cos\theta + \sin^2\theta + 0.217\sin\theta - 0.804\cos 2\theta \sin\theta \right)$$

$$\text{(4.45)}$$

由外部应力引起的分布于 $(R,R+s)$ 区间内裂纹面上的切向应力也会加大裂纹尖端的应力集中，其表达式如下：

$$\sigma_{\theta=\frac{\pi}{2}}^a = \sigma_a \left[0.239\left(\frac{R}{r}\right)^3 + 0.783\left(\frac{R}{r}\right)^5 + 1 \right] \tag{4.46}$$

该研究情形下两相间残余热应力模型如下：

$$P = A\left(\alpha_p - \alpha_m\right)\left(T_s - T_r\right)\left(\frac{1+\nu_m}{2E_m} + \frac{1-2\nu_p}{E_p}\right)^{-1} \tag{4.47}$$

本节中，我们假设材料晶粒尺寸远小于缺陷尺寸且只考虑由残余热应力引起的分布于裂纹面上的切向压应力部分的影响。分布于 $(R,R+s)$ 区间内裂纹面上的残余热应力切向应力分量可表示如下：

$$\sigma_\theta^P = \frac{1}{2}A\left(\alpha_p - \alpha_m\right)\left(T_s - T_r\right)\left(\frac{1+\nu_m}{2E_m} + \frac{1-2\nu_p}{E_p}\right)^{-1}\left(\frac{R}{r}\right)^3 \tag{4.48}$$

联立式(4.46)和式(4.48)可得影响裂纹尖端应力集中的分布于 $(R,R+s)$ 区间内裂纹面上的总的应力 σ 表达式：

$$\sigma = \sigma_a \left[0.239\left(\frac{R}{r}\right)^3 + 0.783\left(\frac{R}{r}\right)^5 + 1 \right] - \frac{1}{2}A\left(\alpha_p - \alpha_m\right)\left(T_s - T_r\right)\left(\frac{1+\nu_m}{2E_m} + \frac{1-2\nu_p}{E_p}\right)^{-1}\left(\frac{R}{r}\right)^3 \tag{4.49}$$

同样，根据式(4.1)和式(4.45)可得由 σ_t^h 引起的裂纹尖端应力强度因子表达式：

$$K_1 = \frac{2}{(\pi C)^{1/2}} \int_0^R \frac{\sigma_t^h r \mathrm{d}r}{(C^2 - r^2)^{1/2}} = 2.778\sigma_a \left(\frac{C}{\pi}\right)^{1/2} \left\{ 1 - \left[1 - \frac{R^2}{(R+s)^2} \right]^{1/2} \right\} \tag{4.50}$$

根据式(4.1)和式(4.49)可得由 σ 引起的裂纹尖端应力强度因子表达式：

$$K_2 = \frac{2}{(\pi C)^{1/2}} \int_R^C \frac{\sigma r \mathrm{d}r}{(C^2 - r^2)^{1/2}}$$

$$= 2\sigma_a \left(\frac{C}{\pi}\right)^{1/2} \left[1 - \frac{R^2}{(R+s)^2} \right]^{1/2} \left(1 + 0.5\frac{R^2}{C^2} + 0.522\frac{R^4}{C^4} \right)$$

$$- \frac{A\left(\alpha_{\mathrm{p}} - \alpha_{\mathrm{m}}\right)\left(T_{\mathrm{s}} - T_{\mathrm{r}}\right)\left(\dfrac{1+\nu_{\mathrm{m}}}{2E_{\mathrm{m}}} + \dfrac{1-2\nu_{\mathrm{p}}}{E_{\mathrm{p}}}\right)^{-1} R^{1/2}}{\pi^{1/2}} \left(\frac{R}{C}\right)^{3/2}\left(1 - \frac{R^2}{C^2}\right)^{1/2} \tag{4.51}$$

联立式(4.50)和式(4.51)可得裂纹尖端总的应力强度因子表达式：

$$K = K_1 + K_2$$

$$= 2\sigma_{\mathrm{a}}\left(\frac{C}{\pi}\right)^{1/2}\left\{1.389\left[1 - \left[1 - \frac{R^2}{\left(R+s\right)^2}\right]^{1/2}\right] + \left[1 - \frac{R^2}{\left(R+s\right)^2}\right]^{1/2}\left(1 + 0.5\frac{R^2}{C^2} + 0.522\frac{R^4}{C^4}\right)\right\}$$

$$- \frac{A\left(\alpha_{\mathrm{p}} - \alpha_{\mathrm{m}}\right)\left(T_{\mathrm{s}} - T_{\mathrm{r}}\right)\left(\dfrac{1+\nu_{\mathrm{m}}}{2E_{\mathrm{m}}} + \dfrac{1-2\nu_{\mathrm{p}}}{E_{\mathrm{p}}}\right)^{-1} R^{1/2}}{\pi^{1/2}} \left(\frac{R}{C}\right)^{3/2}\left(1 - \frac{R^2}{C^2}\right)^{1/2}$$

$$\tag{4.52}$$

随着温度的升高，残余热应力会释放，同时材料性质以及材料中的缺陷尺寸都会改变。在推导上述裂纹尖端总的应力强度因子的过程中引入温度的影响，可得

$$K(T) = 2\sigma_{\mathrm{a}}\left(\frac{R+s(T)}{\pi}\right)^{1/2}\left\{1.389\left[1 - \left(1 - \frac{R^2}{\left(R+s(T)\right)^2}\right)^{1/2}\right]\right.$$

$$\left. + \left[1 - \frac{R^2}{\left(R+s(T)\right)^2}\right]^{1/2}\left[1 + 0.5\frac{R^2}{\left(R+s(T)\right)^2} + 0.522\frac{R^4}{\left(R+s(T)\right)^4}\right]\right\}$$

$$\tag{4.53}$$

$$- \frac{A\left(\alpha_{\mathrm{p}}(T) - \alpha_{\mathrm{m}}(T)\right)\left(T_{\mathrm{s}} - T\right)\left(\dfrac{1+\nu_{\mathrm{m}}}{2E_{\mathrm{m}}(T)} + \dfrac{1-2\nu_{\mathrm{p}}}{E_{\mathrm{p}}(T)}\right)^{-1} R^{1/2}}{\pi^{1/2}}$$

$$\times \left(\frac{R}{R+s(T)}\right)^{3/2}\left[1 - \frac{R^2}{\left(R+s(T)\right)^2}\right]^{1/2}$$

类似于推导基体材料热膨胀系数大于添加物热膨胀系数的陶瓷基复合材料的断裂强度模型，根据经典的断裂理论，当临界缺陷尖端应力强度因子达到材料断裂韧性时材料发生破坏。陶瓷材料温度相关性断裂韧性已推出，见式(4.30)。使

$$K(T) = K_{\mathrm{IC}} = \left(\frac{2\gamma(T)E(T)}{1-\nu(T)^2}\right)^{1/2}, \quad \sigma_{\mathrm{a}} = \sigma_{\mathrm{f}}, \quad \text{可得颗粒增强 ZrB}_2\text{-MoSi}_2 \text{ 复合材料的}$$

温度相关性断裂强度模型(Wang and Li, 2015)，如下所示：

$$\sigma_f = \frac{1}{\Phi_c(T)}\left[\frac{\pi\gamma_0 E(T)}{2R\left(1+\dfrac{s(T)}{R}\right)(1-v^2)}\left(1-\frac{\displaystyle\int_{T_0}^{T}C_p(T)\mathrm{d}T}{\displaystyle\int_{T_0}^{T_m}C_p(T)\mathrm{d}T}\right)\right]^{1/2}$$

$$+A\big(\alpha_p(T)-\alpha_m(T)\big)(T_s-T)\left(\frac{1+v_m}{2E_m(T)}+\frac{1-2v_p}{E_p(T)}\right)^{-1} \qquad (4.54)$$

$$\times\frac{1}{2\left(1+\dfrac{s(T)}{R}\right)^2\Phi_c(T)}\left[1-\frac{1}{\left(1+\dfrac{s(T)}{R}\right)^2}\right]^{1/2}$$

式中,

$$\Phi_c(T)=1.389\left\{1-\left[1-\frac{R^2}{\big(R+s(T)\big)^2}\right]^{1/2}\right\}$$

$$+\left[1-\frac{R^2}{\big(R+s(T)\big)^2}\right]^{1/2}\left[1+0.5\frac{R^2}{\big(R+s(T)\big)^2}+0.522\frac{R^4}{\big(R+s(T)\big)^4}\right] \qquad (4.55)$$

　　该模型建立了 ZrB_2-$MoSi_2$ 复合材料断裂强度、温度、残余热应力、微观结构及其演化之间的定量关系,为分析在不同温度下控制 ZrB_2-$MoSi_2$ 复合材料断裂的主要机制提供了理论工具,从而可为提高 ZrB_2-MoB_2 复合材料高温强度提供理论依据与指导。

　　利用温度相关性断裂强度模型(式(4.54)),对一些 ZrB_2-$MoSi_2$ 复合材料在高温下的断裂强度进行了预测,并与试验结果进行了对比。进一步利用该断裂强度模型系统研究了高温下材料中微观结构及缺陷的演化对材料断裂强度的影响。计算当中用到的列于表 4.4 中的相关材料参数由试验得出。用到的材料晶粒尺寸均来自文献(Neuman et al., 2015; Wang et al., 2013; Han and Wang, 2011; Guicciardi et al., 2010; Snead et al., 2007; Chamberlain et al., 2004; Shackelford and Alexander, 2000; Zhang et al., 2000; Chu et al., 1996; 叶大伦, 1981)。

表 4.4 材料参数

材料参数	数值与表达式
ν_m	0.25
ν_p	0.151
$T_m/^\circ\text{C}$	3049.85
$T_0/^\circ\text{C}$	25
A	0.1
$\gamma(T_0)/(\text{J/m}^2)$	12.76
$C_p(T)/(\text{cal}/(\text{mol}\cdot\text{K}))$	$15.34 + 2.25\times10^{-3}(T+273.15) - 3.96\times10^5\left((T+273.15)\right)^{-2}$
$E_m(T)/\text{GPa}$	$450.0 - 2.54T\exp\left(-\dfrac{T_m}{T}\right) + 1.9\left(T - 0.363T_m + \left\|T - 0.363T_m\right\|\right)\exp\left(-\dfrac{T_m}{T}\right)$
$E_p(T)/\text{GPa}$	$439.7 - 0.0586(T+273.15)\exp\left(-\dfrac{759}{T+273.15}\right)$
$E(T)$ (ZrB$_2$-5%MoSi$_2$)/GPa	$516 - 0.0399(T+273.15)\exp\left(-\dfrac{193}{T+273.15}\right)$
$\alpha_m(T)/^\circ\text{C}^{-1}$	$\left[2.33 + 0.006\times(T+273.15) - 0.2\times10^{-5}\times(T+273.15)^2\right]\times10^{-6}$
$\alpha_p(T)/^\circ\text{C}^{-1}$	$7.79\times10^{-6}\ (T<500^\circ\text{C})$ $8.41\times10^{-6}\ (T<1000^\circ\text{C})$ $8.56\times10^{-6}\ (T>1000^\circ\text{C})$

Balbo 和 Sciti(2008)报道了两种不同热压烧结工艺制造的 ZrB$_2$-15%MoSi$_2$ 复合材料在室温及1500℃时的断裂强度,一种为对应升温速率为 15K/min 的 15-HP,另一种为对应 150K/min 的 150-HP。在热压烧结过程中 MoSi$_2$ 粉末颗粒具有硅涂层,使得制备的复合材料中会出现氧化相。Balbo 和 Sciti 指出,上述两种 ZrB$_2$-15%MoSi$_2$ 复合材料断裂强度在1500℃时都出现了很明显的下降趋势,他们认为这可能是由于 SiO$_2$ 相高温软化所引起。

考虑到 ZrB$_2$-MoSi$_2$ 复合材料在室温下的断裂强度可容易地通过试验获得,利用 Balbo 和 Sciti 提供的室温试验强度和断裂强度模型(式(4.54)),反推得到了 15-HP 和 150-HP 在室温下的临界缺陷尺寸。随着温度的升高,SiO$_2$ 相会发生软化,认为该相对材料高温强度会有很大的影响。研究表明,颗粒增强 ZrB$_2$ 基复合材料断裂强度主要取决于添加相的尺寸,且材料的临界缺陷尺寸与微结构中最大的添加相的尺寸有关(Neuman et al., 2015, 2013)。经典断裂力学理论指出,脆性断裂对裂纹尺寸敏感。因此,可以认为上述 ZrB$_2$-MoSi$_2$ 复合材料在1500℃及以上时其临界缺陷尺寸应等于室温下的临界缺陷尺寸与材料微结构中最大的 SiO$_2$ 晶粒尺寸之和。根据 Balbo 和 Sciti(2008)提供的 15-HP 和 150-HP 的微观组织图(图 4.13),我们测试了两种材料微结构中最大的 SiO_2 晶粒尺寸,分别为 9.67μm 和 3.2μm。基于上述定义的 15-HP 和 150-HP 在不同温度下的临界缺陷尺寸,利用温度相关性断裂强度模型预测了 15-HP 和 150-HP 的不同温度下的断裂强度,并与其试验所得强度进行了对比。

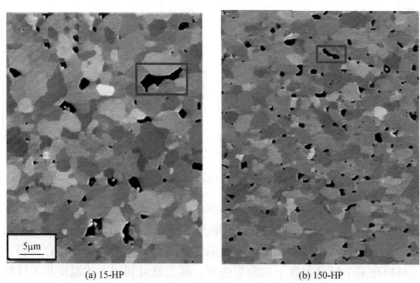

(a) 15-HP　　　　　　　　　　　　　(b) 150-HP

图 4.13　15-HP 和 150-HP 微观组织 SEM 图(Balbo and Sciti, 2008)

从图 4.14 可以看出,利用上述推导的温度相关性断裂强度模型(式(4.54))预测的强度值与试验结果取得了非常好的一致性。这说明之前定义的材料在 1500℃时的临界缺陷尺寸为室温下临界缺陷尺寸与微结构中最大的 SiO_2 晶粒尺寸之和是合理的。引起材料破坏的临界缺陷和微结构中最大的 SiO_2 晶粒有关,这也证明了 Balbo 和 Sciti(2008)之前的猜想,即 1500℃下 SiO_2 相的软化导致材料断裂强度衰减严重。可以看出,所建断裂强度模型可以定性甚至定量地描述 ZrB_2-$MoSi_2$ 复合材料微结构中 SiO_2 相对其高温断裂强度的影响。图 4.14 还表明当温度高于 1500℃时,随着温度的升高材料强度下降,但是下降幅度较小。

Silvestroni 和 Sciti(2007)报道了利用无压烧结方法制备的 ZrB_2-5%$MoSi_2$ 和 ZrB_2-20%$MoSi_2$ 复合材料在室温、1200℃和 1500℃下的断裂强度。他们制备的上述 ZrB_2-$MoSi_2$ 复合材料微结构中没有发现明显的 SiO_2 相,且高温下其断裂强度也没有出现明显的下降现象。相反,由于高温下发生了裂纹弥合现象,上述材料在 1200℃和 1500℃时仍保持有较高的断裂强度。从以上研究结果可知,材料在高温下的临界缺陷尺寸不等于室温下的临界缺陷尺寸。他们的工作没有给出所研究材料的温度相关性临界缺陷尺寸的信息。根据断裂强度模型(式(4.54))和文章中提供的试验断裂强度,反推了材料在室温和 1200℃时的临界缺陷尺寸。假设材料在

1500℃时的临界缺陷尺寸等于 1200℃时的临界缺陷尺寸值。利用断裂强度模型和上述定义的临界缺陷尺寸值，预测了材料在 1500℃时的断裂强度，并与试验结果进行了对比。

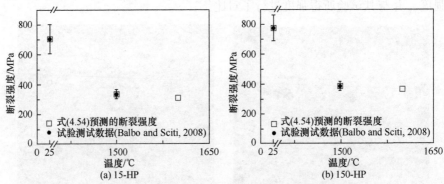

图 4.14　热压烧结 ZrB_2-15%$MoSi_2$ 复合材料温度相关性断裂强度(Wang and Li, 2015)

图 4.15 表明，利用断裂强度模型预测的材料强度与试验结果取得了很好的一致性。这说明材料在 1500℃时的临界缺陷尺寸确实和 1200℃时的临界缺陷尺寸很接近。因此可知，对于临界缺陷尺寸随温度升高而变化的陶瓷基复合材料，如果知道了材料在某个较高温度下的断裂强度，那么就可利用上述温度相关性断裂强度模型预测材料在一定的温度区间内的断裂强度，从而可避免一些温度下的高温强度测试试验所带来的诸多麻烦。还可看出，前面推导的断裂强度模型可以用来预测材料的温度相关性临界缺陷尺寸，从而可有助于我们确定不同温度下控制材料强度的主要机制。

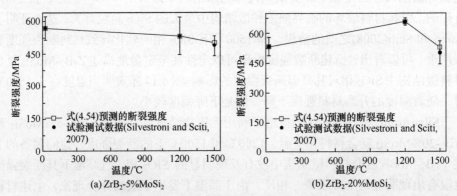

图 4.15　无压烧结 ZrB_2-5%$MoSi_2$ 复合材料温度相关性断裂强度(Wang and Li, 2015)

对比图 4.14 和图 4.15 中分别利用热压烧结方法和无压烧结方法制备的 ZrB_2-$MoSi_2$ 复合材料的温度相关性断裂强度可以看出，利用热压烧结方法制备的

ZrB_2-$MoSi_2$ 复合材料具有较高的室温断裂强度，但是在高温下由于 SiO_2 相的软化其断裂强度衰减严重；而利用无压烧结方法制备的 ZrB_2-$MoSi_2$ 复合材料由于微结构中没有出现明显的 SiO_2 相，同时在高温下存在裂纹弥合现象，其在高温下仍然保持较高的断裂强度。对于陶瓷材料，制约其常温应用的主要问题为其自身的脆性。通过无压烧结方法制备的上述 ZrB_2-20%$MoSi_2$ 复合材料室温下断裂韧性可达 $4.0MPa\cdot m^{1/2}$(Silvestroni and Sciti, 2007)，该值已相对较高，可满足其应用需求。因此，从获得具有较高低温断裂韧性及较高高温断裂强度的角度考虑，我们认为无压烧结方法可能是更好的制备 ZrB_2-$MoSi_2$ 复合材料的方法，同时该制备方法成本还较低。

下面以 15-HP 和 150-HP 两种 ZrB_2-$MoSi_2$ 复合材料为例，系统研究了材料中微结构对材料高温断裂强度的影响。

从图 4.16 可以看出，随着材料微结构中最大的 SiO_2 晶粒尺寸的增加，材料高温断裂强度近似线性下降。这里，为了能更明显地反映材料高温断裂强度与微结构中最大的 SiO_2 晶粒尺寸的关系，用一个简单的多项式函数对图中曲线进行了拟合。通过降低材料微结构中 SiO_2 晶粒的尺寸，我们可得到具有较高的高温断裂强度的复合材料。Balbo 和 Sciti(2008)的研究表明，提高热压烧结过程中的升温速率可降低微结构中 SiO_2 相平均晶粒尺寸及最大的 SiO_2 晶粒尺寸。因此，通过增加热压烧结过程中的升温速率即可提高材料在高温下的断裂强度。同时，我们认为通过提高制备过程中初始粉末的纯度及改善烧结技术，可降低材料微结构中 SiO_2 颗粒的含量、尺寸及其分散性，以降低 SiO_2 相对材料高温强度的影响，从而使得材料在高温下仍然保持较高的断裂强度。

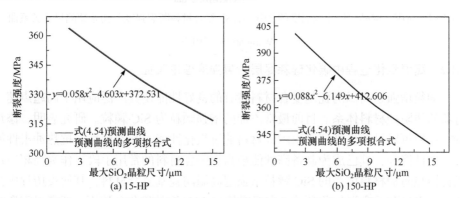

图 4.16　两种 ZrB_2-$MoSi_2$ 复合材料在 1500℃下的断裂强度与微结构中最大的 SiO_2 晶粒尺寸关系曲线(Wang and Li, 2015)

从图 4.17 可知，随着材料中初始缺陷的增加，材料断裂强度迅速降低，尤其当温度较低和初始缺陷尺寸及晶粒尺寸都较小时。随着温度的升高，材料断裂强度对初始缺陷的敏感性降低。同时，随着晶粒尺寸和初始缺陷尺寸的增加，其敏感性也会降低。当材料中初始缺陷尺寸增大到一定值时，其改变对材料断裂强度的影响很小。图 4.17 表明，较小的晶粒尺寸对应较高的材料断裂强度。但是当初始缺陷尺寸较大时晶粒尺寸的变化对材料断裂强度的影响很小。上述结果表明，当制备颗粒增强陶瓷基复合材料时，我们首先应当考虑降低材料初始缺陷尺寸。当材料中初始缺陷尺寸较小时，降低晶粒尺寸可获得相对较高的高温断裂强度。材料断裂强度对晶粒尺寸的敏感性还与温度有关。随着温度的升高，其敏感性降低。可以看出，材料断裂强度主要受温度、晶粒与缺陷的共同影响。通过提高制备过程中初始粉末纯度以及改善烧结技术，可提高材料致密度，同时可降低材料微结构中晶粒及初始缺陷的尺寸，从而可获得具有较高的高温断裂强度的 ZrB_2-$MoSi_2$ 复合材料。

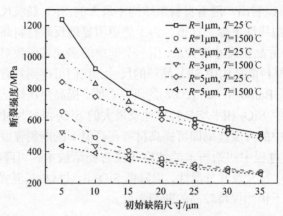

图 4.17　对应一定晶粒尺寸及温度的 ZrB_2-$MoSi_2$ 复合材料断裂强度与初始缺陷尺寸关系曲线

(Wang and Li, 2015)

4.1.2　高温氧化过程中碳化硅耗尽层断裂强度理论表征

颗粒增强超高温陶瓷基复合材料特有的良好性能使其广泛应用于高超声速飞行器的热防护材料体系。目前最常添加的增强颗粒为 SiC 颗粒。研究表明，添加 SiC 颗粒可以显著提高超高温陶瓷材料的抗氧化性能、断裂韧性、抗热冲击性能及强度性能等，其已成为制备高性能超高温陶瓷材料的常用手段。作为高超声速飞行器热防护材料体系的 SiC 颗粒增强超高温陶瓷基复合材料，其使役历程中往往会承受复杂的高温氧化环境。在温度超过 1650℃的氧化环境下，超高温陶瓷基复合材料会发生剧烈的氧化反应，使微结构中的 SiC 颗粒氧化成为气体，从而在材料中形成一层具有很多均匀分布的微孔的碳化硅耗尽层。碳化硅耗尽层内的微孔及氧化相变等都会影响该层的强度性能。同时，该层还可能会对复合材料的总体强度性能产生影响。然而，由于试验条件的限制，目前鲜有关于颗粒增强超高温陶瓷基复合材料高温氧化过程中形成的碳化硅耗尽层的强度性能的试验研究。理论方面，当前鲜有能够很好地反映氧化反应过程中形成的孔洞和相变等机制对该层强度性能影响的理论表征模型。基于以上研究现状及困难，对碳化硅耗尽层高温强度性能的理论研究就显得非常重要和必要。本书在对超高温陶瓷基复合材料高温氧化机制研究的基础上，建立了氧化过程中各相体积分数的表征模型，进一步通过研究陶瓷材料在低温及高温下的断裂机制，建立了可计及氧化温度、时间及相变等因素影响的碳化硅耗尽层的热-损伤断裂强度模型。利用该模型，研究了在不同氧化阶段碳化硅耗尽层的断裂强度，进一步系统分析了各种控制机制对该层断裂强度的影响。

1. 碳化硅耗尽层热-损伤断裂强度表征模型的建立

本节以添加 SiC 增强颗粒的 ZrB_2 基超高温陶瓷复合材料为例，研究高温氧化过程中形成的碳化硅耗尽层的断裂强度。假设球形 SiC 颗粒在复合材料微结构中均匀分布，模型如图 4.18 所示。氧化过程中，假设氧化量充足且材料按照化学反应方程式完全反应。ZrB_2-SiC 复合材料在高温氧化过程中会形成一层具有很多均匀分布的微孔的碳化硅耗尽层(Fahrenholtz and Hilmas, 2012; 王超, 2009)。这将对材料强度产生影响。

图 4.18　具有一定体积含量球形颗粒的模型图

在温度高于 1650℃ 的氧化环境下，ZrB_2-SiC 复合材料发生氧化反应的化学方程式如下所示：

$$ZrB_2(s) + 2.5O_2(g) \longrightarrow ZrO_2(s) + B_2O_3(l) \tag{4.56}$$

$$B_2O_3(l) \longrightarrow B_2O_3(g) \tag{4.57}$$

$$SiC(s)+O_2(g)\longrightarrow SiO(g)+CO(g) \tag{4.58}$$

根据阿伦尼乌斯定律，化学反应速率的经验公式可表示如下：

$$k = k^0\, \mathrm{e}^{-\dfrac{E_A}{RT}} \tag{4.59}$$

式中，k^0 表示各相的指前因子；E_A 为反应活化能，且认为各组分的反应活化能是与温度无关的常数；R 为摩尔气体常数；T 为温度。

根据式(4.59)可得式(4.56)和式(4.58)所示化学反应的反应速率：

$$k_{SiC} = k^0_{SiC}\lambda^0_{SiC}\exp\left(-\frac{E_A}{RT}\right) \tag{4.60}$$

$$k_{ZrB_2} = k^0_{ZrB_2}\lambda^0_{ZrB_2}\exp\left(-\frac{E_A}{RT}\right) \tag{4.61}$$

式中，λ^0_{SiC} 及 $\lambda^0_{ZrB_2}$ 分别表示反应前 SiC 和 ZrB_2 的体积分数。

根据氧化速率守恒方程可得如下关系式(Wang et al., 2009)：

$$\rho_{SiC}\frac{\partial \lambda_{SiC}}{\partial t} = -k_{SiC} \tag{4.62}$$

$$\rho_{ZrB_2}\frac{\partial \lambda_{ZrB_2}}{\partial t} = -k_{ZrB_2} \tag{4.63}$$

式中，λ_{SiC} 及 λ_{ZrB_2} 分别表示反应过程中 SiC 和 ZrB_2 的体积分数；ρ_{SiC} 及 ρ_{ZrB_2} 分别表示 SiC 和 ZrB_2 的密度。

对式(4.62)和式(4.63)在区间(0,t)内求定积分，且定义其初始条件为 $\lambda_{SiC}(t=0)$ $= \lambda^0_{SiC}$，$\lambda_{ZrB_2}(t=0)=\lambda^0_{ZrB_2}$。进一步结合式(4.60)和式(4.61)，可得氧化反应过程中 SiC 和 ZrB_2 的体积分数，表示如下：

$$\lambda_{SiC}(T,t) \approx \lambda^0_{SiC}\exp\left[-\frac{k^0_{SiC}}{\rho_{SiC}}\int_0^t \exp\left(-\frac{E_A}{RT}\right)\mathrm{d}t\right] \tag{4.64}$$

$$\lambda_{ZrB_2}(T,t) \approx \lambda^0_{ZrB_2}\exp\left[-\frac{k^0_{ZrB_2}}{\rho_{ZrB_2}}\int_0^t \exp\left(-\frac{E_A}{RT}\right)\mathrm{d}t\right] \tag{4.65}$$

氧化反应前后的固体区域体积会发生变化。根据毕林-彼德沃尔斯比的定义，氧化反应前后的固体区域体积变化关系可表示为(孙秋霞, 2001)

$$V_2 = \mu V_1 \tag{4.66}$$

式中，V_2 表示氧化后体积；V_1 表示氧化前体积；μ 表示毕林-彼德沃尔斯比。

由化学反应方程式(4.56)和式(4.58)可知，Zr 元素发生氧化反应生成 ZrO_2，这个过程会引起固体体积膨胀；SiC 氧化最终都会转化为气体，但是 Si 元素会先要被氧化成 SiO_2，虽然这个过程很短暂但也会引起体积膨胀。基于式(4.66)，可得化学反应方程式(4.56)和式(4.58)所对应的固体区域体积变化量，如下所示：

$$V_1 + (\mu-1)\left(V_1\lambda_{SiC}^0 - V_2\lambda_{SiC}(T,t) + V_1\lambda_{ZrB_2}^0 - V_2\lambda_{ZrB_2}(T,t)\right) = V_2 \tag{4.67}$$

根据式(4.67)可得反应后体积为

$$V_2 = \frac{V_1\mu}{1 + (\mu-1)\lambda_{ZrB_2}(T,t) + (\mu-1)\lambda_{SiC}(T,t)} \tag{4.68}$$

根据化学反应方程式(4.56)可得化学反应产物 ZrO_2 和 B_2O_3 在碳化硅耗尽层内的体积含量，如下所示：

$$\lambda_{ZrO_2} = \frac{\dfrac{V_1\lambda_{ZrB_2}^0\rho_{ZrB_2}}{m_{ZrB_2}} - \dfrac{V_2\lambda_{ZrB_2}(T,t)\rho_{ZrB_2}}{m_{ZrB_2}}}{\rho_{ZrO_2}V_2}m_{ZrO_2} = \frac{\left(\dfrac{V_1}{V_2}\lambda_{ZrB_2}^0 - \lambda_{ZrB_2}(T,t)\right)\rho_{ZrB_2}m_{ZrO_2}}{\rho_{ZrO_2}m_{ZrB_2}} \tag{4.69}$$

$$\lambda_{B_2O_3} = \frac{\dfrac{V_1\lambda_{ZrB_2}^0\rho_{ZrB_2}}{m_{ZrB_2}} - \dfrac{V_2\lambda_{ZrB_2}(T,t)\rho_{ZrB_2}}{m_{ZrB_2}}}{\rho_{B_2O_3}V_2}m_{B_2O_3} = \frac{\left(\dfrac{V_1}{V_2}\lambda_{ZrB_2}^0 - \lambda_{ZrB_2}(T,t)\right)\rho_{ZrB_2}m_{B_2O_3}}{\rho_{B_2O_3}m_{ZrB_2}} \tag{4.70}$$

式中，$m_{B_2O_3}$、m_{ZrB_2}、$m_{B_2O_3}$ 分别表示各相的摩尔质量；ρ_{ZrO_2} 和 $\rho_{B_2O_3}$ 分别表示 ZrO_2 和 B_2O_3 的密度。

高温下，ZrO_2 会发生迁移现象，B_2O_3 会发生气化现象，因此反应过程中所生成的碳化硅耗尽层内实际的 ZrO_2 及 B_2O_3 体积含量可表示如下(王超，2009)：

$$\lambda_{B_2O_3} = \frac{\rho_{ZrB_2}m_{B_2O_3}\left(\dfrac{V_1}{V_2}\lambda_{ZrB_2}^0 - \lambda_{ZrB_2}(T,t)\right)}{m_{ZrB_2}\rho_{B_2O_3}}(1-\eta(T)) \tag{4.71}$$

$$\lambda_{ZrO_2} = \frac{\rho_{ZrB_2}m_{ZrO_2}\left(\dfrac{V_1}{V_2}\lambda_{ZrB_2}^0 - \lambda_{ZrB_2}(T,t)\right)}{m_{ZrB_2}\rho_{ZrO_2}}(1-\xi(T)) \tag{4.72}$$

式中，$\eta(T)$ 表示 B_2O_3 在不同温度下的气化系数；$\xi(T)$ 表示 ZrO_2 在不同温度下的迁移系数。

由化学反应过程可知，碳化硅耗尽层内形成的孔隙的体积分数为

$$\lambda^p = 1 - \left(\lambda_{B_2O_3} + \lambda_{ZrO_2} + \lambda_{ZrB_2}(T,t) + \lambda_{SiC}(T,t)\right) \tag{4.73}$$

脆性材料在低温下的断裂主要由微结构中初始缺陷的扩展引起，并且对单个缺陷尺寸比较敏感。本章首先利用 Krstic 的方法(Krstic, 1984, 1988, 2006)及断裂力学理论建立了具有一个球形 SiC 颗粒且从晶粒边界衍生出一个环形裂纹的 ZrB_2 基复合材料的断裂强度模型。Krstic 的方法考虑了因外部应力和可嵌入相同尺寸球形颗粒的球形孔洞的存在引起的应力集中及添加球形颗粒后产生的残余热应力引起的应力集中的综合影响。ZrB_2-SiC 复合材料在发生高温氧化时，SiC 晶粒边界和 ZrB_2 晶粒边界会发生非常复杂的变化。然而，目前的研究还不足以使我们真正了解这一复杂的变化过程。因此很难确定在高温氧化过程中因为 SiC 和 ZrB_2 热膨胀系数的不同而在两者界面产生的残余热应力的值。同时，考虑到高温氧化过程中高温及形成的孔洞等损伤都会释放残余热应力，不考虑残余热应力对材料断裂强度的影响。断裂强度模型如下所示：

$$\sigma_0^f = \frac{1}{\varPhi_c}\left[\frac{\pi\gamma_{ZrB_2}E_{ZrB_2}}{2r\left(1+\dfrac{s}{r}\right)\left(1-\nu_{ZrB_2}{}^2\right)}\right]^{1/2} \tag{4.74}$$

$$\varPhi_c = 1.389\left\{1-\left[1-\frac{r^2}{(r+s)^2}\right]^{1/2}\right\}+\left[1-\frac{r^2}{(r+s)^2}\right]^{1/2}\left[1+0.5\frac{r^2}{(r+s)^2}+0.522\frac{r^4}{(r+s)^4}\right]$$

$$\tag{4.75}$$

式中，γ_{ZrB_2} 为 ZrB_2 的断裂表面能；E_{ZrB_2} 为 ZrB_2 的弹性模量；ν_{ZrB_2} 为 ZrB_2 的泊松比；r 为 SiC 晶粒尺寸；s 为缺陷尺寸。

碳化硅耗尽层包括 ZrB_2、SiC、ZrO_2 和 B_2O_3 四相材料。考虑到高温下 B_2O_3 的挥发十分严重，对整体 SiC 耗尽层的强度影响不显著，这里忽略此相的影响。在材料可适用的前提下，考虑到碳化硅耗尽层 ZrB_2 占了很大比例，而 ZrO_2 相的含量则相对较小，认为当缺陷在 ZrB_2 基体扩展时才会导致材料最终灾难性的破坏。因此，当不考虑温度对材料断裂强度的影响时，模型(4.74)在高温氧化阶段仍可适用。但是，考虑到高温破坏是一个广泛分布的显微结构损伤的积累过程，超高温陶瓷基复合材料在高温氧化过程中产生的孔洞及相变都会对其断裂强度产生影响，而模型(4.74)没有考虑多个添加颗粒的影响，因此其没有考虑氧化过程中形成的一定体积含量的孔洞对碳化硅耗尽层断裂强度的影响。通常，弹性模量、泊松比等材料参数都是损伤相关的量，但是目前鲜有关于材料中微缺陷对泊松比的影响的研究工作，因此不考虑孔洞等损伤对材料泊松比的影响，但是有必要考虑损伤积累对弹性模量的影响。基于等应变准则及孔洞对材料弹性模量的影响(Li et al., 2012a, 2012b)，碳化硅耗尽层的弹性模量可表示如下：

$$E = \left[\frac{E_{\mathrm{SiC}}}{1 + \dfrac{\lambda_{\mathrm{ZrB_2}}(T,t)}{\lambda_{\mathrm{SiC}}(T,t)} + \dfrac{\lambda_{\mathrm{ZrO_2}}}{\lambda_{\mathrm{SiC}}(T,t)}} + \frac{E_{\mathrm{ZrB_2}}\left(\dfrac{\lambda_{\mathrm{ZrB_2}}(T,t)}{\lambda_{\mathrm{SiC}}(T,t)}\right)}{1 + \dfrac{\lambda_{\mathrm{ZrB_2}}(T,t)}{\lambda_{\mathrm{SiC}}(T,t)} + \dfrac{\lambda_{\mathrm{ZrO_2}}}{\lambda_{\mathrm{SiC}}(T,t)}} \right.$$
$$\left. + \frac{E_{\mathrm{ZrO_2}}\left(\dfrac{\lambda_{\mathrm{ZrO_2}}}{\lambda_{\mathrm{SiC}}(T,t)}\right)}{1 + \dfrac{\lambda_{\mathrm{ZrB_2}}(T,t)}{\lambda_{\mathrm{SiC}}(T,t)} + \dfrac{\lambda_{\mathrm{ZrO_2}}}{\lambda_{\mathrm{SiC}}(T,t)}} \right] \times \left[1 + \frac{4\lambda^{\mathrm{p}}\left(1 - \nu_{\mathrm{ZrB_2}}{}^2\right)}{\pi} \right]^{-1} \tag{4.76}$$

式中，$E_{\mathrm{ZrO_2}}$ 和 E_{SiC} 分别为 ZrO_2 和 SiC 的弹性模量。

为考虑高温氧化过程中产生的孔洞及相变对碳化硅耗尽层断裂强度的影响，利用式(4.74)及式(4.76)可得修正的断裂强度表达式：

$$\sigma_0^{\mathrm{f}} = \frac{1}{\Phi_{\mathrm{c}}} \left[\frac{\pi \gamma_{\mathrm{ZrB_2}} E}{2r\left(1 + s/r\right)\left(1 - \nu_{\mathrm{ZrB_2}}{}^2\right)} \right]^{1/2} \tag{4.77}$$

超高温陶瓷材料的热物理性能参数(泊松比除外)对温度非常敏感，因此考虑材料的断裂强度时必须计及温度的影响。Li 等(2012a, 2012b)提出了一种可以很好地表征温度与损伤对超高温陶瓷材料断裂强度共同影响的模型，如下所示：

$$\sigma_{\mathrm{th}}(T,l) = \sigma_{\mathrm{th}}(T) \frac{\sigma_0^{\mathrm{f}}(l)}{\sigma_{\mathrm{th}}^0} \tag{4.78}$$

式中，$\sigma_{\mathrm{th}}(T,l)$ 为计及温度与损伤共同影响的断裂强度；$\sigma_{\mathrm{th}}(T)$ 为材料在初始损伤状态下的温度相关性断裂强度(Li et al., 2010)；$\sigma_0^{\mathrm{f}}(l)$ 为材料在参考温度下的计及损伤影响的断裂强度；σ_{th}^0 为在相同参考温度及初始损伤状态下的断裂强度；$\dfrac{\sigma_0^{\mathrm{f}}(l)}{\sigma_{\mathrm{th}}^0}$ 部分代表了常温下损伤项对材料断裂强度的影响；T 为温度；l 为损伤项。

结合上述方法引入温度对材料断裂强度的影响，将式(4.78)修改如下：

$$\sigma_{\mathrm{th}}(T,\lambda^{\mathrm{p}},r,s,t) = \sigma_{\mathrm{th}}(T) \frac{\sigma_0^{\mathrm{f}}}{\sigma_{\mathrm{th}}^0} \tag{4.79}$$

式中，$\sigma_{\mathrm{th}}(T,\lambda^{\mathrm{p}},r,s,t)$ 代表计及微孔洞、相变、氧化温度及时间等机制共同影响的碳化硅耗尽层断裂强度。

联立式(4.76)、式(4.77)及式(4.79)可得 SiC 颗粒增强超高温陶瓷基复合材料高温氧化过程中形成的碳化硅耗尽层的热-损伤断裂强度模型(Wang et al., 2013)，如下所示：

$$\sigma_{th}(T, \lambda^p, r, s, t) = \sigma_{th}(T) \frac{\sigma_0^f}{\sigma_{th}^0}$$

$$= \frac{1}{\Phi_c} \left[\frac{\pi \gamma_{ZrB_2} E}{2r\left(1 + \frac{s}{r}\right)\left(1 - v_{ZrB_2}{}^2\right)} \right]^{1/2} \left[\frac{E_{ZrB_2}(T)}{E_{ZrB_2}} \left(1 - \frac{1}{\int_0^{T_m} C_p(T) \mathrm{d}T + \Delta H_M} \int_0^T C_p(T) \mathrm{d}T \right) \right]^{1/2}$$

$$(4.80)$$

式中，

$$\sigma_{th}(T) = \left[\frac{\left(\sigma_{th}^0\right)^2}{E_{ZrB_2}} \cdot E_{ZrB_2}(T) \left(1 - \frac{1}{\int_0^{T_m} C_p(T) \mathrm{d}T + \Delta H_M} \int_0^T C_p(T) \mathrm{d}T \right) \right]^{1/2} \quad (4.81)$$

$C_p(T)$ 为在压力 p 和温度 T 下 ZrB_2 的比热容；ΔH_M 为 ZrB_2 的熔化热；T_m 为 ZrB_2 的熔点。

2. 模型预测结果及分析

利用上述热-损伤断裂强度模型(式(4.80))系统研究了碳化硅耗尽层各相及孔洞在不同氧化温度及时间下对材料断裂强度的影响。计算当中用到的列于表 4.5 中的相关材料参数由试验得出(Ma et al., 2012; Li et al., 2011; 王超, 2009; Wang et al., 2009; Chamberlain et al., 2004; 孙秋霞, 2001; Zhang et al., 2000)。

表 4.5 材料参数

材料参数	数值与表达式
E_{ZrB_2} /GPa	450
E_{SiC} /GPa	410
E_{ZrO_2} /GPa	400
$E_{ZrB_2}(T)$ /GPa	$450.0 - 2.54Te^{\frac{T_m}{T}} + 1.9\left(T - 0.363T_m + |T - 0.363T_m|\right)e^{\frac{T_m}{T}}$
v_{ZrB_2}	0.25
γ_{ZrB_2} /(J/m²)	12.76
ρ_{SiC} /(kg/m³)	3.21×10^3
ρ_{ZrB_2} /(kg/m³)	6.09×10^3
ρ_{ZrO_2} /(kg/m³)	5.6×10^3

续表

材料参数	数值与表达式
$\rho_{B_2O_3}$ /(kg/m^3)	2.15×10^3
k_{SiC}^0 /(kg/(m$^3\cdot$s))	8.0×10^4
$k_{ZrB_2}^0$ /(kg/(m$^3\cdot$s))	9.0×10^3
η(1700℃, 1800℃, 1900℃)	0.7, 0.8, 0.9
ξ(1700℃, 1800℃, 1900℃)	0.001, 0.001, 0.0015
T_m/℃	3049.85
E_A / R/K	19000
ν	1.2
$C_p(T)$/(cal/(mol · K))	$15.34+2.25\times10^{-3}(T+273.15)-3.96\times10^5(T+273.15)^{-2}$
ΔH_M /(J/mol)	104600

从图 4.19～图 4.21 可以看出，在一定氧化温度下，随着氧化时间的增加，碳化硅耗尽层的碳化硅体积分数逐渐减小，并基本上遵循抛物线规律；同时 ZrB$_2$ 的体积分数线性地减小，气孔率以抛物线的规律随着氧化时间的增加逐渐增加。从图 4.19 可知，当氧化温度为 1700℃，氧化时间增加到 7000s 左右时，SiC 基本上完全被氧化，此时材料的氧化层内出现碳化硅耗尽层。从图 4.20 和图 4.21 可知，当氧化温度为 1800℃时，SiC 被完全氧化的时间大约为 4000s，而当氧化温度为 1900℃时，对应的该氧化时间为 2250s。可以明显看出，氧化温度越高，氧化速率越快，材料氧化过程中出现碳化硅耗尽层所需氧化时间越短。图 4.19 表明，SiC 氧化速率随氧化时间的增加存在一个转折点。当氧化时间低于该转折点对应的时间时，SiC 反应剧烈，而当氧化时间过了该转折点对应时间时，氧化速率下降。上述转折点可以通过观察和计算 SiC 体积分数与氧化时间的关系曲线的斜率获得。该现象在图 4.20 和图 4.21 中也可明显看出。这可能是随着氧化的进行 SiC 体积含量减小所导致。同时对比三图可知，随着氧化温度的升高，该转折点对应的氧化时间降低。

图 4.19～图 4.21 均表明，碳化硅耗尽层气孔率随氧化时间的变化趋势基本上和未氧化的碳化硅体积含量随氧化时间的变化趋势相反。这表明，碳化硅耗尽层中气孔的形成主要是因为 SiC 的剧烈氧化。但是当碳化硅耗尽层 SiC 相被完全氧化时，气孔率要高于初始 SiC 体积含量。碳化硅耗尽层气孔率大小还和 B$_2$O$_3$ 的气化、ZrO$_2$ 的迁移以及 Zr 元素和 Si 元素的氧化引起的体积膨胀有关。可以看出，

B_2O_3 的气化和 ZrO_2 的迁移产生的对气孔率的增加作用要大于 Zr 元素和 Si 元素的氧化引起的体积膨胀对气孔率的减小作用。

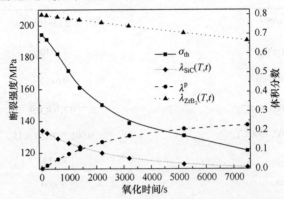

图 4.19　碳化硅耗尽层断裂强度及各相体积分数与氧化时间的关系曲线(T=1700℃, λ_{SiC}^0 = 20%)(Wang et al., 2013)

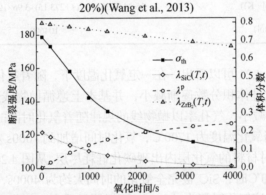

图 4.20　碳化硅耗尽层断裂强度及各相体积分数与氧化时间的关系曲线(T=1800℃, λ_{SiC}^0 = 20%)(Wang et al., 2013)

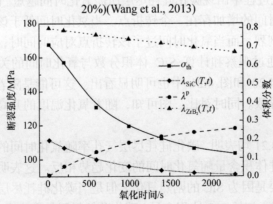

图 4.21　碳化硅耗尽层断裂强度及各相体积分数与氧化时间的关系曲线(T=1900℃, λ_{SiC}^0 = 20%)

(Wang et al., 2013)

　　从以上三图还可看出，当 SiC 被完全氧化时，ZrB$_2$ 只被氧化了很小的一部分，即使在 1900℃时，其剩余的未氧化的体积含量仍达 66.9%。因此可以推断，当缺陷在 ZrB$_2$ 基体扩展时才会导致材料最终灾难性的破坏，这验证了之前建立模型时所提出的该假设的合理性，同时也进一步表明了所建模型(式(4.80))可以用作高温氧化过程中形成的碳化硅耗尽层断裂强度表征。

　　以上三图表明，碳化硅耗尽层断裂强度随氧化时间和气孔率的增加而减小。氧化初期，材料强度衰减严重，随着氧化的进行，衰减率减低。当 SiC 被完全氧化后，碳化硅耗尽层断裂强度随氧化时间的增加变化很小。

　　从图 4.22 可以看出，随着氧化时间的增加，碳化硅耗尽层断裂强度衰减严重，尤其是处于氧化初始阶段；氧化温度越高，强度衰减得越快。碳化硅耗尽层断裂强度衰减严重，很可能会成为整体材料破坏的起始。图 4.23 表明，对应一定氧化时间，碳化硅耗尽层断裂强度随着氧化温度的增加而降低。这是因为氧化温度越高，材料发生的氧化反应越剧烈，碳化硅耗尽层的气孔率越高，该部分的断裂强度就越低。还可看出，在氧化初始阶段，强度随氧化温度下降的速率会随着温度的升高出现小幅度的下降。但是当氧化进行一段时间后，在温度区间 1800～1900℃内，强度随温度变化趋势大致相同。从图 4.24 可知，初始添加的碳化硅的体积分数越大，材料在高温氧化过程中形成的碳化硅耗尽层断裂强度衰减得越严重，尤其是当 SiC 被完全氧化时。因此可以得知，虽然添加碳化硅颗粒在一定条件下可以提高超高温陶瓷材料的强度性能及其抗氧化性能，但是当使役温度超过 1650℃时，材料会因具有较高气孔率的碳化硅耗尽层的出现而使得其断裂强度衰减严重，因此我们需要进一步研究在更大的温度范围内提升超高温陶瓷材料的抗氧化性能的措施及手段。考虑到其在温度超过 1650℃时抗氧化性能较差的主要原

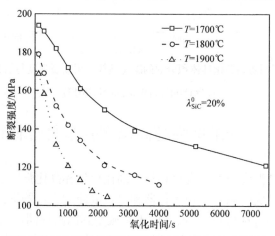

图 4.22　不同氧化温度下碳化硅耗尽层断裂强度与氧化时间关系曲线($\lambda_{SiC}^0 = 20\%$) (Wang et al., 2013)

因是最外层作为保护层的稳定的硼硅酸盐玻璃层被破坏，可以设计控制最外层氧化层的组分，选择一种在超高温度下更为稳定的材料替代原来的 SiO_2。

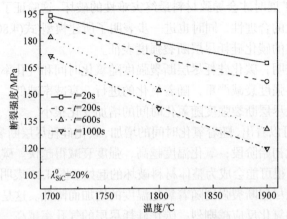

图 4.23　不同氧化时间下碳化硅耗尽层断裂强度与氧化温度关系曲线($\lambda_{SiC}^0 = 20\%$) (Wang et al., 2013)

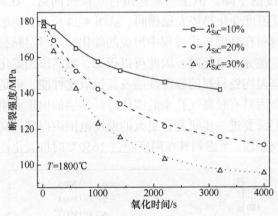

图 4.24　对应不同初始碳化硅体积分数的碳化硅耗尽层断裂强度与氧化时间关系曲线

(T=1800℃) (Wang et al., 2013)

4.2　纤维增强超高温陶瓷基复合材料

　　纤维增强超高温陶瓷基复合材料具有高比模量和高比强度、低热膨胀系数和耐腐蚀等优点，已成为高超声速飞行器和可重复使用飞行器推进系统热端部件和热防护系统的重要备选材料，在航空航天领域受到国内外同行的高度重视(张立同等，2003)。用于高温领域的陶瓷基复合材料，在使役时常常面临极端的高温环境，高温断裂强度是其安全服役最重要的性能指标之一。因此，对其不同温度，特别是高温下断裂强度理论表征及失效破坏机理的研究尤为重要。虽然添加陶瓷短纤维和晶须也是提高超高温陶瓷材料的强韧化性能的重要手段(Sciti and Silvestroni, 2012; Opila et al., 2004; Song et al., 2003)，但本节重点介绍连续纤维增强陶瓷复合材料高温断裂强度的理论表征模型。

4.2.1　温度相关性断裂强度模型

1. 单向纤维增强陶瓷基复合材料断裂强度模型

假设复合材料界面结合较强且在材料破坏时纤维和基体的应变相同，可采用混合物定律来表征复合材料的强度。单向纤维增强陶瓷基复合材料沿纤维方向的断裂强度表达如下：

$$\sigma_c = \sigma_f V_f + \sigma_m V_m \tag{4.82}$$

式中，σ 代表强度；V 代表体积分数；下标 c、f 和 m 分别代表复合材料、纤维和基体。

陶瓷基复合材料作为热结构材料在其使役历程中不可避免地承受极端的高温环境，因此在表征其断裂强度时必须考虑温度的影响。将式(4.82)修正为

$$\sigma_c(T) = \sigma_f(T) V_f + \sigma_m(T) V_m \tag{4.83}$$

式中，T 为环境温度；$\sigma_c(T)$ 为 T 温度下复合材料的断裂强度；$\sigma_f(T)$、$\sigma_m(T)$ 分别为 T 温度下纤维、基体的断裂强度。

李卫国和方岱宁等提出了力热能量密度等效原理，并针对超高温陶瓷材料建立了温度相关性断裂强度理论表征模型(Li et al., 2010)，详细推导见第 3 章。利用该模型可得陶瓷基体的温度相关性断裂强度：

$$\sigma_m(T) = \left[\frac{E_m(T)}{E_m(T_0)} \left(1 - \frac{\int_{T_0}^{T} C_p(T)\mathrm{d}T}{\int_{T_0}^{T_m} C_p(T)\mathrm{d}T} \right) \right]^{1/2} \sigma_m(T_0) \tag{4.84}$$

式中，$\sigma_m(T)$、$E_m(T)$ 分别为温度 T 下基体材料的断裂强度和杨氏模量；$\sigma_m(T_0)$、$E_m(T_0)$ 分别为参考温度 T_0 下基体材料的断裂强度和杨氏模量；$C_p(T)$ 为温度 T 下基体材料的定压比热容；T_m 为基体材料的熔点。

联立式(4.83)和式(4.84)，得到了如下温度相关性断裂强度模型：

$$\sigma_c(T) = \sigma_f(T) V_f + V_m \sigma_m(T_0) \left[\frac{E_m(T)}{E_m(T_0)} \left(1 - \frac{\int_{T_0}^{T} C_p(T)\mathrm{d}T}{\int_{T_0}^{T_m} C_p(T)\mathrm{d}T} \right) \right]^{1/2} \tag{4.85}$$

由于内部缺陷的随机分布,纤维强度 σ_f 表现出较强的分散性且具有明显的长度效应。韦布尔(Weibull)统计理论常被用来表征脆性纤维断裂强度的长度效应(Sutherland et al., 1999):

$$\sigma(L) = \sigma_0(L_0)(L / L_0)^{-\frac{1}{m}} \tag{4.86}$$

式中,L_0 和 L 分别为纤维的参考长度和纤维的实际长度;m 为 Weibull 模量;$\sigma_0(L_0)$、$\sigma(L)$ 分别为纤维在参考长度 L_0 和长度 L 下的强度。此外,氧气可通过材料制备时产生的基体裂纹或微孔洞进入复合材料内部,在高温下致使某些非氧化物纤维(如 SiC、Si_3N_4 纤维)发生氧化失效,使得实际承担载荷的有效纤维含量减小。为了考虑氧化的影响,在式(4.85)中采用有效纤维体积分数 V_{ef} 来表征实际承载的纤维体积分数。联立式(4.85)和式(4.86)可得计及温度、纤维长度效应和纤维氧化影响的温度相关性断裂强度模型(Deng et al., 2016):

$$\sigma_c(T) = A \left\{ V_m \sigma_m(T_0) \left[\frac{E_m(T)}{E_m(T_0)} \left(1 - \frac{\int_{T_0}^{T} C_p(T)\mathrm{d}T}{\int_{T_0}^{T_m} C_p(T)\mathrm{d}T} \right) \right]^{1/2} + V_{ef}(T)\sigma_0(L_0,T)(L / L_0)^{-\frac{1}{m(T)}} \right\}$$

$$\tag{4.87}$$

式中,$V_{ef}(T)$、$m(T)$ 分别为 T 温度下纤维的有效含量以及 Weibull 模量;$\sigma_0(L_0,T)$ 为 T 温度、参考长度下纤维的断裂强度;A 为强度折减系数,用以表征缺陷、孔洞以及界面性能等多种因素对复合材料断裂强度的综合影响。鉴于一些影响因素(如裂纹愈合)随温度升高带来正面影响,另一些因素(如界面结合性能)随温度升高带来负面影响,这里忽略了温度对 A 的影响,其值可通过参考温度下复合材料断裂强度的试验值反推得到。该模型考虑了温度、基体强度、纤维强度、纤维有效含量及长度对复合材料断裂强度的影响,为预测单向纤维增强陶瓷基复合材料的温度相关性断裂强度提供了理论方法。

利用式(4.87)来预测复合材料的高温断裂强度时,需要从文献中获取不同温度下陶瓷纤维的断裂强度。当陶瓷纤维的温度相关性断裂强度难以通过试验方法获取时,使用式(4.87)来预测陶瓷基复合材料的高温断裂强度变得困难。基于此,邵家兴等(Shao et al., 2017)基于李卫国等提出的力热能量密度等效原理(Li et al., 2010),针对陶瓷纤维建立了如下温度相关性断裂强度模型:

$$\sigma_f(T) = \sigma_f(T_0) \left\{ \frac{E_f(T)}{E_f(T_0)} \left[1 - \frac{\int_{T_0}^{T} \left(\sum_{i=1}^{n} \frac{m_i}{M_i} C_{mp_i}(T) \right)\mathrm{d}T}{\int_{T_0}^{T_m} \left(\sum_{i=1}^{n} \frac{m_i}{M_i} C_{mp_i}(T) \right)\mathrm{d}T} \right] \right\}^{1/2} \tag{4.88}$$

式中，$\sigma_f(T)$ 和 $E_f(T)$ 分别为 T 温度下纤维的断裂强度和杨氏模量；$\sigma_f(T_0)$ 和 $E_f(T_0)$ 分别为参考温度 T_0 下纤维的断裂强度和杨氏模量；n 为陶瓷纤维内相的总数；$C_{mp_i}(T)$ 为恒压 p 和温度 T 下第 i 相的摩尔热容；m_i 和 M_i 分别代表第 i 相的质量分数和分子量；T_m 为纤维的熔点。

此外，基于 Weibull 统计理论并假设基体中的裂纹数达到饱和状态，Cao 和 Thouless(1990)针对脆性纤维增强陶瓷基复合材料建立了如下所示的拉伸强度模型：

$$\sigma_{cp} = V_f \Sigma \left[\frac{\Sigma R}{m(m+1)\tau L_c} \right]^{\frac{1}{m}} e^{-\frac{1}{m}}, \quad \Sigma = \left[\frac{S_0 \sigma_0^m \tau(m+1)}{2\pi R^2} \right]^{\frac{1}{m+1}} \tag{4.89}$$

式中，V_f 为纤维的体积分数；σ_0 为纤维的特征强度；R 为纤维的半径；m 为 Weibull 模量；S_0 为单位面积；τ 为界面滑移应力；L_c 为复合材料的长度。

基于陶瓷纤维的温度相关性断裂强度模型(式(4.88))以及 Cao 和 Thouless 建立的纤维增强陶瓷基复合材料拉伸强度模型(式(4.89))，进一步建立了可考虑温度、纤维强度统计分布的单向陶瓷基复合材料温度相关性拉伸强度模型(Shao et al., 2017)：

$$\sigma_c(T) = \frac{\sigma_{ce}(T_0)}{\sigma_{cp}(T_0)} V_f \frac{\sigma_f(T_0)}{\Gamma\left(1 + \frac{1}{m(T)}\right)} \left\{ \frac{E_f(T)}{E_f(T_0)} \left[1 - \frac{\int_{T_0}^{T} \left(\sum_{i=1}^{n} \frac{m_i}{M_i} C_{mp_i}(T) \right) dT}{\int_{T_0}^{T_m} \left(\sum_{i=1}^{n} \frac{m_i}{M_i} C_{mp_i}(T) \right) dT} \right] \right\}^{1/2} \left(\frac{L_f}{em(T)L_c} \right)^{\frac{1}{m(T)}}$$

$$\tag{4.90}$$

式中，$\sigma_c(T)$ 为预测的复合材料温度相关性拉伸强度；$\sigma_{ce}(T_0)$ 为通过试验测量的该复合材料在参考温度下的拉伸强度；$\sigma_{cp}(T_0)$ 在参考温度下通过式(4.89)计算得到的拉伸强度；$\sigma_f(T_0)$ 为参考温度下复合材料内部原位纤维的平均拉伸强度；$m(T)$ 为 T 温度下的 Weibull 模量；L_f 与 L_c 分别为纤维与复合材料的测量长度；Γ 为伽马函数。针对纤维的温度相关性断裂强度难以获取的情形，相比式(4.87)，式(4.90)可更方便地预测单向陶瓷基复合材料的温度相关性拉伸强度。

2. 2D 编织陶瓷基复合材料断裂强度模型

由于单向陶瓷基复合材料具有明显的各向异性特征，如杨氏模量和断裂强度的各向异性，其应用领域受限。因此 2D 编织陶瓷基复合材料得以快速发展和应用。一般而言，随着外载荷的持续增加，陶瓷基体中将首先产生裂纹，并逐渐达到饱和，基体的承载能力逐渐降低。基于混合物理论，Yang 等(2017)给出了 2D 编织陶瓷基复合材料沿着 0°层铺层加载的拉伸强度表达式：

$$\sigma_{\mathrm{c}} = \frac{1}{4}\left[V_{\mathrm{m}}\left(1-\phi_{\mathrm{c}}\right)\sigma_{\mathrm{m}} + V_{\mathrm{f}}\left(1+\frac{1}{K}\right)\sigma_{\mathrm{fc}}\right] \tag{4.91}$$

式中，$K = 1 + V_{\mathrm{m}}E_{\mathrm{m}}/V_{\mathrm{f}}E_{\mathrm{f}}$；$\sigma_{\mathrm{fc}}$ 为纤维特征强度；V_{f}、V_{m} 分别为纤维、基体的体积分数；E_{f}、E_{m} 分别为纤维、基体的杨氏模量；ϕ_{c} 为临界载荷承担折减系数。陶瓷基复合材料在服役时常常面临复杂的高温环境，建模时必须考虑强度、杨氏模量的温度相关性，因此计及温度影响的复合材料断裂强度 $\sigma_{\mathrm{c}}(T)$ 表达式为

$$\sigma_{\mathrm{c}}(T) = \frac{1}{4}\left[V_{\mathrm{m}}\left(1-\phi_{\mathrm{c}}\right)\sigma_{\mathrm{m}}(T) + V_{\mathrm{f}}\left(1+\frac{1}{K(T)}\right)\sigma_{\mathrm{fc}}(T)\right] \tag{4.92}$$

式中，T 为环境温度。

此外，由于增强纤维与基体的热膨胀系数不同，当复合材料从制备温度冷却到室温时会产生残余热应力，从而显著影响复合材料的力学性能。因此为了更合理地表征复合材料的断裂强度，有必要考虑残余热应力的影响。2D 编织陶瓷基复合材料的温度相关性残余热应力 $\sigma_{\mathrm{r}}^{\mathrm{m}}(T)$ 可表示为(Deng et al., 2018)：

$$\sigma_{\mathrm{r}}^{\mathrm{m}}(T) = \varphi E_{\mathrm{m}}(T)\frac{0.5E_{\mathrm{f}}(T)V_{\mathrm{f}}}{E_{\mathrm{m}}(T)V_{\mathrm{m}} + 0.5E_{\mathrm{f}}(T)V_{\mathrm{f}}}\left[\alpha_{\mathrm{f}}(T) - \alpha_{\mathrm{m}}(T)\right](T - T_{\mathrm{p}}) \tag{4.93}$$

式中，φ 为残余热应力释放因子，用以表征微裂纹等造成的残余热应力释放；$\alpha_{\mathrm{f}}(T)$、$\alpha_{\mathrm{m}}(T)$ 分别为纤维和基体的热膨胀系数；T_{p} 为制备温度。联立式(4.84)、式(4.92)与式(4.93)，可以得到计及残余热应力影响的 2D 编织陶瓷基复合材料的温度相关性拉伸断裂强度理论表征模型(Deng et al., 2018)：

$$\sigma_{\mathrm{c}}(T) = \frac{1}{4}\left\{V_{\mathrm{m}}\left(1-\phi_{\mathrm{c}}\right)\sigma_{\mathrm{m}}(T_0)\left[\frac{E_{\mathrm{m}}(T)}{E_{\mathrm{m}}(T_0)}\left(1 - \frac{1}{\displaystyle\int_{T_0}^{T_{\mathrm{m}}}C_{\mathrm{m}p}(T)\mathrm{d}T}\int_{T_0}^{T}C_{\mathrm{m}p}(T)\mathrm{d}T\right)\right]^{1/2}\right.$$

$$\left. + V_{\mathrm{f}}\left(1+\frac{1}{K(T)}\right)\sigma_{\mathrm{fc}}(T)\right\} - \varphi E_{\mathrm{m}}(T)\frac{0.5E_{\mathrm{f}}(T)V_{\mathrm{f}}}{E_{\mathrm{m}}(T)V_{\mathrm{m}} + 0.5E_{\mathrm{f}}(T)V_{\mathrm{f}}}\left[\alpha_{\mathrm{f}}(T) - \alpha_{\mathrm{m}}(T)\right](T - T_{\mathrm{p}})$$

$$\tag{4.94}$$

该模型建立了复合材料拉伸强度与温度、基体和纤维断裂强度、纤维体积分数和残余热应力之间的定量关系，模型中的杨氏模量、热膨胀系数等材料参数可以方便地从文献中或材料手册中获取，因此该模型为预测 2D 编织陶瓷基复合材料的温度相关性断裂强度提供了方便的理论手段。

4.2.2 理论与试验结果对比

1. 单向纤维增强陶瓷基复合材料断裂强度模型验证

利用建立的单向纤维增强陶瓷基复合材料温度相关性断裂强度模型(式(4.87))

预测了 SiC 纤维增强 SiC 陶瓷基复合材料在不同温度下的断裂强度。在计算过程中，式(4.87)所需的材料参数均是来自文献或材料手册，且强度折减系数 A 由室温下的试验值反推得到。如图 4.25 所示，可以看出模型预测结果与试验结果取得了较好的一致性，同时证明了该模型的实用性。

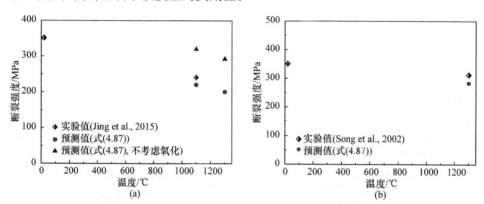

图 4.25　单向纤维增强陶瓷基复合材料(45%SiC$_f$-SiC)温度相关性断裂强度试验结果(Jing et al, 2015; Song et al, 2002)与理论预测值对比图(Deng et al., 2016)

利用建立的考虑纤维强度统计分布的单向陶瓷基复合材料的温度相关性拉伸强度模型(式(4.90))预测了 SiC 纤维增强陶瓷基复合材料在不同温度下的断裂强度。在计算过程中，式(4.90)所需的材料参数均是来自文献或材料手册。从图 4.26 可以看出，模型预测结果与试验结果取得了很好的一致性，由此证明了该模型(式(4.90))的合理性和实用性。

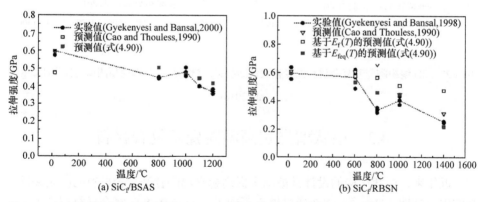

图 4.26　单向陶瓷基复合材料温度相关性拉伸强度试验结果与理论预测值对比图(Shao et al., 2017)
BSAS 为钡长石；RBSN 为反应烧结氧化硅；E_{feq} 为等效纤维杨氏模量

2. 2D 编织陶瓷基复合材料断裂强度模型验证

利用建立的 2D 编织陶瓷基复合材料断裂强度模型(式(4.94))预测了可获取的

四种复合材料在不同温度下的断裂强度。在预测过程中，式(4.94)所需的材料参数均是来自文献或材料手册，残余热应力释放因子φ由室温下的复合材料断裂强度试验值得到。从图 4.27 可以看出，模型预测结果与试验结果取得了较好的一致性，证明了该模型为预测 2D 编织陶瓷基复合材料温度相关性断裂强度提供了一种方便实用的理论途径。

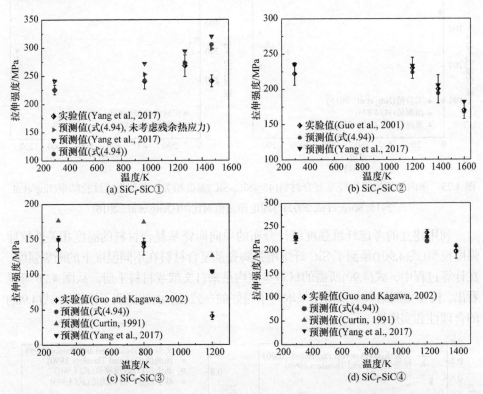

图 4.27　2D 编织陶瓷基复合材料温度相关性断裂强度试验结果与理论预测值对比图(Deng et al., 2018)

4.3　层状增强超高温陶瓷基复合材料

近年来，层状结构的设计常被用来提高超高温陶瓷基复合材料的断裂韧性及其应用可靠性。Han 等(2008)通过堆叠不同组分的 ZrB_2-SiC 复合材料制备了表面层为压应力层的强界面结合层状 ZrB_2-SiC 复合材料，并利用单边缺口梁法测试了材料的断裂韧性，研究结果表明表面层形成的较大的残余压应力有效地提高了材料的断裂韧性。Wei 等(2016)报道了热压烧结的层状 ZrB_2-SiC-BN 与 ZrB_2-SiC-graphite 复合材料在空气环境下从室温到 1500℃的断裂强度。然而目前鲜有关于层状超高温陶瓷基复合材料的温度相关性断裂强度理论表征模型。针对目前对于层状超高温陶瓷基复合材料温度相关性强韧性能缺乏有效表征方法的现状，为了研究温度、层内材料微结构、层状结构等对层状材料强韧性能的影响，本节基于材料性能温度相关性建模思想(力热能量密度等效原理)与经典的断裂力学理论及细观力学知识，建立了层状材料温度相关性断裂判据，提出了可计及温度、层内材料微结构及其演化以及不同层状结构影响的层状超高温陶瓷基复合材料强韧性能表征模型。利用建立的表征模型系统研究了组分层内颗粒尺寸、缺陷尺寸、层内组分、组分层厚度、层厚比、层数等机制对层状材料断裂强度的影响及其随温度的演化规律，进一步基于微结构分析与控制、层状结构优化设计的思路提出了可提高层状超高温陶瓷基复合材料在不同温度下断裂强度的途径。

4.3.1　温度相关性断裂强度模型

层状陶瓷材料的强度在一定程度上取决于单层材料的强度。每层材料的强度取决于其固有强度、因层间热不匹配导致的残余热应力或是弱性能层。在设计层状超高温陶瓷基复合材料时，为了降低材料断裂强度对于表面缺陷的敏感性，往往通过控制不同层的热膨胀系数使表面层承受残余压应力。此时，层状材料的强度取决于受压应力的层与该压应力的大小。本章以图 4.28 所示的对称层状材料模型为研究对象。该层状材料共有 $2n+1$ 层(n 为整数)，包括两种组分层，其中含有表面层在内的第一种组分层标注为材料 1，第二种组分层标注为材料 2；材料 1 层的层数为 $n+1$，且其热膨胀系数小于材料 2 层。

针对该层状材料，当从烧结温度冷却到室温时，由于材料 1 层和材料 2 层热膨胀系数的不同，各层会产生残余热应力。材料 1 层和材料 2 层所受温度相关性残余热应力可表示如下：

$$\sigma_{\text{res1}}(T) = -\frac{nE_1(T)E_2(T)d_2(\alpha_2(T)-\alpha_1(T))(T_s-T)}{n(1-\nu_1(T))E_2(T)d_2+(n+1)(1-\nu_2(T))E_1(T)d_1} \tag{4.95}$$

$$\sigma_{\text{res2}}(T) = \frac{(n+1)E_1(T)E_2(T)d_1(\alpha_2(T)-\alpha_1(T))(T_s-T)}{n(1-\nu_1(T))E_2(T)d_2+(n+1)(1-\nu_2(T))E_1(T)d_1} \tag{4.96}$$

式中，$\alpha_1(T)$ 与 $\alpha_2(T)$ 分别为材料 1 和材料 2 的温度相关性热膨胀系数；$E_1(T)$ 与 $E_2(T)$ 分别为材料 1 和材料 2 的温度相关性弹性模量；$\nu_1(T)$ 与 $\nu_2(T)$ 分别为材料 1 和材料 2 的温度相关性泊松比；d_1 与 d_2 分别为材料 1 层和材料 2 层的厚度。

层状材料受力状态与裂纹形态同图 4.1。材料 1 层裂纹尖端的应力强度因子可通过式(4.1)计算得到，裂纹面应力分布由外部应力、两相间残余热应力与上述残余压应力决定。对应残余压应力的裂纹尖端应力强度因子可通过式(4.2)～式(4.7)所示方法计算得到。此时，材料 1 层裂纹尖端总的温度相关性应力强度因子可表

示如下(以层状 ZrB₂ 基复合材料为例):

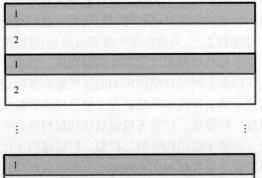

图 4.28　对称层状材料物理模型图(Wang et al., 2017a)

$$K(T) = K_1(T) + K_2(T)$$

$$= 2\left(\sigma_{\mathrm{a}} + \sigma_{\mathrm{res1}}(T)\right)\left(\frac{C}{\pi}\right)^{1/2}\left\{1.152\left[1 - \left(1 - \frac{R^2}{C^2}\right)^{1/2}\right] + \left(1 - \frac{R^2}{C^2}\right)^{1/2}\left(1 + 0.5\frac{R^2}{C^2} + 0.522\frac{R^4}{C^4}\right)\right\}$$

$$+ \frac{2AP(T)R^{1/2}}{\pi^{1/2}}\left(\left(1 + \frac{s}{R}\right)^{1/2}\left\{1 - \left[1 - \frac{1}{\left(1 + \frac{s}{R}\right)^2}\right]^{1/2}\right\} + \frac{1}{2\left(1 + \frac{s}{R}\right)^{\frac{3}{2}}}\left[1 - \frac{1}{\left(1 + \frac{s}{R}\right)^2}\right]^{1/2}\right)$$

$$(4.97)$$

结合式(4.30),材料 1 层温度相关性断裂韧性可表示如下:

$$K_{\mathrm{IC}}(T) = \left(\frac{2\gamma(T)E_1(T)}{1 - \nu_1(T)^2}\right)^{1/2} \tag{4.98}$$

使 $K(T) = K_{\mathrm{IC}}(T) = \left(\dfrac{2\gamma(T)E_1(T)}{1 - \nu_1(T)^2}\right)^{1/2}$,$\sigma_{\mathrm{a}} = \sigma_{\mathrm{f}}$,层状超高温陶瓷基复合材料温度

相关性断裂强度模型可得(Wang et al., 2017a)

$$\sigma_{\mathrm{f}} = \frac{1}{\varPhi_{\mathrm{c}}} \left[\frac{\pi \gamma_0 E_1(T)}{2R\left(1+\dfrac{s}{R}\right)\left(1-\nu_1(T)^2\right)} \left(1 - \frac{\displaystyle\int_0^T C_p(T)\,\mathrm{d}T}{\displaystyle\int_0^{T_{\mathrm{m}}} C_p(T)\,\mathrm{d}T}\right) \right]^{1/2} - AP\frac{\varPhi_{\mathrm{t}}}{\varPhi_{\mathrm{c}}}$$

$$+ \frac{n E_1(T) E_2(T) d_2 \left(\alpha_2(T)-\alpha_1(T)\right)(T_{\mathrm{s}}-T)}{n\left(1-\nu_1(T)\right) E_2(T) d_2 + (n+1)\left(1-\nu_2(T)\right) E_1(T) d_1} \tag{4.99}$$

式中,

$$\varPhi_{\mathrm{c}} = 1.152\left\{ 1 - \left[1 - \frac{R^2}{(R+s)^2}\right]^{1/2} \right\} + \left[1 - \frac{R^2}{(R+s)^2}\right]^{1/2}\left[1 + 0.5\frac{R^2}{(R+s)^2} + 0.522\frac{R^4}{(R+s)^4}\right]$$

$$\tag{4.100}$$

$$\varPhi_{\mathrm{t}} = 1 - \left[1 - \frac{1}{\left(1+\dfrac{s}{R}\right)^2}\right]^{1/2} + \frac{1}{2\left(1+\dfrac{s}{R}\right)^2}\left[1 - \frac{1}{\left(1+\dfrac{s}{R}\right)^2}\right]^{1/2} \tag{4.101}$$

上述模型建立了可综合考虑温度、缺陷尺寸、晶粒尺寸、两相间残余热应力与层间残余热应力共同影响的层状超高温陶瓷基复合材料断裂强度模型。层状材料可通过引入弱性能层以获得更高断裂韧性的材料,但是这往往会降低材料的断裂强度。随着温度的升高,材料强度会因为弱性能层的存在而衰减得更加严重。研究表明,对于弱结合型层状超高温陶瓷基复合材料,因层间热不匹配导致的残余热应力对材料强度影响很小(Wei et al., 2016, 2011),可忽略不计,但是在表征材料强度时必须计及弱性能层的影响。此时,层状材料的临界缺陷尺寸包括层内材料临界缺陷尺寸与弱性能层厚度。弱结合型层状材料的温度相关性断裂强度模型(Wang et al., 2017a)可表示如下:

$$\sigma_{\mathrm{f}} = \frac{1}{\varPhi_{\mathrm{c}}} \left[\frac{\pi \gamma_0 E_1(T)}{2\left(R+s+d_{\mathrm{s}}\right)\left(1-\nu_1(T)^2\right)} \left(1 - \frac{\displaystyle\int_0^T C_p(T)\,\mathrm{d}T}{\displaystyle\int_0^{T_{\mathrm{m}}} C_p(T)\,\mathrm{d}T}\right) \right]^{1/2} - AP\frac{\varPhi_{\mathrm{t}}}{\varPhi_{\mathrm{c}}} \tag{4.102}$$

式中,d_{s} 为弱性能层厚度。

4.3.2　理论计算结果与分析

以层状 ZrB$_2$-SiC 复合材料为例,利用建立的层状材料温度相关性断裂强度模型系统研究了层状结构参数、晶粒尺寸与缺陷尺寸对材料强度的影响及其随温度的演化规律。计算过程中,材料参数如表 4.1 所示;材料 1 层与材料 2 层的弹性模量与热膨胀系数通过复合准则获得。

图4.29表明，当材料2层与材料1层的层厚比较小时，低温下层状材料对层厚比较为敏感，随着温度的升高，材料敏感性下降；当材料2层与材料1层的层厚比达到一定值时，不管温度取为何值，层厚比的变化对材料强度几乎没有影响。

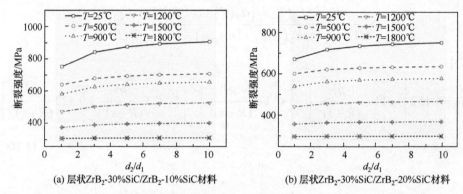

(a) 层状ZrB₂-30%SiC/ZrB₂-10%SiC材料　　　(b) 层状ZrB₂-30%SiC/ZrB₂-20%SiC材料

图4.29　对应不同温度的层状材料断裂强度与层厚比关系曲线(Wang et al., 2017a)

图4.30表明，在不同温度下层数n的变化对于层状材料断裂强度的影响都非常小。

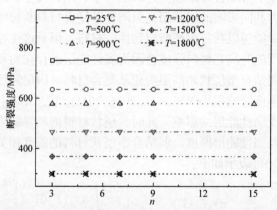

图4.30　对应不同温度的ZrB₂-30%SiC/ZrB₂-20%SiC材料断裂强度与层数n关系曲线(Wang et al., 2017a)

图4.31和图4.32表明，通过合理控制层内的缺陷尺寸与晶粒尺寸可以有效提高材料的高温强度。同时，材料强度对于晶粒尺寸的敏感性受缺陷尺寸大小的影响。当材料缺陷尺寸达到一定值时，改变晶粒尺寸的值对材料强度影响很小。由此可见，当制备层状超高温陶瓷基复合材料时，应当尽可能地降低层内材料初始缺陷的大小。

图4.33为层状ZrB₂基复合材料模型预测结果与试验值的对比结果。可以看出，该模型的预测结果与试验值取得了非常好的一致性。

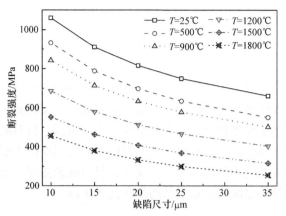

图 4.31　对应不同温度的 ZrB₂-30%SiC/ZrB₂-20%SiC 材料断裂强度与缺陷尺寸关系曲线(Wang et al., 2017a)

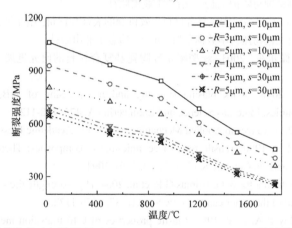

图 4.32　对应不同晶粒尺寸与缺陷尺寸的 ZrB₂-30%SiC/ZrB₂-20%SiC 材料断裂强度与温度关系曲线(Wang et al., 2017a)

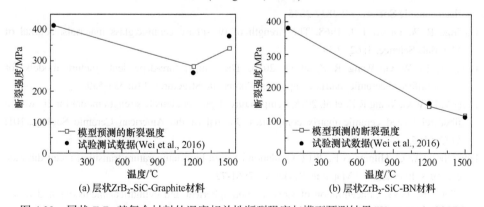

(a) 层状ZrB₂-SiC-Graphite材料　　　　　　　(b) 层状ZrB₂-SiC-BN材料

图 4.33　层状 ZrB₂ 基复合材料的温度相关性断裂强度与模型预测结果(Wang et al., 2017a)

4.4　本　章　小　结

　　本章主要介绍了可考虑增强颗粒、纤维与层状结构影响的超高温陶瓷基复合材料的温度相关性断裂强度理论表征模型。模型通过与试验测试结果的对比得到了很好的验证。基于模型预测结果系统研究了不同机制对材料断裂强度的影响及其随温度的演化规律,揭示了材料在不同温度下断裂强度的主要控制机制。本章提出了可合理与方便地预测超高温陶瓷基复合材料断裂强度、温度、材料微结构及其演化与层状结构之间的定量关系的潜在技术手段。

参 考 文 献

孙秋霞. 2001. 材料腐蚀与防护. 北京: 冶金工业出版社.

王超. 2009. ZrB_2-SiC 基超高温陶瓷复合材料失效机制的表征与评价. 哈尔滨: 哈尔滨工业大学.

叶大伦. 1981. 实用无机物热力学数据手册. 北京: 冶金工业出版社.

张立同, 成来飞, 徐永东. 2003. 新型碳化硅陶瓷基复合材料的研究进展. 航空制造技术, 1: 24-32.

Balbo A, Sciti D. 2008. Spark plasma sintering and hot pressing of ZrB_2-$MoSi_2$ ultra-high-temperature ceramics. Materials Science and Engineering A, 475: 108-112.

Barenblatt G I. 1962. Advances in Applied Mechanics. New York: Academic Press: 55-129.

Cao H, Thouless M D. 1990. Tensile tests of ceramic-matrix composites: Theory and experiment. Journal of the American Ceramic Society, 73(7): 2091-2094.

Chamberlain A L, Fahrenholtz W G, Hilmas G E, et al. 2004. High-strength zirconium diboride-based ceramics. Journal of the American Ceramic Society, 87: 1170-1172.

Chu F, Lei M, Maloy S A, et al. 1996. Elastic properties of C40 transition metal disilicides. Acta Materialia, 44: 3035-3048.

Curtin A. 1991. Theory of mechanical properties of ceramic-matrix composites. Journal of the American ceramic Society, 74: 2837-2845.

Davidge R W, Green T J. 1968. The strength of two-phase ceramic/glass materials. Journal of Materials Science, 3: 629-634.

Deng Y, Li W G, Wang R Z, et al. 2016. The temperature-dependent fracture models for fiber-reinforced ceramic matrix composites. Composite Structures, 140: 534-539.

Deng Y, Li W G, Wang R Z, et al. 2018. Temperature-dependent tensile strength model for 2D woven fiber reinforced ceramic matrix composites. Journal of the American Ceramic Society, 101: 5157-5165.

Fahrenholtz W G, Hilmas G E. 2012. Oxidation of ultra-high temperature transition metal diboride ceramics. International Materials Reviews, 57: 61-72.

Goodier J N. 1933. Concentration of stress around spherical and cylindrical inclusions and flaws. Journal of Applied Mechanics, 1: 39-44.

Green D J. 1981. Stress-induced microcracking at second-phase inclusions. Journal of the American Ceramic Society, 64: 138-141.

Griffith A A. 1921. The phenomena of rupture and flow in solids. Philosophical Transactions of the Royal Society, 221: 163-198.

Guicciardi S, Swarnakar A K, Biest O V D, et al. 2010. Temperature dependence of the dynamic Young's modulus of ZrB_2-$MoSi_2$ ultra-refractory ceramic composites. Scripta Materialia, 62: 831-834.

Guo S H, Kagawa Y. 2001. Temperature dependence of tensile strength for a woven Boron-Nitride-Coated Hi-NicalonTM SiC fiber-reinforced silicon-carbide-matrix composite. Journal of the American Ceramic Society, 84: 2079-2085.

Guo S H, Kagawa Y. 2002. Tensile fracture behavior of continuous SiC fiber-reinforced SiC matrix composites at elevated temperatures and correlation to in situ constituent properties. Journal of the European Ceramic Society, 22: 2349-2356.

Gyekenyesi J Z. 1998. High temperature mechanical characterization of ceramic matrix composites. NASA/CRm1998-206611. Cleveland: Cleveland State University.

Gyekenyesi J Z, Bansal N P. 2000. High temperature tensile properties of unidirectional Hi-Nicalon/ Celsian composites in air. NASA/TM-2000-210214.

Han J C, Hu P, Zhang X H, et al. 2008. Oxidation-resistant ZrB_2-SiC composites at 2200℃. Composites Science and Technology, 68(3-4): 799-806.

Han J C, Wang B L. 2011. Thermal shock resistance of ceramics with temperature-dependent material properties at elevated temperature. Acta Materialia, 59: 1373-1382.

Hu Z, Wang Z. 2010. Flexural strength and fracture behavior of ZrB_2-SiC ultra-high temperature ceramic composites at 1800℃. Journal of the European Ceramic Society, 30: 1021-1026.

Jing X, Shi D Q, Yang X G, et al. 2015. Fiber strength measurement for KD-I(f)/SiC composites and correlation to tensile mechanical behavior at room and elevated temperatures. Ceramics International, 41(1): 299-307.

Justin J F, Jankowiak A. 2011. Ultra high temperature ceramics: Densification, properties and thermal stability. Journal Aerospace Laboratory, 8 (3): 1-8.

Krstic V D. 1984. Fracture of brittle solids in the presence of thermoelastic stresses. Jouranl of the American Ceramic Society, 67: 589-593.

Krstic V D. 1988. Grain-size dependence of fracture stress in anisotropic brittle solids. Journal of Materials Science, 23: 259-266.

Krstic V D. 2006. Effect of microstructure on fracture of brittle materials: Unified approach. Theoretical and Applied Fracture Mechanics, 45: 212-226.

Krstic V D, Vlajic M D. 1983. Conditions for spontaneous cracking due to the presence of thermo-elastic stresses. Acta Metallurgica, 31: 139-144.

Li W G, Li D J, Zhang C Z, et al. 2012a. Modelling the effect of temperature and damage on the fracture strength of ultra-high temperature ceramics. International Journal of Fracture, 176: 181-188.

Li W G, Wang R Z, Li D Y, et al. 2011. A model of temperature-dependent Young's modulus for ultrahigh temperature ceramics. Physics Research International, (13-14): 1-3.

Li W G, Wang R Z, Li D Y, et al. 2012b. A thermo-damage strength model for ceramic material including an embedded crack with an arbitrarily shaped front. Fatigue and Fracture of Engineering Materials and Structures, 35: 871-877.

Li W G, Yang F, Fang D N. 2010. The temperature-dependent fracture strength model for ultra-high temperature ceramics. Acta Mechanica Sinica, 26(2): 235-239.

Ma Y J, Yao X F, Hao W F, et al. 2012. Oxidation mechanism of ZrB_2/SiC ceramics based on phase-field model. Composites Science and Technology, 72: 1196-1202.

Mallik M, Ray K K, Mitra R. 2011. Oxidation behavior of hot pressed ZrB_2-SiC and HfB_2-SiC composites. Journal of the European Ceramic Society, 31: 199-215.

Neuman E W, Hilmas G E, Fahrenholtz W G. 2013. Mechanical behavior of zirconium diboride-silicon carbide ceramics at elevated temperature in air. Journal of the European Ceramic Society, 33: 2889-2899.

Neuman E W, Hilmas G E, Fahrenholtz W G. 2015. Mechanical behavior of zirconium diboride-silicon carbide-boron carbide ceramics up to 2200℃. Journal of the European Ceramic Society, 35: 463-476.

Opila E, Levine S, Loreincz J. 2004. Oxidation of ZrB_2-and HfB_2-based ultra-high temperature ceramics: Effect of Ta additions. Journal of Materials Science, 39(19): 5969-5977.

Sciti D, Silvestroni L. 2012. Processing, sintering and oxidation behavior of SiC fibers reinforced ZrB_2 composites. Journal of the European Ceramic Society, 32(9): 1933-1940.

Selsing J. 1961. Internal stress in ceramics. Journal of the American Ceramic Society, 44: 419-421.

Shackelford J F, Alexander W. 2000. CRC Materials Science and Engineering Handbook. Boca Roton: CRC Press.

Shao J X, Li W G, Deng Y, et al. 2017. Theoretical models and influencing factor analysis for the temperature-dependent tensile strength of ceramic fibers and their unidirectional composites. Composite Structures, 164: 23-31.

Silvestroni L, Sciti D. 2007. Effects of $MoSi_2$ additions on the properties of Hf- and Zr-B_2 composites produced by pressureless sintering. Scripta Materialia, 57: 165-168.

Snead L L, Nozawa T, Katoh Y, et al. 2007. Handbook of SiC properties for fuel performance modelling, Journal of Nuclear Materials, 371: 329-377.

Song G M, Wu Y, Li Q. 2002. Elevated temperature strength and thermal shock behavior of hot-pressed carbon fiber reinforced TiC composites. Journal of the European Ceramic Society, 22(4): 559-566.

Song G M, Zhou Y, Kang S J L. 2003. Experimental description of thermo mechanical properties of carbon fiber reinforced TiC matrix composites. Materials and Design, 24(8): 639-646.

Sutherland L S, Shenoi R A, Lewis S M. 1999. Size and scale effects in composites: I. Literature review. Composites Science and Technology, 59(2): 209-220.

Ulrich S, Ehrhardt H, Schwan J, et al. 1998. Subplantation effect in magnetron sputtered superhard boron carbide thin films. Diamond and Related Materials, 7: 835-838.

Volokh K Y. 2007. Hyperelasticity with softening for modeling materials failure. Journal of the

Mechanics and Physics of Solids, 55: 2237-2264.

Wang C, Liang J, Luan X, et al. 2009. Study on the formation mechanism of SiC depletion layer during high temperature oxidation of ZrB$_2$+SiC. Rare Metal Materials and Engineering, 38: 886-889.

Wang G, Krstic V D. 1998. Roles of porosity, residual stresses and grain size in the fracture of brittle solids. Philosophical Magazine A, 78: 1125-1135.

Wang R Z, Li W G. 2015. Effects of microstructures and flaw evolution on the fracture strength of ZrB$_2$-MoSi$_2$ composites under high temperatures. Journal of Alloys and Compounds, 644: 582-588.

Wang R Z, Li W G, Fang D N. 2013. A thermo-damage strength model for the SiC-depletd layer of ultra-high-temperature ceramics on high temperature oxidation. International Journal of Applied Mechanics, 5: 1-15.

Wang R Z, Li W G, Li D Y, et al. 2015. A new temperature dependent fracture strength model for the ZrB$_2$-SiC composites. Journal of the European Ceramic Society, 35: 2957-2962.

Wang R Z, Li D Y, Xing A, et al. 2017a. Temperature dependent fracture strength model for the laminated ZrB$_2$ based composites. Composite Structures, 162: 39-46.

Wang R Z, Li W G, Ji B H, et al. 2017b. Fracture strength of the particulate-reinforced ultra-high temperature ceramics based on a temperature dependent fracture toughness model. Journal of the Mechanics and Physics of Solids, 107: 365-378.

Wei C C, Liu X C, Niu J Y, et al. 2016. High temperature mechanical properties of laminated ZrB$_2$-SiC based ceramics. Ceramics International, 42(16): 18148-18153.

Wei C C, Zhang X H, Hu P, et al. 2011. The fabrication and mechanical properties of bionic laminated ZrB$_2$-SiC/BN ceramic prepared by tape casting and hot pressing. Scripta Materialia, 65(9): 791-794.

Yang C P, Zhang L, Wang B, et al. 2017. Tensile behavior of 2D-C/SiC composites at elevated temperatures: Experiment and modeling. Journal of the European Ceramic Society, 37: 1281-1290.

Zhang G J, Deng Z Y, Kondo N, et al. 2000. Reactive hot pressing of ZrB$_2$-SiC composites. Journal of the American Ceramic Society, 83: 2330-2332.

Zou J, Zhang G J, Vleugels J, et al. 2013. High temperature strength of hot pressed ZrB$_2$-20vol.% SiC ceramics based on ZrB$_2$ starting powders prepared by different carbon/boro-thermal reduction routes. Journal of the European Ceramic Society, 33: 1609-1614.

第5章 陶瓷材料的抗热震性能

陶瓷材料因具有高的熔点、稳定的化学和物理性质及优异的抵抗超高温极端环境的能力而被广泛应用于航空航天、石油化工、能源等高新技术领域。但陶瓷材料由于其固有的脆性，抗热震性能较差，热冲击是造成陶瓷材料破坏的重要原因。因此，改善陶瓷材料的抗热震性能历来都是陶瓷材料研究的重大课题之一，而正确评价陶瓷材料的抗热震性能是进行这一重大课题研究的基础。

自 20 世纪 50 年代开始，陶瓷材料的抗热震性能就得到了广泛的研究，并提出了很多抗热冲击阻力参数(Wang and Singh, 1994；Kingery, 1955)。第一个抗热冲击阻力(TSR)参数 R 为

$$R = \frac{\sigma_{th}(1-\nu)}{E\alpha} \tag{5.1}$$

式中，σ_{th} 为材料强度；ν 为泊松比；E 为杨氏模量；α 为线热膨胀系数。

第一个抗热冲击阻力参数 R 描述的是一类理想的热边界条件——第一类热边界条件下材料的抗热震性能。在此情形下，薄板表面温度受到突然的改变 ΔT，R 反映的就是薄板所能承受的表面最大温度突然改变量 $R = \Delta T_c$。R 没有反映热传导的影响，仅反映了材料力学性能对抗热震性能的影响，是材料受热冲击所能承受的断裂临界温差的下限，与薄板的面内几何形状和力的边界条件无关。

第二个抗热冲击阻力参数 R' 可表示如下：

$$R' = \frac{\sigma_{th}(1-\nu)k}{E\alpha} \tag{5.2}$$

式中，k 为热导率。R' 反映的是弱热冲击(主要指气体对流和辐射冷却)条件下材料的抗热震性能。

R' 和断裂临界温差 ΔT_c 可通过式(5.3)联系：

$$\Delta T_c = \frac{R'}{cht_s} \tag{5.3}$$

式中，h 为薄板半厚；t_s 为表面换热系数，或称为表面热传递系数；c 反映了最大应力降低因子 φ_{max} 和 Biot 模数 Bi 间的关系 $\varphi_{max} \approx cBi$，如 Manson(1953)发现对于通常在对流及辐射传热条件下观察到的相对较低的表面换热系数 $c \approx 0.31$。

第三个抗热冲击阻力参数 R'' 可表示如下：

$$R'' = \frac{\sigma_{\text{th}}(1-\nu)a}{E\alpha} \tag{5.4}$$

式中，a 为热扩散率。R'' 反映的是薄板表面温度以恒定速率 ω 改变的情形下材料的抗热震性能。R'' 与薄板所允许的最大表面温度变化速率 ω_{max} 通过如下关系式联系：

$$\omega_{\text{max}} = \frac{R''s}{h^2} \tag{5.5}$$

式中，h 为薄板半厚；s 为位置参数。考虑到陶瓷材料的压缩强度通常远大于拉伸强度，故对于降温情形，热冲击破坏往往发生在薄板表面，此时 $s=3$；对于升温情形，如薄板因拉应力在薄板中心发生破坏，则 $s=6$。

前面 3 个抗热冲击阻力参数 R、R'、R'' 都是基于临界应力理论的，即认为热应力达到材料的拉伸强度，材料即发生破坏。Hasselman(1963)基于断裂力学理论，提出了下面两个抗热冲击阻力参数：

$$R''' = \frac{E}{\sigma_{\text{th}}^2(1-\nu)} \tag{5.6}$$

$$R'''' = \frac{E\gamma_{\text{eff}}}{\sigma_{\text{th}}^2(1-\nu)} \tag{5.7}$$

式中，γ_{eff} 为有效比表面能。R''' 用于表征材料有效比表面能相近材料的抗热震性能；R'''' 用于表征材料有效比表面能差别较大材料的抗热震性能。

以上每个抗热冲击阻力参数都是在特定的条件(特定的热环境)下通过理论简化或经验提出来的用于表征一类材料在该环境下的抗热震性能的。故各抗热冲击阻力参数都有非常强的适用范围，使用时需要注意根据使用环境选择相应的抗热冲击阻力参数。此外，经典的陶瓷材料抗热冲击理论鲜有考虑材料性能的温度相关性和陶瓷材料具体的服役热环境。本章主要介绍作者团队近年来在陶瓷材料抗热震性能方面开展的工作。

5.1 降温热冲击环境下抗热震性能

5.1.1 理论模型

对于脆性材料，拉应力往往更应引起重视，因为拉应力可能会使得裂纹发生扩展，导致材料出现损伤或者发生断裂。迅速冷却时材料的表面比内部温度低，表面有收缩的趋势，但这一趋势会受到内部材料的约束，而使表面处于拉应力状态。因此迅速冷却时产生的热应力比迅速加热时产生的热应力危害性更大，下面将重点研究冷却时的情况。

对于一个平面陶瓷薄板表面冷却的情况，其表面的热应力(Green, 1998)为

$$\sigma = \frac{\phi E \alpha \Delta T}{1-\nu} \tag{5.8}$$

式中，α 为热膨胀系数；ν 为泊松比；ϕ 为热应力衰减系数；E 为杨氏模量。对于温度变化无限快的极端情况，ϕ 趋近于 1，随着温度变化变慢，ϕ 逐渐减小。

由式(5.8)得到如式(5.9)所示的考虑温度影响的第一个抗热冲击阻力参数 ($\phi = 1$)：

$$R = \Delta T_c = \frac{\sigma_f}{E\alpha}(1-\nu) \tag{5.9}$$

式中，σ_f 为材料的断裂强度；ΔT_c 为导致陶瓷材料断裂的临界温差。由于温度对泊松比 ν 影响较小，忽略了 ν 随温度的变化。然而，在超高温条件下热环境对式(5.9)中其他参量的影响是非常显著的。因此，应对式(5.9)进行如下的修正：

$$R = \Delta T_c = \frac{\sigma_f(T-\Delta T_c)}{E(T-\Delta T_c)\alpha(T-\Delta T_c)}(1-\nu) \tag{5.10}$$

式中，T 为受热冲击时的初始环境温度。弹性模量和温度的关系为

$$E = E_0 - B_0 T e^{-\frac{T_m}{T}} + B_1\left(T - B_2 T_m + |T - B_2 T_m|\right)e^{-\frac{T_m}{T}} \tag{5.11}$$

式中，E_0 为 0℃时的弹性模量；T_m 为材料的熔点；B_0、B_1、B_2 为材料常数。由式(5.10)可得不同热冲击初始温度 T 下对应的断裂临界温度 T' 为

$$T' = T - R \tag{5.12}$$

R 的定义要求极快的冷却速率，那么对于一般的冷却速率，常采用第二个抗热冲击阻力参数 R'，如式(5.2)所示。这一参数使用了另外一个重要的材料参数——热导率，是反映物质导热能力的重要参数，其物理含义是：单位截面、单位长度的材料在单位温差下和单位时间内直接传导的热量。而与 R' 相对应的热冲击断裂临界温差则可表示为

$$\Delta T_c = \frac{R'}{0.31 h t_s} \tag{5.13}$$

式中，h 为平面陶瓷薄板的半厚；t_s 为表面热传递系数，其定义为材料表面单位面积、单位时间每高出环境温度 1K 所带走的热量；0.31 为表面换热系数。

由式(5.2)、式(5.12)可得如式(5.14)所示的考虑温度影响的第二个抗热冲击阻力参数：

$$R' = \frac{\sigma_f\left(T - \Delta T_c\right) k\left(T - \Delta T_c\right)}{E\left(T - \Delta T_c\right)\alpha\left(T - \Delta T_c\right)}\left(1 - \nu\right) \tag{5.14}$$

则对应的热冲击断裂临界温差为

$$\Delta T = \frac{\sigma_f\left(T - \Delta T_c\right) k\left(T - \Delta T_c\right)}{0.31 h t_s E\left(T - \Delta T_c\right)\alpha\left(T - \Delta T_c\right)}\left(1 - \nu\right) \tag{5.15}$$

对应的热冲击断裂临界温度 T' 为

$$T' = T - \Delta T_c \tag{5.16}$$

由以上两个抗热冲击阻力参数的定义可知，R 和 R' 反映了材料抗热震破坏发生的难易，R 和 R' 值越大，对应于越好的抗热冲击阻力，裂纹的起始越困难，抗热震性能越好；在这两个抗热冲击阻力参数中，R' 与更实际的热瞬变过程有关，因而通常更具优越性。

5.1.2　结果与讨论

采用上面得到的考虑温度影响的抗热冲击阻力参数表达式，利用文献(Wuchina et al., 2004; Opeka et al., 1999)中的相关材料参数随温度变化的实验结果(见表 5.1)，对超高温陶瓷——硼化铪(HfB₂)的抗热震性能进行了计算分析。

表 5.1　硼化铪材料参数

材料参数	数值和表达式
E/GPa	见式(5.11)
E_0/GPa	440.733
T_m/℃	3400
B_0	2.54
B_1	1.9
B_2	0.363
σ_f/MPa	$448.0 e^{-0.0005T}$
α/℃$^{-1}$	$(2(\ln T)-5)\times10^{-6}$
k/(W/(m·℃))	$-8.3455\times(\ln T)+127.68$
ν	0.12

由图 5.1 可以看出，第一个抗热冲击阻力参数 R 随热冲击初始环境温度 T 的关系曲线出现先降后升的变化趋势，且在热震温度范围内存在一个 R 较小的危险区。由此可知，目前通常采用的通过在较低温度下实验得到材料的一个抗热冲击阻力参数来表征材料的抗热震性能是片面的，特别是对于将要承受较大幅度温度

变化的超高温陶瓷材料，应充分考虑热冲击初始环境温度的影响；图 5.2 表明，
热应力衰减系数越小，对应的断裂临界温度 T' 越小，能承受的临界断裂温差越大，
材料越安全。

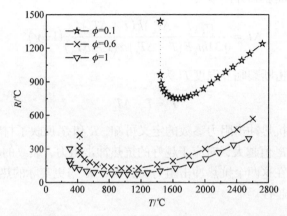

图 5.1　不同热应力衰减系数下第一个抗热冲击阻力参数 R 与热冲击初始环境温度 T 关系曲线

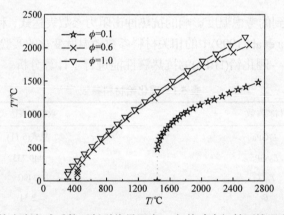

图 5.2　不同热应力衰减系数下断裂临界温度 T' 与热冲击初始环境温度 T 关系曲线

　　图 5.3、图 5.4 是在相同的表面热传递系数 t_s 下，不同厚度陶瓷薄板对应的计
算结果。可以看出，第二个抗热冲击阻力参数 R' 的大小依然与热冲击初始环境温
度 T 密切相关；在不同初始环境温度承受热冲击时，其能承受的最大温差有显著
的差异，存在一个温度区域其对应的能承受的最大温差水平较低，即存在一个易
发生热震断裂的危险温度区。从图 5.3 还可以看出，在热冲击初始环境温度 T 较
低时，陶瓷薄板厚度越薄对应的 R' 越大，然而当热冲击初始环境温度 T 达到一定
水平时陶瓷薄板厚度越薄对应的 R' 却越小。从图 5.4 可以看出，在相同的温度 T
承受热冲击时，陶瓷薄板厚度越薄对应的断裂临界温度 T' 越低。

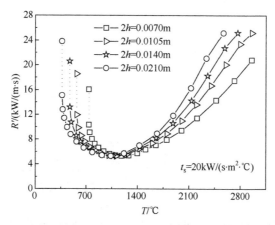

图 5.3　不同厚度陶瓷薄板对应的第二个抗热冲击阻力参数 R' 与热冲击初始环境温度 T 关系曲线

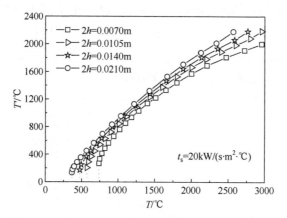

图 5.4　不同厚度陶瓷薄板对应的断裂临界温度 T' 与热冲击初始环境温度 T 关系曲线

　　从图 5.5 可以看出,陶瓷薄板厚度越薄对应的断裂临界温差 ΔT_c 越大。

　　图 5.6～图 5.8 是对厚度为 0.007m 的陶瓷薄板的计算结果。从图 5.6 可以看出,不同热冲击初始环境温度 T 下对应的第二个抗热冲击阻力参数 R' 与表面热传递系数 t_s 的关系曲线存在交叉现象,热冲击初始环境温度为 700℃ 及 1050℃ 时,随着表面热传递系数 t_s 的增加,抗热冲击阻力参数 R' 减小并逐渐趋于定值,这与文献(肖国庆和张军占,2005)中报道的表面热传递系数 t_s 越大,表面层温差就越大,材料被损坏的危险性就增大一致;当热冲击初始环境温度分别为 2100℃ 及 2800℃ 时,随着表面热传递系数 t_s 的增加,抗热冲击阻力参数 R' 逐渐增加,较高的热冲击初始环境温度对应较大的抗热冲击阻力参数 R'。由此可知,文献中报道的现象可能是在较低的热冲击初始环境温度下得到的。从图 5.7 可以看出,不同热冲击初始环境温度对应的断裂临界温差 ΔT_c 随着 t_s 的增加而减小并逐渐趋于平缓,

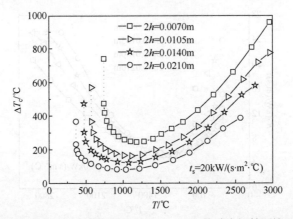

图 5.5　不同厚度陶瓷薄板对应的断裂临界温差 ΔT_c 与热冲击初始环境温度 T 关系曲线

一般较高的热冲击初始环境温度对应较大的 ΔT_c，但不同热冲击初始环境温度对应的几条曲线存在交叉现象。从图 5.8 中可以看出，不同热冲击初始环境温度 T 对应的断裂临界温度 T' 随着 t_s 的增大而升高，并分别趋于恒定值。热冲击初始环境温度 T 越高，对应的断裂临界温度 T' 越高。

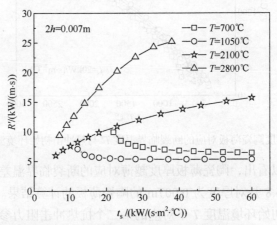

图 5.6　不同热冲击初始环境温度 T 下对应的第二个抗热冲击阻力参数 R' 与表面热传递系数 t_s
关系曲线

从图 5.9 可以看出，在 ht_s 值较小时不同热冲击初始环境温度 T 对应的曲线存在交叉现象；热冲击初始环境温度 T 大于 1400℃时，不同热冲击初始环境温度对应的抗热冲击阻力参数 R' 随着 ht_s 的增加而增加并各自逐渐趋于一个定值，且较高的热冲击初始环境温度对应较大的抗热冲击阻力参数 R'；相反，在热冲击初始环境温度 T 为 700℃时对应的抗热冲击阻力参数 R' 随着 ht_s 的增加而减小并逐渐趋于一个定值。

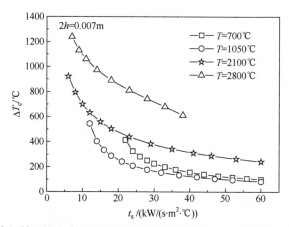

图 5.7　不同热冲击初始环境温度 T 下对应的断裂临界温差 ΔT_c 与表面热传递系数 t_s 关系曲线

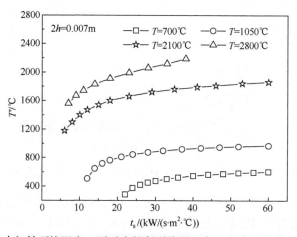

图 5.8　不同热冲击初始环境温度 T 下对应的断裂临界温度 T' 与表面热传递系数 t_s 关系曲线

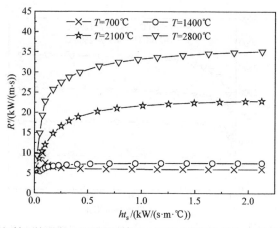

图 5.9　不同热冲击初始环境温度 T 下对应的第二个抗热冲击阻力参数 R' 与传热条件 ht_s 关系曲线

从图 5.10 可以看出，在传热条件 ht_s 值较小时断裂临界温差 ΔT_c 与 ht_s 成反比，当 ht_s 值较大时，ΔT_c 趋于一恒定值；当 ht_s 值较小时具有较大的 ΔT_c，即热稳定性较好。在 ht_s 值较小时某些热冲击初始环境温度 T 对应的曲线存在交叉现象，即在较小的 ht_s 值下，ht_s 对断裂临界温差 ΔT_c 的影响远比热冲击初始环境温度对其影响重要，此结果与 NASA(Fahrenholtz and Hilmas, 2004)的研究结论表明的材料表面的热流对材料性能的影响比材料所处的热力学温度大小对材料的影响更重要是一致的。当 ht_s 值达到一定水平时，随着 ht_s 值的升高，ΔT_c 对其敏感性降低。

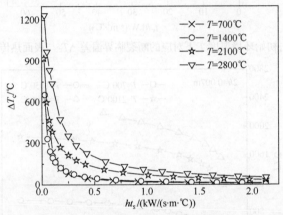

图 5.10　不同热冲击初始环境温度 T 下对应的断裂临界温差 ΔT_c 与传热条件 ht_s 关系

从图 5.11 可以看出，在 ht_s 值较小时，不同热冲击初始环境温度 T 对应的断裂临界温度 T' 随着 ht_s 值的增大迅速升高，当 ht_s 值较大时，T' 分别趋于一恒定值。热冲击初始环境温度 T 越高对应的断裂临界温度 T' 越高。

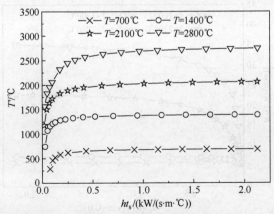

图 5.11　不同热冲击初始环境温度 T 下对应的断裂临界温度 T' 与传热条件 ht_s 关系

5.2　升温热冲击环境下抗热震性能

5.2.1　理论模型

作为高超声速飞行器上防热材料的超高温陶瓷材料，常常面临着剧烈的热冲击作用。急剧升温过程中陶瓷材料的表面温度比内部温度高，表面有膨胀的趋势，但这一趋势会受到内部材料的约束，使表面处于压应力状态，中心处于拉应力状态，当热应力达到其断裂强度时将导致材料的破坏。Hasselman(1970)引入抗热冲击阻力参数来表征材料的抗热震性能，这里采用第二个抗热冲击阻力参数 R'，其表达式如式(5.2)所示。

而与 R' 相对应的热冲击断裂临界温差则可表示为

$$\Delta T_{\mathrm{c}} = \frac{\sigma_{\mathrm{f}}(1-\nu)}{0.31 h t_{s} E \alpha} k \tag{5.17}$$

式中，h 为平面陶瓷薄板的半厚；t_{s} 为表面热传递系数。

由于热环境对材料的热物理性能影响非常显著，为了能更为真实地反映超高温陶瓷材料的抗热震行为，考虑材料参数的温度相关性是必需的。所以应对式(5.2)、式(5.17)进行如下的修正：

$$R' = \frac{\sigma_{\mathrm{f}}(T+\Delta T_{\mathrm{c}})(1-\nu)}{E(T+\Delta T_{\mathrm{c}})\alpha(T+\Delta T_{\mathrm{c}})} k(T+\Delta T_{\mathrm{c}}) \tag{5.18}$$

$$\Delta T_{\mathrm{c}} = \frac{\sigma_{\mathrm{f}}(T+\Delta T_{\mathrm{c}})(1-\nu)}{0.31 h t_{s} E(T+\Delta T_{\mathrm{c}})\alpha(T+\Delta T_{\mathrm{c}})} k(T+\Delta T_{\mathrm{c}}) \tag{5.19}$$

式中，T 为受热冲击时的初始环境温度。由于温度对泊松比 ν 影响较小，忽略了 ν 随温度的变化。弹性模量和温度的关系为

$$E = E_{0} - B_{0}T\mathrm{e}^{-\frac{T_{\mathrm{m}}}{T}} + B_{1}\left(T - B_{2}T_{\mathrm{m}} + |T - B_{2}T_{\mathrm{m}}|\right)\mathrm{e}^{-\frac{T_{\mathrm{m}}}{T}} \tag{5.20}$$

式中，E_{0} 为 0℃时的弹性模量；T_{m} 为材料的熔点；B_{0}、B_{1} 和 B_{2} 为材料常数。

由式(5.19)可得不同热冲击初始环境温度 T 对应的断裂临界温度 T'为

$$T' = T + \Delta T_{\mathrm{c}} \tag{5.21}$$

新模型考虑了材料的温度相关性，可以更好地表征超高温陶瓷材料在使役历程中的热震行为及其变化，有利于对超高温陶瓷材料抗热震性能的全面了解。

5.2.2　结果与讨论

采用上面得到的考虑温度影响的抗热冲击阻力参数表达式，对超高温陶瓷——

硼化铪(HfB₂)的抗热震性能进行了计算分析。

图 5.12 是在相同的表面热传递系数 t_s 下，不同厚度陶瓷薄板对应的计算结果。由图可以看出，抗热冲击阻力参数 R' 的大小与热冲击初始环境温度 T 密切相关；在不同初始环境温度承受热冲击时，存在一个热冲击破坏易发生的危险温度区。由图还可以看出，在热冲击初始环境温度 T 较高时，陶瓷薄板厚度越薄对应的 R' 越大；当热冲击初始环境温度 T 较低时，陶瓷薄板厚度越薄对应的 R' 却越小。

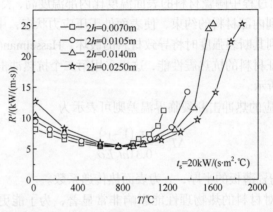

图 5.12　相同的表面热传递系数 t_s 下不同厚度陶瓷薄板对应的抗热冲击阻力参数 R' 与热冲击
初始环境温度 T 的关系曲线

从图 5.13 可以看出，陶瓷薄板厚度越薄，其对应的断裂临界温差 ΔT_c 就越大。

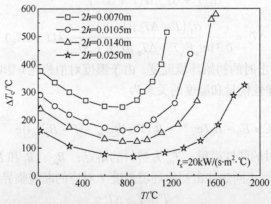

图 5.13　不同厚度的陶瓷薄板对应的断裂临界温差 ΔT_c 与热冲击初始温度 T 的关系曲线

从图 5.14 可以看出，陶瓷薄板厚度越薄，断裂临界温度 T' 与热冲击初始环境温度 T 的非线性关系越强，陶瓷板越薄对应的断裂临界温度越高。

从图 5.15 可以看出，不同热冲击初始环境温度 T 对应的第二个抗热冲击阻力

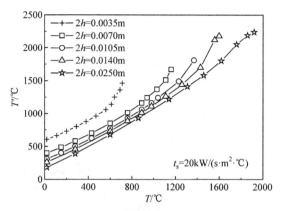

图 5.14　相同的表面热传递系数 t_s 下不同厚度陶瓷薄板对应的断裂临界温度 T' 与热冲击初始
环境温度 T 关系曲线

参数 R' 与表面热传递系数 t_s 的关系曲线存在交叉现象。当热冲击初始环境温度分别为 700℃及 1050℃时，随着表面热传递系数 t_s 的增加，抗热冲击阻力参数 R' 将减小并逐渐趋于定值；当热冲击初始环境温度分别为 20℃及 300℃时随着表面热传递系数 t_s 的增加，抗热冲击阻力参数 R' 逐渐增加，较低的热冲击初始环境温度对应较大的抗热冲击阻力参数 R'。

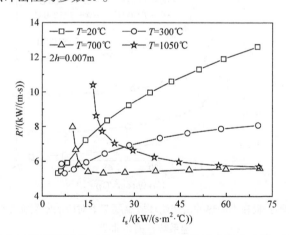

图 5.15　不同热冲击初始环境温度 T 下对应的第二个抗热冲击阻力参数 R' 与表面热传递系数
t_s 关系曲线

从图 5.16 可以看出，不同热冲击初始环境温度对应的断裂临界温差 ΔT_c 随着 t_s 的增加而减小并趋于平缓，且不同热冲击初始环境温度对应的几条曲线存在交叉现象。

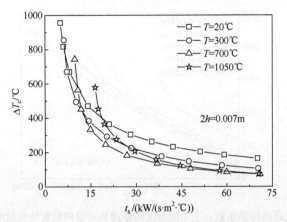

图 5.16　相同厚度陶瓷板在不同热冲击初始环境温度 T 下对应的断裂临界温差 ΔT_{c} 与表面热传递系数 t_{s} 关系曲线

　　从图 5.17 可看出，不同热冲击初始环境温度 T 对应的断裂临界温度 T' 随着 t_{s} 的增大而逐渐降低，并分别趋于定值。热冲击初始环境温度 T 越高对应断裂临界温度 T' 越高。

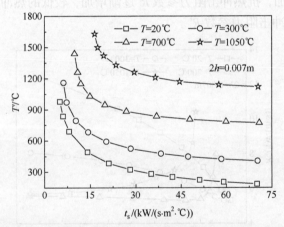

图 5.17　相同厚度陶瓷板在不同热冲击初始环境温度 T 下对应的断裂临界温度 T' 与表面热传递系数 t_{s} 关系曲线

　　从图 5.18 可看出，在 ht_{s} 值较小时不同热冲击初始环境温度 T 对应的曲线存在交叉现象；热冲击初始环境温度 T 大于 1050℃时不同热冲击初始环境温度对应的抗热冲击阻力参数 R' 随着 ht_{s} 的增加而减小并逐渐趋于定值，且较高的热冲击初始环境温度对应较大的抗热冲击阻力参数 R'。相反，在热冲击初始环境温度 T 为 20℃时对应的抗热冲击阻力参数 R' 随着 ht_{s} 的增加而升高；T 为 300℃时对应的抗热冲击阻力参数 R' 随着 ht_{s} 的增加而升高并很快趋于定值。

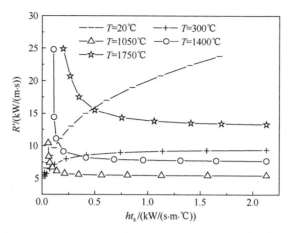

图 5.18　不同热冲击初始环境温度 T 下对应的第二个抗热冲击阻力参数 R' 与传热条件 ht_s 关系曲线

从图 5.19 可看出，断裂临界温差 ΔT_c 与传热条件 ht_s 成反比，当 ht_s 值较大时，ΔT_c 趋于一定值；当 ht_s 值较小时具有较大的 ΔT_c，即热稳定性较好。在 ht_s 值较小时不同热冲击初始环境温度 T 对应的断裂临界温差 ΔT_c 差异较大，随着 ht_s 的增大差异越来越小；且在 ht_s 值较小时某些热冲击初始环境温度 T 对应的曲线存在交叉现象，即在较小的 ht_s 值下 ht_s 对断裂临界温差 ΔT_c 的影响远比热冲击初始环境温度对其影响重要。

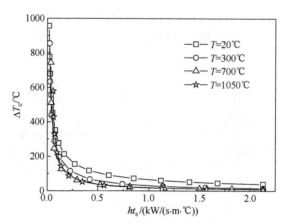

图 5.19　不同热冲击初始环境温度 T 对应的断裂临界温差 ΔT_c 与传热条件 ht_s 的关系曲线

从图 5.20 可以看出，急剧升温时，不同热冲击初始环境温度 T 下对应的第二个抗热冲击阻力参数 R' 与陶瓷板厚度的关系曲线存在交叉现象，热冲击初始环境温度为 700℃及 1050℃时，随着陶瓷板厚度的增加抗热冲击阻力参数 R' 减小并逐渐趋于定值，这与文献(肖国庆和张军占, 2005)中报道的表面热传递系数 t_s 越大，表面层温差就越大，材料被损坏的危险性就增大是一致；但当热冲击初始环境温度为 300℃时，随着陶瓷板厚度的增加抗热冲击阻力参数 R' 出现先减小后变大并逐渐趋于定值的变化趋势；当热冲击初始环境温度为 20℃时，随着陶瓷板厚度的增加抗热冲击阻力参数 R' 逐渐增加。由此可知，文献中报道的现象可能只是在特定的热冲击初始环境温度下得到的结果。

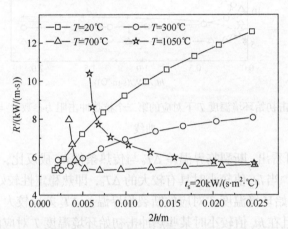

图 5.20　相同表面热传递系数 t_s 不同热冲击初始环境温度 T 下对应的抗热冲击阻力参数 R' 与陶瓷板厚度 $2h$ 的关系曲线

从图 5.21 中可以看出，不同热冲击初始环境温度 T 对应的断裂临界温度 T' 随着 ht_s 的增大而降低，并分别趋于恒定值。T 越高对应断裂临界温度 T' 越高。

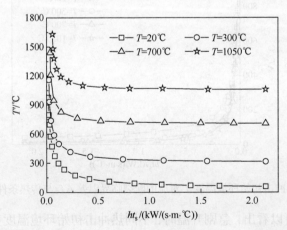

图 5.21　不同热冲击初始环境温度 T 下对应的断裂临界温度 T' 与传热条件 ht_s 的关系曲线

从图 5.22 可以看出，不同热冲击初始环境温度对应的断裂临界温差 ΔT_c 随着

$2h$ 的增加而减小并逐渐趋于平缓，不同热冲击初始环境温度对应的几条曲线存在交叉现象。

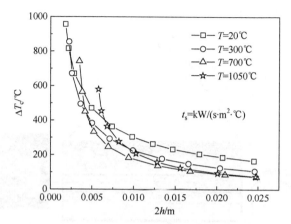

图 5.22　不同热冲击初始环境温度 T 下对应的断裂临界温差 ΔT_c 与陶瓷板厚度 $2h$ 关系曲线
(相同表面热传递系数 t_s 下)

从图 5.23 中可以看出，不同热冲击初始环境温度 T 对应的断裂临界温度 T' 随着 $2h$ 的增大而减小并分别趋于恒定值。热冲击初始环境温度 T 越高对应断裂临界温度 T' 越高。

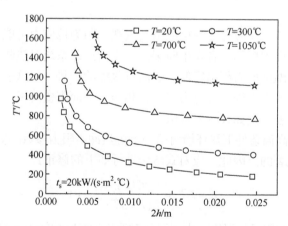

图 5.23　不同热冲击初始环境温度 T 下对应的断裂临界温度 T' 与陶瓷板厚度 $2h$ 关系曲线
(相同表面热传递系数 t_s 下)

5.3　主动冷却情形下抗热震性能

对于如图 5.24 所示的热防护系统(TPS)，冷却系统工作时也会对超高温陶瓷热防护层造成热冲击作用，特别是冷却系统的控制目标温度对超高温陶瓷热防护层的抗热震性能带来较大影响，所以研究 TPS 主动冷却情形时的抗热震性能对提高 TPS 的使用可靠性具有重要意义。

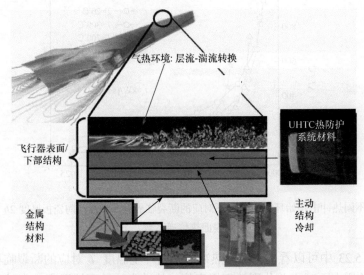

图 5.24　飞行器材料结构示意图

5.3.1　理论模型

对于脆性材料，拉应力往往更应引起重视，因为拉应力可能会使得裂纹发生扩展，导致材料出现损伤或者发生断裂。当主动冷却系统对热防护系统作用时，陶瓷材料的表面温度比内部温度低，表面有收缩的趋势，但这一趋势会受到内部材料的约束，而使表面处于拉应力状态，相当于平面陶瓷薄板表面冷却的情况，其表面热应力的表达式如式(5.8)所示。

然而，在超高温条件下热环境对第一个抗热冲击阻力参数(式(5.9))中其他参量的影响是非常显著的。因此，应对式(5.9)进行如下的修正：

$$R = \Delta T_{\mathrm{c}} = \frac{\sigma_{\mathrm{f}}(T)}{E(T)\alpha(T)}(1-\nu) \tag{5.22}$$

式中，T 为主动控制目标温度；由于温度对泊松比 ν 影响较小，忽略了 ν 随温度的变化。由式(5.22)可得不同的主动冷却控制目标温度 T 对应的断裂临界温度 T' 为

$$T' = T + R \tag{5.23}$$

R 的定义要求非常快的冷却速率，而对于一般的冷却速率，通常采用第二个抗热冲击阻力参数 R'，如式(5.2)所示。

而与 R' 相对应的热冲击断裂临界温差则可表示为

$$\Delta T_{\mathrm{c}} = \frac{R'}{0.31ht_{\mathrm{s}}} \tag{5.24}$$

式中，t_{s} 为表面热传递系数；$2h$ 为平面陶瓷薄板的厚度。

由式(5.2)、式(5.24)可得如式(5.25)所示的考虑温度影响的第二个抗热冲击阻力(TSR)参数：

$$R' = \frac{\sigma_{\mathrm{f}}(T)k(T)}{E(T)\alpha(T)}(1-\nu) \tag{5.25}$$

对应的热冲击断裂的临界温差为

$$\Delta T_{\mathrm{c}} = \frac{\sigma_{\mathrm{f}}(T)k(T)}{0.31ht_{\mathrm{s}}E(T)\alpha(T)}(1-\nu) \tag{5.26}$$

对应的热冲击断裂临界温度 T' 为

$$T' = T + \Delta T_{\mathrm{c}} \tag{5.27}$$

由以上两个抗热冲击阻力参数的定义可知，较大的 R 和 R' 值对应较好的抗热冲击阻力；在这两个抗热冲击阻力参数中，R' 与更实际的热瞬变过程有关，因而通常更具优越性。

5.3.2　结果与讨论

采用上面建立的考虑温度影响的抗热冲击阻力参数表达式，对超高温陶瓷——硼化铪(HfB₂)的抗热震性能进行了计算分析。

从图 5.25 中可以看出，第二个抗热冲击阻力参数 R' 的大小与主动冷却控制目标温度 T 密切相关；对不同的主动冷却控制目标温度，其能承受的最大温差有显著的差异，存在一个温度区域，其对应的能承受的最大温差水平较低，即存在一个易发生热震断裂的危险温度区。另外从式(5.25)可以看出，此种情况下 R' 与陶瓷板厚度无关。

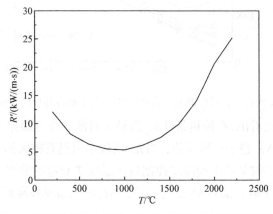

图 5.25　第二个抗热冲击阻力参数 R' 与主动冷却控制目标温度 T 关系曲线

　　从图 5.26 中可以看出，陶瓷板越薄断裂临界温差对主动冷却控制目标温度 T 的依赖性越大。

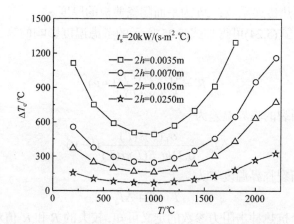

图 5.26　不同厚度陶瓷薄板对应的断裂临界温差 ΔT_c 与主动冷却控制目标温度 T 关系曲线

　　从图 5.27 中可以看出，断裂临界温度 T' 随主动冷却控制目标温度 T 的总体变化趋势是随其升高而升高，陶瓷板越薄非线性关系越强，对较薄的陶瓷板在 T 较低时甚至会出现局部降低的变化趋势，陶瓷板越厚对应的断裂临界温度 T' 越低。

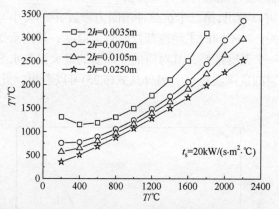

图 5.27　不同厚度陶瓷薄板对应的断裂临界温度 T' 与主动冷却控制目标温度 T 关系曲线

　　从图 5.28 可以看出，在传热条件 ht_s 值较小时断裂临界温差 ΔT_c 与 ht_s 成反比，当 ht_s 值较大时，ΔT_c 趋于一恒定值；当 ht_s 值较小时具有较大的 ΔT_c，即热稳定性较好。当 ht_s 值较小时某些主动冷却控制目标温度 T 对应的曲线存在交叉现象；当 ht_s 值达到一定水平时，随着 ht_s 值的升高，ΔT_c 对其敏感性降低。

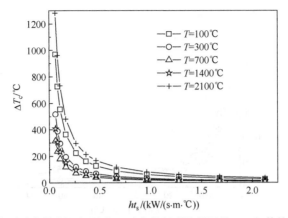

图 5.28　不同的主动冷却控制目标温度 T 对应的断裂临界温差 ΔT_c 与传热条件 ht_s 关系曲线

从图 5.29 可看出，在 ht_s 值较小时，不同的主动冷却控制目标温度 T 对应的断裂临界温度 T' 随着 ht_s 值的增大迅速降低；当 ht_s 值较大时，T' 趋于一定值。主动冷却控制目标温度 T 越高对应断裂临界温度 T' 越高。

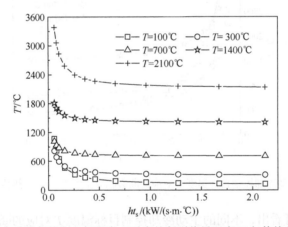

图 5.29　不同的主动冷却控制目标温度 T 对应的断裂临界温度 T' 与传热条件 ht_s 关系曲线

从图 5.30 可以看出，不同的主动冷却控制目标温度对应的断裂临界温差 ΔT_c 随着 t_s 的增加而减小并逐渐趋于平缓，一般较高的热冲击初始环境温度对应较大的 ΔT_c，但随着 t_s 的增加，不同的主动冷却控制目标温度对应的断裂临界温差 ΔT_c 间的差异逐渐变小。

从图 5.31 中可以看出，不同的主动冷却控制目标温度 T 对应的断裂临界温度 T' 随着 t_s 的增大而减小，并分别趋于恒定值。各曲线间存在交叉现象，所以当陶瓷板厚度已知时，可根据此图针对不同工作环境选择合理的主动冷却控制目标温度，以使其断裂临界温度最高。

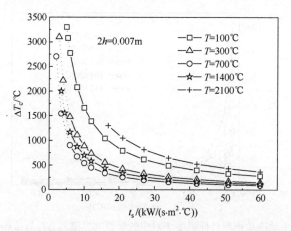

图 5.30　不同的主动冷却控制目标温度 T 对应的断裂临界温差 ΔT_c 与表面热传递系数 t_s 关系曲线

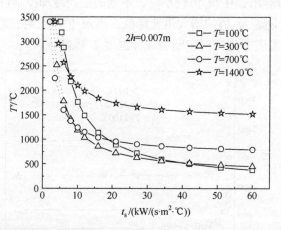

图 5.31　不同的主动冷却控制目标温度 T 对应的断裂临界温度 T' 与表面热传递系数 t_s 关系曲线

　　从图 5.32 可看出，不同的主动冷却控制目标温度 T 对应的断裂临界温差 ΔT_c 随着 $2h$ 的增加而减小，并逐渐趋于平缓。一般较高的热冲击初始环境温度对应较大的 ΔT_c，且随着 $2h$ 的增加，不同的主动冷却控制目标温度对应的断裂临界温差 ΔT_c 间的差异逐渐变小。

　　从图 5.33 中可以看出，不同的主动冷却控制目标温度 T 对应的断裂临界温度 T' 随着 $2h$ 的增大而减小，并分别趋于定值。各曲线间存在交叉现象，所以当表面热传递系数 t_s 已知时，可根据此图针对不同 TPS 厚度选择合理的主动冷却控制目标温度，以使其断裂临界温度最高。即当 TPS 厚度已定时，选取合理的主动冷却控制目标温度可提高其安全性能。

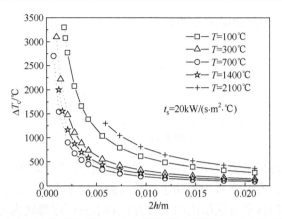

图 5.32　不同的主动冷却控制目标温度 T 对应的断裂临界温差 ΔT_{c} 与陶瓷板厚度 $2h$ 关系曲线

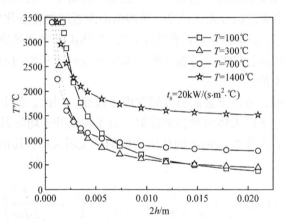

图 5.33　不同的主动冷却控制目标温度 T 对应的断裂临界温度 T' 与陶瓷板厚度 $2h$ 关系曲线

5.4　气动热环境下抗热震性能

5.4.1　理论模型

如图 5.34 所示，矩形薄板厚度为 $2h$，初始处于均匀温度 $T(z, 0) = T_{\mathrm{I}}$，在 $t = 0$ 时，上表面突然受到 q_{s} 的表面热流密度作用(Cheng et al., 2015)。对于连续、均匀、各向同性的薄板，当忽略材料性能的温度相关性时，如上瞬态温度分布可通过有限积分变换法求得

$$T(z,t) = T_{\mathrm{I}} + \frac{2hq_{\mathrm{s}}}{k}\left\{\frac{at}{(2h)^2} + 2\sum_{n=1}^{\infty}\frac{1}{n^2\pi^2}\left[1 - \exp\left(-n^2\pi^2\frac{at}{(2h)^2}\right)\right]\cos\left(n\pi\frac{h-z}{2h}\right)\right\}$$

$$(5.28)$$

式中，a 和 k 分别为热扩散率和热导率。

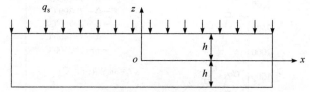

图 5.34　分析模型

当考虑材料性能的温度相关性时，常用有限单元法和有限差分法来求解瞬态温度分布。此外，有些学者用摄动法和叠层板方法来求解考虑材料性能温度相关性时的温度场，但这些方法给出的求解方程和求解程序都较为复杂。事实上，对于本问题，薄板在受到热冲击前处于均匀温度，且对于一次热冲击，薄板发生失效时，远离热冲击面的温度尚未改变，热冲击面附近的温度变化也不大(通常小于500℃)。另外，超高温陶瓷(本章简称为 UHTC)的热扩散率和热导率的温度相关性较弱。因此，求解如上 UHTC 薄板的瞬态温度分布时用初始均匀温度下的热扩散率和热导率是可能的。

热冲击失效前，薄板下表面温度通常尚未改变，因此，如上问题的瞬态温度场还可用相应的半无限大体的解答来近似。对于初始处于均匀温度 T_I，$t = 0$ 时在其单一可认证的表面施加 q_s 的表面热流密度的半无限大体，其相应的温度场可表示为

$$T(\xi,t) = T_I + \frac{2q_s}{k}\sqrt{\frac{at}{\pi}}\exp\left(\frac{-\xi^2}{4at}\right) - \frac{q_s\xi}{k}\mathrm{erfc}\left(\frac{\xi}{2\sqrt{at}}\right) \tag{5.29}$$

式中，ξ 为距离半无限大体表面的距离；erfc 为余补误差函数，与高斯误差函数存在如下关系：

$$\mathrm{erfc}\,\omega \equiv 1 - \mathrm{erf}\,\omega \equiv 1 - \frac{2}{\sqrt{\pi}}\int_0^\omega \exp\left(1-\xi^2\right)\mathrm{d}\xi \tag{5.30}$$

如上问题的有限厚度薄板的温度解答(式(5.28))为无穷级数形式，而对于热冲击问题，临界失效无量纲时间往往较小，因此在用式(5.28)求解时需要用更多的项来近似。可问题的关键是，计算前是不知道至少需要多少项的，只有多次计算通过比较相邻两次的计算结果才能作出相应的评估。更重要的是，一旦传热条件改变，又需要重新评估。然而，半无限大体的温度解答(式(5.29))为一积分表达式，可方便地用数值积分方法计算，且计算适用条件只需要判断薄板下表面温度尚未发生改变即可。在本节的理论计算中将用式(5.29)来计算 UHTC 薄板的热冲击瞬态温度分布。

为了检验上面提出的热冲击瞬态温度分布计算方法的合理性，下面将用有限元数值模拟进行验证。计算用 HfB$_2$ 材料，薄板厚度 $2h = 42\mathrm{mm}$，热冲击初始温度

T_I=900℃，t=0 时上表面受到 q_s=2MW/m^2 的热流密度作用。HfB$_2$ 的温度相关性材料参数见表 5.2(Li et al., 2011; Opeka et al., 1999; Knacke et al., 1991)。有关有限元数值计算见 5.4.2 节。

表 5.2　HfB$_2$ 温度相关性材料参数

材料参数	数值和表达式
k/(W/(m · ℃))	$-8.3455\ln(T)+128$
C_p/(kJ/(kg · K))	$1.5328 + 1.6351\times10^{-4}T - 4.8086\times10^4 T^{-2}$
ρ/(g/cm^3)	10.5
α/(10^{-6}/℃)	$2(\ln T)-5$(参考温度 T_0=20℃)
E/GPa	见式(5.32)
ν	0.12

Li 等(2011)在研究 UHTC 的温度相关性杨氏模量时发现，在公式(Wachtman et al., 1961)

$$E(T) = E_0 - HT\exp\left(-\frac{T_E}{T}\right) \tag{5.31}$$

中，杨氏模量在高温下很快变为零。为了更好地拟合 UHTC 的杨氏模量，Li 等给出了如下公式：

$$E = E_0 - B_0 T\exp\left(-\frac{T_m}{T}\right) + B_1\left(T - B_2 T_m + |T - B_2 T_m|\right)\exp\left(-\frac{T_m}{T}\right) \tag{5.32}$$

式中，E_0 为室温杨氏模量；T_m 为材料熔点；B_0、B_1 和 B_2 为材料常数。对于 HfB$_2$，E_0=441GPa(Opeka et al., 1999)，T_m=3380℃，B_0=2.54，B_1=1.9，B_2=0.363。

计算结果如图 5.35 所示。本章图片中的 T 表示结果由理论模型计算得到，N 表示结果由有限元数值模拟计算得到。根据后面的计算结果，该算例中薄板临界失效时间为 2.9s。可见，式(5.29)计算的结果和有限元数值模拟的结果吻合得非常好，这说明：

(1) 对于初始处于均匀温度的 UHTC 薄板，用热冲击初始温度时的热扩散率和热导率来计算热冲击瞬态温度分布是合理的；

(2) 在薄板下表面温度尚未改变前，用半无限大体的温度解答来计算有限厚度薄板的瞬态温度分布是合理的。

不失一般性，除了上面的连续性、均匀性和各向同性假设外，薄板还是弹性的。此外，在本问题中，当前温度 $T(z, t)$ 仅为厚度坐标 z 的函数而与面内坐标 x 和 y 无关，且薄板属于小变形问题。

为了简化问题的求解，先通过定性分析揭示本问题中涉及的应力分量。想象

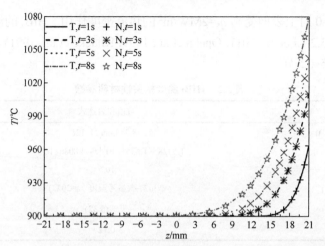

图 5.35　用半无限大体的温度解答和有限元数值模拟计算得到的薄板瞬态温度分布

将处于均匀温度时的矩形薄板划分成无数小的棱边与坐标轴平行的六面体单元。随着温度的改变，各个平行六面体单元将发生变形，但在一个连续的物体里面，这样的变形通常是不能自由进行的，即各部分间存在相互约束，由于温度的改变仅为 z 的函数而与 x 和 y 无关，因而单元间的相互约束仅限于 x 和 y 方向，故非零应力分量仅为 $\sigma_x = \sigma_y$。

三维热弹性问题的本构关系可表示为

$$\begin{cases} \varepsilon_x = \dfrac{1}{E}\Big[\sigma_x - \nu\big(\sigma_y + \sigma_z\big)\Big] + \varepsilon_{\mathrm{th}} \\[2mm] \varepsilon_y = \dfrac{1}{E}\Big[\sigma_y - \nu\big(\sigma_x + \sigma_z\big)\Big] + \varepsilon_{\mathrm{th}} \\[2mm] \varepsilon_z = \dfrac{1}{E}\Big[\sigma_z - \nu\big(\sigma_x + \sigma_y\big)\Big] + \varepsilon_{\mathrm{th}} \end{cases} \tag{5.33a}$$

$$\gamma_{yz} = \frac{\tau_{yz}}{G}, \quad \gamma_{xz} = \frac{\tau_{xz}}{G}, \quad \gamma_{xy} = \frac{\tau_{xy}}{G} \tag{5.33b}$$

式中，σ_x、σ_y、σ_z 和 ε_x、ε_y、ε_z 分别为 x、y、z 方向的正应力和正应变；τ_{yz}、τ_{xz}、τ_{xy} 和 γ_{yz}、γ_{xz}、γ_{xy} 分别为 yz、xz、xy 平面内的剪应力和剪应变；$\varepsilon_{\mathrm{th}}$ 为自由热应变；E、ν 和 G 分别为杨氏模量、泊松比和剪切模量。特别地，$\varepsilon_{\mathrm{th}}$ 可根据下式计算得到：

$$\varepsilon_{\mathrm{th}} = \alpha(T)(T - T_0) - \alpha(T_{\mathrm{I}})(T_{\mathrm{I}} - T_0) \tag{5.34}$$

式中，α 为总体形式线热膨胀系数；T_0 为线热膨胀系数的参考温度；T_{I} 为热冲击初始温度；T 为当前温度。式(5.34)在 ABAQUS 软件中采用。

如前所述，在本问题中，非零应力、应变分量仅为 $\sigma_x\left(=\sigma_y\right)$、$\sigma_y$、$\varepsilon_x$、$\varepsilon_y$ 和 ε_z。于是，式(5.33a)简化为

$$\begin{cases} \varepsilon_x = \varepsilon_y = \dfrac{1-\nu}{E}\sigma_x + \varepsilon_{\text{th}} \\ \varepsilon_z = -\dfrac{2\nu}{E}\sigma_x + \varepsilon_{\text{th}} \end{cases} \tag{5.35}$$

由于非零应变分量 $\varepsilon_x = \varepsilon_y$ 和 ε_z 仅为厚度坐标 z 的函数，为了满足弹性力学相容方程，$\varepsilon_x = \varepsilon_y$ 应沿厚度方向线性分布：

$$\varepsilon_x = \varepsilon_y = \varepsilon + \beta z \tag{5.36}$$

式中，对于给定温度分布，ε 和 β 为常数，可根据力的边界条件求得。于是，根据式(5.34)、式(5.35)，薄板的温度相关性热应力场模型可表示为

$$\sigma_x = \sigma_y = \frac{E}{1-\nu}\left\{\varepsilon + \beta z - \left[\alpha(T)(T-T_0) - \alpha(T_{\mathrm{I}})(T_{\mathrm{I}}-T_0)\right]\right\} \tag{5.37}$$

本节将考虑自由薄板，即薄板不受外界约束，这样，薄板四周的正应力的合力和合力矩应该为零。结合式(5.36)，自由边界条件的数学表述式可表示为

$$\varepsilon\int_{-h}^{h}\frac{E}{1-\nu}\mathrm{d}z + \beta\int_{-h}^{h}\frac{Ez}{1-\nu}\mathrm{d}z = \int_{-h}^{h}\frac{E}{1-\nu}\varepsilon_{\text{th}}\mathrm{d}z \tag{5.38a}$$

$$\varepsilon\int_{-h}^{h}\frac{Ez}{1-\nu}\mathrm{d}z + \beta\int_{-h}^{h}\frac{Ez^2}{1-\nu}\mathrm{d}z = \int_{-h}^{h}\frac{Ez}{1-\nu}\varepsilon_{\text{th}}\mathrm{d}z \tag{5.38b}$$

注意，E、ν 和 ε_{th} 均为温度的函数，且 ε_{th} 还与薄板的初始温度和线热膨胀系数的参考温度有关。对于给定时刻，薄板的温度分布是确定的，且仅为 z 的函数，于是，E、ν 和 ε_{th} 也仅为 z 的函数。式(5.38)中的 5 个积分项可用数值方法计算出来，如用 f_1、f_2、f_3、f_4 和 f_5 分别表示 $\int_{-h}^{h}\dfrac{E}{1-\nu}\mathrm{d}z$、$\int_{-h}^{h}\dfrac{Ez}{1-\nu}\mathrm{d}z$、$\int_{-h}^{h}\dfrac{Ez^2}{1-\nu}\mathrm{d}z$、$\int_{-h}^{h}\dfrac{E}{1-\nu}\varepsilon_{\text{th}}\mathrm{d}z$ 和 $\int_{-h}^{h}\dfrac{Ez}{1-\nu}\varepsilon_{\text{th}}\mathrm{d}z$，则 ε 和 β 可分别表示为

$$\varepsilon = \frac{1}{f_1 f_3 - f_2^2}(f_3 f_4 - f_2 f_5) \tag{5.39a}$$

$$\beta = \frac{1}{f_2^2 - f_1 f_3}(f_2 f_4 - f_1 f_5) \tag{5.39b}$$

于是，当前时刻的热应力场即可从式(5.37)中计算出来。对于上表面受到恒定热流密度作用的 UHTC 薄板，瞬态温度分布可从式(5.28)或式(5.29)计算得到。于是，重复如上步骤，即可计算不同时刻的热应力场。

如果材料参数是温度无关的，则 E、ν 和 α 均为常数，根据式(5.34)，自由热应变可表示为 $\varepsilon_{\text{th}} = \alpha(T - T_{\text{I}})$，此外，$\varepsilon$ 和 β 可分别直接从式(5.39a)和式(5.39b)计算出。于是，根据式(5.37)，热应力场模型可表示为

$$
\sigma_x = \sigma_y = -\frac{\alpha(T - T_{\text{I}})E}{1 - \nu} + \frac{1}{2h(1 - \nu)}\int_{-h}^{h}\alpha(T - T_{\text{I}})E\,\mathrm{d}z
$$
$$
+ \frac{3z}{2h^3(1 - \nu)}\int_{-h}^{h}\alpha(T - T_{\text{I}})Ez\,\mathrm{d}z
$$

$$(5.40)$$

5.4.2　数值模拟

一方面为了验证上面提出的温度相关性热冲击模型，另一方面为了确保计算结果的精确性和可靠性，本节所有理论结果都和有限元数值模拟的结果进行了比较。数值模拟在大型通用商用有限元分析软件 SIMULIA ABAQUS 6.9.1 中用顺序耦合完成。

根据前面的定性分析，本问题中的温度和应力都关于 x 和 y 轴对称，故数值模拟中可采用四分之一模型，如图 5.36 所示。在薄板的上表面施加恒定热流密度，下表面和侧面是绝缘的(ABAQUS 缺省处理)。对两个相互垂直的侧面 $x=0$ 和 $y=0$ 施加对称约束，这两个侧面和下表面的公共点 A 在 z 方向的位移为零。

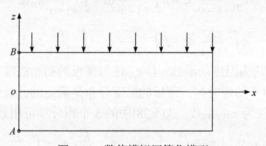

图 5.36　数值模拟用简化模型

根据经典的薄板理论，薄板较短的横向宽度应该大于等于厚度的 5 倍。数值模拟中，薄板面内的长度和宽度相等，横向宽度是厚度的 6 倍(在单元的长宽比验证中可能大于6)。有关薄板尺寸简化的合理性在数值模拟前已进行了验证。

UHTC 热冲击问题中有两个特性：①受热冲击表面附近的温度变化很快；②材料参数是温度相关的。于是，若在瞬态传热分析中采用二次单元，且时间增量小于相应的由最大单元尺寸控制的临界值，则可能发生乱真振荡。最小可用时间增量和最大单元尺寸间的一个简单关系可在 ABAQUS 软件帮助文档中找到。本书为了避免乱真振荡，采用 8 节点对流-扩散实体(DCC3D8)单元(DCC3D8 单元为一阶单元，热容项为集中的，时间积分采用梯形法则)。另一方面，考虑到热冲

击表面附近存在应力集中，在热应力分析中采用 20 节点二次减缩积分实体 (C3D20R)单元。根据小变形问题的几何方程，热应力分析中的二次单元将对应一阶应变场，这和传热分析中一阶温度单元提供的一阶温度场是一致的。

热应力分析网格为在传热分析网格基础上细化一倍得到。于是，热应力分析中单元角节点和中间节点的温度直接从相应传热分析中单元角节点上获得。此外，为了避免 ABAQUS 软件的自动时间缩放，传热分析和热应力分析采用相同的分析时间和相同的固定时间增加步。

为了尽可能提高数值计算效率，且获得足够精度的解答，在计算前对单元的长宽比和方法的收敛性进行了验证。本书采用的单元在面内 x 和 y 方向长度相等，单元长宽比指单元面内长度与单元厚度的比。验算用 HfB_2 材料，薄板厚度 $2h = 42mm$，热冲击初始温度 $T_I = 900℃$，$t = 0$ 时上表面受到 $q_s = 2MW/m^2$ 的热流密度作用 3s。为了验证单元长宽比对数值求解精度的影响，对不同长宽比时节点 B(见图 5.36)的应力 σ_x 和温度进行了计算。如图 5.37(a)所示，热应力分析中，四分之一模型厚度方向均匀分布 16 个单元，横向均匀分布 50 个单元(单元长宽比为 1 时横向分布 80 个单元)。这样，当薄板的横向尺寸 $2b$ 分别为厚度 $2h$ 的 10、31.25、62.5、125、312.5 和 625 倍时，单元长宽比分别为 1、5、10、20、50 和 100。计算结果如表 5.3 所示。可见，对于本问题，单元长宽比即使取 100，对温度也没影响，对应力影响非常小。这是由于温度和应力梯度仅存在于厚度方向，而与面内位置无关。当单元长宽比大于等于 100 时，ABAQUS 软件会出现警告信息，但计算仍能进行，本节的数值计算中单元长宽比小于 100。

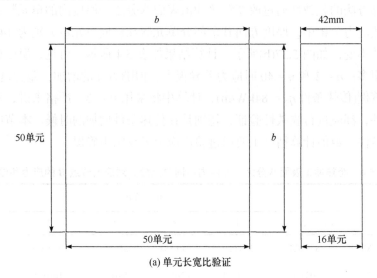

(a) 单元长宽比验证

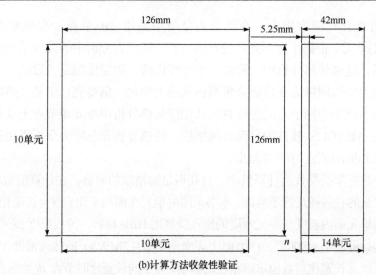

(b)计算方法收敛性验证

图 5.37　单元长宽比验证和计算方法收敛性验证用数值模型

表 5.3　不同单元长宽比 m 对应的节点 B 的应力和温度

参数	长宽比 m					
	1	5	10	20	50	100
应力 σ_x /MPa	339.828	339.828	339.828	339.828	339.827	339.822
温度 T/℃	1009.32	1009.32	1009.32	1009.32	1009.32	1009.32

　　计算方法的收敛性通过改变距热冲击表面八分之一厚度内的单元数 n 进行验证。在热应力分析中，厚度方向其余部分单元数和横向单元数分别为 14 个和 10 个，保持不变，如图 5.37(b)所示。计算结果如表 5.4 所示。可见，温度比应力收敛得快很多。$n=2$ 和 $n=40$ 时应力差异很大，但随着 n 的增加，差异迅速减小。对于本算例(传热条件 $\eta_2 = 84\mathrm{kW/m}$)，计算中将采用 $n=8$。严格来讲，对于不同传热条件，都应进行收敛性验证，特别是在传热条件增加的时候。本节中对于其余传热条件，数值计算精度主要通过验讫应力云纹图来确保。

表 5.4　距热冲击表面八分之一厚度内不同单元数 n 对应的节点 B 的应力和温度

参数	单元数 n					
	2	4	8	12	20	40
应力 σ_x /MPa	339.827	348.000	349.888	350.219	350.393	350.466
温度 T/℃	1009.31	1010.03	1010.21	1010.24	1010.26	1010.26

5.4.3　结果与讨论

薄板在受到热冲击前的均匀温度为热冲击初始温度 T_I。一旦受热冲击表面的正应力(对于数值模拟为节点 B 的 σ_x 应力)大于或等于材料当下温度的强度，UHTC 薄板即发生失效(在此，为了简便起见，先假设 UHTC 为拉压各向同性的，这将给出更保守的结果)。失效时，薄板受热冲击表面的温度(对于数值模拟为节点 B 的温度)为临界失效温度 T_c。临界失效温度 T_c 与热冲击初始温度 T_I 之差即临界失效温差 $\Delta T_c = |T_c - T_I|$。薄板失效时对应的时间为临界失效时间 t_c。当薄板在一个面受到热冲击时，无量纲时间 t^* 被定义成 $t^* = at(2h)^{-2}$，其中，a 为热扩散率，t 为时间，$2h$ 为薄板厚度；若薄板在上下表面受到对称的热冲击，则 $t^* = ath^{-2}$，其中，h 为薄板半厚。薄板失效时对应的无量纲时间即为临界失效无量纲时间 t_c^*。

无论是在理论还是在数值计算中，判断材料失效均需用到材料的温度相关性强度，本书将用 Li 等(2010b)报道的温度相关性断裂强度模型来预测 UHTC 的断裂强度：

$$\sigma_{th}(T) = \sigma_{th}^0 \left[\frac{1}{E_0} E(T) \left(1 - \frac{1}{\int_0^{T_m} C_p(T)\mathrm{d}T} \int_0^T C_p(T)\mathrm{d}T \right) \right]^{\frac{1}{2}} \tag{5.41}$$

式中，σ_{th}^0 和 E_0 分别为室温断裂强度和杨氏模量；$E(T)$ 和 $C_p(T)$ 为温度相关性杨氏模量和定压比热容；T_m 为材料熔点。对于 HfB_2，$\sigma_{th}^0 = 448\mathrm{MPa}$ (Wuchina et al., 2004)。

气动热环境下，当薄板单一表面受到热冲击时，将传热条件定义成表面热流密度与薄板厚度的乘积，即 $\eta_2 = 2q_s h$；若薄板上下表面对称地受到热冲击，则传热条件定义成表面热流密度与薄板半厚的乘积，即 $\eta_2 = q_s h$。对于 HfB_2 陶瓷薄板，不同热冲击初始温度下的具有相同传热条件但不同表面热流密度和薄板厚度的临界失效温差和临界失效时间如图 5.38(a)和(b)所示。可见，对于给定的材料和热冲击初始温度，相同的传热条件将导致相同的临界失效温差，但临界失效时间随着表面热流密度的增加(或薄板厚度的减小)迅速降低。为了进一步揭示临界失效时间与表面热流密度(或薄板厚度)的关系，作者将不同热流密度对应的临界失效时间进行了比较，如图 5.38(c)所示。可见，对于给定的材料和热冲击初始温度，具有相同传热条件的陶瓷薄板的临界失效时间与表面热流密度的平方成反比，与薄板厚度的平方成正比，即陶瓷薄板具有相同的临界失效无量纲时间。到此为止，作者已揭示出一个关于陶瓷材料抗热震性能的规律，即对于给定的材料和热冲击初始温度，相同的传热条件将导致相同的临界失效温差，临界失效时间与表面热流密度的平方成反比，与薄板厚度的平方成正比，即陶瓷薄板具有相同的临界失效无量纲时间。为了分析这条规律的机理，作者从热传导理论方面进行了分析。对于给定的材料和热冲击初始温度，相同的传热条件将导致薄板内的无量纲温度分布有着关于无量纲空间坐标和无量纲时间的统一的函数形式。于是，对于有着相同材料、热冲击初始温度和传热条件的薄板，将在相同的无量纲时间失效，并有着相同的无量纲温度分布。

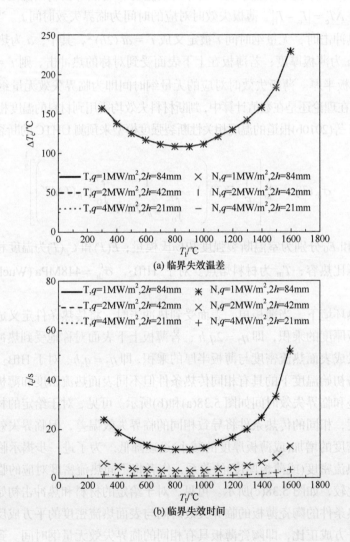

(a) 临界失效温差

(b) 临界失效时间

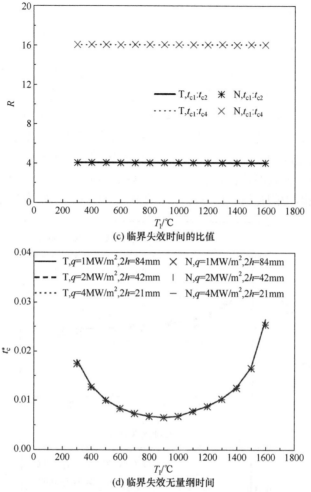

图 5.38 临界失效温差、临界失效时间、临界失效时间的比值、临界失效无量纲时间与热冲击
初始温度的关系曲线

从图 5.38(a)和(b)还可见,当陶瓷薄板具有相同的临界失效温差时,临界失效时间可能存在较大差异。因此,在表征陶瓷材料抗热震性能时,不能仅用临界失效温差来表征。从上面结果可见,同时用临界失效温差和临界失效无量纲时间能简单、清晰地反映陶瓷材料的抗热震性能。此外,从图 5.38(a)和(d)可见,临界失效温差和临界失效无量纲时间存在关于热冲击初始温度的危险区,即随着热冲击初始温度的提高,临界失效温差和临界失效无量纲时间先减少,在危险区达到最小值后再增加。这是材料参数(如强度、杨氏模量和线热膨胀系数)温度相关性的综合体现。

基于上面的讨论,表面热流密度和薄板厚度对陶瓷材料抗热震性能的影响可归结于传热条件对抗热震性能的影响。不同热冲击初始温度下，传热条件对 HfB$_2$ 薄板临界失效温差和临界失效无量纲时间的影响如图 5.39 所示。随着传热条件的增加，临界失效温差和临界失效无量纲时间均先迅速再缓慢降低，即随着传热条件的增加，陶瓷材料的抗热震性能降低。对于作为高超声速飞行器上鼻锥和翼前缘热防护材料的 UHTC，其受到的表面热流密度往往是没法改变的，因此，减少 UHTC 薄板的厚度可极大地提高其抗热震性能。在 500℃、1000℃ 和 1500℃ 之间，1500℃ 时的抗热震性能最好，1000℃ 时的抗热震性能最差，这与 UHTC 存在的关于热冲击初始温度的危险区是一致的。对于给定的热冲击初始温度，随着传热条件的增加，临界失效温差将趋于一个非零常数，临界失效无量纲时间将趋于零。这个非零常数即为陶瓷材料抗热震性能的第一个抗热冲击阻力参数。

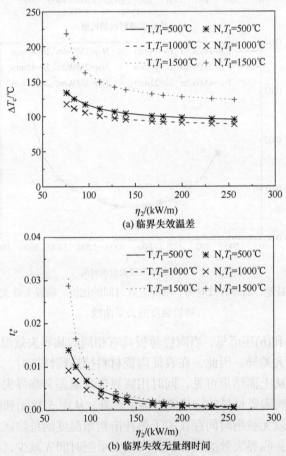

(a) 临界失效温差

(b) 临界失效无量纲时间

图 5.39　临界失效温差、临界失效无量纲时间与传热条件的关系曲线

　　从图 5.39 可见，对于给定的材料和热冲击初始温度，存在一个传热条件的临界值，当施加在 UHTC 薄板上的传热条件小于此临界值时，材料将永远不会发生

热冲击失效，这里作者将这个临界值叫作临界传热条件。对于给定的材料，临界
传热条件与热环境和温度有关。本节研究的 HfB_2 薄板的临界传热条件如图 5.40
所示。可见，临界传热条件存在和临界失效温差和临界失效无量纲时间相似的关
于热冲击初始温度的危险区。临界传热条件可用于表征陶瓷材料的抗热震性能，
这类似于用强度来表征材料抵抗断裂失效的能力。

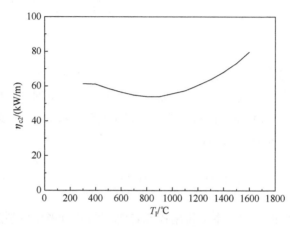

图 5.40　气动热环境下 HfB_2 陶瓷薄板的临界传热条件

5.5　对流热环境下抗热震性能

　　虽然文献中关于对流热环境下，陶瓷材料抗热震性能的研究已很多，但很少
考虑材料性能的温度相关性，且并不系统。本节采用上一节类似的方法，详细地
研究对流热环境下陶瓷材料的抗热震性能，揭示类似气动热环境下的抗热震性能
规律，从而提出对流热环境下的传热条件和临界传热条件，最终达到统一陶瓷材
料在不同热环境下的抗热震性能规律和表征方法的目的(Cheng et al., 2014c)。

5.5.1　理论模型

　　如图 5.41 所示，矩形薄板厚度为 $2h$，初始处于均匀温度 $T(z, 0) = T_I$，在 $t = 0$
时，将其突然浸入温度为 T_∞ 的流体中，表面换热系数为 t_s。由于薄板厚度远小于
横向尺寸，故可认为热传导仅发生在 z 方向。对于连续、均匀、各向同性的薄板，
当忽略材料性能的温度相关性时，如上问题的瞬态温度分布可表示为

$$T(z,t) = \left[\sum_{n=1}^{\infty} C_n \exp\left(-\lambda_n^2 Fo\right) \cos\left(\lambda_n \frac{z}{h}\right) \right] (T_I - T_\infty) + T_\infty \qquad (5.42)$$

式中，Fo 为 Fourier 数，等同于无量纲时间 t^*，即 $Fo \equiv ath^{-2} \equiv t^*$；系数 $C_n = 4\sin\lambda_n[2\lambda_n + \sin(2\lambda_n)]^{-1}$；离散值(特征值)$\lambda_n$ 为超越方程 $\lambda_n\tan\lambda_n = Bi$ 的正根，$Bi \equiv ht_sk^{-1}$

为 Biot 模数；a 和 k 分别为热扩散率和热导率。

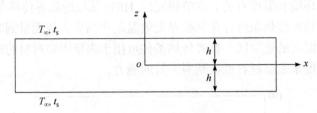

图 5.41　分析模型

在薄板中面温度尚未改变前，如上有限厚度薄板的瞬态温度响应可用相应的半无限大体的温度解答近似。初始温度均匀为 T_I，在 $t = 0$ 时，其单一可认证的表面突然与温度为 T_∞ 的流体进行对流换热，表面换热系数为 t_s，如此半无限大体的温度解答为(Bergman et al., 2011)

$$T(\xi,t) = T_I - (T_I - T_\infty)\left[\mathrm{erfc}\left(\frac{\xi}{2\sqrt{at}}\right) - \exp\left(\frac{t_s\xi}{k} + \frac{t_s^2 at}{k^2}\right)\mathrm{erfc}\left(\frac{\xi}{2\sqrt{at}} + \frac{t_s\sqrt{at}}{k}\right)\right] \quad (5.43)$$

基于和上一节同样的理由，本节将用式(5.43)来计算本问题中的瞬态温度分布，计算中采用热冲击初始温度时的热扩散率和热导率。注意，用式(5.43)来近似式(5.42)时需要在薄板中面温度尚未改变之前(这对于热冲击问题通常都满足，即热冲击中薄板失效通常发生在中面温度改变之前)，此外，须作坐标转换，$T(z, t) = T(|h - \xi|, t)$。

在本问题中，由于薄板在上下表面对称地受到热冲击，故薄板的温度和变形将关于中面对称。根据上一节的分析，$\varepsilon_x = \varepsilon_y = \varepsilon + \beta z$ 沿厚度方向线性分布，而本问题中又要求变形关于中面对称，因此，$\varepsilon_x = \varepsilon_y = \varepsilon$，即薄板的变形沿横向的均为膨胀。于是，相应的温度相关性热应力场模型可表示为

$$\sigma_x = \sigma_y = \frac{E}{1-\nu}\left\{\varepsilon - \left[\alpha(T)(T-T)_0 - \alpha(T_I)(T_I - T_0)\right]\right\} \quad (5.44)$$

其中，对于给定的温度分布，ε 为常数，可根据力的边界条件求解。本问题中，薄板处于自由状态，即薄板不受外界约束，这样，薄板四周的正应力的合力应该为零：

$$\varepsilon = \frac{1}{\displaystyle\int_{-h}^{h} \frac{E}{1-\nu}\,dz} \int_{-h}^{h} \frac{E}{1-\nu}\varepsilon_{th}\,dz \quad (5.45)$$

如果材料参数是温度无关的，则 E、ν 和 α 均为常数，将式(5.45)代入式(5.44)，可得

$$\sigma_x = \sigma_y = -\frac{\alpha(T-T_{\mathrm{I}})E}{1-\nu} + \frac{1}{2h(1-\nu)}\int_{-h}^{h}\alpha(T-T_{\mathrm{I}})E\mathrm{d}z \tag{5.46}$$

式(5.46)还可从式(5.40)中删除弯曲项直接得到。

5.5.2　数值模拟

温度和应力不仅关于 x 和 y 轴对称，还关于薄板中面对称，因此数值模拟中可采用八分之一模型，如图 5.42 所示。薄板上表面和温度为 T_∞ 的流体进行对流换热，表面换热系数为 t_s，中面(z=0)和侧面是绝缘的。对中面和两个相互垂直的侧面 x=0 和 y=0 施加对称约束。薄板面内的长度和宽度相等，面内尺寸是厚度的 6 倍。数值模拟中的其余操作和设置和上一节一样。

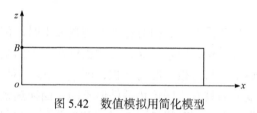

图 5.42　数值模拟用简化模型

为了确保数值计算具有足够的精度和可靠性，计算前进行了收敛性验证。验算用 HfB$_2$ 材料，薄板厚度 $2h$=84mm，热冲击初始温度 T_{I}=1000℃，t=0 时上表面与温度 T_∞=20℃、表面换热系数 t_s=2kW/(m^2·℃)的流体换热3s(根据后面的计算，该算例中薄板在 t=2.1s 时发生失效)。

数值模型的尺寸和单元分布如图 5.43 所示。不同单元数 n 对应的节点 B(见

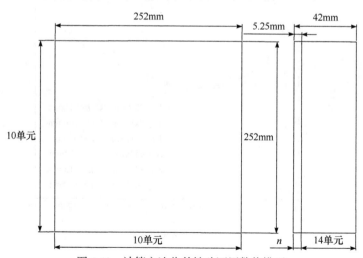

图 5.43　计算方法收敛性验证用数值模型

图 5.42)的 σ_x 应力和温度如表 5.5 所示。对于本算例(传热条件 $\eta_3 = 84\text{W}/(\text{m}^2 \cdot \text{℃})$),计算中将采用 $n=12$,对于其余传热条件,数值计算精度主要通过验讫应力云纹图来确保。

表 5.5 不同单元数 n 对应的节点 B 的应力和温度

参数	单元数 n					
	4	8	12	16	20	40
应力 σ_x /MPa	426.059	428.844	429.355	429.537	429.621	429.781
温度 T/℃	901.083	900.972	900.952	900.944	900.941	900.937

5.5.3 结果与讨论

对流热环境下,当薄板上下表面对称地受到热冲击时,传热条件定义成表面换热系数与薄板半厚的乘积,即 $\eta_3 = t_s h$;若薄板仅在一个面受到热冲击,则传热条件定义成表面换热系数与薄板厚度的乘积,即 $\eta_3 = 2t_s h$。对于 HfB$_2$ 陶瓷薄板,不同热冲击初始温度下的具有相同传热条件但不同表面换热系数和薄板厚度的临界失效温差和临界失效无量纲时间如图 5.44(a)和(b)所示。可见,定义如上传热条件后,对流热环境下有着和气动热环境下相似的结论,即对于给定的材料和热冲击初始温度,相同的传热条件将导致相同的临界失效温差,临界失效时间与表面换热系数的平方成反比,与薄板厚度的平方成正比,即陶瓷薄板具有相同的临界失效无量纲时间。

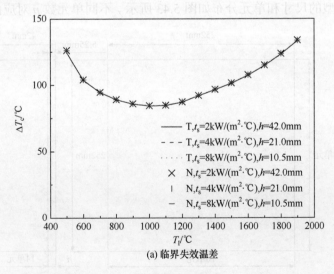

(a) 临界失效温差

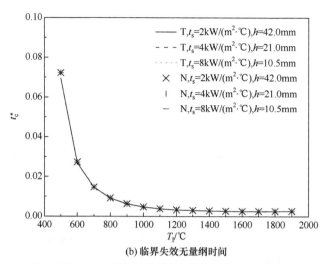

(b) 临界失效无量纲时间

图 5.44　临界失效温差、临界失效无量纲时间与热冲击初始温度的关系曲线

　　如上结论可同上一节一样类似地解释。此外，该结论还可用众所周知的 Bi 模数来解释。对于给定的结构，无量纲温度分布是无量纲空间坐标、无量纲时间和 Bi 模数的统一函数。因此，对于给定的材料和热冲击初始温度，相同的传热条件(或 Bi 模数)将导致薄板在相同的无量纲时间失效，并有着相同的无量纲温度分布。传热条件比 Bi 模数更适合用于研究陶瓷材料的抗热震性能。这是因为，Bi 模数里包含了材料性质(热导率 k)，如果类似于临界传热条件定义一个临界 Bi 模数，临界 Bi 模数表征材料的抗热震性能应该是材料各种热学和力学性能的综合体现，而临界 Bi 模数的定义中却又包含了热导率，这就显得画蛇添足。而传热条件并没有包含材料的任何材料性能，但其临界值却反映了材料的抗热震性能，即临界传热条件是纯粹地表征了材料的抗热震性能，而没有混入其他性质的影响。此外，Bi 模数只存在于对流热环境中。

　　从图 5.44 可见，临界失效温差存在关于热冲击初始温度的危险区，而临界失效无量纲时间却随着热冲击初始温度的升高不断降低并接近零。这是由于热冲击初始温度的提高增大了薄板热冲击表面与冷却流体之间的温差。根据牛顿冷却定律，这增加了对流热流密度，即加剧了热环境，从而可能使薄板能够承受的热冲击时间更短。临界失效温差存在危险区的原因在于临界失效温差的下限为第一个抗热冲击阻力参数，而 HfB_2 材料的第一个抗热冲击阻力参数存在关于热冲击初始温度的危险区。

　　传热条件对 HfB_2 陶瓷薄板抗热震性能的影响如图 5.45 所示。可见，随着传热条件的增加，材料的抗热震性能降低。类似地，存在相应的临界传热条件，当施加在陶瓷薄板上的传热条件小于临界传热条件时，陶瓷薄板将永远不会发生热冲击失效。如上问题中的 HfB_2 陶瓷薄板的临界传热条件如图 5.46 所示。

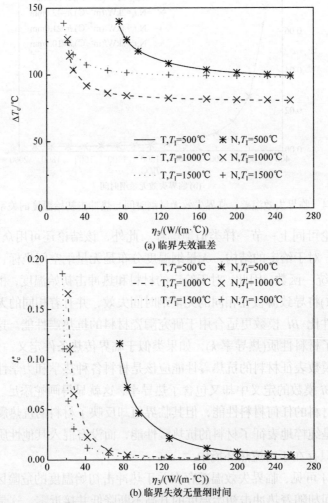

(a) 临界失效温差

(b) 临界失效无量纲时间

图 5.45　临界失效温差、临界失效无量纲时间与传热条件的关系曲线

　　到此为止，已给出了第二类热边界条件(表面热流密度一定)和第三类热边界条件(表面换热系数一定)下的传热条件和临界传热条件。当薄板在一个面受到热冲击时，传热条件定义成表面热流密度(第二类热边界条件)或表面换热系数(第三类热边界条件)和薄板厚度的乘积；若薄板在上下表面对称地受到热冲击，则传热条件定义成表面热流密度或表面换热系数和薄板半厚的乘积。随着传热条件的增加，陶瓷薄板的抗热震性能先迅速再缓慢降低。临界传热条件强调当施加在陶瓷薄板上的传热条件小于临界传热条件时，薄板将永远不会发生热冲击失效。

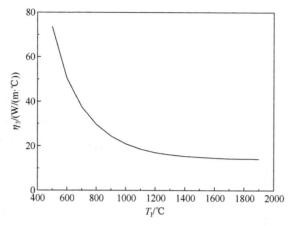

图 5.46 对流热环境下 HfB₂ 陶瓷薄板的临界传热条件

表面热流密度和表面换热系数反映了热环境的剧烈程度，薄板厚度和薄板半厚反映了热传导方向上薄板的特征尺寸。可见，传热条件是反映热环境剧烈程度的参量与热传导方向上薄板的特征尺寸的乘积。

对于第一类热边界条件(速度一定)，薄板初始处于均匀温度 T_I，在 $t = 0$ 时，薄板的表面温度突然升高或降低 ΔT。此时，最大热应力发生在受热冲击的表面和施加热载荷的瞬间，$\varepsilon = \beta = 0$，由式(5.37)或式(5.44)得

$$\sigma_x^{\max} = \sigma_y^{\max} = \frac{E}{1-\nu}\Big[\alpha(T)(T-T_0) - \alpha(T_I)(T_I - T_0)\Big] \tag{5.47}$$

于是，陶瓷薄板能承受的最大温度突然改变量 $\Delta T_c = |T_c - T_I|$，其中 T_c 为临界失效温度，可从式(5.48)通过数值迭代计算得到：

$$\sigma_{th} = \frac{E}{1-\nu}\Big[\alpha(T)(T-T_0) - \alpha(T_I)(T_I - T_0)\Big] \tag{5.48}$$

注意，其中的 σ_{th}、E、ν 和 α 均为温度相关的。令 $R = \Delta T_c = |T_c - T_I|$，此即为材料的温度相关性第一个抗热冲击阻力参数。

由于在第一类热边界条件中，最大热应力发生在热载荷施加的瞬间，根据临界应力理论，材料即在此瞬间发生破坏，故第一类热边界条件下陶瓷材料抗热震性能的表征中没有考虑进一步的热传导过程。

在第一类热边界条件中，可将薄板表面温度的突然改变量 ΔT(反映了热环境的强弱)定义成传热条件，则薄板能承受的最大温度突然改变量 ΔT_c 即为临界传热条件。由于在第一类热边界条件中没有考虑热传导的影响，故薄板的特征尺寸没有出现在传热条件的定义中，或可将此时的特征尺寸看成无量纲的 1。

　　HfB$_2$陶瓷薄板在第一类热边界条件下的临界传热条件如图 5.47 所示。可见，临界传热条件 η_{c1} 存在关于热冲击初始温度的危险区。从上面的定义可见，临界传热条件 η_{c1} 仅反映了材料力学性能对抗热震性能的影响，与薄板的约束条件无关，是热冲击中材料能承受的临界失效温差的下限。这就解释了上面的研究中出现的不同热冲击初始温度下，随着传热条件的增加，材料的临界失效温差会趋于一个常数，临界失效温差存在关于热冲击初始温度的危险区的情况。临界传热条件 η_{c1} 的这种关于热冲击初始温度的危险区是材料力学性能的温度相关性的综合体现。

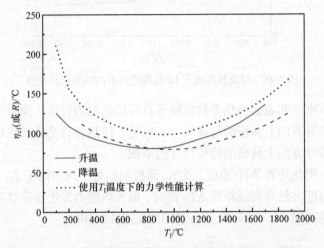

图 5.47　第一类热边界条件下 HfB$_2$陶瓷薄板的临界传热条件

　　到此为止，常见的三类热边界条件下的传热条件和临界传热条件均已给出。特别地，第一类热边界条件下的临界传热条件为第一个抗热冲击阻力参数。传热条件不含任何材料性质，但其临界值——临界传热条件，却反映了材料的抗热震性能。传热条件和临界传热条件间的关系类似于应力和强度间的关系。应力并不能反映材料的性能，但应力的临界值——强度，却反映了材料抵抗破坏的能力。不同热环境下需要用不同的传热条件和临界传热条件来表征材料的抗热震性能，这对应着不同加载类型(如拉、压、弯、剪、扭)，需要用不同的应力和强度来表征。与其他抗热冲击阻力参数不同，临界传热条件强调的是材料永不发生热冲击失效，故临界传热条件不但可用于表征材料的抗热震性能，还可用于工程设计中作为安全设计参数。

5.6　热防护系统的抗热震性能

　　前面详细研究了单一热环境(第一、二和三类热边界条件)下 UHTC 薄板的抗热震性能，本节将研究主动冷却情形(复合热环境)下 UHTC 热防护系统的抗热震性能。

常见的主动冷却形式有如图 5.48 所示的 3 种(Blosser, 2000)，本节将研究对流冷却情形下 UHTC 热防护系统的抗热震性能。此外，前面的研究中为简便起见，假设 UHTC 为拉压各向同性的，本节将考虑 UHTC 拉压各向异性的影响(Cheng et al., 2014b)。

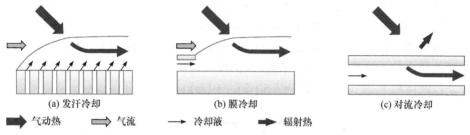

(a) 发汗冷却　　　　　　　(b) 膜冷却　　　　　　　(c) 对流冷却

　气动热　　　　气流　　　　冷却液　　　　辐射热

图 5.48　常见主动冷却热防护系统(按冷却形式分)

5.6.1　分析模型

如图 5.49 所示，UHTC 薄板厚度为 h，初始处于均匀温度 T_{I}，在 $t=0$ 时，由于与空气的剧烈摩擦，外表面将受到 q_{s} 的表面热流密度作用，为了及时将热量带走，UHTC 薄板下方有温度为 T_{∞} 的冷却液流动，表面换热系数为 t_{s}。

由于薄板厚度远小于横向尺寸，故可认为热传导仅发生在 z 方向。一维瞬态热传导方程可表示为

$$\frac{\partial}{\partial z}\left(k\frac{\partial T}{\partial z}\right)=\rho C_p\frac{\partial T}{\partial t} \tag{5.49}$$

式中，k 为热导率；ρ 为密度；C_p 为定压比热容。

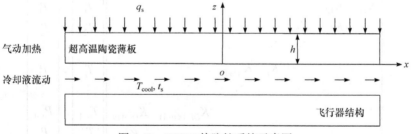

图 5.49　UHTC 热防护系统示意图

本问题的初始条件和边界条件可表示如下：

$$T(z,0)=T_{\mathrm{I}} \tag{5.50}$$

$$k\frac{\partial T}{\partial z}\bigg|_{z=0}=t_{\mathrm{s}}\left[T(0,t)-T_{\mathrm{cool}}\right] \tag{5.51a}$$

$$k\frac{\partial T}{\partial z}\bigg|_{z=h}=q_{\mathrm{s}} \tag{5.51b}$$

由于材料性质是温度相关的，故不可能得到本问题的闭式解。前面作者用半无限大体的温度解答成功预测了 UHTC 薄板的瞬态温度分布，但该方法仅适用于单一热环境。本节将用有限体积法(FVM)来求解如上一维问题的瞬态热传导问题。推导将以 UHTC 材料为例，但推导结果也可方便地应用到功能梯度材料。

如上问题的计算网格如图 5.50 所示，n 个节点将空间域分成 $n-1$ 个单元 $E_i(i=1, n-1)$ 和 $n-2$ 个控制体积 $V_i(i=2, n-1)$。单元 E_i 是节点 i 和 $(i+1)$ 之间的区域。控制体积的界面位于两节点的中心(节点 i 仅由控制体积 V_i 包含)。单元 E_i 的长度为 $(\delta z)_i$，于是控制体积 V_i 的长度为 $(\Delta z)_i = 0.5((\delta z)_{i-1} + (\delta z)_i)$。

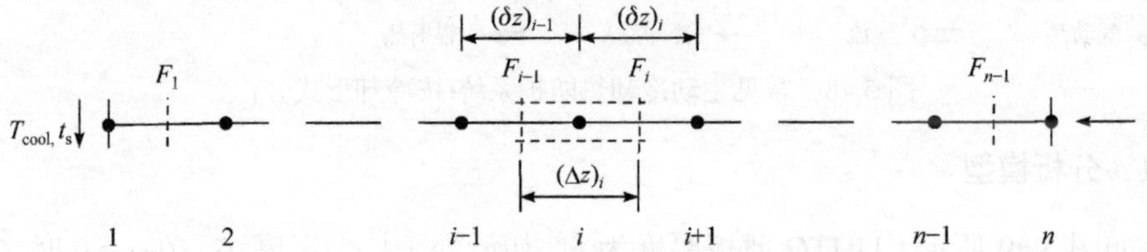

图 5.50　计算网格

在每一个时间增量步 $[t, t + \Delta t]$，热导率 k、密度 ρ 和定压比热容 C_p 取这个时间增量步开始时刻 t 的值。根据 FVM，在处理瞬态项时，控制体积 V_i 内的物理量取节点 i 的上值。控制体积界面上的扩散项用节点上的物理量根据中心差分格式表示。上下表面边界条件中的微商分别用向后差分和向前差分表示。于是可推导得到采用完全隐式时间积分方案的如上一维瞬态热传导问题的线性代数求解方程组(Cheng et al., 2014a)：

$$
\begin{bmatrix}
K_{11} & K_{12} & & & & & \\
 & K_{22} & K_{23} & & & & \\
 & & \ddots & \ddots & & & \\
 & & & K_{ii} & K_{i(i+1)} & & \\
 & & & & \ddots & \ddots & \\
 \text{对称} & & & & & K_{(n-1)(n-1)} & K_{(n-1)n} \\
 & & & & & & K_{nn}
\end{bmatrix}
\begin{bmatrix}
T_1 \\ T_2 \\ \vdots \\ T_i \\ \vdots \\ T_{n-1} \\ T_n
\end{bmatrix}
=
\begin{bmatrix}
P_1 \\ P_2 \\ \vdots \\ P_i \\ \vdots \\ P_{n-1} \\ P_n
\end{bmatrix}
\quad (5.52)
$$

式中，$K_{11} = \dfrac{k_{F_1}^0}{(\delta z)_1} + t_s$；$K_{12} = -\dfrac{k_{F_1}^0}{(\delta z)_1}$；$K_{ii} = a_i (i = 2, 3, \cdots, n-1)$；$K_{i(i+1)} = -a_{i+1} (i = 2, 3, \cdots, n-1)$；$K_{nn} = \dfrac{k_{F_{n-1}}^0}{(\delta z)_{n-1}}$；$P_1 = t_s T_{cool}$；$P_i = a_i^0 T_i^0 (i = 2, 3, \cdots, n-1)$ 和 $P_n = q_s$；n 为节点数。其中，$(\delta z)_i (i = 1, 2, \cdots, n-1)$ 为单元 E_i 的长度；a_{i-1}、a_{i+1}、a_i^0 和 a_i 分别定义为

$$a_{i-1} = \frac{k_{F_{i-1}}^0}{(\delta z)_{i-1}} \quad \text{、} \quad a_{i+1} = \frac{k_{F_i}^0}{(\delta z)_i} \quad \text{、} \quad a_i^0 = \left(\rho C_p\right)_i^0 \frac{(\Delta z)_i}{\Delta t} \text{ 和 } a_i = a_{i-1} + a_{i+1} + a_i^0 \text{；} \quad (\Delta z)_i =$$

$\dfrac{(\delta z)_{i-1} + (\delta z)_i}{2}$ $(i = 2, 3, \cdots, n{-}1)$ 为控制体积 V_i 的长度；Δt 为时间增量；$k_{F_i}^0$ $(i = 1, 2, \cdots,$

$n{-}1)$ 为界面 F_i 的热导率，可表示为 $k_{F_i}^0 = \dfrac{k_i^0 + k_{i+1}^0}{2}$。上标 0 表示物理量取时间 t(时间增

量步起始时刻)的值；没有上标的物理量取时间 $t{+}\Delta t$(时间增量步结束时刻)的值；下

标 i 表示物理量取节点 i 上的值。此外，为了使得式(5.52)的系数矩阵为对称阵，

上下表面边界条件中的 k_1 和 k_n 分别用 $k_{F_1}^0$ 和 $k_{F_{n-1}}^0$ 替代。

式(5.52)的系数矩阵为一带宽为 2 的对称稀疏阵，很多方法可用于求解式(5.52)，

如 Tomas 的三对角阵方法。这里，为简单起见，采用高斯-赛德尔(Gauss-Seidel)迭

代法，计算公式如下：

$$T_i = \frac{1}{K_{ii}}\left(p_i - \sum_{j=1}^{i-1} K_{ij}T_j - \sum_{j=i+1}^{n} K_{ij}T_j^0 \right), \quad (i = 1, n) \tag{5.53}$$

为了获得足够精度的解答，节点 i 在最近两次迭代计算中的温差 ΔT_i ($i = 1,$

$2, \cdots, n$)应足够小。这里，由于上下表面受到热冲击，温度变化远比其他地方快，

因此，计算中迭代结束条件为 $\Delta T_1 < 10^{-8}{}^{\circ}\mathrm{C}$ 和 $\Delta T_n < 10^{-8}{}^{\circ}\mathrm{C}$。

计算网格划分如图 5.51 所示，其中，c_j 和 n_j ($j = 1, 2, 3$)分别为该子区域占总区

域的长度比例和单元数，在每一子区域内单元均匀分布。在本节，$c_1 = 0.1$，$c_2 = 0.8$，

$c_3 = 0.1$。此外，时间增量取 $\Delta t = 10^{-3}\mathrm{s}$。

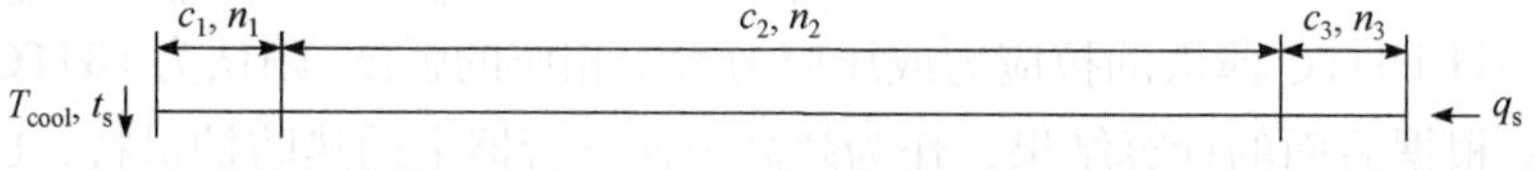

图 5.51　网格划分

FVM 给出的如上瞬态温度分布为关于节点坐标的分段线性函数。单元 E_i 内

的温度可表示为

$$T_{E_i}(z,t) = T_i + \frac{T_{i+1} - T_i}{(\delta z)_i}(z - z_i), \quad (i = 1, 2, \cdots, n) \tag{5.54}$$

式中，z_i 为节点 i 的坐标。

于是，单元 E_i 内的表达式 $\displaystyle\int_{z_i}^{z_{i+1}} \frac{E}{1-\nu}\mathrm{d}z$、$\displaystyle\int_{z_i}^{z_{i+1}} \frac{Ez}{1-\nu}\mathrm{d}z$、$\displaystyle\int_{z_i}^{z_{i+1}} \frac{Ez^2}{1-\nu}\mathrm{d}z$、

$\displaystyle\int_{z_i}^{z_{i+1}} \frac{E}{1-\nu}\varepsilon_{\mathrm{th}}\mathrm{d}z$ 和 $\displaystyle\int_{z_i}^{z_{i+1}} \frac{Ez}{1-\nu}\varepsilon_{\mathrm{th}}\mathrm{d}z$ 可通过数值积分计算得到。注意，E、ν 和 $\varepsilon_{\mathrm{th}}$ 为温

度的函数。进而，f_i ($i = 1,2,\cdots,5$)可计算得到

$$f_1 = \sum_{i=1}^{n-1} \int_{z_i}^{z_{i+1}} \frac{E}{1-\nu} \mathrm{d}z \tag{5.55a}$$

$$f_2 = \sum_{i=1}^{n-1} \int_{z_i}^{z_{i+1}} \frac{Ez}{1-\nu} \mathrm{d}z \tag{5.55b}$$

$$f_3 = \sum_{i=1}^{n-1} \int_{z_i}^{z_{i+1}} \frac{Ez^2}{1-\nu} \mathrm{d}z \tag{5.55c}$$

$$f_4 = \sum_{i=1}^{n-1} \int_{z_i}^{z_{i+1}} \frac{E}{1-\nu} \varepsilon_{\mathrm{th}} \mathrm{d}z \tag{5.55d}$$

$$f_5 = \sum_{i=1}^{n-1} \int_{z_i}^{z_{i+1}} \frac{Ez}{1-\nu} \varepsilon_{\mathrm{th}} \mathrm{d}z \tag{5.55e}$$

进而，参数 ε 和 β 可由式(5.39a)和式(5.39b)计算得到。于是，节点 i 的 x 和 y 方向的正应力可表示为

$$(\sigma_x)_i = (\sigma_y)_i = \frac{E_i}{1-\nu_i} \left[\varepsilon + \beta z_i - (\varepsilon_{\mathrm{th}})_i \right] \tag{5.56}$$

式中，E_i 和 ν_i 为节点 i 的杨氏模量和泊松比；$(\varepsilon_{\mathrm{th}})_i$ 为节点 i 的自由热应变，可表示为

$$(\varepsilon_{\mathrm{th}})_i = \alpha(T_i)(T_i - T_0) - \alpha(T_{\mathrm{I}})(T_{\mathrm{I}} - T_0) \tag{5.57}$$

对于块体陶瓷，压缩强度通常大于拉伸强度。但到目前为止，UHTC 的拉压强度比还未报道。本节假设压缩强度 $\sigma_{\mathrm{th}}^{\mathrm{c}}$ 和拉伸强度 $\sigma_{\mathrm{th}}^{\mathrm{t}}$ 有关系 $\sigma_{\mathrm{th}}^{\mathrm{c}} = m\sigma_{\mathrm{th}}^{\mathrm{t}}$ ($m \geqslant 1$)。

设一旦 UHTC 薄板的拉应力或压应力大于相应的强度，则认为 UHTC 薄板发生失效。根据后面的计算结果，作为超高声速飞行器上的热防护材料，UHTC 可能在薄板上表面、内部或下表面发生失效。计算中，一旦节点应力大于相应的强度则认为薄板发生失效。当失效节点通过计算得到后，再细化一倍网格，再次计算失效节点，直到最后两次计算得到的失效节点坐标 Δz_{c} 足够小。在本节中，UHTC 薄板厚度 $h = 10\mathrm{mm}$，热冲击初始温度 $T_{\mathrm{I}} = 1000\,^{\circ}\mathrm{C}$，第一次失效计算用网格为 $n_1 = 10$、$n_2 = 40$、$n_3 = 10$，$\Delta z_{\mathrm{c}} \leqslant 0.05\mathrm{mm}$。程序流程图如图 5.52 所示。

5.6.2　结果与讨论

本节将以 ZrB_2 为例进行研究，材料参数见表 5.6(Li et al., 2011; Li et al., 2010b; Guo et al., 2009; Fahrenholtz et al., 2007; Loehman et al., 2006)。

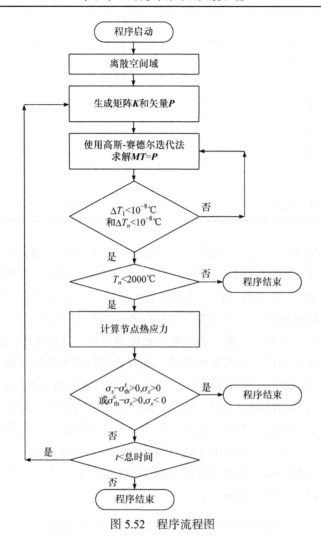

图 5.52　程序流程图

表 5.6　ZrB₂温度相关性材料参数

材料参数	数值和表达式
热导率 $k/(\mathrm{W/(m\cdot{}^{\circ}\!C)})$	$60.225 - 0.01128T + 1.24456\times10^{-6}T^2$
定压比热容 $C_p/(\mathrm{J/(kg\cdot K)})$	$210.75(\ln T) - 746.28$
密度 $\rho\,/(\mathrm{g/cm^3})$	6.119
热膨胀系数 $\alpha\,/(10^{-6}/{}^{\circ}\!C)$	$6.52 + 9.8114\times10^{-4}T$(参考温度 $T_0 = 20\,{}^{\circ}\!C$)
杨氏模量 E/GPa	见式(5.32)
泊松比 ν	0.15
温度相关性断裂强度 $\sigma_{\mathrm{th}}^{\mathrm{t}}\,/\mathrm{MPa}$	见式(5.41)

续表

材料参数	数值和表达式
室温杨氏模量 E_0/GPa	489
B_0	2.54
B_1	1.9
B_2	0.363
熔点 T_m/℃	3245
室温断裂强度 σ_{th}^0 /MPa	457

　　气动热环境下($t_s = 0$)，不同拉压强度比 m 对应的 UHTC 薄板失效时的时间 t_c 和上表面温度 T_{ac} 如图 5.53 所示。本节图片中的□和◇分别表示薄板因拉应力在薄板内部和下表面失效，没有带符号的曲线表示薄板在上表面因压应力失效。可见，当拉压强度比较低时($m = 1, 2$ 和 3)，UHTC 薄板因上表面的压应力失效，当拉压强度比较高时($m = 4$ 和 5)，随着表面热流密度的增加，薄板先因内部的拉应力发生失效，后因上表面的压应力发生失效。随着表面热流密度的增加，t_c 先迅速再缓慢降低。当薄板因上表面的压应力失效时，T_{ac} 随着表面热流密度的增加而降低，但如果薄板因内部的拉应力失效，随着表面热流密度的增加，T_{ac} 有可能先降低，在达到最小值后再升高。此外，随着表面热流密度的增加，失效节点位置从薄板中面附近向上表面移动。这是由于随着热冲击时间的增加，最大拉应力将从薄板上表面附近向内部移动，故对于低的表面热流密度，失效节点会往薄板中面附近移动。在下面的讨论中将取 $m = 4$。

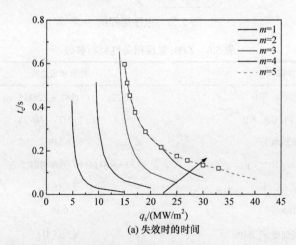

(a) 失效时的时间

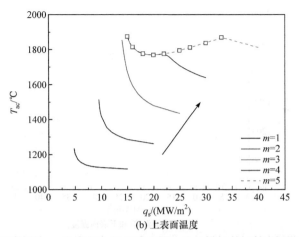

(b) 上表面温度

图 5.53　气动热环境下 UHTC 薄板失效时的时间、上表面温度与表面热流密度的关系曲线

　　UHTC 薄板失效时的时间 t_c、上表面温度 T_{ac} 和下表面温度 T_{bc} (如果薄板在下表面失效)如图 5.54 所示。对流冷却可提高 UHTC 薄板由于气动加热引起的抗升温热震性能。这是由于下表面的对流冷却能降低，在上表面受到气动加热而引起的上表面、中面和下表面附近的热应力。但对流冷却同时可能在下表面引入降温热冲击和拉应力，从而导致损伤和裂纹，甚至断裂。此外，增加冷却液温度可提高抗降温热震性能，但同时可能降低抗升温热震性能和降低主动冷却效率，如图 5.55 所示。

　　基于上面的讨论，下表面的对流冷却可提高上表面的由于气动加热引起的抗升温热震性能。同样，上表面的气动加热可提高下表面的由于对流冷却引起的抗降温热震性能。对于 UHTC，抗升温热震性能较好，而抗降温热震性能较差，在上表面没有或有很少的气动加热的情况下，在下表面进行主动冷却会很危险。为

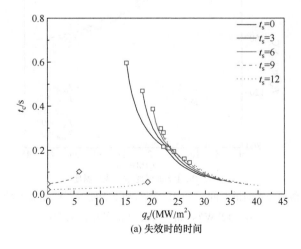

(a) 失效时的时间

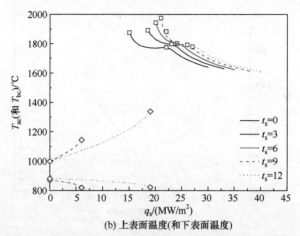

(b) 上表面温度(和下表面温度)

图 5.54　UHTC 薄板失效时的时间、上表面温度(和下表面温度)与表面热流密度的关系曲线

($T_{cool} = 20℃$；t_s 的单位为 $kW/(s \cdot m^2 \cdot ℃)$)

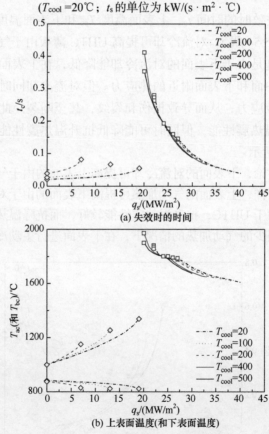

(a) 失效时的时间

(b) 上表面温度(和下表面温度)

图 5.55　UHTC 薄板失效时的时间、上表面温度(和下表面温度)与表面热流密度的关系曲线

($t_s = 12kW/(s \cdot m^2 \cdot ℃)$；$T_{cool}$ 的单位为 ℃)

了确保对流冷却不会引起薄板的失效，对流冷却时的传热条件 η_3 应小于临界传热条件 η_{c3}。ZrB$_2$ 陶瓷薄板的临界传热条件 η_{c3} 如图 5.56 所示。

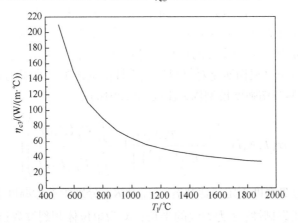

图 5.56　ZrB$_2$ 陶瓷薄板的临界传热条件($q_s = 0$ 和 $T_{cool} = 20℃$)

5.7　抗热震性能的影响因素分析

5.7.1　损伤形式的影响

研究表明，随着温度的升高，控制脆性材料断裂的主要机制会发生变化。脆性材料的室温破坏是由已经存在的裂纹突然扩展所致，而高温破坏是一个广泛分布的微结构损伤的累积过程。在高温陶瓷材料制备时引入一定密度及一定长度的微裂纹，不仅能保持较高的材料强度，同时还可以大幅度提高材料的抗热震性能。因此在表征高温陶瓷材料抗热震性能在整个使役历程中的变化时，不但需要考虑热环境对其抗热震性能的影响，而且要考虑损伤演化对其抗热震性能的影响。

对于脆性材料，拉应力往往更应引起重视，因为拉应力可能会使裂纹发生扩展，导致材料断裂。迅速冷却时，材料表面温度迅速降低，表面则有收缩趋势，但是这一趋势受到内部材料的约束，从而使外表面处于拉应力状态。对于一个平面陶瓷薄板表面冷却的情况，陶瓷薄板表面的热应力表达式见式(5.8)。

考虑到超高温陶瓷材料的热物理性能对温度的敏感性以及热环境对材料的抗热震性能的影响，从式(5.8)可以得到对降温热冲击情形下考虑材料热物理性能温度相关性的第一个抗热冲击阻力参数 R(此时 $\phi = 1$)。

第一个抗热冲击阻力参数 R 的定义要求非常快的冷却速率，而对于一般的冷却速率，通常采用第二个抗热冲击阻力参数 R'。考虑材料热物理性能温度相关性的第二个抗热冲击阻力参数表示为式(5.14)，其对应的热冲击断裂临界温差由式(5.13)给出。由式(5.13)、式(5.14)联合可以得到所对应的热冲击断裂临界温差，最终表示为式(5.15)所示。

由以上两个抗热冲击阻力参数的定义可知，R 和 R' 反映了材料热震破坏发生的难易，R 和 R' 值越大，对应越好的抗热震性能，裂纹起始就越困难；在两个抗热冲击阻力参数中，R' 与实际的热瞬变过程有关，因而更具有优越性。

为了考虑微裂纹损伤演化对材料抗热震性能的影响，高温陶瓷材料不同温度下的强度采用热-损伤强度模型描述(Li et al., 2010a)：

$$\sigma(T,N,l) = \left[\frac{K_{\mathrm{IC}}^2 E(T,N,l)}{2E_0(1-\nu^2)} \left(1 - \frac{\int_0^T C_p(T)\mathrm{d}T}{\int_0^{T_{\mathrm{m}}} C_p(T)\mathrm{d}T} \right) \right]^{1/2} \tag{5.58}$$

式中，$C_p(T)$ 为 T 温度下定压比热容；E_0 和 K_{IC} 分别为参考温度下材料初始状态的弹性模量和断裂韧性；l 为裂纹的半长；N 为单位体积裂纹数目；$E(T,N,l)$ 为考虑温度、微裂纹损伤影响的弹性模量。

此外，如果材料中的微裂纹均匀分布，且不考虑它们之间的相互影响，则微裂纹的存在对材料弹性模量的影响可以用下式表征(Krstic and Erickson, 1987)：

$$E = E_0 \left[1 + \frac{16(1-\nu^2)Nl^3}{3} \right]^{-1} \tag{5.59}$$

式中，E_0 为无微裂纹损伤材料的弹性模量。当考虑温度以及微裂纹对弹性模量共同影响时，式(5.59)变为

$$E(T,N,l) = E(T) \left[1 + \frac{16(1-\nu^2)Nl^3}{3} \right]^{-1} \tag{5.60}$$

式中，$E(T)$ 为温度相关的弹性模量，可用式(5.11)表征。

因此，将式(5.58)和式(5.60)代入式(5.10)即可得到降温热冲击情形下既考虑热环境又考虑损伤影响的第一个抗热冲击阻力参数，如式(5.61)所示：

$$R = \frac{\left[\dfrac{K_{\mathrm{IC}}^2}{2E(1-\nu^2)l(T)} \left(1 - \dfrac{1}{\int_0^{T_{\mathrm{m}}} C_p(T)\mathrm{d}T} \int_0^{T-\Delta T_{\mathrm{c}}} C_p(T)\mathrm{d}T \right) \right]^{1/2}}{\alpha(T-\Delta T_{\mathrm{c}})E(T-\Delta T_{\mathrm{c}}) \left[1 + \dfrac{16(1-\nu^2)N(T)l^3(T)}{3} \right]^{-1}} (1-\nu) \tag{5.61}$$

类似地，将式(5.58)和式(5.60)代入式(5.14)可得到降温热冲击情形下既考虑热环境又考虑损伤影响的第二个抗热冲击阻力参数，如式(5.62)所示：

$$R' = \frac{\left[\dfrac{K_{\text{IC}}^2}{2E\left(1-\nu^2\right)l(T)}\left(1-\dfrac{1}{\displaystyle\int_0^{T_{\text{m}}} C_p(T)\mathrm{d}T}\int_0^{T-\Delta T_{\text{c}}} C_p(T)\mathrm{d}T\right)\right]^{1/2}}{\alpha\left(T-\Delta T_{\text{c}}\right)E\left(T-\Delta T_{\text{c}}\right)\left[1+\dfrac{16\left(1-\nu^2\right)N(T)l^3(T)}{3}\right]^{-1}} k\left(T-\Delta T_{\text{c}}\right)(1-\nu)$$

$$\tag{5.62}$$

其对应的临界热冲击断裂温差为

$$\Delta T_{\text{c}} = \frac{R'}{0.31ht_{\text{s}}}$$

$$= \frac{\left[\dfrac{K_{\text{IC}}^2}{2E\left(1-\nu^2\right)l(T)}\left(1-\dfrac{1}{\displaystyle\int_0^{T_{\text{m}}} C_p(T)\mathrm{d}T}\int_0^{T-\Delta T_c} C_p(T)\mathrm{d}T\right)\right]^{1/2} k\left(T-\Delta T_{\text{c}}\right)}{0.31ht_{\text{s}}\alpha\left(T-\Delta T_{\text{c}}\right)E\left(T-\Delta T_{\text{c}}\right)\left[1+\dfrac{16\left(1-\nu^2\right)N(T)l^3(T)}{3}\right]^{-1}}(1-\nu)$$

$$\tag{5.63}$$

以硼化铪(HfB$_2$)为例,采用上面得到的热-损伤抗热冲击阻力参数表达式,利用文献中相关的随温度变化的材料参数(见表 5.1),对 HfB$_2$ 高温陶瓷材料的抗热冲击阻力及其对相关参数的敏感性进行计算分析。计算中描述损伤演化的参数与温度的关系分别如下。

单位体积裂纹数与温度的关系如式(5.64)所示:

$$N(T) = N_0\left(T/T_0\right)^a \tag{5.64}$$

裂纹长度与温度的关系如式(5.65)所示:

$$l(T) = l_0(T/T_0)^b \tag{5.65}$$

由图 5.57 可以看出,微裂纹长度在一定范围内时,裂纹形核的损伤演化方式对 HfB$_2$ 高温陶瓷材料强度的影响并不十分明显,也就是说当微裂纹尺寸小于一定值时,材料强度对微裂纹的形核并不敏感。然而,微裂纹的形核对材料弹性模量的影响却很显著,特别是在温度相对较低时(<1200℃)。从图 5.58 可以看出,在整个温度跨度内,HfB$_2$ 高温陶瓷材料的弹性模量和强度对微裂纹的扩展都非常敏感,且随着微裂纹的扩展而迅速降低。也就是说,微裂纹以扩展方式演化时对材

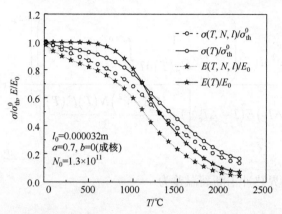

图 5.57 损伤以裂纹形核演化时，$E(T,N,l)/E_0$ 与 $\sigma(T,N,l)/\sigma_{\text{th}}^0$ 随 T 变化的曲线

(其中 E_0 和 σ_{th}^0 分别为参考温度下的弹性模量和强度)

料的强度的损害极大，不能保证满足实际工程应用需要。因此，通过材料微结构设计，控制微裂纹以形核方式演化既能保持较高材料强度，同时又提高了材料强度与弹性模量的比值。

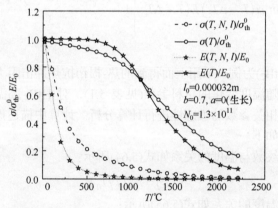

图 5.58 损伤以微裂纹扩展演化时，$E(T,N,l)/E_0$ 与 $\sigma(T,N,l)/\sigma_{\text{th}}^0$ 随 T 变化的曲线

5.7.2 约束方式的影响

如图 5.59 所示，矩形薄板厚度为 $2h$，初始处于均匀温度 $T(z,0)=T_1$，在 $t=0$ 时，上表面受到热冲击。当前温度 $T(z,t)$ 仅为坐标 z 的函数，而与 x 和 y 无关，因此，横向正应力 $\sigma_x = \sigma_y$，纵向正应力 σ_z 和剪应力 τ_{yz}、τ_{xz}、τ_{xy} 为零。因此，本问题中非零应变分量为 $\varepsilon_x = \varepsilon_y$ 和 ε_z，且均仅为坐标 z 的函数，而与 x 和 y 无关。为了满足弹性力学应变相容方程，$\varepsilon_x = \varepsilon_y$ 应沿薄板厚度方向呈线性分布。其中，对于给定的温度分布，ε 和 β 为常数，可根据力的边界条件求解。

本节将研究常见的 9 种约束方式对陶瓷薄板在常见的第一、第二和第三类热边界条件下抗热冲击阻力的影响(Cheng et al., 2015)。为方便表述，给出如表 5.7 所示的符号约定，其中 $z^* = z'h^{-1}$ 为无量纲坐标，标识出了薄板所受约束的位置。

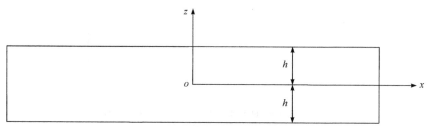

图 5.59　分析模型

表 5.7　约束方式符号约定和求解方法

符号	约束类型	求解方法
F	自由薄板	理论、数值
E_{z^*}	平面 $z = z'$ 的面内延伸被禁止	理论、数值
S_{z^*}	平面 $z = z'$ 的四周被简支	数值
S'_{z^*}	平面 $z = z'$ 的对边被简支	数值
C_{z^*}	平面 $z = z'$ 的四周被固支	数值
C'_{z^*}	平面 $z = z'$ 的对边被固支	数值
B	薄板的弯曲变形被禁止	理论、数值
FL	薄板的下表面被固定	数值
EB	薄板的弯曲变形和面内延伸都被禁止	理论

本节的研究以 ZrB_2 陶瓷为例，材料参数见表 5.6，失效判据见 5.5.3 节。第一类热边界条件下的抗热震性能可用第一类临界传热条件 η_{c1}(或第一个抗热冲击阻力参数 R)表征。由 5.5.3 节可见，η_{c1} 或 R 仅反映了材料力学性能对抗热震性能的影响，与力的边界条件和薄板的面内几何形状无关，是材料遭到热冲击时能承受的临界失效温差的下限。关于 ZrB_2 材料的 η_{c1} 或 R 如图 5.60 所示。

ZrB_2 陶瓷在第二类热边界条件(表面热流密度)和第三类热边界条件(表面换热系数)下的临界失效温差和临界失效时间如图 5.61 和图 5.62 所示，计算中薄板厚度 $2h = 10mm$，热冲击初始温度 $T_I = 1000℃$，冷却流体温度 $T_\infty = 20℃$。

本书做出了相应考虑和对比分析。限于篇幅这里不展开讨论。更多、更详细的研究的工作请参见最近完成的(Cheng et al., 2015)。另外同样，对升温与降温过程中的结果∕表示，由于T = T时即为原始状态，随升温可得临界热载荷为100MW时

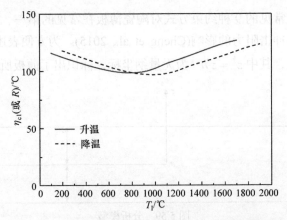

图 5.60　第一类热边界条件下 ZrB₂ 陶瓷薄板的临界传热条件

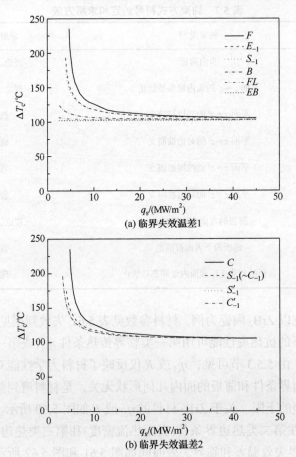

(a) 临界失效温差1

(b) 临界失效温差2

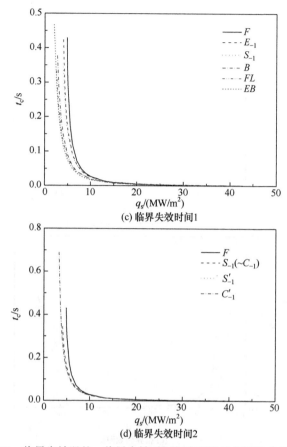

(c) 临界失效时间1

(d) 临界失效时间2

图 5.61　临界失效温差、临界失效时间与表面热流密度的变化曲线

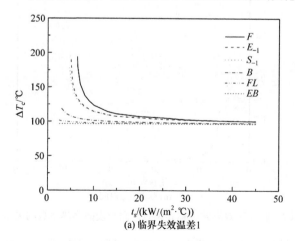

(a) 临界失效温差1

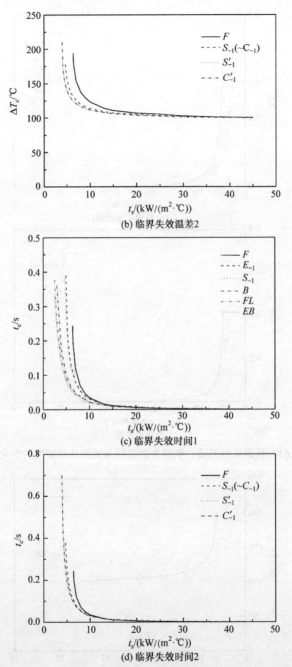

图 5.62　临界失效温差、临界失效时间与表面换热系数的关系曲线

上面的计算结果表明，随着表面热流密度和表面换热系数的增加，薄板的抗热震性能首先有如下次序：$F > E_{-1} > S_{-1} \approx C_{-1} > C'_{-1} \approx S'_{-1} > B > FL > EB$（令表 5.7 中

相应量的 $z^*=-1$ 即 S_{-1}、C_{-1}、C'_{-1}、S'_{-1})，然后临界失效温差和临界失效时间分别趋于第一类临界传热条件 η_{c1}(或第一个抗热冲击阻力参数 R)和零。

S_{-1} 和 C_{-1} 的抗热震性能几乎是一样的，这是由于矩形薄板四边简支时温度和约束条件都是关于 x 和 y 轴对称的，故热应力与四边固支的情况相似。四边简支和固支的抗热震性能好于对边简支和固支，这是由于前两种约束方式使得薄板的 σ_x 和 σ_y 相等，而后两种约束方式将破坏这种对称性，故抗热震性能会降低。

B、FL 和 EB 的抗热震性能较其余几种约束方式的抗热震性能差。通过有限元数值模拟中施加的力的边界条件可见，约束薄板底面沿厚度方向的位移(B 和 FL)将极大地降低薄板的抗热震性能。此外，EB 的临界失效温差随着表面热流密度和表面换热系数的增加几乎保持不变，等于第一类临界传热条件 η_{c1}(或第一个抗热冲击阻力参数 R)，这说明 EB 这种约束方式是非常强的。EB 对应的临界失效时间随着表面热流密度和表面换热系数的增加先迅速降低，再缓慢趋于零。这是因为表面热流密度和表面换热系数较低时，薄板受热冲击表面改变 ΔT_c 所需要的时间较长。

5.7.3　面内几何形状的影响

在陶瓷材料研究中，通常所说的形状对陶瓷材料抗热震性能的影响，是指不同几何构型(如矩形薄板、圆柱和球体(图 5.63))间抗热震性能存在差异。这种差异是显然的，因为不同几何构型在淬火中传热路径都不同，如薄板传热沿着厚度方向，圆柱传热沿着径向，球体传热沿着球心。

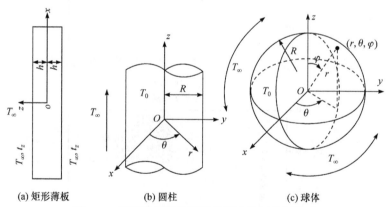

(a) 矩形薄板　　　　　(b) 圆柱　　　　　(c) 球体

图 5.63　陶瓷材料抗热震性能研究常用分析模型

本节将研究薄板的面内几何形状(如图 5.64(a)所示，矩形薄板、圆盘和椭圆盘)对抗热震性能的影响，研究对象为 ZrB_2 陶瓷(材料参数见表 5.6)，这将为陶瓷构件的工程设计提供指导(Cheng et al., 2015)。

矩形薄板、圆盘和椭圆盘(椭圆率 $e = 1.5$ 和 2.0)在第二和第三类热边界条件下的抗热震性能如图 5.65 和图 5.66 所示。当不受外界约束时，矩形薄板、圆盘和

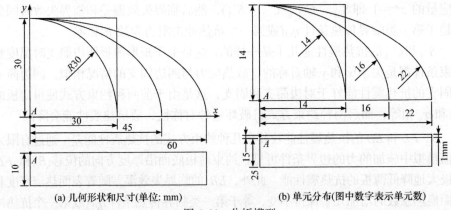

(a) 几何形状和尺寸(单位: mm)　　　　　(b) 单元分布(图中数字表示单元数)

图 5.64　分析模型

椭圆盘的临界失效温差和临界失效时间几乎一样，这说明对于自由薄板，抗热震性能与面内几何形状无关。

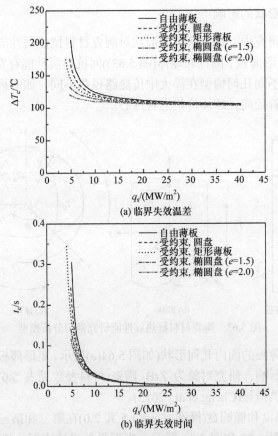

(a) 临界失效温差

(b) 临界失效时间

图 5.65　临界失效温差、临界失效时间与表面热流密度的关系曲线

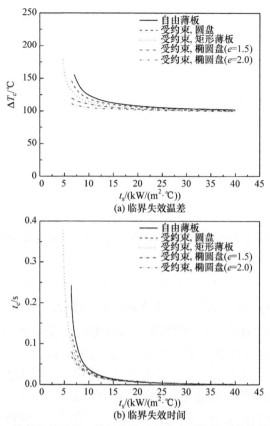

(a) 临界失效温差

(b) 临界失效时间

图 5.66　临界失效温差、临界失效时间与表面换热系数的关系曲线

此外，薄板不受约束时的抗热震性能比受约束时好。当薄板受约束时(薄板底面四周受固支约束)，圆盘的抗热震性能最好，椭圆盘的抗热震性能随着椭圆率的增加(图 5.67 和图 5.68)而降低，矩形薄板的抗热震性能近似等于椭圆率 $e = 1.2$ 的

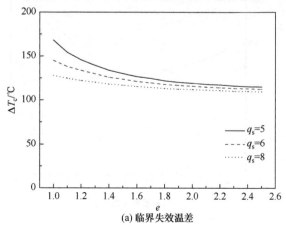

(a) 临界失效温差

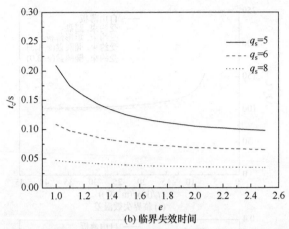

(b) 临界失效时间

图 5.67 底面四周固支的椭圆盘的临界失效温差、临界失效时间与椭圆率的关系曲线

(q_s 的单位为 MW/m^2)

抗热震性能。这是由于当薄板的面内几何形状关于 x 和 y 轴具有交换对称性时薄板的面内正应力 $\sigma_x = \sigma_y$，否则，对于本问题 σ_x 可能大于 σ_y，故薄板面内几何形状(或约束方式)的非对称性可能降低陶瓷构件的抗热震性能。因此，在热结构工程中应尽可能避免面内几何形状和约束方式的非对称性。

值得一提的是，无论构件是否受到约束，薄板的温度都是与 x 和 y 坐标无关的。所有受约束构件的温度场几乎和自由构件的温度场一样。不同构件间的温度场差异非常小，这可能是由于不同网格导致的数值误差，即约束方式和面内几何形状对构件的温度分布没有影响，但对热应力影响很大，进而对抗热震性能影响很大。不同构件节点 A 在 $t_c = 0.03s$ 时的温度和应力($t_s = 9kW/(m^2 \cdot ℃)$)如表 5.8 所示，可见，面内几何形状和约束方式的非对称性可能增大 σ_x 和 σ_y 的差别。

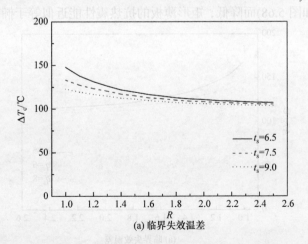

(a) 临界失效温差

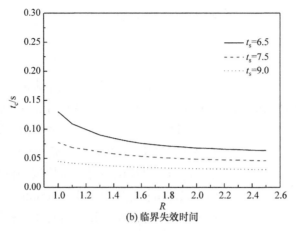

(b) 临界失效时间

图 5.68　底面四周固支的椭圆盘的临界失效温差、临界失效时间与椭圆率关系曲线

(t_s 的单位为 kW/(m² · ℃))

表 5.8　不同构件节点 A 在 t_c=0.03s 时的温度和应力(t_s= 9kW/(m² · ℃))

参数	自由薄板	底面四周受固支约束			
		矩形薄板	圆盘	椭圆盘	
				e=1.5	e=2
T/℃	896.952	896.952	897.169	897.041	897.094
σ_x /MPa	323.185	343.733	332.264	355.341	369.098
σ_y /MPa	323.185	343.733	332.264	322.759	324.919

5.7.4　试件进入冷却介质姿势的影响

目前，关于陶瓷材料抗热震性能的实验研究很多，其中，淬火剩余强度试验是表征陶瓷材料抗热震性能最常用的方法之一。然而，目前研究报道表明，尽管在淬火剩余强度试验时每个温度点都测试了足够多的试件，但是其剩余强度的分散性仍然较大，特别是在临界热震断裂温差附近；并且使用相同材料相同尺寸试件做实验，不同作者也会得到不同的实验结果。因此这些问题都会影响实验评价陶瓷材料抗热震性能的准确性。对于出现上述问题的原因，很多学者将其归咎于冷却介质(水)温度的不同和材料性质随温度变化等因素的影响。另外，不少研究表明，试件的几何尺寸、形状等也会对陶瓷材料的抗热震性能有较大的影响。然而，热冲击试验中陶瓷材料试件往往是长方体，所以我们认为试件进入冷却介质

的姿势也是影响实验评价陶瓷材料抗热震性能的主要原因之一。目前，极少的学者在实验研究陶瓷材料抗热震性能时注意到了试件进入冷却介质的姿势，而且他们在实验中，并没有控制试件入水的姿势。然而，作者通过研究发现，试件进入冷却介质的姿势也是影响实验评价陶瓷材料抗热震性能结果的重要原因之一。

本次实验所使用的试件为氧化铝陶瓷试件，试件尺寸为 4mm×6mm×40mm，

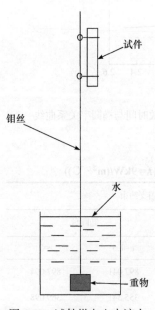

图 5.69　试件纵向入水淬火
试验示意图

表面粗糙度小于 1.5μm。室温下试件弯曲强度为 325MPa±5MPa，密度为 3.88g/cm^3，平均晶粒尺寸小于 10μm。淬火试验时，每根试件在高温炉中加热到预定热冲击初始温度并保温 15min。如图 5.69 所示，对于纵向入水姿势，试件悬挂于一根底端挂着重物在水槽中的钼丝上，重物位于水槽中。试验时，试件沿着钼丝竖直落入水中，保证了其纵向线与水面垂直。而对于横向入水姿势，试件以纵向线与水面平行的姿势悬挂，达到热冲击初始环境温度后，以自由落体的方式进入水槽，并且下落过程中保持纵向线与水面平行。本次实验所测试的热冲击初始环境温度范围主要集中在临界热震断裂温度附近，在 260~340℃；水槽中水温为 11℃。淬火试验后，将试件表面的水擦干然后放到红色渗透剂中浸泡 1h 以显示试件由热冲击造成的裂纹，对试件裂纹形态拍照后进行三点弯曲试验以测试其剩余强度，三点弯曲试验中试件跨距为 30mm，压头加载速率为 0.5mm/min。

不同温度下两种入水姿势淬火试验后试件的裂纹形态如图 5.70 所示。可以看出，相同条件下横向入水姿势的试件因热冲击所产生的裂纹要少于纵向入水姿势的试件所产生的裂纹；并且两种姿势所产的裂纹的形态也不一样。在热冲击初始环境温度为 300~320℃时，横向入水试件至少有一条较长的沿着纵向线方向的裂纹，并且随着热冲击初始环境温度的升高，横截面方向裂纹随之出现并且温度越高裂纹越多。当温度升高至 340℃时，试件所呈现的热冲击裂纹为网格状。而对于纵向入水的试件，在热冲击初始环境温度为 260℃时就能观察到试件因承受热冲击而产生的裂纹。然而，在此温度下横向入水的试件并没有发现肉眼可见的热冲击裂纹。并且，热冲击初始环境温度为 320℃时试件所呈现的热冲击裂纹已经为网格状裂纹。另外一个比较明显的现象为试件先入水部分的裂纹密度要小于后入水部分。因为根据式(5.66)可知，先入水部分将试件入水点附近的水加热到一个

较高的温度，使得后入水部分试件入水淬火时水更容易汽化，而水汽化在相同情况下能带走更多的热量，也就是试件与水之间的表面热交换系数 t_s 越大，使得后入水部分所承受的热冲击越为严重，从而试件后半部分所能承受的临界热震温差越小，即更容易产生裂纹。因此，热冲击试验中试件进入冷却介质姿势对表征陶瓷材料的抗热震性能影响很大。

$$\Delta T_c = \frac{\sigma(1-\nu)k}{0.31 h t_s E \alpha} \tag{5.66}$$

式中，E 为材料的弹性模量；σ 为强度；k 为热导率；h 为厚度；t_s 为表面热交换系数；α 为热膨胀系数。

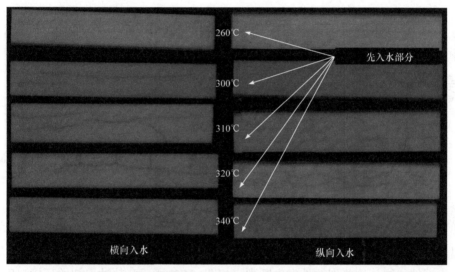

图 5.70　氧化铝陶瓷材料淬火后的不同入水姿势的试件裂纹形态图像

　　不同入水姿势的氧化铝陶瓷材料试件的剩余强度随热冲击初始环境温度变化曲线见图 5.71。可以看出，两种入水姿势试件的剩余强度在不同热冲击初始环境下标准差均小于 14MPa。但是，从图 5.71(c)中可以看出，当两种姿势的剩余强度混合时，其分散性比单独入水姿势的大，特别是在临界热震断裂温差附近。并且从图 5.71 可以看出，热冲击初始温度环境为 310℃时，横向入水姿势的试件平均剩余强度为 330.3MPa；然而，纵向入水姿势的试件剩余强度只有 118.6MPa。因此，试件入水姿势在实验表征陶瓷材料的抗热震性能时影响十分显著。从图 5.71(d)中平均剩余强度随热冲击初始环境温度变化的曲线可以看出，尽管两种入水姿势的实验结果所得到临界热震温差很接近，但是在相同条件下两种入水姿势的剩余强度差异很大，横向入水姿势试件的平均剩余强度要高于纵向入水姿势试件的平均剩余强度。因而，采用横向入水姿势试件的剩余强度评价陶瓷材料抗热震性能所得的临界热震温差要高于采用纵向入水姿势所得到的。

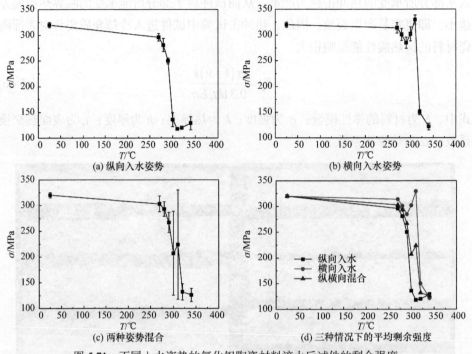

图 5.71　不同入水姿势的氧化铝陶瓷材料淬火后试件的剩余强度

　　结合图 5.70 和图 5.71 可知，纵向入水的试件更容易在较低的热冲击初始环境温度下产生横截面裂纹，而横截面裂纹在三点弯曲试验中对弯曲强度影响非常大，因为试件往往从这些裂纹处发生断裂。如图 5.72 所示，热冲击初始环境温度为310℃时，横向入水的试件(见图 5.72(a))在热冲击试验后并没有产生横截面裂纹，其剩余强度为 325.8MPa。然而，相同情况下，纵向入水的试件(见图 5.72(b))在热冲击试验后明显产生了横截面裂纹，且剩余强度只有 115.4MPa。当热冲击初始环境温度达到 340℃时，两种入水姿势的试件的剩余强度很接近，因为它们承受热冲击所产生的裂纹都是网格状。并且，从图 5.70 和图 5.71 可以看出，热冲击试验后，尽管试件的热冲击剩余强度保持在初始强度的 70%以上，但是试件已经产生了肉眼可见的裂纹。出现这样的现象是因为初始温度较低的热冲击使得试件产生的裂纹是纵向裂纹，而这种类型的裂纹在三点弯曲试验中对弯曲强度影响较小。因此，试件进入冷却介质姿势是影响实验表征陶瓷材料抗热震性能的重要因素，也是造成不同学者使用相同材料进行热震实验却得到不同的抗热震性能结论的原因之一。所以，为了能更好地实验表征陶瓷材料的抗热震性能，试件必须采用统一的进入冷却介质的姿势。

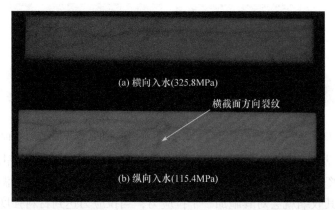

图 5.72　初始环境温度为 310℃，热冲击后试件的裂纹形态及剩余强度

5.7.5　冷却介质温度的影响

　　目前，广大学者利用淬火试验方法对陶瓷材料降温抗热冲击性能开展了大量的研究工作。但是，他们在进行试验时大多采用的都是室温水，没有考虑水温的影响。然而地域及季节的差异都可能会导致水的温度出现很大的不同。针对同种材料，不同的研究者利用淬火试验研究其抗热冲击性能时，就可能会出现因为室温的差异而导致的试验表征结果的差异性。这对陶瓷材料的降温抗热冲击性能的合理表征是很不利的。而且，目前已有的少数关于水温对陶瓷材料降温抗热冲击性能的影响的研究报告还很片面，还不足以使我们很好地了解这一科学问题。本节利用淬火试验方法开展了水温为 5～100℃时陶瓷材料一系列的降温热冲击试验，并通过热冲击试件剩余强度、试件表面裂纹形貌及试件断面微观组织图对不同水温所对应的降温抗热冲击性能进行全面系统的表征，进一步对目前常用的陶瓷材料降温抗热冲击性能表征方法存在的问题进行探讨。

　　本节以 $ZrO_2(3Y)$ 为例，进行降温热冲击试验。$ZrO_2(3Y)$ 为添加 3%Y_2O_3 的部分稳定氧化锆。$ZrO_2(3Y)$ 的致密度为 97.5%，平均晶粒尺寸 1μm，试件尺寸为 4mm×12mm×68mm。本试验系统研究以水为冷却介质时不同冷却介质温度下 $ZrO_2(3Y)$ 的热冲击行为。试验过程中，为消除热冲击试件入水姿势对实验表征结果的影响，控制试件以横向姿势入水。热冲击试件的剩余弯曲强度通过三点弯曲试验测得，测试过程中跨距为 50mm，横梁移动速度为 0.5mm/min。每个温度点最少测试 3 根试件，并取平均值为其剩余强度。试件表面裂纹形貌通过将试件浸泡入着色渗透探伤剂后观察可得。

　　如图 5.73 所示，以 5℃、10℃、15℃ 及 20℃ 的水作为冷却介质，$ZrO_2(3Y)$ 试

件承受降温热冲击温差为 280℃的热冲击后，其表面没有出现可视化裂纹。

(a) 5℃　　　　　　　　　　　　　　　　(b) 10℃

(c) 15℃　　　　　　　　　　　　　　　(d) 20℃

图 5.73　承受降温热冲击温差为 280℃，不同水温时热冲击后试件表面视图

图 5.74 表明当水温为 25℃，降温热冲击温差为 280℃时，热冲击试件表面出现裂纹。陶瓷材料在承受降温热冲击时，热冲击试件表面先急剧降温而收缩，试件内部阻止其收缩就会对其施加一个拉应力，当拉应力达到材料强度极限时就会在试件表面形成裂纹。这说明 ZrO$_2$(3Y)试件在承受该降温热冲击时表面形成的拉应力达到了材料的强度极限。还可看出，4 根试件表面裂纹形貌相似，在靠近试件中间位置都有一个比较长的纵向裂纹。

(a) 试件1　　　　　　　　　　　　　　(b) 试件2

(c) 试件3　　　　　　　　　　　　　　(d) 试件4

图 5.74　以 25℃的水为冷却介质，不同试件在承受降温热冲击温差为 280℃的热冲击后的表面形貌

图 5.75 表明，当水温为 30℃，降温热冲击温差为 280℃时，热冲击试件表面也出现了裂纹，且 4 根试件表面裂纹形貌相似。与水温为 25℃时对应的热冲击试件表面裂纹形貌不同，这 4 根热冲击试件表面出现的纵向裂纹长度较短，且都靠近试件侧边位置。

(a) 试件1　　　　　　　　　　　　　　(b) 试件2

(c) 试件3　　　　　　　　　　　　　　(d) 试件4

图 5.75　以 30℃的水为冷却介质，不同试件在承受降温热冲击温差为 280℃的
热冲击后的表面形貌

从图 5.76 可以看出，当水温为 50℃，降温热冲击温差为 280℃时，热冲击试

件表面的裂纹数目较之低水温所对应的情况没有增多,但是裂纹形貌发生了变化。这 4 根热冲击试件表面没有很长的纵向裂纹,但在试件中部形成了一个可贯穿试件宽度方向的近似横向分布的裂纹。

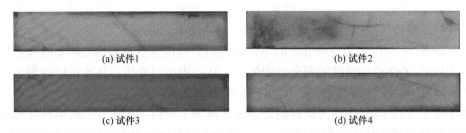

(a) 试件1　　　　　　　　　　　　(b) 试件2

(c) 试件3　　　　　　　　　　　　(d) 试件4

图 5.76　以 50℃的水为冷却介质,不同试件在承受降温热冲击温差为 280℃的热冲击后的表面形貌

　　图 5.77 表明,当水温升到 80℃时,承受降温热冲击温差为 280℃的热冲击的试件表面出现了较多的裂纹,且存在网状裂纹。

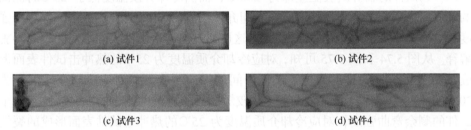

(a) 试件1　　　　　　　　　　　　(b) 试件2

(c) 试件3　　　　　　　　　　　　(d) 试件4

图 5.77　以 80℃的水为冷却介质,不同试件在承受降温热冲击温差为 280℃的热冲击后的表面形貌

　　当水温为 100℃(图 5.78),$ZrO_2(3Y)$试件在承受温差为 280℃的降温热冲击后,其表面布满了裂纹,且多为网状裂纹,裂纹分布不均匀。

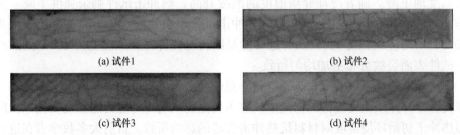

(a) 试件1　　　　　　　　　　　　(b) 试件2

(c) 试件3　　　　　　　　　　　　(d) 试件4

图 5.78　以 100℃的水为冷却介质,不同试件在承受降温热冲击温差为 280℃的热冲击后的表面形貌

　　从以上各图可以看出,承受以水为冷却介质的 $ZrO_2(3Y)$试件,随着水温的升高,热冲击试件表面裂纹形貌发生了很大的变化。一定程度上,我们可以通过观

察热冲击试件表面裂纹形貌去判断不同水温所对应的降温抗热冲击性能的强弱。相同热冲击温差下，水温越高，材料的降温抗热冲击性能可能就越差。但是，这还需要综合考虑危险裂纹位置及裂纹深度等。以上各图还表明，热冲击试件表面裂纹形貌对冷却介质温度非常敏感。因此，冷却介质温度小幅度的改变都可能会对材料降温抗热冲击性能的试验表征结果产生很大的影响。

图 5.79 为以水为冷却介质时不同水温所对应的承受温差为 280℃的降温热冲击后的 $ZrO_2(3Y)$ 试件的剩余弯曲强度。从图中可以看出，热冲击试件剩余强度对冷却介质温度非常敏感，其在室温附近时都有明显差异。当冷却介质温度小于等于 20℃时，热冲击试件剩余强度近似等于材料初始强度，说明该降温热冲击对材料强度性能的影响很小，这从热冲击试件表面没有出现裂纹也可看出。当冷却介质温度为 25℃时，热冲击试件剩余强度出现明显的下降，其为材料初始强度的 70%左右。根据临界断裂温差的定义可知，其值等于使热冲击试件剩余强度下降为材料初始强度的 70%时所对应的温差。当冷却介质温度为 25℃时，$ZrO_2(3Y)$ 试件的临界断裂温差即为 280℃，而当冷却介质温度低于 25℃时测出的临界断裂温差会大于 280℃。当冷却介质温度为 30℃时，热冲击试件剩余强度较之冷却介质温度为 25℃时要大。这可通过热冲击试件表面不同的裂纹形貌解释。从图 5.74 和图 5.75 可知，对应冷却介质温度为 25℃的热冲击试件表面形成了一个比较长的且近似位于试件中间的纵向裂纹，而对应冷却介质温度为 30℃的热冲击试件表面只形成了一些较短的且靠近试件侧边的纵向裂纹。对于试件的剩余弯曲强度，对应冷却介质温度为 25℃的热冲击试件表面形成的裂纹更加危险，因此其剩余弯曲强度更低。当冷却介质温度为 50℃时，热冲击试件剩余弯曲强度衰减严重，其只有材料初始弯曲强度的 20%左右。从图 5.76 可知，对应冷却介质温度为 50℃的热冲击试件表面形成了一个贯穿试件宽度方向且近似横向分布的裂纹，该裂纹对于弯曲强度非常危险，因此造成了试件剩余强度大幅度地下降。随着冷却介质温度的继续升高，热冲击试件剩余强度下降。但是，对应冷却介质温度为 100℃的热冲击试件剩余强度要高于冷却介质温度为 80℃时所对应的强度。我们认为这可能是因为对应冷却介质温度为 100℃的热冲击试件表面裂纹分布更加均匀所致。

从以上结论可以看出，陶瓷材料降温热冲击行为对冷却介质温度非常敏感，即使在冷却介质温度较低的情况下。这主要是由水的冷却能力随温度变化以及降温热冲击初始环境温度对材料抗热冲击性能的影响所致。目前大多数学者在进行淬火试验时都是以室温水作为冷却介质，他们没有考虑水温对实验表征结果的影响。针对同种材料，不同的研究者就可能因为选用的水温不同而导致实验表征结果出现很大的差异，从而无法对材料降温抗热冲击性能进行合理的表征。作者研究表明，在利用淬火试验表征陶瓷材料的降温抗热冲击性能时，冷却介质温度是一个主要的试验参数。目前广泛采用的传统实验表征方法采用室温下的冷却介质，没有考虑室温的差异，这是存在问题的。同时考虑到应用于航空航天领域热防护材料在其使役环境下冷却介质温度的剧烈变化，当利用实验研究陶瓷材料的降温抗热冲击性能时必须考虑冷却介质温度的影响。

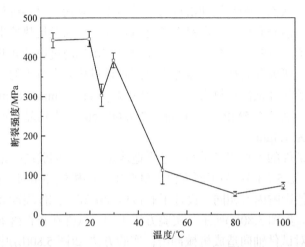

图 5.79　$ZrO_2(3Y)$试件在承受温差为 280℃的热冲击后的剩余强度与冷却介质温度关系曲线

从图 5.79 还可看出，水温越高其对应的材料的降温抗热冲击性能不一定越好。当水温升至 50℃后，$ZrO_2(3Y)$试件的降温抗热冲击性能较之水温较低时衰减严重。这与目前已有的关于水温对陶瓷材料降温抗热冲击性能的影响的少数研究结果相反，其结果表明水温越高，材料的降温抗热冲击性能越好。其研究中指出，这是因为随着水温的升高，水的冷却能力下降。但是，这些已有的少数研究都没有考虑热冲击初始环境温度对材料降温抗热冲击性能的影响。降温热冲击温差一定时，水温越高，热冲击初始环境温度越高。目前研究表明，随着热冲击初始环境温度的升高，陶瓷材料的降温抗热冲性能出现先下降后上升的趋势。因此，在一定的热冲击初始环境温度范围内，材料的抗热冲击性能对温度的敏感性可能会降低材料对应较高水浴温度时的淬火阻力。不同温度水的冷却能力和材料的抗热冲击性能对温度的敏感性共同决定了不同水温所对应材料的热冲击行为。因此，针对不同的陶瓷材料，利用淬火试验表征其降温抗热冲击性能时，水温越高，其降温抗热冲击性能不一定越好。

5.7.6　机械冲击的影响

目前，很多学者在实验研究陶瓷材料的热冲击行为时，常用的热冲击试验方法是试件在加热腔体中保温之后，迅速使试件进入冷却介质中以缩短试件在空气中的暴露时间，此过程不可避免地存在机械冲击作用。此外，在陶瓷材料的服役过程中也可能会存在机械冲击现象，例如，高超声速飞行器机动飞行过程中存在的较大加速度可能会对作为飞行器热防护材料的超高温陶瓷材料产生机械冲击作用(Ghosh and Subhash, 2013)。上述机械冲击同样会对陶瓷材料热冲击过程中的应力场带来影响，从而影响其热冲击行为，进而影响对陶瓷材料抗热冲击性能的合理表征。然而目前鲜有机械冲击对陶瓷材料热冲击行为及抗热冲击性能实验表征结果影响的报道。寇海波和李卫国等(Kou et al., 2017)通过设计并开展系列有针对性的实验，系统研究并表征了机械冲击对陶瓷材料热冲击行为的影响。

实验采用的陶瓷试件材料为 ZrO_2，尺寸为 4mm×12mm×68mm，室温下材料的平均三点弯强度为 515MPa，材料密度为 $6.60g/cm^3$，平均晶粒尺寸小于 $10\mu m$，表面粗糙度约为 $1.5\mu m$。

为了避免试件的入水姿势对实验结果造成影响，本实验统一采用纵向的入水姿势，实验方法见 5.7.4 节。为了研究淬火试验中外部机械冲击对实验结果的影响，本实验保持其他影响因素相同，设计了有机械冲击和有试件缓冲装置削弱机械冲击的对比试验。如图 5.80(a)所示，实验方法 1 中，试件在竖直落下入水后会与重物直接碰撞，对试件轴向造成机械冲击；实验方法 2(图 5.80(b))中，试件在竖直入水后，钼丝环在与试件的接触过程中会产生较大的弹性变形，大大延长机械冲击的过程，从而使机械冲击的剧烈程度大大减小。

实验步骤为：首先将试件在炉膛中加热至热冲击目标温度 405℃并保温 10min，使试件中的温度场均匀；然后使试件落入预设温度的冷却液中，在本实验中采用的冷却液为水，预设温度分别为 3℃、15℃、25℃、35℃、50℃、63℃、80℃、97℃，在冷却液中淬火约 30s；最后将试件从冷却液中取出擦干，在渗透

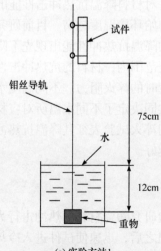

(a) 实验方法1

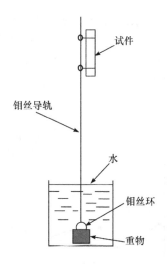

(b) 实验方法2

图 5.80　实验方法示意图(Kou et al., 2017)

剂中浸泡染色 15min，之后将试件取出、擦干并在室温下吹干，再对试件表面拍照。在此工作中，我们定量测量并比较了试件的先入水段(试件轴向方向先入水的四分之一部分)和后入水段(试件轴向方向最后入水的四分之一部分)的裂纹长度。

图 5.81 所示为热冲击初始温度为 405℃，目标温度分别为 3℃、35℃、80℃、97℃，实验方法 1 和实验方法 2 试件的表面裂纹形态图。从图中可以明显看出，降温热冲击过程中存在的机械冲击会对陶瓷试件的表面裂纹形态和裂纹密度产生很大的影响：①从试件的整体裂纹密度来讲，实验方法 1 试件表面的裂纹密度比实验方法 2 的裂纹密度更小；②从试件先后入水段的裂纹密度差异上来讲，实验

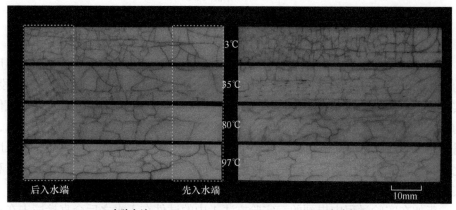

(a) 实验方法1　　　　　　　　　　　　　　(b) 实验方法2

图 5.81　实验方法 1 和实验方法 2 试件的裂纹形态

试件的右段为先入水段，左段为后入水段，热冲击目标温度分别为 3℃、35℃、80℃、97℃

方法 1 试件的先入水段和后入水段的裂纹密度差异十分明显，实验方法 2 尽管也出现了先后入水段的裂纹密度差异，但是其差异程度明显比实验方法 1 小。

　　为了定量表征降温热冲击过程中存在的机械冲击对陶瓷材料热冲击行为的影响，对实验方法 1 和实验方法 2 先后入水段的裂纹长度进行了定量统计和比较，如图 5.82 所示。

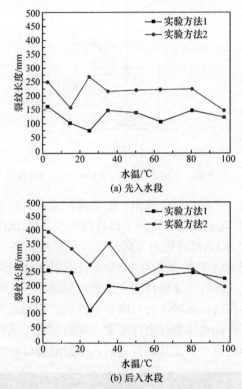

图 5.82　实验方法 1 和实验方法 2 试件表面裂纹长度随热冲击目标温度的变化图

　　图 5.82(a)所示为实验方法 1、2 试件先入水段表面裂纹长度随热冲击目标温度的变化图，图 5.82(b)为试件后入水段的变化图。从图中可以看出：①对于先入水段，实验方法 1 的裂纹长度明显小于实验方法 2，且在大部分情况下，实验方法 2 试件的裂纹长度约为实验方法 1 的两倍，如图 5.82(a)所示；②从图 5.82(b)可以看出，对于后入水段，在热冲击目标温度小于 50℃时，实验方法 1 试件的表面裂纹长度比实验方法 2 明显小很多，但是，当热冲击目标温度大于 50℃时，实验方法 1 和实验方法 2 的试件后入水段表面裂纹长度的差异不是十分明显。

　　正如在实验过程中提到的，实验方法 1 中的试件在入水之后会直接撞击在重物上，从而对试件造成机械冲击，进而在试件的轴向方向上会有一个压应力分布，并且此机械压应力在试件的先入水段明显大于后入水段。而在陶瓷材料降温热冲击过程中，试件的表面热应力为拉应力。根据叠加原理，当试件在降温热冲击过程中承受机械冲击时，机械冲击造成的压应力与降温热冲击过程中试件表面的拉应力叠加，会降低试件表面拉应力水平。实验方法 1 中试件承受的机械冲击显著大于实验方法 2，因此在相同热冲击条件下，实验方法 1 中试件的表面拉应力会小于实验方法 2，这便是图 5.81 中实验方法 1 试件的整体裂纹密度小于实验方法 2 的原因。并且由于试件先入水段的机械压应力明显大于后入水段，试件先入水段的表面拉应力要小于试件的后入水段，进而造成实验方法 1 中试件先入水段的裂纹密度要明显小于后入水段。对于实验方法 2，钼丝环的存在可以在很大程度上降低对试件的机械冲击，但是并不能完全消除，因此实验方法 2 中也存在较小的试件先后入水段表面裂纹密度的差异，如图 5.81 所示。从上面的讨论我们可以看出，降温热冲击过程中对试件施加压应力可以降低试件表面拉应力的大小，进而减少试件表面产生裂纹。因此在实际工程应用中，对于在服役过程中将承受降温热冲击的陶瓷材料，可以采取结构调整等措施在陶瓷材料表面施加一定的预压应力，从而抑制降温热冲击过程中陶瓷材料表面产生裂纹，进而提高陶瓷结构的降温抗热冲击性能。

机械冲击剧烈程度的不同和机械冲击产生的压应力在先入水段水平较高的特点使图 5.82(a)中实验方法 1 中试件先入水段的裂纹长度明显小于实验方法 2。此外，机械冲击造成的压应力在试件后入水段较小，因此对试件后入水段的应力影响较小，故在冷却介质温度为 50℃以上时实验方法 1 和实验方法 2 在试件后入水段产生的裂纹长度差异很小，如图 5.82(b)所示。而在冷却介质温度为 50℃以下时，实验方法 1 和实验方法 2 试件后入水段的裂纹长度差异较大，这可能是由于冷却介质温度的不同造成试件中因热冲击造成的应力水平不同，从而导致材料对机械冲击应力的敏感程度不同引起的。Li 等(Li D et al., 2015)就发现钠钙硅玻璃在不同温度下裂纹扩展对拉应力的敏感程度是不同的。

进一步讲，Li 等(Li W G et al., 2015)学者还发现，在临界断裂温差附近，陶瓷材料的残余强度对温差的变化十分敏感。在此临界状态下，陶瓷材料淬火温差较小的改变都会使材料的残余强度发生很大的变化。从本质上讲，临界断裂温差附近淬火温差的较小改变对应着热冲击产生的热应力的较小改变，即临界断裂温差附近材料内部应力场的较小改变会引起材料残余强度发生很大的变化。由此可以得出，陶瓷材料的残余强度对临界断裂温差附近应力水平的变化十分敏感。而在现有的陶瓷材料的抗热冲击性能表征体系中，临界断裂温差是一个很重要的表征参量。因此，若在陶瓷材料的抗热冲击性能的实验研究中有机械冲击存在，将会明显影响材料的应力水平，从而对陶瓷材料的热冲击行为产生显著的影响，进而对陶瓷材料的抗热冲击性能的表征结果产生显著的影响。因此，在对陶瓷材料的抗热冲击性能进行表征时，应该避免机械冲击的引入，以免对表征结果产生影响。

5.8 本 章 小 结

本章首先在前面建立的温度相关性断裂强度理论表征模型及第一个抗热冲击阻力参数 R 和第二个抗热冲击阻力参数 R' 基础上考虑了材料性能的温度相关性，并针对降温、升温和主动冷却不同的热环境，研究了超高温陶瓷材料的抗热震性能。研究发现，第一个抗热冲击阻力参数 R 随热冲击初始环境温度 T 的升高出现先降后升的变化趋势，且在热震温度范围内存在一个 R 较小的危险区。其次，从热力耦合的角度研究了陶瓷材料的抗热震性能，首先完善了陶瓷材料抗热震性能温度相关热力耦合理论，然后对超高温陶瓷材料分别在第一、二、三类热边界条件下的抗热震性能进行了系统研究。揭示了一个关于陶瓷材料抗热震性能的规律，即对于给定的材料和热冲击初始温度，相同的传热条件将导致相同的临界失效温差，临界失效时间与表面热流密度(或表面换热系数)的平方成反比，与薄板厚度的平方成正比，即陶瓷薄板具有相同的临界失效无量纲时间，并提出了一个新的抗热冲击阻力参数——临界传热条件。最后，介绍了损伤形式、力的边界条件、构件面内几何形状、试件入水姿势、淬火介质温度和机械冲击等对陶瓷材料抗热震性能的影响。

参 考 文 献

肖国庆, 张军占. 2005. 材料物理性能. 北京: 中国建材工业出版社.

Bergman T L, Lavine A S, Incropera F P, et al. 2011. Fundamentals of Heat and Mass Transfer. Hoboken: Wiley.

Blosser M L. 2000. Advanced metallic thermal protection systems for reusable launch vehicles. Charlattesville: University of Virginia.

Cheng T B, Li W G, Lu W, et al. 2014a. Heat transfer and failure mode analyses of ultrahigh-temperature ceramic thermal protection system of hypersonic vehicles. Mathematical Problems in Engineering, (13-14): 1-11.

Cheng T B, Li W G, Lu W, et al. 2014b. Thermal shock resistance of ultra-high-temperature ceramic thermal protection system. Journal of Spacecraft and Rockets, 51(3): 986-990.

Cheng T B, Li W G, Shi Y S, et al. 2015. Effects of in-plane geometric shapes on thermal shock resistance of ultra-high temperature ceramic components. Transactions of the Indian Ceramic Society, 74(1): 6-10.

Cheng T B, Li W G, Zhang C Z, et al. 2014c. Unified thermal shock resistance of ultra-high temperature ceramics under different thermal environments. Journal of Thermal Stresses, 37(1): 14-33.

Fahrenholtz W G, Hilmas G E. 2004. NSF-AFOSR Joint Workshop on Future Ultra-High Temperature Materials. UHTM Workshop Draft Report April 12, 2004 Ceramics (England, London).

Fahrenholtz W G, Hilmas G E, Talmy I G, et al. 2007. Refractory diborides of zirconium and hafnium. Journal of the American Ceramic Society, 90(5): 1347-1364.

Ghosh D, Subhash G. 2013. Recent progress in $Zr(Hf)B_2$ based ultrahigh temperature ceramics// Somiya S. Handbook of Advanced Ceramics: Material, Application, Processing, and Properties. Amsterdam: Elsevier Academic Press: 267-299.

Green D J. 1998. An Introduction to the Mechanical Properties of Ceramics. Cambridge: Press Syndicate of the University of Cambridge.

Guo S Q, Kagawa Y, Nishimura T. 2009. Mechanical behavior of two-step hot-pressed ZrB_2-based composites with $ZrSi_2$. Journal of the European Ceramic Society, 29(4): 787-794.

Hasselman D P H. 1963. Elastic energy of fracture and surface energy as design criteria for thermal shock. Journal of the American Ceramic Society, 46(11): 535-540.

Hasselman D P H. 1970. Strength behaviour of polycrystalline alumina subjected to thermal shock. Journal of the American Ceramic Society, 53: 490-495.

Kingery W D. 1955. Factors affecting thermal stress resistance of ceramic materials. Journal of the American Ceramic Society, 38(1): 3-15.

Knacke O, Kubaschewski O, Hesselmann K. 1991. Thermochemical Properties of Inorganic Substances. Berlin: Springer.

Kou H, Li W, Zhang X, et al. 2017. Effects of mechanical shock on thermal shock behavior of ceramics in quenching experiments. Ceramics International, 43: 1584-1587.

Krstic V D, Erickson W H. 1987. A model for the porosity dependence of Young's modulus in brittle solids based on crack opening displacement. Journal of Materials Science, 22: 2881-2886.

Li D, Li W, Wang R, et al. 2015. Temperature dependence of the three-point bending fracture behavior of soda-lime-silica glass with surface scratch. Journal of Non-Crystalline Solids, 409: 26-130.

Li W G, Li D Y, Yao X F, et al. 2010a. Damage mode effects on fracture strength of ultra-high temperature ceramics. Frontiers of Materials Science in China, 4: 255-258.

Li W G, Yang F, Fang D N. 2010b.The temperature-dependent fracture strength model for ultra-high temperature ceramics. Acta Mechanica Sinica, 26(2): 235-239.

Li W G, Wang R Z, Li D Y, et al. 2011. A model of temperature-dependent Young's modulus for ultrahigh temperature ceramics. Physics Research International, (13-14): 1-5.

Li W G, Wang R Z, Li D Y, et al. 2015. Effect of the cooling medium temperature on the thermal shock resistance of ceramic materials. Materials Letters, 138: 216-218.

Loehman R, Corral E, Dumm H P, et al. 2006. Ultra high temperature ceramics for hypersonic vehicle applications. Albuquerque: Sandia National Laboratories, SAND 2006-2925.

Manson S S. 1953. Behavior of materials under conditions of thermal stress. NACA Technical Note 2933, Washington: NACA.

Opeka M M, Talmy I G, Wuchina E J, et al. 1999. Mechanical, thermal, and oxidation properties of refractory hafnium and zirconium compounds. Journal of the European Ceramic Society, 19:

2405-2414.

Wachtman Jr J B, Tefft W E, Lam Jr D G, et al. 1961. Exponential temperature dependence of Young's modulus for several oxides. Physical Review, 122(6): 1754-1759.

Wang H, Singh R N. 1994. Thermal shock behaviour of ceramics and ceramic composites. International Materials Reviews, 39(6): 228-244.

Wuchina E, Opeka M, Causey S, et al. 2004. Designing for ultrahigh-temperature applications: The mechanical and thermal properties of HfB$_2$, HfC$_x$, HfN$_x$ and αHf(N). Journal of Materials Science, 39(19): 5939-5949.

第6章　高温层状及涂层材料的高温力学行为

高温层状及涂层材料在航空航天、能源、汽车、核工业等领域有着广泛的应用，失效破坏是影响其使用寿命和服役安全性的重要因素，制约着其应用与发展。服役环境下高温层状及涂层材料失效破坏机理研究是一个关键科学问题。高温层状及涂层材料在服役过程中会受到热-力-化耦合作用，其力学性能及行为会发生动态演化，最终发生失效破坏。开展高温层状及涂层材料的高温力学行为研究对于分析其失效破坏机理具有重要意义。

高温层状材料主要是指在高温环境下服役的层状材料，按照其来源大致分为主动设计和被动生成的高温层状材料，如图 6.1 所示。主动设计的高温层状材料又可以分为高温层状功能涂层材料和高温层状结构材料。高温层状功能涂层材料一般是在基体材料上涂覆功能性涂层材料，以达到隔热、抗氧化、抗腐蚀以及抗冲蚀等功能，比较典型的有热障涂层、热防护涂层等。高温层状结构材料一般是将多种材料复合，以达到提高材料强度、刚度等力学性能的目的，比较典型的有陶瓷基复合材料等。而被动生成的高温层状材料则主要是指在服役过程中由基底材料发生化学反应生成的多层材料，比较典型的有金属氧化层、非氧化物陶瓷氧化层等。

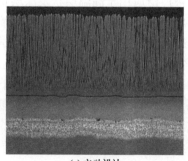
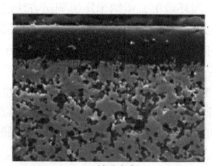

(a) 主动设计　　　　　　　　　　　　　　　(b) 被动生成

图 6.1　高温层状材料

高温层状及涂层材料一般需要在热-力-化耦合极端环境下服役，内部微观组织会发生改变，力学性能参数(如热膨胀系数、弹性模量、泊松比等)也会不断发生演化；此外，在高温高应力反复作用下，材料将产生塑性变形和蠕变变形等非弹性力学行为。上述现象会导致高温层状及涂层材料内部裂纹萌生并扩展，最终诱发分层、脱黏等失效破坏行为，影响其使用寿命和服役安全性(解玉鹏等,2015; 曹学强,2007)。为了提高高温层状及涂层材料的寿命和服役安全性，已经发展了热波成像、复阻抗谱、声发射法等外场检测与评估方法，有效地表征了材料的失效破坏行为，但是上述方法只能从表象上给出定性的测试结果(朱建国等，2013；Cernuschi et al.，2011)。如果要进一步揭示服役环境下高温层状及涂层材料的失效破坏机理，还需要发展定量的高温力学性能预测与行为评价方法，建立热-力-化耦合环境下的失效破坏准则，从而给高温层状及涂层材料的设计制备、寿命预测以及可靠性分析提供指导。

压痕测试方法至今已经有一百多年的历史，其基本原理是利用特定形状、尺寸，硬度较大的压头将载荷施加到被测物体上，使材料产生压痕(即发生塑性变形)，再根据施加载荷与压痕面积或深度之间的关系，分析材料的力学行为，得到力学性能(张泰华，2013；Oliver and Pharr，2004)。压痕测试方法主要包括传统的压痕测试方法和新兴的微纳米压痕测试方法，载荷和压痕尺寸的测量是两种测试方法的最大区别。传统压痕测试方法是将压头以一定的垂直压力压入试样，当压力撤除后，对压痕尺寸进行测量，得到压痕的投影面积，进而得到材料的硬度。这种测试方法虽然比较直接，但是仅能够得到材料的塑性性质。微纳米压痕测试方法是通过计算机连续控制压入载荷，实时监测压入深度，记录载荷-位移曲线，可以不测量压痕尺寸，而是采用经验计算公式计算压痕投影面积，分析得到材料的基本力学性能参数(如弹性模量、硬度、屈服应力和幂硬化指数等)。微纳米压痕测试方法作为一种高效的微小体积材料力学性能表征和行为评价方法，对试样形状和尺寸没有明确要求，单次实验中可以通过改变实验点的位置来实现高通量测试，因此在层状材料力学行为研究和力学性能测试方面有着巨大的优势(Menčík et al.，1997)。

常温环境下，微纳米压痕测试方法已经被广泛应用于高温层状及涂层材料力学行为的研究。许多学者测试得到了高温层状及涂层材料服役前后常温环境下的硬度和模量等数据(Zotov et al.，2009; Guo and Kagawa，2006，2004)。由于测试仪器的缺乏，高温层状及涂层材料的高温压痕研究较少(Jan et al.，2008; Passilly et al.，2006; Takagi et al.，2004)。然而，服役温度的变化会引起材料力学行为和性能的改变，常温环境下压痕力学行为研究不足以揭示服役环境下材料失效破坏机理，有必要开展高温环境下材料压痕力学行为研究。本章先介绍一些高温层状及涂层材料高温压痕测试表征方法，然后利用高温压痕方法测试表征高温层状及涂层材料断裂性能与残余应力。

6.1　高温层状及涂层材料高温压痕测试表征方法

6.1.1　高温压痕 pile-up 行为研究与表征

经典的 Oliver-Pharr 方法作为一种常用的压痕表征方法，已用于高温压痕试验。但是 Oliver-Pharr 方法没有考虑弹塑性材料压痕试验过程中出现的隆起(pile-up)现象。前期研究表明,pile-up 现象会导致 Oliver-Pharr 方法低估接触面积,进而高估测试得到的模量和硬度。研究还发现,模量/屈服强度比大以及无加工硬化的材料在压痕过程中更容易出现 pile-up 现象(Chen and Vlassak, 2001; Bolshakov and Pharr, 1998)。而在高温环境下,材料的模量/屈服强度比一般会变大,加工硬化行为一般也会减弱,导致材料在高温压痕过程中的 pile-up 现象更加显著(Tikhonovsky et al., 2004; Adams et al., 1997; Sellars, 1978)。修正 pile-up 现象的方法主要是通过对残余压痕进行显微观测,以确定真实的接触面积来代替 Oliver-Pharr 方法估算的接触面积。显微观测装置主要包括扫描电子显微镜(SEM)、原子力显微镜(AFM)、扫描探针显微镜(SPM)等。上述显微观测装置对测试环境要求较高,因此在高温环境下的应用受到限制。综上所述,目前还缺乏适用于高温压痕 pile-up 现象的修正方法。本书提出仅从载荷-位移曲线确定压痕 pile-up 量值范围的表征方法,进而对接触面积、模量和硬度进行估计和修正。

1. 表征方法的建立

由于研究所涉及的温度范围远小于材料熔点,可以忽略材料蠕变的影响。根据高温压痕试验得到的载荷-位移曲线,不考虑 pile-up 现象,利用 Oliver-Pharr 方法,可以将接触深度 $h_{c\,O\text{-}P}$ 表示为

$$h_{c\,O\text{-}P}(T) = h_{\max}(T) - \delta\frac{P_{\max}(T)}{S(T)} \tag{6.1}$$

式中,T 是温度;$h_{\max}$ 和 $P_{\max}$ 分别为最大压入深度和最大压入载荷;δ 为常数(对于玻氏压头,δ 取 0.75);S 为由卸载初始段计算得到的接触刚度。

当考虑 pile-up 现象时,可以给出修正接触构型,如图 6.2 所示。

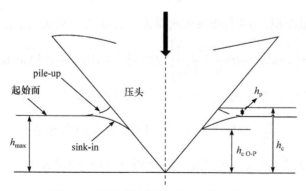

图 6.2　高温压痕试验中修正的接触构型

由图 6.2 可知,真实的接触深度 h_c 可以表示为

$$h_c(T) = h_{\max}(T) + h_p(T) \tag{6.2}$$

式中，h_p 是弹塑性相关的高度。当 $h_p>0$ 时，表示 pile-up 的高度；当 $h_p<0$ 时，表示凹陷(sink-in)的高度。

利用量纲分析，真实的接触深度 h_c 可以进一步表示为

$$h_c(T) = \Pi_\alpha \left(\frac{\sigma_y(T)}{E(T)}, n(T), \nu(T), \theta \right) h_{\max}(T) \tag{6.3}$$

式中，Π_α 是无量纲的函数；σ_y 是材料的屈服应力；E 是材料的弹性模量；n 是材料的幂硬化指数；ν 为泊松比。研究发现，材料在高温环境下会发生重结晶现象，可以消除或平衡加工硬化作用。当温度高于重结晶温度时，材料的加工硬化效应趋于消失(Sellars, 1978)。因此，在本书中，n 取值为 0。此外，研究还发现泊松比对接触构型的影响较小，本书中取值为 0.3(Bolshakov and Pharr, 1998)。由于半锥角 θ 为 70.3°的圆锥压头与玻氏压头具有相同的投影面积，分析过程中被用来代替理想的玻氏压头。

此外，Oliver-Pharr 方法还给出了弹性模量和屈服强度的表达形式，如下所示：

$$E(T) = \frac{1-\nu^2(T)}{\dfrac{1}{E_r(T)} - \dfrac{1-\nu_i^2(T)}{E_i(T)}} \tag{6.4}$$

$$E_r(T) = \frac{\sqrt{\pi} S(T)}{2\beta \sqrt{A(T)}} \tag{6.5}$$

$$\sigma_y(T) = \frac{H(T)}{C(T)} = \frac{P_{\max}(T)}{A(T)C(T)} \tag{6.6}$$

式中，A 为接触面积；β 为与压头形式相关的常数(对于玻氏压头，取值为 1.034)；$C(T) = \dfrac{2}{3}\left[1 + \ln\left(\tan(90°-\theta)\dfrac{E(T)}{3\sigma_y(T)} \right) \right]$ 为限制系数(Evans and Goetze, 1979)；E_i 为压头的弹性模量；ν_i 为压头的泊松比；E_r 为压入折减模量。对于大部分材料来说，$\dfrac{1-\nu_i^2(T)}{E_i(T)}$ 远小于 $\dfrac{1}{E_r(T)}$，压头对于模量计算的影响可以忽略不计。

根据修正的接触构型，真实的接触面积可以进一步表示为

$$A(T) = \alpha h_c^2(T) \tag{6.7}$$

式中，α 为常数(对于玻氏压头，取值为 24.5)。

消去接触面积 A，式(6.5)、式(6.6)和式(6.7)可以合并为

$$\frac{P_{\max}(T)}{S(T)h_{\max}(T)}=\frac{\sqrt{\pi\alpha}\left(1-v^2\right)C(T)}{2\beta}\frac{\sigma_y(T)}{E(T)}\frac{h_c(T)}{h_{\max}(T)} \tag{6.8}$$

式中，$P_{\max}/(Sh_{\max})$ 为无量纲数。与此同时，我们定义温度相关的系数：

$$Q(T)=\frac{\sqrt{\pi\alpha}\left(1-v^2\right)C(T)}{2\beta}\frac{\sigma_y(T)}{E(T)}=\frac{\dfrac{P_{\max}(T)}{S(T)h_{\max}(T)}}{\dfrac{h_c(T)}{h_{\max}(T)}} \tag{6.9}$$

根据式(6.2)，温度相关的系数可以进一步表示为

$$Q(T)=\frac{\dfrac{P_{\max}(T)}{S(T)h_{\max}(T)}}{1+\dfrac{h_p(T)}{h_{\max}(T)}} \tag{6.10}$$

将式(6.8)代入到式(6.3)，真实的接触深度可以表示为

$$\frac{h_c(T)}{h_{\max}(T)}=\Pi_\beta\left(\frac{P_{\max}(T)}{S(T)h_{\max}(T)}\right) \tag{6.11}$$

式中，Π_β 是无量纲的函数。

根据上面的讨论可知，高温压痕试验中的真实接触面积可以仅仅根据载荷-位移曲线，利用无量纲的函数来确定。因此，压痕尺寸的显微测量可以省略或简化。值得注意的是，无量纲函数是温度相关的。

为了确定无量纲函数，利用 ABAQUS 有限元软件建立了轴对称二维有限元模型来模拟弹塑性材料的压痕响应。假定压头与材料表面为理想无摩擦接触，压头上部施加向下的位移，使其压入到材料内部来模拟压痕过程。高温环境下材料的加工硬化现象会减弱甚至消失，因此，数值模拟过程中材料的本构模型采用理想弹塑性模型(单轴应力应变关系为：当 $\varepsilon<\varepsilon_y$ 时，$\sigma=E\varepsilon$；当 $\varepsilon>\varepsilon_y$ 时，$\sigma=\sigma_y$，式中ε_y 为屈服应变)。从 ABAQUS 软件输出文件中可以提取得到压头在压入方向上的支反力和位移，绘制得到压痕载荷-位移曲线。与此同时，真实的接触深度可以通过有限元变形结果测量得到。

众所周知，材料的模量和硬度一般都与温度相关。大部分材料的模量和硬度都会随着温度的升高而出现减小的趋势。由上述分析可知，无量纲数 $P_{\max}/(Sh_{\max})$ 与材料模量/屈服强度的比值 $\sigma_y(T)/E(T)$ 有关。因此，通过分别改变模量和屈服

强度值，开展了一系列不同 $\sigma_y(T)/E(T)$ 对应的有限元计算来确定无量纲函数 Π_β。从计算结果中提取得到了无量纲数 $P_{max}/(Sh_{max})$ 与真实接触深度的关系，如图 6.3 和图 6.4 所示。

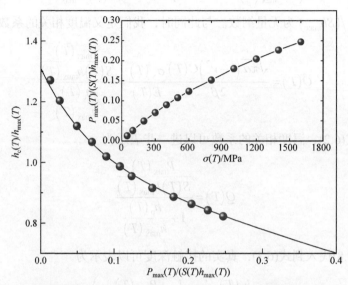

图 6.3　不同屈服应力对应的无量纲数 $P_{max}/(Sh_{max})$ 与真实接触深度 h_c/h_{max} 的关系

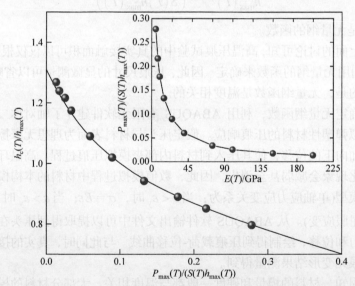

图 6.4　不同弹性模量对应的无量纲数 $P_{max}/(Sh_{max})$ 与真实接触深度 h_c/h_{max} 的关系

从图中可以看出，与真实接触深度相关的无量纲数 h_c/h_{max} 随着 $P_{max}/(Sh_{max})$ 的增大而逐渐减小。对计算结果进行了函数拟合，得到的具体函数表达如下：

$$\frac{h_{c}(T)}{h_{\max}(T)} = 0.31\exp\left(-14\frac{P_{\max}(T)}{S(T)h_{\max}(T)}\right) + 1 - \delta\frac{P_{\max}(T)}{S(T)h_{\max}(T)} \tag{6.12}$$

相应地，无量纲函数 Π_{β} 可通过式(6.12)确定。图 6.3 和图 6.4 中的插图分别给出了屈服强度和弹性模量变化时 $P_{\max}/(Sh_{\max})$ 的变化趋势。对于理想弹性材料，屈服强度趋近于无穷大，或者模量趋近于无穷小，即 $\sigma_{y}(T)/E(T)$ 的值趋近于无穷大，此时材料不会出现 pile-up 现象，真实接触深度与 Oliver-Pharr 方法提取得到的接触深度近似相等。然而，对于理想塑性材料，屈服强度趋近于无穷小，或者模量趋近于无穷大，即 $\sigma_{y}(T)/E(T)$ 的值趋近于无穷小，此时材料会表现出明显的 pile-up 现象并且几乎不发生弹性回复。由式(6.12)计算可知，接触深度的比值 $h_{c}(T)/h_{c\,O\text{-}P}(T)$ 近似为 1.31，接触面积的比值 $A_{\mathrm{real}}(T)/A_{O\text{-}P}(T)$ 近似为 1.72，这与文献(Lockett, 1963)中报道的数值基本一致。

图 6.5 给出了最大压入深度对无量纲数 $P_{\max}/(Sh_{\max})$ 的影响。从图中可以看出，当 $\sigma_{y}(T)/E(T)$ 为常数时，无量纲数基本不随着最大压入深度的变化而变化。此外，真实接触深度会随着最大压入深度呈线性变化。

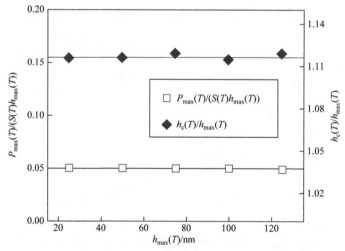

图 6.5　最大压入深度 $h_{\max}$ 与无量纲数 $P_{\max}/(Sh_{\max})$ 的关系示意图

综上所述，尽管不同温度下材料的屈服强度和模量会发生变化，但其真实接触深度可以根据式(6.12)来确定，并且式(6.12)中的无量纲数可以仅通过载荷-位移曲线来确定。因此，压痕尺寸的显微观测可以被省略或简化，从而更加突出了压痕测试的优势。

2. 高温压痕 pile-up 现象的温度相关性研究

由于 pile-up 现象会随着温度的升高而出现或变得更加明显，开展高温环境下的压痕 pile-up 现象研究是十分有意义的。根据式(6.12)，不同温度下的真实接触深度值可以确定。将式(6.10)代入到式(6.12)中，弹塑性压入深度可以表示为

$$\frac{h_{\mathrm{p}}(T)}{h_{\max}(T)}=0.31\exp\left[-14Q(T)\left(1+\frac{h_{\mathrm{p}}(T)}{h_{\max}(T)}\right)\right]-\delta Q(T)\left(1+\frac{h_{\mathrm{p}}(T)}{h_{\max}(T)}\right) \quad (6.13)$$

此外，根据压痕试验中 pile-up 现象的定义，当真实接触深度($h_{\mathrm{c}}(T)$)大于最大压入深度($h_{\max}(T)$)时，有理由认为材料出现了明显的 pile-up 现象。根据式(6.2)，可以得到以下表达式：

$$\frac{h_{\mathrm{p}}(T)}{h_{\max}(T)}>0 \quad (6.14)$$

根据式(6.13)和式(6.14)，可以得到不同温度相关系数($Q(T)$)对应的弹塑性压入深度，如图 6.6 所示。根据式(6.13)绘制得到的曲线代表着 pile-up 现象出现时的上限值，对应着理想弹塑性材料。曲线以下的区域表示不同温度相关系数下弹塑性材料的接触构型。材料的接触构型可以被分成区域Ⅰ和区域Ⅱ，区域Ⅰ的接触构型代表着材料会出现 pile-up 现象，而区域Ⅱ的接触构型代表着材料会出现 sink-in 现象。

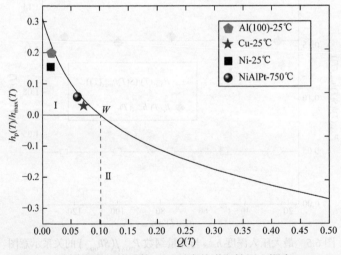

图 6.6　不同温度相关系数 $Q(T)$对应的弹塑性压入深度 $h_{\mathrm{p}}/h_{\max}$

此外，将文献(Rathinam et al., 2009; Steinmetz et al., 2008; Srivastava, 2007)中的压痕试验结果也绘制在图 6.6 中，可以发现，室温下铜、铝、镍以及 750℃下镍基高温合金在压痕试验中均出现了 pile-up 现象，并且对应的弹塑性压入深度也都处于区域Ⅰ内。

从图中还可以发现，pile-up 现象会随着$Q(T)$的增大而趋于消失，这是由于

$Q(T)$ 与 $\sigma_y(T)/E(T)$ 成正比，随着 $Q(T)$ 的增大，$\sigma_y(T)/E(T)$ 逐渐变大，材料行为更接近理想弹性，pile-up 现象出现的概率明显减小。区域 I 和区域 II 临界点处对应的 $Q(T)$ 值为 0.101，当 $Q(T)$ 的值小于 0.101 时，材料出现 pile-up 现象或者 sink-in 现象；而当 $Q(T)$ 的值大于 0.101 时，材料只会出现 sink-in 现象而不会出现 pile-up 现象。因此 $Q(T)=0.101$ 可以被用来当作衡量高温压痕试验中 pile-up 现象是否发生的判据。

3. 高温下热障涂层 pile-up 现象的研究

众所周知，热障涂层是典型的多层结构，它包含具有隔热功能的多孔陶瓷外层(如氧化钇稳定氧化锆(YSZ))、富含铝元素的黏结层(NiAlPt)以及高温合金基底。上述材料的高温力学行为会对热障涂层的热力学特性和失效破坏行为产生重要影响。为此，选取 YSZ 和 NiAlPt 材料来研究不同温度下热障涂层的压痕 pile-up 现象。不同温度下 YSZ 和 NiAlPt 的材料参数如表 6.1 所示(Steinmetz et al., 2008; Tikhonovsky et al., 2004; Adams et al., 1997)。

表 6.1　不同温度下 YSZ 和 NiAlPt 的材料参数

材料参数		T/K								
		298	373	473	573	673	773	873	973	1073
NiAlPt	$E(T)$/GPa	138.1	132.6	125.1	117.7	110.3	102.9	95.4	88.0	80.6
	$\sigma_y(T)$/MPa	614.5	574	520	466	412	358	304	250	196
YSZ	$E(T)$/GPa	220.7	218.6	211.0	190.8	179.0	177.8	178.5	178.8	179.3
	$\sigma_y(T)$/MPa	3184	3092	2920.9	2363	1900.2	1384.6	969.0	873.4	735.6

根据式(6.9)和式(6.13)，可以得到不同温度下 YSZ 和 NiAlPt 对应的温度相关系数和弹塑性压入深度，如图 6.7 所示。对于 NiAlPt 材料，当温度低于重结晶温度 $(T_{\text{re-NiAlPt}})$ 时，加工硬化效应对 pile-up 现象起到一定的抑制作用，当温度高于重结晶温度时，材料可以被认为是理想弹塑性材料，pile-up 现象变得较为明显。对于 YSZ 材料，在低温下几乎不出现 pile-up 现象；随着温度的升高，材料出现塑性行为，pile-up 现象随之出现。从图中我们还可以发现，在低温下 NiAlPt 相较于 YSZ 更容易出现 pile-up 现象，这是由于 NiAlPt 的温度相关系数值在相同温度下一般要大于 YSZ 的值(即低温下 NiAlPt 的塑性要比 YSZ 强)。然而，随着温度的升高，YSZ 的 pile-up 现象变得比 NiAlPt 更为明显。

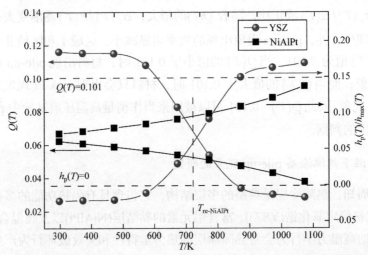

图 6.7　不同温度 T 下 YSZ 和 NiAlPt 对应的温度相关系数 $Q(T)$ 和弹塑性压入深度 h_p/h_{max}

　　由上述讨论可知，随着温度的升高，由于 pile-up 现象的增强，Oliver-Pharr 方法得到的接触面积的误差逐渐增大。考虑 pile-up 现象，Oliver-Pharr 方法中的接触面积估计方法应该由式(6.7)和式(6.12)代替，进而可以分析得到材料的硬度和模量等数值。

　　图 6.8 给出了 pile-up 现象修正前后分析得到的 YSZ 和 NiAlPt 模量值。从图中可以发现，利用 Oliver-Pharr 方法分析得到的模量值误差随着温度的升高而变大。完成 pile-up 现象和接触面积修正后，分析得到的模量值更加接近真实值，误差也在可接受的范围之内。因此，考虑 pile-up 现象的压痕表征方法相较于传统的 Oliver-Pharr 方法更加适合于高温压痕测试。

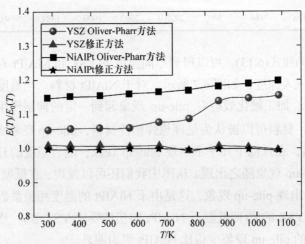

图 6.8　不同温度下 pile-up 现象修正前后分析得到的 YSZ 和 NiAlPt 模量值 E/E_0

6.1.2　高温材料氧化层性能压痕测试与表征

1. 表征方法的建立

非氧化物高温材料在高温有氧环境下服役后，会发生氧化现象，在其表面生成氧化层。氧化层的厚度一般较小，并且附着在基底上，因此利用块体材料的压痕表征方法来处理氧化层的压痕试验数据，得到的结果误差会明显增大。为了精确分析氧化层的压痕响应和得到氧化层的本征力学性能，需要采用层状材料的压痕表征方法来消除基底对氧化层压痕变形的影响。许多学者已经提出了相关模型，通过分析压痕试验得到的薄层/基底复合参数，得到了薄层的本征参数(Hay and Crawford, 2011; Menčík et al., 1997; Bec et al., 1996; Gao et al., 1992; Doerner and Nix, 1986)。上述模型适用的前提条件是需要预先给出薄层的厚度和基体的性能。然而，对于高温氧化生成的薄层/基体系统，很难利用无损的测试方法来实时原位得到薄层的厚度和基体的性能。本书在前人模型的基础上，提出新的压痕表征方法来分析氧化层的力学行为和性能。值得注意的是，该方法不需要提前知道薄层的厚度和基体的性能，可以实时原位无损地得到氧化层的性能。下面对压痕表征方法进行详细介绍。

首先，在薄层/基底系统的薄层表面开展压痕试验，得到载荷-位移曲线，根据 Oliver-Pharr 方法，可以得到压入折减模量 E_r 的表达形式如式(6.5)所示。

对于薄层/基底系统，薄层的压痕响应会受到基底的影响，不同压入深度下，压入折减模量不再是一个常数。Doerner-Nix 模型(Doerner and Nix, 1986)给出了一种薄层/基底系统压入折减模量的表达形式：

$$E_r\left(T\right) = \cfrac{1}{\left(\cfrac{1-\nu_s^2\left(T\right)}{E_s\left(T\right)} - \cfrac{1-\nu_f^2\left(T\right)}{E_f\left(T\right)}\right)\mathrm{e}^{-\frac{\alpha t(T)}{a(T)}} + \cfrac{1-\nu_f^2\left(T\right)}{E_f\left(T\right)} + \cfrac{1-\nu_i^2\left(T\right)}{E_i\left(T\right)}} \tag{6.15}$$

式中，E_s、E_f 和 E_i 分别为基底、薄层和压头的弹性模量；ν_s、ν_f 和 ν_i 分别为基底、薄层和压头的泊松比；t 是薄层的厚度；a 是有效接触面积；α 是经验常数。

对于锥形压头，压头与试样接触区域的投影面积 A 可以表示为

$$A\left(T\right) = \pi a^2\left(T\right) = \delta h_c^2\left(T\right) \tag{6.16}$$

式中，δ 是与压头形状相关的常数(对于玻氏压头，δ=24.5)；h_c 是压入接触深度。

将式(6.16)代入到式(6.15)中，压入折减模量可以表达为

$$\frac{1}{E_{\mathrm{r}}(T)}=\left(\frac{1-\nu_{\mathrm{s}}^{2}(T)}{E_{\mathrm{s}}(T)}-\frac{1-\nu_{\mathrm{f}}^{2}(T)}{E_{\mathrm{f}}(T)}\right)\mathrm{e}^{-\frac{\alpha\sqrt{\pi t(T)}}{\sqrt{\delta}h_{\mathrm{c}}(T)}}+\frac{1-\nu_{\mathrm{f}}^{2}(T)}{E_{\mathrm{f}}(T)}+\frac{1-\nu_{\mathrm{i}}^{2}(T)}{E_{\mathrm{i}}(T)} \tag{6.17}$$

从式(6.17)可知，压入折减模量不仅与薄层和基底的性能相关，还与压入接触深度相关。

此外，压入接触深度 h_{c} 可以表示为

$$h_{\mathrm{c}}(T)=h_{\max}(T)-\varepsilon\frac{P_{\max}(T)}{S(T)} \tag{6.18}$$

式中，$h_{\max}$ 和 $P_{\max}$ 分别为最大压入深度和最大压入载荷；ε 是与压头形状相关的常数(对于玻氏压头，ε=0.75)。

因此，为了得到薄层和基底的性能，可以在薄层/基底系统的薄层表面开展一系列不同最大压入深度的压痕试验，得到压入折减模量与压入接触深度的关系，利用指数函数拟合，根据拟合参数，即可得到薄层和基底的模量以及薄层的厚度。上述表征方法采用逆向思想，不需要预先知道氧化层的厚度和基底的性能，可以在高温服役环境下实时原位无损地测试得到氧化层和基底的模量以及氧化层的厚度。

2. 高温材料氧化层压痕试验及表征方法验证

1) 氧化实验

为了验证上述表征方法的可行性和准确性，碳化硅材料被用来开展相关的验证试验。采用热压工艺制备碳化硅试样，采用的碳化硅粉体主要是 α-SiC(纯度为99.9%，粒径是 1μm)。将热压成形的碳化硅坯料加工成尺寸为 10mm×10mm×5mm(长×宽×高)的长方体试样。氧化实验前，利用砂纸打磨试样表面和超声清洗机清洗试样，而后在大气氛围的马弗炉内进行氧化实验，氧化温度为1500℃，保温氧化 20h。为了减小热震对材料性能的影响，试样以 5℃/min 的升温速率缓慢加热到 1500℃，保温氧化一段时间后，在炉内自然冷却到室温。为了增大试样表面与空气的接触面积，试样被放置在氧化铝的圆环上。氧化实验后，一部分氧化试样埋嵌入环氧树脂内，利用金刚石线切割机切割成两部分，切割面利用金刚石砂纸进行磨抛，以便后续在扫描电子显微镜下测量氧化层的厚度。其中，环氧树脂的主要作用是减小处理过程对氧化层的损伤破坏。另一部分氧化试样则用作后续的压痕测试。

2) 氧化层压痕测试

首先，利用作者团队自主设计研发的装配有玻氏金刚石压头的高温压痕仪器

在碳化硅氧化层表面开展了一系列不同压入深度的压痕试验。压痕过程采用位移控制加载，位移加载速率设定为 0.1μm/s，最大压入深度分别为 0.9μm、1.8μm、3.6μm、5.4μm、7.2μm。每个压入深度至少得到 5 组载荷-位移数据，以方便计算数据的平均值。

压痕试验中得到了不同压入深度对应的典型载荷-位移曲线，如图 6.9 所示。从图中可以看出，最大压入载荷随着最大压入深度的增加而逐渐增加。当最大压入深度为 0.9μm 的时候，压入深度小于氧化层厚度(10.90μm±0.65μm)的十分之一，在这种情况下，可以忽略基底的影响，将测试得到的模量当作是氧化层的本征模量(Oliver and Pharr, 1992)。因此氧化层的模量可以确定为 86.19GPa±10.86GPa。众所周知，当碳化硅在 1100℃以上的高温氧化环境中会氧化生成二氧化硅和二氧化碳。二氧化碳作为气体，会在氧化过程中挥发，而二氧化硅液体相则会覆盖在碳化硅基底的表面，形成氧化层(Hu et al., 2009)。查阅文献可知，二氧化硅的参考模量为 76.6GPa±7.2GPa(Ni et al., 2006)。因此本书测量得到的二氧化硅模量值与参考值相近。

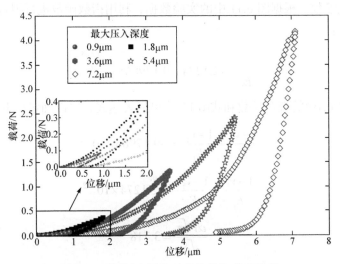

图 6.9　不同压入深度对应的载荷-位移曲线

根据式(6.18)可以得到接触深度和最大压入深度的关系，如图 6.10 所示。此外，根据 Oliver-Pharr 方法，可以得到不同压入深度对应的折减模量，也绘于图 6.10。从图中可以看出，折减模量随着最大压入深度的增大而逐渐增大，这是由于随着压入深度的增加，基底对氧化层压痕响应的影响逐渐增大，而碳化硅基底的模量要大于氧化层主要成分二氧化硅的模量。

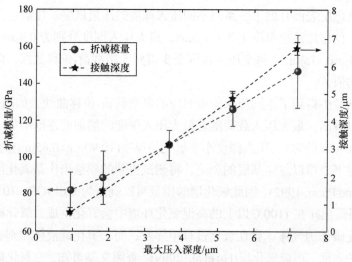

图 6.10　不同压入深度对应接触深度和折减模量

将接触深度倒数与折减模量倒数的关系绘制于图 6.11，可用于确定氧化层和基底的性能参数。根据图 6.11 中的实验数据，利用指数函数进行拟合，可以得到如下关系式：

$$\frac{1}{E_r} = 12.1274 - 9.17986 \times e^{\frac{3.718}{h_c}} \tag{6.19}$$

根据式(6.19)的拟合参数和式(6.17)给出的表达式，可以确定如下等式：

$$\frac{1-\nu_s^2}{E_s} - \frac{1-\nu_f^2}{E_f} = -9.17986 \times 10^{-12} \tag{6.20}$$

$$\frac{1-\nu_f^2}{E_f} + \frac{1-\nu_i^2}{E_i} = 12.1274 \times 10^{-12} \tag{6.21}$$

$$\frac{\alpha t \sqrt{\pi}}{\sqrt{\delta}} = 3.718 \tag{6.22}$$

根据式(6.20)～式(6.22)，经验参数 α 取为 1，氧化薄层的泊松比取为 0.17，基底的泊松比取为 0.165，可以求得氧化层和基底的模量及氧化层的厚度。其中，氧化层和基底的模量分别为 85.29GPa 和 468.9GPa，氧化层的厚度为 10.38μm。

3) 基底压痕测试

为了验证上述新表征方法得到的材料参数的准确性，在氧化试样切割面处的碳化硅基底上开展了压痕试验，来测试碳化硅基底的模量。采用载荷控制加载的方式进行压痕试验,载荷加载速率定为 0.25N/s,最大压入载荷定为 5N,保载 10s,得到了至少 5 组载荷-位移数据,以方便计算数据的平均值。

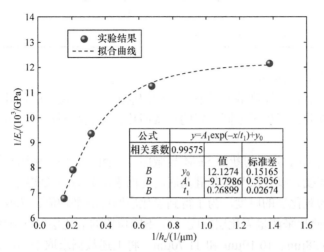

图 6.11　氧化层压痕试验中接触深度倒数与折减模量倒数关系示意图

记录压痕过程中的载荷-位移数据,可以绘制得到载荷-位移曲线,如图 6.12 所示。图中包含了 5 组试验曲线,说明了压痕试验具有良好的可重复性。基于 Oliver-Pharr 方法,可以通过分析载荷-位移曲线得到碳化硅基底的硬度和模量值,如表 6.2 所示。模量值可以确定为 436.3GPa±7.78GPa,硬度值可以确定为 28.25GPa±1.54GPa。可以将测试得到的模量值作为碳化硅基底的参考模量值,与新压痕表征方法得到的模量值进行对比。

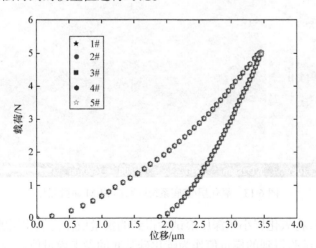

图 6.12　碳化硅基底压痕试验的载荷-位移曲线

表 6.2　压痕测试得到的碳化硅基底模量和硬度值

参数	1	2	3	4	5	平均值	标准差
模量/GPa	441.8	433.3	428.9	432.4	445.1	436.3	7.78
硬度/GPa	28.44	25.63	27.45	30.46	29.29	28.25	1.54

4) 氧化层厚度测试

为了得到氧化层厚度的参考值,利用扫描电子显微镜对碳化硅氧化试样的断面进行显微观测,得到了不同位置的显微照片,对显微照片中的氧化层厚度进行测量。

图 6.13 给出了典型的断面 SEM 显微照片。图中,环氧树脂与氧化层的界面表示为一条实线,氧化层与碳化硅基底的界面表示为另一条实线,两条实线之间的距离定义为氧化层的厚度。为了得到氧化层厚度的平均值,选取多个不同位置的 SEM 显微照片来测量氧化层厚度。5 个不同位置的氧化层厚度分别为 10.81μm、11.40μm、10.38μm、10.19μm 和 11.70μm。将上述数据求取平均值,可以确定氧化层的厚度为 10.90μm±0.65μm。可以将测试得到的厚度值作为氧化层的参考厚度值,与新压痕表征方法得到的厚度值进行对比。

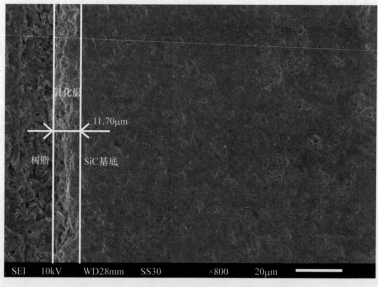

图 6.13　氧化层/基底系统的断面 SEM 显微照片

综上所述,将氧化层小压深压痕试验得到的模量值作为氧化层的参考模量值,将碳化硅压痕试验得到的模量值作为碳化硅基底的参考模量值,将分析 SEM 显微照片得到的氧化层厚度作为氧化层的参考厚度值,与新压痕表征方法得到的氧化层和基底模量值以及氧化层厚度进行对比,列于表 6.3。从表中可以看出,新压痕表征方法的估计值和参考值的误差在 10%以内。因此,通过在氧化层表面开展一系列不同压入深度的压痕试验来评估氧化层和基底性能参数的方法是可信的、合理的。

表 6.3　新压痕表征方法得到的估计值和参考值的对比

参数	氧化层模量/GPa	基底模量/GPa	氧化层厚度/μm
估计值	85.29	468.9	10.38
参考值	86.19	436.7	10.90
相对误差/%	0.1	7.37	4.77

3. 高温材料氧化层压痕试验有限元分析

为了进一步验证上述压痕技术表征氧化层性能方法的正确性和普适性,利用有限元商用软件 ABAQUS,建立了二维轴对称有限元模型,来模拟氧化层的压痕试验,如图 6.14 所示。氧化层的厚度取 SEM 显微照片测量得到的厚度。为了模拟基底效应对氧化层压痕响应的影响,基底的厚度设定为氧化层厚度的 10 倍左右,取为 100μm。氧化层与基底之间设定为完美理想绑定,基底的底部采用固定约束。玻氏压头用圆锥半角为 70.3°的刚性圆锥压头代替。压头与试样之间设定为理想无摩

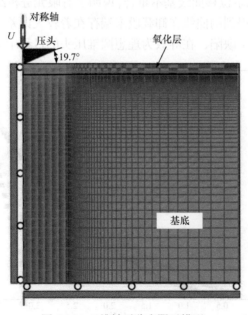

图 6.14　二维轴对称有限元模型

擦接触。通过对压头施加向下的位移，驱动其压入氧化层表面来模拟压痕过程。对建立的氧化层/基底系统有限元模型进行网格划分，并进行了收敛性分析以确保模拟结果的可靠性，最终得到了 24000 个四节点双线性轴对称四边形单元。

有限元分析过程中，氧化层采用理想弹塑性本构模型，其单轴应力应变关系为：当 $\varepsilon < \varepsilon_y$ 时，$\sigma = E\varepsilon$；当 $\varepsilon > \varepsilon_y$ 时，$\sigma = \sigma_y$，其中 ε_y 是屈服应变。基底采用理想弹性本构模型。分析中采用的材料参数可以根据上一节的实验结果确定，如表 6.4 所示。压痕载荷-位移曲线可以通过 ABAQUS 软件输出的压头在加载方向上的合力和位移来确定。

表 6.4 有限元分析过程中用到的材料参数

材料体系	组分	模量/GPa	泊松比	厚度/μm	屈服应力/GPa
软薄层/硬基底	氧化层	85	0.17	10.90	4
	基底	436	0.165	100	—
硬薄层/软基底	氧化层	85	0.17	10.90	4
	基底	40	0.165	100	—

将有限元分析得到的载荷-位移曲线与相同加载条件下实验得到的载荷-位移曲线进行对比，如图 6.15 所示。从图中可以看出，有限元分析得到的载荷-位移曲线与实验得到的载荷-位移曲线基本重合，说明了有限元分析结果的正确性。但是，有限元分析和实验得到的曲线在卸载段末端存在着较大误差，这是由于实验中采用的压头存在着加工缺陷，在等效为理想圆锥压头的过程中会产生误差。

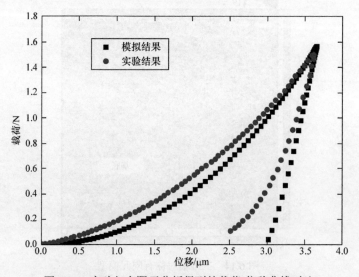

图 6.15 实验与有限元分析得到的载荷-位移曲线对比

　　薄层/基底系统根据薄层和基底刚度的大小关系，一般分为软薄层/硬基底系统和硬薄层/软基底系统。碳化硅氧化层/碳化硅基底是一种典型的软薄层/硬基底系统。为了确定上述新压痕表征方法的适用范围，同时利用有限元分析了硬薄层/软基底系统的压痕响应。分析中用到的材料常数如表 6.5 所示。通过有限元分析得到载荷-位移曲线，求得了接触深度和折减模量，并绘制得到了接触深度倒数和折减模量倒数的关系，如图 6.16 所示，同时将碳化硅氧化层的实验结果也绘制在图中。

　　从图 6.16 可以看出，软薄层/硬基底系统的有限元分析结果与碳化硅氧化层/碳化硅基底的实验结果基本吻合，说明上述压痕技术表征氧化层性能方法的正确性。正如前面分析的，基底会在氧化层压痕测试过程中对折减模量的提取产生影响。对于软薄层/硬基底系统，折减模量会随着接触深度的增大而逐渐增大，相应地，折减模量的倒数会随着接触深度的倒数增大而逐渐增大。对于硬薄层/软基底系统，折减模量会随着接触深度的增大而逐渐减小，相应地，折减模量的倒数会随着接触深度的倒数增大而逐渐减小。将根据有限元分析结果估算得到的氧化层和基底模量以及氧化层厚度与输入值进行了对比，如表 6.5 所示。

表 6.5　有限元分析过程中输入值与估算值的对比

材料体系	参数	氧化层模量/GPa	基底模量/GPa	氧化层厚度/μm
软薄层/硬基底	输入值	85	436	10.9
	估算值	85.87	457.14	10.17
	相对误差/%	1.02	4.85	6.70
硬薄层/软基底	输入值	85	40	10.9
	估算值	75.67	42.04	11.26
	相对误差/%	10.98	5.1	3.30

　　分析表 6.5 中的数据可以发现，有限元分析得到的估算值与输入值的误差在15%以内，并且硬薄层/软基底系统薄层模量的误差要比软薄层/硬基底系统的大。当压头压入到薄层/基底系统时，刚度较低部分材料的变形会在整个系统变形中占据较大比例。在软薄层/硬基底系统的压痕过程中，薄层的变形占有更大的比例，系统的压痕响应主要表现为薄层的压痕响应。此时，估计得到的薄层模量会更接近于参考输入值。然而，在硬薄层/软基底系统的压痕过程中，基底的变形占有更大的比例，薄层的压痕响应对整体压痕响应的影响较小，此时，薄层

模量估计值与参考输入值之间的误差会变大。综上所述，上述新压痕表征方法在测量薄层性能方面更适合于软薄层/硬基底系统，当应用于硬薄层/软基底系统时，误差可能会变大。

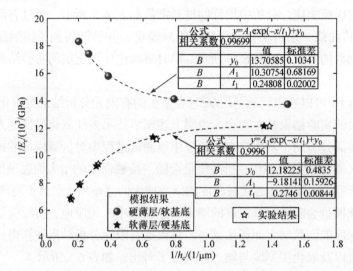

公式	$y=A_1\exp(-x/t_1)+y_0$	
相关系数	0.99699	
	值	标准差
B y_0	13.70585	0.10341
B A_1	10.30754	0.68169
B t_1	0.24808	0.02002

公式	$y=A_1\exp(-x/t_1)+y_0$	
相关系数	0.9996	
	值	标准差
B y_0	12.18225	0.4835
B A_1	-9.18141	0.15926
B t_1	0.2746	0.00844

模拟结果
● 硬薄层/软基底
★ 软薄层/硬基底
☆ 实验结果

图 6.16 软薄层/硬基底和硬薄层/软基底对应的接触深度倒数与折减模量倒数关系示意图

与此同时，图 6.17 给出了不同压入深度下氧化层/基底系统内的 von Mises 应力分布，最大压入深度分别设定为 0.9μm 和 7.2μm。在小的最大压入深度下，压痕响应主要局限在氧化层内，但在较大的最大压入深度下，压痕响应会扩展到基底。这也就解释了随着最大压入深度的增大，基底效应对薄层压痕行为影响增大的原因。

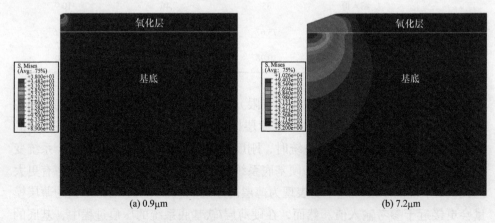

(a) 0.9μm   (b) 7.2μm

图 6.17 不同压入深度下氧化层/基底系统内的应力分布

6.2　高温层状及涂层材料断裂性能与内部应力测试与表征

6.2.1　理论基础的介绍

压痕方法可用来测量微小尺度脆性材料的断裂参数，其基本原理是当硬质棱锥压头以较大的载荷压入试样时，会在试样表面产生裂纹，通过分析开裂情况，利用相关理论模型可以得到材料的断裂参数，如图 6.18 所示。压痕方法相较于其他测试方法，对试样尺寸和形状几乎没有要求，仅需试样具有局部平整光滑的平面，十分适合于高温层状及涂层材料断裂行为的研究。

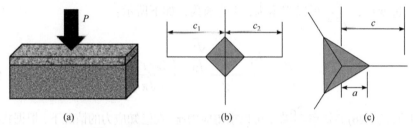

图 6.18　压痕方法测量材料断裂韧性原理示意图

当棱锥压头压入材料时，材料一般首先会发生弹塑性变形，然后发生断裂。根据断裂破坏准则，一旦应力强度因子 K_I 大于断裂韧性 K_{IC}，材料即会进入断裂状态，裂纹开始萌生和扩展。当处于无应力状态时，材料裂纹尖端临界应力强度因子(即断裂韧性)可以表示为

$$K_{IC} = \delta \left(\frac{E}{H} \right)^{1/2} \frac{P}{c^{3/2}} \tag{6.23}$$

式中，δ 为仅与压头几何形状相关的无量纲系数(对于维氏压头，$\delta=0.016$；对于立方角压头，$\delta=0.036$)；E 和 H 分别是材料的弹性模量和硬度；P 是压痕的最大载荷；c 是压痕裂纹的平均长度，$c = \dfrac{c_1 + c_1 + \cdots + c_n}{n}$。

研究表明，内部应力会影响材料的断裂行为。如果材料内部存在应力，压痕断裂试验的结果会有所不同。Lawn 和 Fuller(1984)沿着压入方向将内部应力分布区域分割成多条窄带，并假设每一个窄带内的应力相同，通过分析，提出了一个解析模型来描述内部应力对压痕裂纹尖端应力强度因子的影响。解析模型具体表示如下：

$$K_r = \psi \sigma_r \sqrt{t} \left(2 - \sqrt{\frac{t}{c}} \right) \tag{6.24}$$

式中，σ_r 是沿着压入方向某一窄带内均匀分布的应力；t 是应力均匀分布的窄带的高度；$\psi = \dfrac{2}{\sqrt{\pi}}$ 是几何常数。

利用叠加原理，将无内部应力的裂纹尖端临界应力强度因子和存在内部应力的裂纹尖端应力强度因子进行叠加，即可得到整体的裂纹尖端临界应力强度因子：

$$K_{IC} = \chi \frac{P}{c^{3/2}} + 4\sigma_r \frac{\sqrt{t}}{\sqrt{\pi}} - \frac{2\sigma_r t}{\sqrt{\pi c}} \tag{6.25}$$

式中，$\chi = \delta \left(\dfrac{E}{H} \right)^{1/2}$。

经过变换，$\dfrac{P}{c^{3/2}}$ 可以表示为 $c^{-\frac{1}{2}}$ 的函数，如下所示：

$$\frac{P}{c^{3/2}} = \frac{K_{IC} - 4\sigma_r \dfrac{\sqrt{t}}{\sqrt{\pi}}}{\chi} + \left(\frac{2\sigma_r t}{\chi \sqrt{\pi}} \right) c^{-\frac{1}{2}} \tag{6.26}$$

根据式(6.26)的斜率 $\dfrac{2\sigma_r t}{\chi\sqrt{\pi}}$，可以求得应力 σ_r。在已知应力的情况下，根据式(6.26)的截距，可以求得材料的断裂韧性。

综上所述，在试样表面上开展一系列不同压入载荷的压痕断裂试验，测量得到相应载荷对应的压痕裂纹长度，绘制 $\dfrac{P}{c^{3/2}}$ 与 $c^{-\frac{1}{2}}$ 的线性关系，利用线性拟合，即可得到应力和断裂韧性的数值(Mao et al., 2012)。

6.2.2　超高温陶瓷材料氧化层内部应力测试与表征

实际工程应用中的结构陶瓷材料一般为异形件，大多通过机械加工得到。机械加工过程中结构陶瓷材料会不可避免地发生损伤，出现缺陷。众所周知，结构陶瓷材料是典型的脆性材料，其力学响应对缺陷特别敏感。因此，机械加工会影响结构陶瓷材料的力学性能，甚至造成材料的失效破坏。如何降低机械加工对材料造成的损伤是结构陶瓷材料应用过程的重要问题。研究表明，有多种方法可以降低机械加工过程中材料的损伤，其中，预氧化是最有效的方法，特别是适用于非氧化物陶瓷(Rueanngoen et al., 2014; Chen et al., 2013)。预氧化会在非氧化物陶瓷材料的表面形成氧化层，氧化层可以弥合裂纹和孔洞，减少微缺陷的数量，从而提高材料的整体性能。哈尔滨工业大学的张幸红等(Zhang et al., 2008)研究了 ZrB_2-20%SiC_w 陶瓷的预氧化和裂纹自弥合行为，发现预氧化可以提高材料的弯曲性能，这是由于氧化生成的玻璃态物质可以弥合裂纹和孔洞，阻止氧气的扩散和传输。从力学角度来看，预氧化会引起材料内部的应力演化，应力状态变化会对材料的力学行为产生重要影响。然而，预氧化对材料内部应力状态的影响机理还不清楚。本节研究 ZrB_2-30%SiC 陶瓷材料的预氧化行为，利用纳米压痕和维氏压痕方法分析预氧化后材料内部的应力演变规律，给出预氧化提高材料弯曲强度的力学机理解释，并确定材料最优的预氧化温度。

1. 超高温陶瓷材料氧化层压痕测试

选取 ZrB_2-30%SiC 超高温陶瓷材料作为研究对象。ZrB_2 粉体和 SiC 粉体利用球磨混合，干燥后放入到模具中进行热压烧结。烧结温度设定为 1950℃，烧结时间设定为 60min，烧结压力设定为 30MPa。利用线切割工艺将烧结得到的陶瓷块体切割成尺寸为 36mm×4mm×3mm(长×宽×高)的长条试样，然后打磨抛光长条试样直至表面呈镜面，用于后续的氧化和三点弯曲测试。

氧化实验是在马弗炉内开展的，试样分别在 800℃、900℃、1000℃、1100℃和 1200℃温度下，保温氧化 10min。为了减小热震对材料性能的影响，马弗炉以 5℃/min 的升温速率缓慢升高到氧化温度，然后自然冷却到室温。将试样放置在氧化铝的圆环上，以增大试样与空气的接触面积，以使试样尽可能发生氧化。每一种氧化条件下，至少氧化六个陶瓷长条试样，用于后续的测试。

根据上一节的分析可知，利用压痕断裂试验测试应力时，需要预先知道材料的模量和硬度。因此，在压痕断裂试验前，需要测试得到不同温度预氧化后氧化层的模量和硬度。由于压痕在表征薄层材料力学性能方面有着巨大的优势，纳米压痕技术被用来测量氧化层的模量和硬度。利用装配有玻氏金刚石压头的商用纳米压痕仪(TI-900)开展纳米压痕试验，采用载荷控制的加载方式，最大压入载荷设定为 10mN，载荷加载速率设定为 0.91mN/s。

首先测试得到了不同温度预氧化后陶瓷试样氧化层的纳米压痕载荷-位移曲线。根据 Oliver-Pharr 方法，通过分析载荷-位移曲线，可以得到氧化层的模量和硬度数值。试样在 800℃、900℃、1000℃、1100℃和 1200℃预氧化后，氧化层模量分别为 64.65GPa、30.61GPa、77.54GPa、91.22GPa 和 59.17GPa，硬度分别为 0.61GPa、0.40GPa、1.34GPa、5.17GPa 和 7.11GPa。图 6.19 给出了陶瓷试样氧化层硬度和模量随预氧化温度的变化关系。从图中可以看出，在 800～900℃，氧化层的模量和硬度均随着预氧化温度的升高而逐渐减小；在 900～1100℃，氧化层的模量和硬度则随着预氧化温度的升高而逐渐增大；在 1100～1200℃，氧化层的硬度随着预氧化温度的升高而减小，氧化层的模量则随着预氧化温度的升高而增大。模量和硬度随预氧化温度的变化可能是氧化层厚度变化和硼氧化物挥发共同作用的结果。

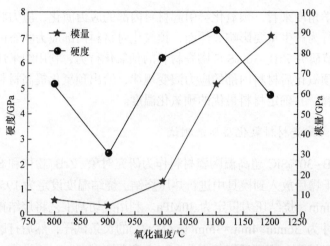

图 6.19　不同温度预氧化后 ZrB$_2$-SiC 试样氧化层模量和硬度

　　为了测试得到预氧化后陶瓷材料内部的应力状态,利用维氏硬度计(HVS-50)针对预氧化后的陶瓷材料氧化层表面开展维氏压痕断裂试验。试验中,需要合理地选择压入载荷,以确保材料表面在压头压入过程中出现裂纹。经过前期的实验验证,压入载荷分别设定为 196N、294N 和 490N,其中,多个压入载荷的选取是为了得到式(6.26)所示的线性关系。压痕断裂试验完成后,利用扫描电子显微镜对试样表面的残余压痕进行观测,得到了 SEM 照片,如图 6.20 所示。从图中可以看出,压痕作用在氧化层表面产生了裂纹,裂纹从维氏压痕四边形投影的四个顶点处萌生并扩展。同时,根据 SEM 照片上的标度尺,可以测量得到裂纹长度,如表 6.6 所示。

表 6.6　不同压入载荷下不同氧化温度预氧化后氧化层的裂纹长度

氧化温度/℃	P/N	c_1/μm	c_2/μm	$c = (c_1 + c_2)/2$ /μm
	196	186.4	196.0	191.2
800	294	263.6	208.6	236.1
	490	292.4	340.4	316.4
900	196	188.1	117.0	152.5
	490	261.2	280.6	270.9
1000	196	219.6	149.4	184.5
	294	256.2	304.0	280.1
1100	196	263.8	250.8	257.3
	294	394.6	416.9	405.8
1200	294	220.2	220.2	220.2
	490	336.2	343.8	340.0

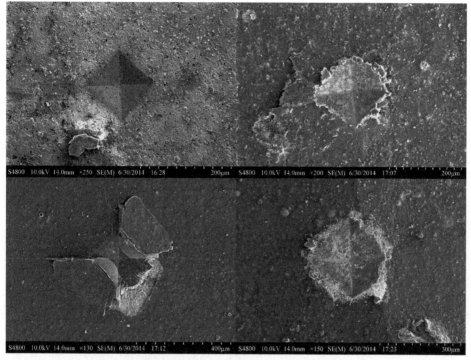

图 6.20　不同温度预氧化后陶瓷试样表面压痕 SEM 照片

2. 超高温陶瓷材料氧化层残余应力的表征与分析

根据压痕断裂试验中不同载荷对应的氧化层压痕裂纹长度，可以得到不同预氧化温度对应的 $\dfrac{P}{c^{3/2}}$ 与 $c^{-\frac{1}{2}}$ 关系，如图 6.21 所示。对同一预氧化温度下的数据进行线性拟合，得到相应的斜率值。由于上述线性关系的斜率值为 $\dfrac{2\sigma_{r}t}{\chi\sqrt{\pi}}$，如果知道氧化层的厚度即可求出氧化层内的应力。同时利用扫描电子显微镜对氧化层的厚度进行测量，得到不同预氧化温度对应的氧化层厚度值。试样在 800℃、900℃、1000℃、1100℃和 1200℃预氧化后，氧化层的厚度分别为 3μm、8μm、13μm、19μm 和 24μm。

基于上面的实验结果，进行数据分析，可以得到 800～1200℃预氧化后陶瓷试样氧化层内部的应力，如图 6.22 所示。从图中可以看出，预氧化处理会对氧化层内的应力演化产生重要影响。在图中，当应力为正值时，代表氧化层内存在拉应力；当应力为负值时，代表氧化层内存在压应力。可以明确地看到，当预氧化温度为 800℃和 900℃时，氧化层内的应力为压应力；当预氧化温度为 1000℃、

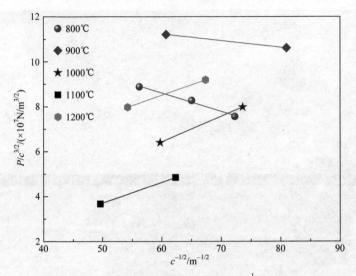

图 6.21　不同预氧化温度对应的 $\dfrac{P}{c^{3/2}}$ 与 $c^{\frac{1}{2}}$ 关系示意图

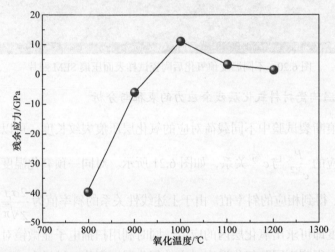

图 6.22　预氧化温度为 800～1200℃时陶瓷试样氧化层内的残余应力分布

1100℃和 1200℃时，氧化层内的应力为拉应力。当预氧化温度为 800℃时，氧化层内的压应力为 39.6GPa，与文献中报道的利用维氏压痕方法测试得到的陶瓷薄膜内的压应力(29GPa)相近(Atar et al., 2003)。当预氧化温度从 800℃升高到 900℃时，氧化层内压应力的数值逐渐减小。随着预氧化温度进一步升高到 1000℃后，氧化层内的应力由压应力转化为拉应力。在预氧化温度处于 1000～1200℃时，拉应力的数值随着预氧化温度的升高而逐渐降低。

　　当预氧化温度处于 1000～1200℃时，氧化层内的应力为拉应力，意味着氧化层下面的陶瓷基底内存在着压应力。众所周知,压应力可以抑制裂纹的扩展,降低材料断裂失效风险。因此,氧化层内存在拉应力,基底内存在压应力,这种应力状态可以有效提高陶瓷基底的力学性能。从图 6.22 还可以发现,当预氧化温度为 1000℃时,氧化层内存在着最大的拉应力,说明 1000℃可以被认为是 ZrB₂-SiC 陶瓷材料的最优预氧化温度。

为了验证上述分析结果的正确性,针对在同样氧化条件下氧化后的长条试样开展了三点弯曲试验,得到了不同温度预氧化前后陶瓷试样的弯曲强度,如图 6.23 所示。三点弯曲试验是利用万能试验机在室温环境下开展的,跨距设定为 30mm,加载速率设定为 0.5mm/min。

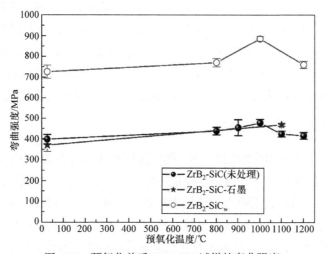

图 6.23　预氧化前后 ZrB₂-SiC 试样的弯曲强度

分析图 6.23 可以发现,未经预氧化处理的 ZrB₂-SiC 陶瓷材料的初始三点弯曲强度为 399.2MPa±2.3MPa。当预氧化温度为 800℃、900℃、1000℃、1100℃和 1200℃时,三点弯曲强度分别为 439.4MPa、455.7MPa、478.2MPa、425.5MPa 和 416.6MPa。不难发现,预氧化可以消除试样表面机械处理产生的大量微裂纹和缺陷,有效提高 ZrB₂-SiC 陶瓷材料的弯曲强度。此外,由图 6.23 可知,当预氧化温度为 1000℃时,ZrB₂-SiC 陶瓷材料具有最高的弯曲强度,相应地,最优的预氧化温度可以确定为 1000℃。这与上面通过分析不同温度预氧化后氧化层内应力演化得到的最优预氧化温度一致。前面的研究仅将强度的提高归因于表面玻璃态氧化物对裂纹的弥合作用以及对氧扩散的抑止效应。本节从力学角度给出了解释,即陶瓷材料在某一温度预氧化后,氧化层内会产生拉应力,基底内会产生压应力,压应力会抑制基底内部裂纹的扩展,从而提高陶瓷材料的力学性能。综上所述,预氧化处理不仅可以消除机械加工产生的缺陷或裂纹,还是一种抑制陶瓷裂纹扩展、提高其强度的有效方法。

6.2.3 高温环境下热障涂层断裂性能及内部应力测试与表征

热障涂层的失效破坏一般源于内部裂纹萌生、扩展和汇聚，最终表现为涂层脱落。其失效破坏行为与涂层内部的应力状态和材料的断裂性能密切相关。应力状态对裂纹演化具有重要作用，而断裂性能参数可以作为表征材料抵抗裂纹扩展的重要参数。因此，开展热障涂层内部应力状态和断裂性能评估对于建立热障涂层的失效破坏准则、分析热障涂层的失效破坏机理具有重要的意义。由于热障涂层一般在高温环境下服役，十分有必要研究高温环境下热障涂层的内部应力状态和断裂性能。但是，目前关于高温环境下热障涂层内部应力状态和断裂性能的报道较少。传统的测试方法(包括宏观力学测试、超声测试、拉曼光谱测试等)大多是常温离位测试，无法得到高温原位数据(Wang et al., 2012; Tang and Schoenung, 2006; Johnson et al., 1998)。本节利用自主设计研发的高温压痕仪器开展高温压痕断裂试验，研究热障涂层内部应力状态和断裂性能随温度的变化规律。

1. 热障涂层的高温压痕试验

选取大气等离子喷涂的纳米 YSZ 热障涂层作为研究对象，为了防止金属基底在高温环境下氧化和蠕变，将上述涂层喷涂在氧化铝陶瓷上。测试之前，将涂层表面进行磨抛，然后利用超声清洗机进行清洗。利用自主设计研发的高温压痕仪器在涂层表面开展高温压痕断裂试验。将测试试样放置在高温腔内，利用高温胶固定在试样平台上，以 20℃/min 的升温速率升高到测试温度，保温一段时间，温度恒定后开展高温压痕试验。测试温度设定为 25℃、800℃、1000℃。

压头形状影响压痕附近区域应力场的分布和强度，对压痕响应有着重要的影响。棱锥压头易在材料表面产生应力集中，诱发裂纹，因此在断裂性能测试领域有着广泛的应用。棱锥压头主要包括维氏、玻氏和立方角压头三种，其中，立方角压头的等效半锥角明显小于维氏压头和玻氏压头，容易用较低的压入载荷产生径向载荷。研究发现，立方角压头产生径向裂纹的临界载荷，比维氏和玻氏压头低 1～2 个数量级，适用于相对微小尺度试样的断裂性能测试。为了便于在高温环境下在材料表面产生裂纹，本书采用蓝宝石立方角压头。压痕过程采用载荷控制加载的方式，为了得到 $\dfrac{P}{c^{3/2}}$ 与 $c^{-\frac{1}{2}}$ 的线性关系，最大压入载荷分别设定为 80N、100N 和 120N。高温压痕断裂试验后，利用扫描电子显微镜观测试样表面的压痕，得到 SEM 照片，并测量得到压痕裂纹的长度。

值得注意的是，当利用立方角压头来开展压痕断裂试验时，分析过程中使用的材料模量和硬度应该通过玻氏压痕试验得到。本书利用自主设计研发的高温压痕仪器，装配有蓝宝石玻氏压头，进行热障涂层模量和硬度的测量。与前面的压痕断裂试验相对应，测试温度设定为 25℃、800℃、1000℃。同样采用载荷控制加载的方式，最大压入载荷设定为 3N，加卸载速率设定为 0.1N/s。为了测试得到涂层的平均性能，每个温度点至少测试得到 5 组数据。

2. 高温环境下热障涂层内部应力与断裂性能表征与分析

首先对压痕断裂试验中的载荷-位移数据进行记录，得到了不同温度下的载荷-位移曲线，如图 6.24 所示。从图中可以看出，随着温度升高，最大压入深度逐渐增大，这主要是源于材料塑性的增强。分析载荷-位移曲线的加载段可以发现，载荷-位移曲线会在某一载荷处斜率发生突变(即拐点)，该位置可能对应着压痕裂纹的扩展。

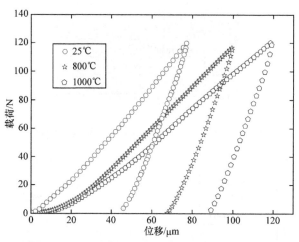

图 6.24　不同温度下高温压痕断裂试验的载荷-位移曲线

为了估算得到不同温度下热障涂层内部应力和断裂性能，利用扫描电子显微镜对测试完成后的试样表面的压痕进行显微观测，得到 SEM 图片，如图 6.25 所示。从图中可以看出，立方角压头加载完成后，产生的压痕在试样表面的投影为典型的三角形，径向裂纹从三角形三个顶点处萌生并扩展，满足利用压痕方法表征材料断裂行为的适用条件。根据 SEM 图片中的标度尺，对裂纹尖端到压痕中心点的距离进行了测量，然后对三个距离值进行平均值运算，得到每个压痕点对应的裂纹尖端到压痕中心点的平均距离 c，进而绘制得到不同温度下 $\dfrac{P}{c^{3/2}}$ 与 $c^{-\frac{1}{2}}$ 的关系示意图，如图 6.26 所示。

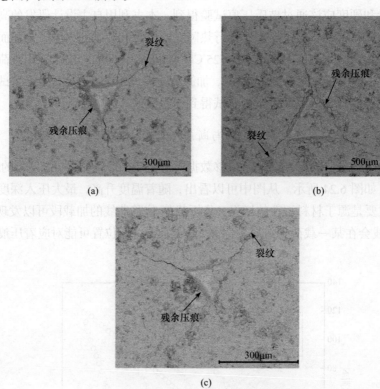

图 6.25　不同温度下试样表面的压痕 SEM 图片

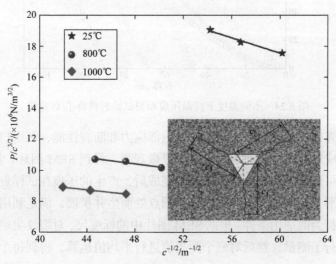

图 6.26　不同温度下 $\dfrac{P}{c^{3/2}}$ 与 $c^{-\frac{1}{2}}$ 的关系示意图

　　对图 6.26 中相同温度下的数据点进行拟合可以得到不同温度对应线性关系的截距和斜率。由 6.2.1 节的理论分析可知，为了计算得到热障涂层的内部应力和断裂性能，还需要知道不同温度下陶瓷外层材料的模量和硬度值。根据开展的高温压痕试验，利用 Oliver-Pharr 方法，可以得到 25℃、800℃和 1000℃下陶瓷外层材料的模量分别是 58.34GPa±4.32GPa、45.46GPa±3.11GPa 和 39.47GPa±3.59GPa，硬度分别是 1.72GPa±0.34GPa、1.32GPa±0.17GPa 和 1.10GPa±0.23GPa。可以看出，陶瓷外层材料的模量和硬度均随着测试温度的升高而逐渐减小。在已知材料模量和硬度的前提下，根据式(6.26)，可以计算得到不同温度下热障涂层的内部应力和断裂性能。

　　图 6.27 给出了热障涂层内部应力和断裂性能随温度的变化关系。25℃、800℃和 1000℃下热障涂层的断裂韧性分别是 1.25MPa·m$^{1/2}$、0.91MPa·m$^{1/2}$ 和 0.75MPa·m$^{1/2}$，内部应力值分别是−131.3MPa、−55.5MPa 和−45.5MPa。可以发现，热障涂层的断裂韧性和内部应力对温度都较为敏感。随着温度的升高，陶瓷外层的断裂韧性逐渐减小。由于应力数值的负号代表着应力为压应力，因此，涂层内存在着压应力，并且数值随着温度的升高而逐渐减小。

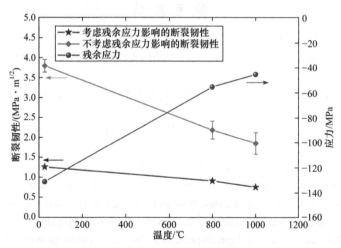

图 6.27　热障涂层内部应力和断裂性能随温度变化关系

　　如果不考虑涂层内部的应力状态，压痕测试的断裂韧性可以根据式(6.23)得到，将得到的断裂韧性同时绘制在图 6.27 中。25℃、800℃和 1000℃下不考虑应力状态的热障涂层的断裂韧性分别为 3.84MPa·m$^{1/2}$±0.16MPa·m$^{1/2}$、2.21MPa·m$^{1/2}$±0.23MPa·m$^{1/2}$ 和 1.87MPa·m$^{1/2}$±0.28MPa·m$^{1/2}$。从图中可以看出，在特定温度下，不考虑应力状态的涂层的断裂韧性会大于考虑应力状态的涂层的断裂韧性。众所周知，拉应力会促进裂纹的扩展，而压应力会抑制裂纹的扩展。当材料内存在拉应力时，不考虑应力状态的涂层的断裂韧性会小于涂层的本征断裂韧性；当材料内存在压应力时，不考虑应力状态的涂层的断裂韧性会大于涂层的本征断裂韧性。因此，涂层内部的应力状态会对断裂性能的准确表征产生重要影响。

6.3　本　章　小　结

　　本章针对服役环境下高温层状及涂层材料失效破坏机理这一基本科学问题，利用压痕技术研究了高温层状及涂层材料的高温力学行为，具体的研究内容包括：

　　(1) 提出了两种适用于高温压痕测试的表征方法，一种是高温材料高温压痕pile-up 行为表征方法，有效地提高了高温压痕的测试精度；另一种是高温材料氧化层性能压痕表征方法，可以在高温服役环境下实时原位无损地测试得到氧化层和基底的模量以及氧化层的厚度。

　　(2) 利用压痕方法测试得到了超高温陶瓷氧化层内的残余应力，从力学角度解释了预氧化提高材料力学性能的机理；基于高温压痕技术研究了高温环境下热障涂层的内部应力和断裂性能，并分析了两者之间的作用机理。

参 考 文 献

曹学强. 2007. 热障涂层材料. 北京: 科学出版社.

解玉鹏, 成来飞, 张立同. 2015. SiCw/SiC 层状结构陶瓷的制备及其应用. 中国材料进展, 34(6): 439-443.

张泰华. 2013. 微/纳米力学测试技术——仪器化压入的测量、分析、应用及其标准化. 北京: 科学出版社.

朱建国, 谢惠民, 刘战伟. 2013. 热障涂层力学性能的实验测试方法研究进展. 力学学报, 45(1): 45-60.

Adams J W, Ruh R, Mazdiyasni K S. 1997. Young's modulus, flexural strength, and fracture of yttria-stabilized zirconia versus temperature. Journal of the American Ceramic Society, 80(4): 903-908.

Atar E, Sarioglu C, Demirler U, et al. 2003. Residual stress estimation of ceramic thin films by X-ray diffraction and indentation techniques. Scripta Materialia, 48(9): 1331-1336.

Bec S, Tonck A, Georges J M, et al. 1996. Improvements in the indentation method with a surface force apparatus. Philosophical Magazine A, 74(5): 1061-1072.

Bolshakov A, Pharr G M. 1998. Influences of pileup on the measurement of mechanical properties by load and depth sensing indentation techniques. Journal of Materials Research, 13(4): 1049-1058.

Cernuschi F, Capelli S, Bison P, et al. 2011. Non-destructive thermographic monitoring of crack evolution of thermal barrier coating coupons during cyclic oxidation aging. Acta Materialia, 59(16): 6351-6361.

Chen F, Li X, Wu J, et al. 2013. Effect of post-annealing on the electrical conductivity of spark plasma sintered antimony-doped tin oxide (ATO) ceramics. Scripta Materialia, 68(5): 297-300.

Chen X, Vlassak J J. 2001. Numerical study on the measurement of thin film mechanical properties by means of nanoindentation. Journal of Materials Research, 16(10): 2974-2982.

Doerner M F, Nix W D. 1986. A method for interpreting the data from depth-sensing indentation instruments. Journal of Materials Research, 1(4): 601-609.

Evans B, Goetze C. 1979. The temperature variation of hardness of olivine and its implication for polycrystalline yield stress. Journal of Geophysical Research: Solid Earth, 84(B10): 5505-5524.

Gao H J, Chiu C, Lee J. 1992. Elastic contact versus indentation modeling of multi-layered materials. International Journal of Solids and Structures, 29(20): 2471-2492.

Guo S, Kagawa Y. 2004. Young's moduli of zirconia top-coat and thermally grown oxide in a plasma-sprayed thermal barrier coating system. Scripta Materialia, 50(11): 1401-1406.

Guo S, Kagawa Y. 2006. Effect of thermal exposure on hardness and Young's modulus of EB-PVD yttria-partially-stabilized zirconia thermal barrier coatings. Ceramics International, 32(3): 263-270.

Hay J, Crawford B. 2011. Measuring substrate-independent modulus of thin films. Journal of Materials Research, 26(6): 727-738.

Hu P, Guolin W, Wang Z. 2009. Oxidation mechanism and resistance of ZrB_2-SiC composites. Corrosion Science, 51(11): 2724-2732.

Jan V, Dorčáková F, Dusza J, et al. 2008. Indentation creep of free-standing EB-PVD thermal barrier coatings. Journal of the European Ceramic Society, 28(1): 241-246.

Johnson C, Ruud J, Bruce R, et al. 1998. Relationships between residual stress, microstructure and mechanical properties of electron beam-physical vapor deposition thermal barrier coatings. Surface and Coatings Technology, 108: 80-85.

Lawn B R, Fuller E R. 1984. Measurement of thin-layer surface stresses by indentation fracture. Journal of Materials Science, 19(12): 4061-4067.

Lockett F J. 1963. Indentation of a rigid/plastic material by a conical indenter. Journal of the Mechanics and Physics of Solids, 11(5): 345-355.

Mao W G, Wan J, Dai C Y, et al. 2012. Evaluation of microhardness, fracture toughness and residual stress in a thermal barrier coating system: A modified Vickers indentation technique. Surface and Coatings Technology, 206(21): 4455-4461.

Menčík J, Munz D, Quandt E, et al. 1997. Determination of elastic modulus of thin layers using nanoindentation. Journal of Materials Research, 12(9): 2475-2484.

Ni H, Li X, Gao H. 2006. Elastic modulus of amorphous SiO_2 nanowires. Applied Physics Letters, 88(4): 043108.

Oliver W C, Pharr G M. 1992. An improved technique for determining hardness and elastic modulus using load and displacement sensing indentation experiments. Journal of Materials Research, 7(6): 1564-1583.

Oliver W C, Pharr G M. 2004. Measurement of hardness and elastic modulus by instrumented indentation: Advances in understanding and refinements to methodology. Journal of Materials Research, 19(1): 3-20.

Passilly B, Kanoute P, Leroy F H, et al. 2006. High temperature instrumented microindentation: Applications to thermal barrier coating constituent materials. Philosophical Magazine, 86(33-35): 5739-5752.

Rathinam M, Thillaigovindan R, Paramasivam P. 2009. Nanoindentation of aluminum (100) at various temperatures. Journal of Mechanical Science and Technology, 23(10): 2652.

Rueanngoen A, Kanazawa K, Imai M, et al. 2014. Analysis of recovery process of low-dose neutron irradiation-induced defects in silicon nitride-based ceramics by thermal annealing. Journal of Nuclear Materials, 455(1): 464-469.

Sellars C M. 1978. Recrystallization of metals during hot deformation. Philosophical Transactions of the Royal Society of London A: Mathematical, Physical and Engineering Sciences, 288(1350): 147-158.

Srivastava A K. 2007. Orientation, Microstructure and pile-up Effects on Nanoindentation Measurements of FCC and BCC Metals. Denton: University of North Texas.

Steinmetz J, Loubet J L, Guédou J Y, et al. 2008. Analyse du Comportement Mécanique d'alliages Pour Couches de liaison de Barrière Thermique par Microindentation Instrumentée à haute Temperature. Thèse de Doctorat de l'Institut National Polytechnique de Lorraine, Nancy.

Takagi H, Fujiwara M, Kakehi K. 2004. Measuring Young's modulus of Ni-based superalloy single crystals at elevated temperatures through microindentation. Materials Science and Engineering A, 387: 348-351.

Tang F, Schoenung J. 2006. Evolution of Young's modulus of air plasma sprayed yttria-stabilized zirconia in thermally cycled thermal barrier coatings. Scripta Materialia, 54: 1587-1592.

Tikhonovsky A, Bartsch M, Messerschmidt U. 2004. Plastic deformation of yttria stabilized cubic zirconia single crystals I. Activation parameters of deformation. Physica Status Solidi (A), 201(1): 26-45.

Wang X, Tint S, Chiu M, et al. 2012. Stiffness of free-standing thermal barrier coating top coats measured by bending tests. Acta Materialia, 60: 3247-3258.

Zhang X, Xu L, Du S, et al. 2008. Crack-healing behavior of zirconium diboride composite reinforced with silicon carbide whiskers. Scripta Materialia, 59 (11): 1222-1225.

Zotov N, Bartsch M, Eggeler G. 2009. Thermal barrier coating systems-analysis of nanoindentation curves. Surface and Coatings Technology, 203(14): 2064-2072.

第7章 热防护材料的热力氧耦合计算力学

从目前国际军事发展的趋势来看，长距离、快速、精确的空中打击成为当前最主要的也是最有效的常规作战手段。高超声速飞行器与传统武器相比具有极大的优势：可以减少防御响应时间，增加武器突防能力，提高武器生存能力，因而成为军事研究的热点。世界上主要国家都在积极开展这方面的研究工作。研制高超声速飞行器的主要难点之一在于飞行器表面的热防护材料。为了取得高马赫数的飞行速度，该类飞行器大多采用尖锐几何外形，使得其鼻尖和翼前缘在服役过程中气动加热十分严重。实验结果表明，飞行器在超声速状态飞行时，表面温度会超过上千摄氏度。在如此高的温度下，飞行器表面热防护材料很容易发生氧化烧蚀，而为了保证对飞行器轨道的精确控制，又要求飞行器气动外形保持不变；另一方面在服役过程中表面热防护材料还会受到各类力学载荷作用，有可能导致其发生力学破坏。以上两方面的服役环境对高超声速飞行器的热防护材料提出了严峻的挑战，尤其对高温环境下材料的抗氧化性能和高温力学性能提出了苛刻的要求，而热防护材料的热力氧耦合与计算方法也受到了广泛关注。

传统的研究热防护材料热力氧耦合行为的手段主要包括实验方法和理论研究。实验方法主要包括：采用氧化动力学实验来描述材料的宏观抗氧化性能，同时进行电镜观测、XRD 分析氧化膜的结构、形貌和组成，采用同位素示踪原子研究氧化膜内的传质过程来分析氧化机理，采用高温 X 射线衍射法分析氧化膜内的应力演化等。理论研究主要包括一系列的氧化动力学模型和力学分析模型，这部分内容将在 7.3 节中介绍。然而到目前为止在热力氧耦合领域的计算研究还相对较少，只有少数学者采用有限元方法对氧化膜/基底系统的力学响应进行了计算(Huntz et al., 2002)。同时考虑扩散过程、应力演化、初始缺陷等复杂因素的高温氧化计算方法仍有待发展。相场方法是近年来发展出的一种基于朗道唯象理论的计算方法，作为一种强有力的计算材料学工具，相场方法已被成功用于模拟材料凝固、晶粒生长、畴变等含微结构演化的过程，Guo 等(2007)采用相场方法模拟过金属和陶瓷中的氢扩散与氢化。相场方法的特点决定了它比较适用于模拟氧扩散、氧化、应力演化这样的复杂过程。

在热防护材料高温抗氧化性能评价方面，以往的实验研究主要采用的是热重分析法，也就是通过记录氧化过程中材料重量随氧化时间的变化来表征抗氧化性能，在这方面已经有学者进行了大量的工作。不过进行氧化动力学实验耗时长、费用高，而且受客观条件限制实验温度有时无法达到服役环境的真实温度，所以有一些学者从热重分析实验出发，提炼高温氧化过程进行的主要机制，发展了氧化动力学模型来研究材料的高温抗氧化行为。尽管关于各类材料的氧化动力学模型已经有了不少报道，然而仍然有许多实际中存在的因素在现有的模型中没有予以考虑。例如，材料在发生氧化后一般体积会增加，这种氧化导致的体积增加用毕林-彼德沃斯(Pilling-Bedworth)比来描述，这种氧化导致的体积增加需要在模型中予以考虑。还有氧化膜/基体界面在一般情况下并不是平直的，而是起伏的，就像 Tolpygo 和 Clarke(2000)在实验中所观察到的，力学分析表明这种界面的起伏形态对氧化膜/基体系统内的应力分布有很大的影响。之前对于氧化膜/基体起伏界面形貌演化的研究基本都集中于实验，针对具有起伏界面的氧化膜生长演化的理论与计算研究还比较缺乏。另外，一些前人的研究表明在氧化过程中由于生长出的氧化膜和基体之间的晶格不匹配，在氧化膜内会产生较大的应力和应力梯度，而根据 Aifantis(1980)的研究，应力和应力梯度的存在将会影响气体在固体中的扩散，这些影响因素在之前的理论模型中也未予以考虑。

此外，以往对于热防护材料热力氧耦合行为的研究大多针对完整材料，对于含初始裂纹材料的氧化研究比较缺乏。事实上裂纹的存在对材料的氧化性能会产生比较大的影响，一方面，裂纹本身会成为氧气和其他气体进出的通道，另一方面，在裂纹尖端会出现应力集中，这就有可能成为氧扩散的驱动力，导致氧浓度的集中。也就是说，即使外界环境的氧浓度很低，在裂纹尖端仍然可能达到较高的氧浓度，使得裂纹尖端附近发生局部氧化。Alam 和 Das (2009)在实验中发现，尽管基底表面涂有热障涂层，但表面裂纹的存在，使得外界气体得以进入内部，并导致裂纹尖端发生局部的氧化。

7.1　高温氧化行为的相场计算方法

7.1.1　相场计算方法

相场方法是一种用于模拟和预测材料中微结构演化的计算方法。最早用于描述微结构演化的模型是尖锐界面模型(sharp interface model)，这种方法把不同相之间的界面看成是理想的数学界面，其不足就是必须在计算过程中不断地追踪界面的移动。这种做法在一维情况下是可行的，但是不适用于二维和三维情形。为了解决这个问题，有学者提出了采用连续过渡的扩散界面来取代尖锐界面模型，这可以被认为是相场方法最早的雏形。相场模型采用随时间和空间均连续变化的一系列场变量来描述材料内部的微结构演化，如图 7.1 所示，假设场变量等于 1 代表某一种相，场变量等于 0 代表另一种相，图 7.1(a)表示的是尖锐界面模型，在两种相之间是阶跃过渡的；而图 7.1(b)表示的是相场模型，在两种界面之间是连续的扩散界面过渡。不过这两者并不是彼此独立的，Caginalp 通过对相场模型进行数学分析指出当界面厚度趋于零时，相场模型就变成尖锐界面模型，并最早将各向异性引入相场模型。而且实际在很多情况下，相场模型中的计算参数就是通过将其退化为尖锐模型所取得。用于描述微结构演化的场变量分为守恒量和非守恒量，它们分别遵守 Cahn-Hilliard 非线性扩散方程和 Allen-Cahn 方程(依赖时间的 Ginzburg-Landau 方程)，场变量演化的趋势就是使总能量降低，这里的总能量包含化学自由能、梯度能和弹性能。

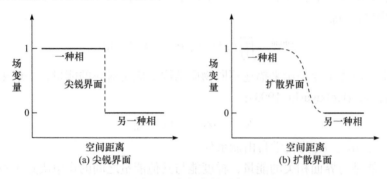

图 7.1　相场变量示意图

1. 序参量的选取、能量形式的确定和相场方程的建立

相场方法已被广泛应用于模拟畴变、扩散、凝固、熔化、晶枝生长、位错、裂纹扩展等不同的物理过程，而这些应用于不同研究对象的相场方法之间的差别主要体现在序参量和能量形式的选取上。所谓序参量(order parameter)，就是用来描述微结构空间分布的场变量，它既可以是有物理含义的变量，如应变、极化矢量、磁感应强度等，也可以是仅用来描述物质组成和热力学状态的唯象的变量。另一方面，按照守恒与否的标准，序参量又可以被分为守恒量和非守恒量，分别对应了不同形式的相场方程。本书研究的问题是高温氧化，一般认为氧化过程由两个阶段组成，第一阶段氧首先从外界通过氧化膜扩散到氧化膜/基体界面；第二阶段是氧与基体发生反应形成新的化学键，即发生氧化反应。研究表明，由于高温情况下第二个过程发生得非常迅速，所以氧化反应的进度主要由第一个阶段，即氧在固体物质中的扩散过程所决定。因此，本书主要关注的是氧在氧化膜中的扩散过程，采用氧浓度作为描述该问题的序参量。氧浓度是一个守恒量，遵守 Cahn-Hilliard 方程(Luo et al., 2002)

$$\frac{\partial c(r,t)}{\partial t} = L_c \nabla^2 \frac{\delta E^{\text{total}}}{\delta c(r,t)} \tag{7.1}$$

式中，r 为位置矢量；t 为时间；E^{total} 为系统的总能量；L_{c} 为相场方程系数；$\dfrac{\delta E^{\text{total}}}{\delta c(r,t)}$ 为系统总能量对序参量的变分。

　　Cahn-Hilliard 方程的左边是序参量的变化率，方程的右边代表着能量对于序参量演化的驱动力，整个方程所表示的含义就是系统总是在驱动力的作用下朝着总能量降低的方向演化，最终的稳定状态就是一个系统总能量最低的状态。针对所研究问题的不同，系统总能量则包含不同形式的能量，根据本书所研究的氧化问题，系统总能量中包含下述三种能量：化学自由能（E^{free}）、梯度能（E^{grads}）和弹性能（E^{elastic}），即

$$E^{\text{total}} = \iiint \left(E^{\text{free}} + E^{\text{grads}} + E^{\text{elastic}} \right) \mathrm{d}r^3 \tag{7.2}$$

　　化学自由能主要是用来描述不同物质结构组成所对应的能量，一般采用朗道多项式的形式(Kobayashi, 1993)：

$$E^{\text{free}} = \alpha_2 c^2 + \alpha_1 c + \alpha_0 \tag{7.3}$$

式中，α_1、α_2、α_3 为化学自由能系数。

　　梯度能是与界面相关的能量，梯度能与其他能量之间的竞争决定了不同相之间过渡界面的厚度。梯度能的形式如下(Luo et al., 2002)：

$$E^{\text{grads}} = \frac{1}{2} k_{\text{c}} \nabla^2 c \tag{7.4}$$

式中，k_{c} 为梯度能系数。

　　由于氧化后氧原子进入到原有物质晶格中，原有物质的体积一般会增加，在有约束的情况下会造成失配，从而在材料内部产生失配应变和失配应力，所以必须在系统总能量中考虑到弹性能。弹性能的定义基本和传统力学中的定义一致，只不过要在应变中扣除氧化生长所引起的应变，因为这部分应变是由晶格结构变化引起的，本身并不对应着应力，属于无应力应变(stress-free strain)。弹性能的表达式为(Shu and Yen, 2008)

$$E^{\text{elastic}} = \frac{1}{2} \left(\varepsilon_{ij} - \varepsilon_{ij}^* \right) M_{ijkl} \left(\varepsilon_{kl} - \varepsilon_{kl}^* \right) \tag{7.5}$$

式中，M_{ijkl} 为刚度系数；ε_{ij} 为总应变；ε_{ij}^* 为由于氧化引起的无应力应变，它正比于物质中的氧浓度。

$$\varepsilon_{ij}^* = c \varepsilon_{ij}^0 \tag{7.6}$$

式中，ε_{ij}^0 为氧化生长应变，其含义为物质完全氧化对应的应变，其表达式由 Huntz(1995)给出。

$$\varepsilon_{ij}^0 = \omega_r\left(\gamma^{1/3}-1\right) \tag{7.7}$$

式中，ω_r 为松弛因子；γ 为毕林-彼德沃尔斯比(PBR)，定义为同一部分材料氧化后体积与氧化前体积的比值。

将式(7.2)代入 Cahn-Hilliard 方程也就是式(7.1)，根据变分理论的公式可以得到

$$\frac{\partial c(r,t)}{\partial t} = L_c\nabla^2\frac{\partial\left(E^{\text{free}}+E^{\text{grads}}+E^{\text{elastic}}\right)}{\partial c(r,t)} \tag{7.8}$$

也就是

$$\frac{\partial c(r,t)}{\partial t} = f_c^{\text{free}}+f_c^{\text{grads}}+f_c^{\text{elastic}} \tag{7.9}$$

式中，f_c^{free}、f_c^{grads}、f_c^{elastic} 分别为自由能、梯度能和弹性能对序参量 c 的驱动力。

根据上述给出的能量的具体形式，也就是式(7.3)~式(7.6)，可以得到描述氧化过程的相场方程，其具体形式如下：

$$\frac{\partial c(r,t)}{\partial t} = 2\alpha_2 L_c\nabla^2 c - k_c L_c\nabla^2\nabla^2 c - L_c\nabla^2\left[\varepsilon_{ij}^0 M_{ijkl}\left(\varepsilon_{kl}-\varepsilon_{kl}^*\right)\right] \tag{7.10}$$

数值求解式(7.10)就可以得到氧浓度(即序参量)c 的分布与演化规律。除氧浓度 c 外，弹性能表达式中还有总应变 ε_{ij} 需要求解，此外氧化过程中应力应变的分布与演化也是本书所关心的内容，所以除了求解相场方程(7.10)之外，还需求解弹性力学方程组，包括：

应力平衡方程

$$\sigma_{ij,j}=0 \tag{7.11}$$

应变协调方程

$$\varepsilon_{ij}=\frac{1}{2}\left(u_{i,j}+u_{j,i}\right) \tag{7.12}$$

本构方程

$$\sigma_{ij}=M_{ijkl}\left(\varepsilon_{kl}-\varepsilon_{kl}^*\right) \tag{7.13}$$

2. 相场方程的数值解法

在上一节中，已经将描述氧化的相场方程建立起来，也就是式(7.10)，再加上描述应力应变的弹性方程组，已经足以描述材料的氧化和力学响应，本节着重介绍如何数值求解这一系列方程。传统的数值求解偏微分方程方法主要包括有限差分法和有限元法，然而这两种方法在求解高次偏微分方程时效率比较低、计算量

非常大。根据偏微分方程数值求解的相关理论,对于式(7.10)这样一个四阶偏微分方程如果用有限差分法或者有限元法数值求解,收敛性要求时间步长(Δt)、空间步长(Δx)满足如下关系:

$$\Delta t \approx (\Delta x)^4 \tag{7.14}$$

这是由于要对 Cahn-Hilliard 方程中的双调和算子进行数值求解决定的,而这种收敛性条件限制了计算规模和空间网格的精度,如果空间网格密度稍微密一点,时间步长就需要非常小才能使计算收敛,也就是说,这种情况下计算时间会很长。为了解决这一问题,有学者等发展了傅里叶变换的方法来求解相场方程,这种方法的优点在于求解周期性边界条件的 Cahn-Hilliard 方程时不受收敛性条件(7.14)的限制,时间步长可以取得比较大,求解效率比有限差分法和有限元法高,所以傅里叶变换方法被广泛应用于相场方程的求解。本书采用快速傅里叶变换(FFT)方法来对空间域进行求解,而时间域的求解采用的是有限差分法,下面对本书的数值求解方法进行具体的介绍。

首先以自由能驱动力 f_c^{free} 为例,介绍快速傅里叶变换方法。通过比较式(7.3)、式(7.8)和式(7.9),不难看出

$$f_c^{\text{free}} = 2\alpha_2 L_c \nabla^2 c \tag{7.15}$$

假设求解的是一个二维问题,对式(7.15)两端进行快速傅里叶变换,将傅里叶变换记为 $F(\ )$,根据傅里叶变换的性质可以得到

$$F\left(f_c^{\text{free}}\right) = F\left(2\alpha_2 L_c \nabla^2 c\right) = -2\alpha_2 L_c \left[(\xi_1)^2 + (\xi_1)^2\right] F(c) \tag{7.16}$$

式中,ξ_1、ξ_2 为傅里叶空间中的矢量。

再对式(7.16)两端进行傅里叶逆变换,得到

$$f_c^{\text{free}} = F^{-1}\left(-2\alpha_2 L_c \left[(\xi_1)^2 + (\xi_1)^2\right] c(\xi)\right) \tag{7.17}$$

这样就通过进行傅里叶变换的方法,避免了直接对拉普拉斯(Laplace)算子进行差分求解,同样的方法可以用于求解梯度能驱动力 f_c^{grads} 和弹性能驱动力 f_c^{elastic}。

假设已经数值求解出驱动力 f_c^{free}、f_c^{grads} 和 f_c^{elastic},对 Cahn-Hilliard 方程(7.9)进行前差分,即可求得氧浓度 c,显示差分格式如下:

$$\frac{c^{n+1}(i,j) - c^n(i,j)}{\Delta t} = f_c^{\text{free}}(i,j) + f_c^{\text{grads}}(i,j) + f_c^{\text{elastic}}(i,j) \tag{7.18}$$

式中,$c^n(i,j)$ 为 t 时刻坐标为 (i,j) 点处的氧浓度;$c^{n+1}(i,j)$ 为 $t + \Delta t$ 时刻坐标为 (i,j) 点处的氧浓度;$f_c^{\text{free}}(i,j)$、$f_c^{\text{grads}}(i,j)$ 和 $f_c^{\text{elastic}}(i,j)$ 均为 t 时刻坐标为 (i,j) 点

处的驱动力，已由快速傅里叶变换方法给出。

弹性平衡方程也采用快速傅里叶变换法进行求解，下面进行具体的说明。

将弹性本构方程(7.13)代入弹性平衡方程(7.11)可得

$$M_{ijkl}\left(\varepsilon_{kl} - \varepsilon_{kl}^*\right)_{,j} = 0 \tag{7.19}$$

即

$$M_{ijkl}\varepsilon_{kl,j} = M_{ijkl}\varepsilon_{kl,j}^* \tag{7.20}$$

将应变协调方程(7.12)代入式(7.20)，得

$$\frac{1}{2}M_{ijkl}\left(u_{k,lj} + u_{l,kj}\right) = M_{ijkl}\varepsilon_{kl,j}^* \tag{7.21}$$

根据弹性常数的对称性，式(7.21)可简化为

$$M_{ijkl}u_{k,lj} = M_{ijkl}\varepsilon_{kl,j}^* \tag{7.22}$$

对式(7.22)两端进行快速傅里叶变换可得

$$\xi_j\xi_l M_{ijkl}u_k\left(\xi\right) = -\mathrm{i}\xi_j M_{ijkl}\varepsilon_{kl}^*\left(\xi\right) \tag{7.23}$$

式中，$\mathrm{i} = \sqrt{-1}$；$\varepsilon_{kl}^*\left(\xi\right) = F\left(\varepsilon_{kl}^*(r)\right)$。记 $K_{ik} = \xi_j\xi_l M_{ijkl}$，$X_i = -\mathrm{i}\xi_j M_{ijkl}\varepsilon_{kl}^*\left(\xi\right)$，则

$$K_{ik}u_k\left(\xi\right) = X_i \tag{7.24}$$

设 $D_K\left(\xi\right) = \left|\bar{K}\right|$ 为 $\bar{K}$ 的行列式，而 $N_{ij}\left(\xi\right)$ 为 $\bar{K}$ 的代数余子式，则根据线性代数的知识由式(7.24)得到傅里叶空间中的位移解

$$u_k\left(\xi\right) = \frac{X_i N_{ik}\left(\xi\right)}{D_K\left(\xi\right)} \tag{7.25}$$

对应变协调方程(7.12)两边进行快速傅里叶变换，可得傅里叶空间中的应变协调方程：

$$\varepsilon_{ij}\left(\xi\right) = \frac{\mathrm{i}}{2}\left(u_i\xi_j + u_j\xi_i\right) \tag{7.26}$$

由于傅里叶空间中的位移已由式(7.25)解出，代入式(7.26)即可得傅里叶空间中的应变。进行傅里叶逆变换可得真实空间中的应变，再根据本构方程(7.13)即可得应力。根据上述思路，编制了 Fortran 程序进行实现，程序流程如图 7.2 所示。

3. 模拟含裂纹材料的相场方法

上述相场方程仅是针对完整材料所建立的，在本书 7.3 节将要讨论初始裂纹

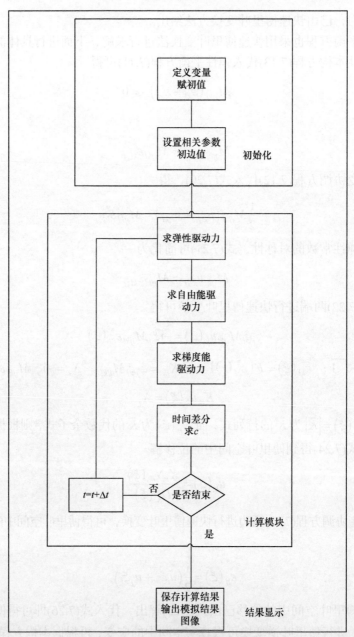

图 7.2　相场计算程序流程图

对于材料抗氧化行为的影响，以及氧化与断裂行为的相互作用，因而就需要发展含裂纹材料氧化的相场方法。

　　此前已有学者采用相场来计算材料的断裂行为，在相场模型中考虑裂纹的影响主要有以下三种思路：第一种是 Wang 和 Zhang(2007)发展的相场方法，他们的做法是根据经典的线弹性断裂力学理论解，给出裂纹尖端的应力场，将这个应力场作为外加载荷输入。这样做的优点是简单易行，不增加新的序参量和方程，系统总能量中也不增加新的项，不足之处是裂纹尖端应力场的线弹性理论解只是一种近似，并没有考虑到裂纹尖端应力场随微结构改变而产生的变化。第二种是 Henry、Karma 和 Eastgate 等所建立的相场方法(Henry and Levine, 2004)，他们引入了一个新的序参量 ϕ_m 来描述材料的密度，相应地也引入了关于序参量 ϕ_m 的演化方程，同时在总能量中增加了和 ϕ_m 有关的新的能量项。这种方法的优点是适用于预测裂纹扩展路径以及模拟动态裂纹扩展，不足之处在于这是一种唯象方法，物理概念不够明确，引入了一些人为确定的参数。第三种是 Khachaturyan 和 Soh 等根据微弹性理论建立的相场方法(Jin et al., 2001)，他们通过理论推导，将裂纹的影响等效成一个虚拟的应变场 ε_{ij}^{cr}，从而将含裂纹的力学问题等效成不含裂纹的力学问题。由于引入了新的序参量，所以相应地也要引入新的演化方程。这种方法的优点是物理概念明晰，能够在每一个迭代步准确地计算裂纹尖端弹性场。本章中采用的是第三种思路，即根据微弹性理论将裂纹的影响等效成一个虚拟的应变场 ε_{ij}^{cr}，并给出演化方程，同时借鉴第二种思路的一点想法。

由于 ε_{ij}^{cr} 属于非守恒量，所以遵守含时间的 Ginzburg-Landau 方程，也称为 Allen-Cahn 方程，其形式如下：

$$\frac{\partial \varepsilon_{ij}^{cr}(r,t)}{\partial t} = -L_{ijkl}^{cr}\frac{\delta E^{total}}{\delta \varepsilon_{kl}^{cr}(r,t)} \tag{7.27}$$

在这个控制方程的作用下，本征应变 ε_{ij}^{cr} 演化的结果会使得裂纹内部总应变最终为零。同时要修正无应力应变的表达式(7.6)，因为除了氧化引起的无应力应变，现在还增加了由于裂纹的存在而引起的无应力应变 ε_{ij}^{cr}，所以将(7.6)修正为

$$\varepsilon_{ij}^* = (1-\phi_{cr})c\varepsilon_{ij}^0 + \phi_{cr}\varepsilon_{ij}^{cr} \tag{7.28}$$

式中，ϕ_{cr} 用来描述材料的密度。

由于此处不关注裂纹的扩展，所以 ϕ_{cr} 并不发生演化，只是作为描述裂纹的一个标记。ϕ_{cr} 满足：

$$\phi_{cr} = \begin{cases} 1 & (裂纹内) \\ 0 & (裂纹外) \end{cases} \tag{7.29}$$

含时间的 Ginzburg-Landau 方程(7.27)的数值求解方法和 Cahn-Hilliard 方程一样，这里就不再介绍。

7.1.2　高温金属及合金的高温氧化计算

1. 计算模型和参数的选取

考虑如图 7.3 所示的块体材料氧化模型，材料上表面和外界氧环境接触，假设外界氧浓度保持不变，则在材料的上表面氧浓度满足如下边界条件：

$$c = c_0 \quad (x = 0) \tag{7.30}$$

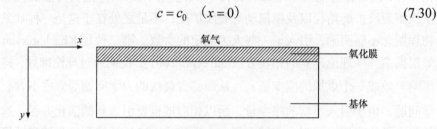

图 7.3　相场方法模拟氧化的计算模型

随着氧化的逐渐进行，块体材料与氧接触的表面形成氧化膜，氧通过扩散作用穿过氧化膜，到达氧化膜/基体界面与基体继续发生反应，材料进一步被氧化。为了验证相场程序，首先选取了 Ni 和 Fe-Cr-Al-Y 合金这两种比较常见的高温材料体系进行了抗氧化性能的相关计算，并与文献中的实验结果进行了了对比。

选取的材料参数如表 7.1 所示，假设材料为各向同性。除了在计算表面形貌时采用了其他边界条件，并给予特殊说明外，本章其他部分均采用上述计算条件。

表 7.1　计算氧化性能的相场参数

物理量	符号	Ni	Fe-Cr-Al-Y
杨氏模量/GPa	E	207	95
泊松比	ν	0.31	0.3
PBR	γ	1.70	1.28
自由能系数/($\times 10^6$J/m^3)	α_2	500	100
梯度能系数/($\times 10^6$J/m^3)	k_c	100	10
松弛因子	ω_r	0.052	0.18

2. 氧化表面的形貌

氧化膜表面和氧化膜/基体界面的显微形貌观察可以提供许多有用的信息，所以采用扫描电子显微镜(SEM)观察氧化膜表面和氧化膜/基体界面的形貌特征是研究高温氧化的一种常见手段。首先从这方面出发，计算金属镍在 900℃下在空气中发生氧化后的表面形貌，并与文献中的实验结果进行了对比，实验中发现镍发生氧化后表面形成脊状的微观形貌(Haugsrud, 2003，如图 7.4 所示)，采用相场方法也计算出了与实验观察相似的结果，如图 7.5 所示。

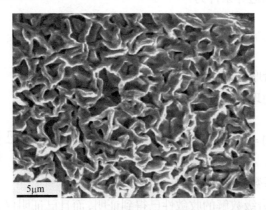

图 7.4　金属镍在 900℃空气中氧化后的表面形貌(Haugsrud, 2003)

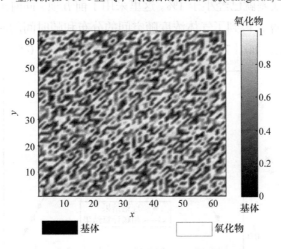

图 7.5　相场计算 900℃时镍表面的氧化形貌

由于这里计算的是氧化表面，所以采用的初始条件和边界条件不同于上一节中所介绍的初始条件、边界条件，初始条件采用的是符合高斯分布的随机初始条件，用以描述随机的热力学过程，边界条件采用的是周期性边界条件。

3. 氧扩散和氧化增重

形成稳定的氧化膜后，氧化速率主要取决于氧在氧化膜中的扩散过程。为了进一步验证相场模型，首先计算了一个厚度为 h 的薄板两面对称向外扩散的例子，并与理论解析表达式进行了对比。该问题的计算模型为：一块无限大薄板，初始时刻板内有浓度为 c_0 的气体，上下表面气体浓度为零，要得到不同时刻的气体浓度分布。由于这里只考虑扩散过程，所以关闭弹性能驱动力。

其初始条件和边界条件为

$$\begin{cases} c = c_0 & 0 < y < h, t = 0 \\ c = 0 & y = h, \ t > 0 \end{cases} \tag{7.31}$$

式中，y 为薄板沿厚度方向的坐标。

该扩散问题的理论解析解为

$$c(y,t) = \frac{4c_0}{\pi} \sum_{j=0}^{\infty} \frac{1}{2j+1} \sin \frac{(2j+1)\pi y}{h} \exp\left\{ -\left[\frac{(2j+1)\pi}{h} \right]^2 Dt \right\} \tag{7.32}$$

式中，D 为扩散系数。

式(7.32)中无穷级数解的收敛性已得到证明，而且已证明仅采用级数首项进行计算，其结果的误差就已经小于1%。这里采用了前五项，同时采用相场程序对这个问题进行了计算，得到了气体浓度随空间的分布和随时间的演化，并同解析解(7.32)进行了对比，如图7.6和图7.7所示，初始浓度取为0.5。

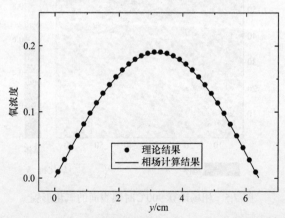

图7.6　薄板对称扩散问题 $t=5\text{s}$ 时沿厚度方向的气体浓度分布，理论结果参考文献

Shewmon(1963)

从上面可以看出，相场方法的计算结果与扩散理论的经典解析解吻合良好。

最后采用相场方法计算出不同时刻氧浓度的空间分布，如图 7.8 所示，更加直观地体现了气体向边界扩散的过程。

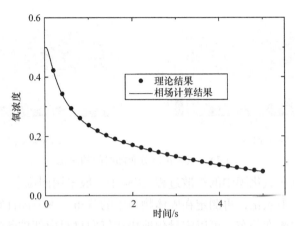

图 7.7　薄板对称扩散问题 $x=0.9h$ 处气体浓度随时间的演化，理论结果参考文献

Shewmon(1963)

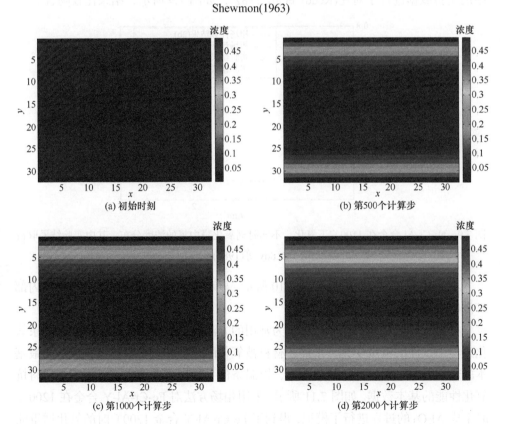

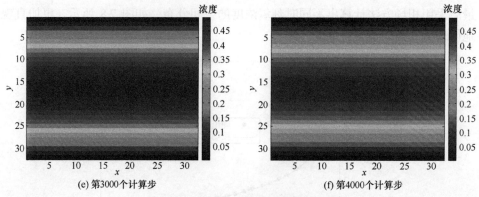

(e) 第3000个计算步　　　　　　　　　　(f) 第4000个计算步

图 7.8　气体浓度分布随时间的演化

为了研究氧在氧化膜中的扩散过程,实验中一般采用同位素示踪原子的方法,将材料在同位素中氧化,再测定在固体物质中的分布。本节还计算了不同时刻氧在固体物质中的浓度分布,可以定量化地描述氧向材料内部扩散的过程,与文献中的实验数据进行了对比(Reddy et al., 1982),如图 7.9 所示,结果比较吻合。

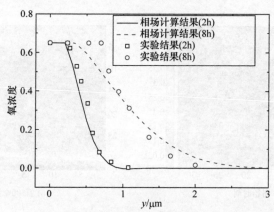

图 7.9　Ni-Cr-Al 合金在 1100℃下氧化,不同时刻氧化膜中氧的浓度分布,其中实验结果取自 Reddy 等(1982)

不同时刻氧浓度的分布如图 7.10 所示,显示了氧通过氧化膜逐渐向材料内部扩散的过程。

材料抗氧化性能研究中一种最为常用的方法是热重分析方法,即通过记录氧化过程中试件的重量变化,来描述材料被氧化的过程和材料的抗氧化性。而最基本的热重分析是恒温氧化热重分析,恒温条件下的增重曲线也就成为刻画材料抗氧化性能的基本数据。如图 7.11 所示,采用相场方法对 Fe-Cr-Al-Y 合金在 1200℃时生成 Al_2O_3 的过程进行了模拟,得到了 Fe-Cr-Al-Y 合金 1200℃时的氧化增重曲

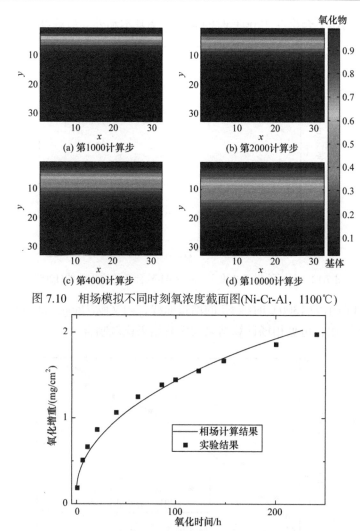

图 7.10 相场模拟不同时刻氧浓度截面图(Ni-Cr-Al,1100℃)

图 7.11 Fe-Cr-Al-Y 合金在 1200℃时的增重曲线,其中实验结果取自 Tolpygo 和 Clarke (1998)

线,并与 Tolpygo 和 Clarke(1998)的实验结果进行了对比,结果符合得很好,说明建立的相场模型能够很好地描述材料抗氧化性能。

为了分析外界环境氧浓度对氧化速率的影响,本章还计算了不同环境氧浓度下的增重曲线,如图 7.12 所示。可以看出,外界氧浓度越大氧化速率越快,为了量化氧化速率和外界氧浓度之间的关系,还计算了氧化速率常数 κ_p 与外界环境氧浓度 c_0 之间的关系。一般来说合金材料的氧化性能符合基本的抛物线规律,所以 κ_p 是通过对氧化增重的平方与氧化时间进行最小二乘拟合得到。从图 7.12 可以看出，Fe-Cr-Al-Y 合金在 1200℃时的氧化速率基本和外界氧浓度成二次方关系。

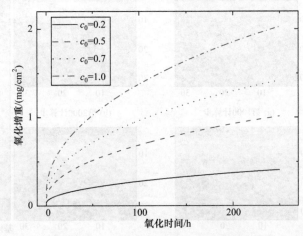

图 7.12　不同外界氧浓度下 Fe-Cr-Al-Y 合金的增重曲线(1200℃)

图 7.13 所示为 1300℃时纯 Ni 的增重曲线，与文献(Haugsrud, 2003)中的实验结果进行了对比，可见相场计算结果与实验结果比较吻合。

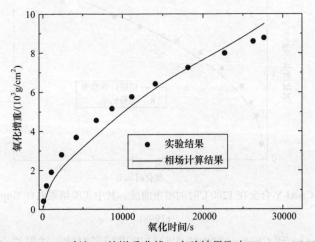

图 7.13　1300℃时纯 Ni 的增重曲线，实验结果取自 Haugsrud(2003)

4. 氧化生长应力的分布与演化

由于氧化前后材料的体积会发生变化，所以氧化膜和基体之间存在着失配应力，被称为氧化生长应力。氧化生长应力的分布与演化对氧化膜/基体系统的破坏失效至关重要，所以除了材料的抗氧化性能，还要关注氧化膜和基体内生长应力的演化。采用相场方法计算了氧化膜/基体系统的生长应力，如图 7.14 所示。一般来说，氧化膜内的生长应力为压应力，基体内为拉应力。

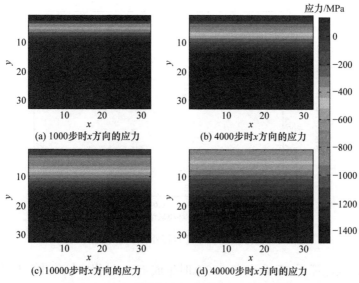

(a) 1000步时x方向的应力　　　　　　(b) 4000步时x方向的应力

(c) 10000步时x方向的应力　　　　　　(d) 40000步时x方向的应力

图 7.14　相场计算氧化生长应力的分布与演化

　　同时还计算了氧化膜内的平均生长应力 σ_0 的演化，并与Tolpygo和Clarke(1998)的实验结果进行了对照，如图7.15所示。可以看出，在氧化一开始，由于基体表面形成的氧化膜很薄，膜内的生长应力急剧增加，直到达到某个最大值，对于Fe-Cr-Al-Y合金来说大约是1.2GPa。之后生长应力开始逐渐减小，认为这主要是由于随着氧化不断进行，氧化膜逐渐变厚，氧化膜的生长带动了合金基体发生了比较大的弹性变形，从而缓释了由于氧化而引起的变形失配。

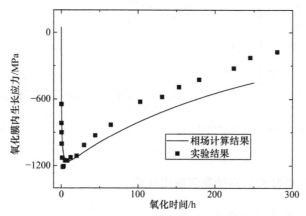

图 7.15　氧化膜内生长应力随时间的演化规律，实验结果取自 Tolpygo and Clarke(1998)

　　最后计算了氧化膜内出现的最大生长应力与环境氧浓度之间的关系，如图7.16

所示，可以看出氧化膜内最大应力和外界环境氧浓度c_0之间呈现线性关系。

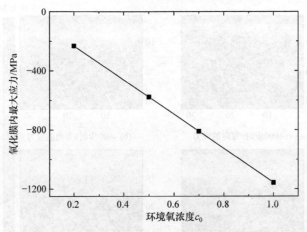

图 7.16　氧化膜内最大应力和外界氧浓度之间的关系

另外，也计算了 Ni 合金在 900℃时生成 NiO 过程中氧化生长应力的演化曲线，并与 Huntz 等(2002)的有限元结果进行了对比，如图 7.17 所示，结果符合得比较好。

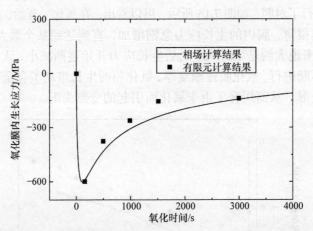

图 7.17　Ni 合金在 900℃氧化时氧化膜内的生长应力演化，有限元计算结果取自 Huntz 等 (2002)

7.1.3　单向 C/SiC 复合材料的高温氧化计算

1. 相场方程的有限差分法

所谓差分法，就是把微分方程和边界条件近似地用代数方程来表示，把求解微分方程的问题转换为求解代数方程的问题。其解题步骤中首先将定解区域网格离散化，再将微分方程离散化，然后将边界条件离散化，最后解差分方程，即将微分方程和初边值条件的离散化方程联立求解。本章相场方程采用有限差分法求解的区域网格划分如图 7.18 所示。

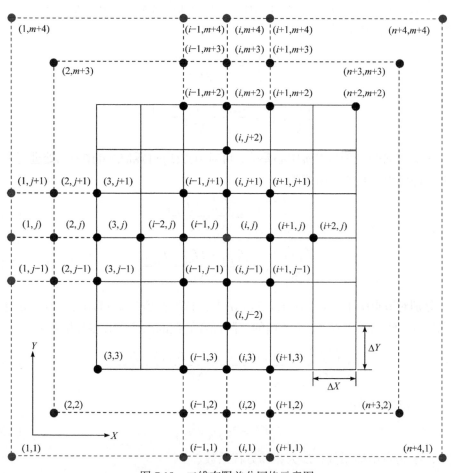

图 7.18　二维有限差分网格示意图

图 7.18 中，实线网格区域：节点$(3,3)$,$(4,3)$,$\cdots$,$(n+2,3)$,$(3,4)$,$(4,4)$,$\cdots$,$(n+2,m+2)$为相场的求解域，该求解域在横向(X 方向)共有 n 个节点，在纵向(Y 方向)共有 m 个节点。本章中，差分域的网格为大小相等的矩形，相邻节点之间在 X 方向上的空间步长为ΔX(mm)，在 Y 方向上的空间步长为ΔY(mm)，故相场求解域的几何尺寸为：$(n-1)\Delta X \times (m-1)\Delta Y$(mm^2)。图 7.18 中虚线为相场求解域的边界，其中内侧虚线框上的节点为弹性力学平衡方程和相场自由能驱动力求解的边界条件，内侧虚线框和外侧虚线框同时为求解相场梯度能驱动力时需要设置的边界条件。

设 $f=f(x, y)$ 为一个连续函数，则 f 对 (i, j) 点在 X 方向的泰勒(Taylor)展开式为

$$f = f_0 + \left(\frac{\partial f}{\partial x}\right)_{i,j} (x - x_{i,j}) + \frac{1}{2!}\left(\frac{\partial^2 f}{\partial x^2}\right)_{i,j} (x - x_{i,j})^2 + \frac{1}{3!}\left(\frac{\partial^3 f}{\partial x^3}\right)_{i,j} (x - x_{i,j})^3 + \cdots \quad (7.33)$$

分别对节点 $(i+1, j)$ 和节点 $(i-1, j)$ 在节点 (i, j) 处进行泰勒展开，可以得到在 X 方向的一阶与二阶中心差分格式为

$$\left(\frac{\partial f}{\partial x}\right)_{i,j} = \frac{f_{i+1,j} - f_{i-1,j}}{2\Delta X} \quad (7.34)$$

$$\left(\frac{\partial^2 f}{\partial x^2}\right)_{i,j} = \frac{f_{i+1,j} - 2f_{i,j} + f_{i-1,j}}{\Delta X^2} \quad (7.35)$$

对 Y 方向的一阶与二阶中心差分，可对节点 $(i, j+1)$ 和 $(i, j-1)$ 在 (i, j) 处进行泰勒展开，即可得到其差分格式为

$$\left(\frac{\partial f}{\partial y}\right)_{i,j} = \frac{f_{i,j+1} - f_{i,j-1}}{2\Delta Y} \quad (7.36)$$

$$\left(\frac{\partial^2 f}{\partial y^2}\right)_{i,j} = \frac{f_{i,j+1} - 2f_{i,j} + f_{i,j-1}}{\Delta Y^2} \quad (7.37)$$

分别对节点 $(i+1, j+1)$、$(i-1, j+1)$、$(i+1, j-1)$ 和节点 $(i-1, j-1)$ 在节点 (i, j) 处进行泰勒展开，可以得到在 X、Y 方向的二阶混合导数的二阶中心差分格式为

$$\left(\frac{\partial^2 f}{\partial x \partial y}\right)_{i,j} = \frac{f_{i+1,j+1} - f_{i-1,j+1} - f_{i+1,j-1} + f_{i-1,j-1}}{\Delta Y^2} \quad (7.38)$$

由式(7.15)可知

$$f^{\text{free}} = 2\alpha_2 L_c \nabla^2 c_{i,j} \quad (7.39)$$

式中，α_2 为自由能系数；L_c 为相场方程系数。

故只需求出 $\nabla^2 c_{i,j}$ 即可求得自由能对氧浓度 c 的驱动力。$\nabla^2 c$ 对于二维问题可展开为

$$\nabla^2 c = \frac{\partial^2 c}{\partial x^2} + \frac{\partial^2 c}{\partial y^2} \quad (7.40)$$

将式(7.40)在 (i, j) 点采用中心差分的形式展开有

$$\nabla^2 c_{i,j} = \frac{c_{i+1,j} - 2c_{i,j} + c_{i-1,j}}{\Delta X^2} + \frac{c_{i,j+1} - 2c_{i,j} + c_{i,j-1}}{\Delta Y^2} \quad (7.41)$$

对自由能驱动力的有限差分格式为 X 和 Y 方向的二阶中心差分，故对相场计算域进行求解时需要给定如图 7.18 中内侧虚线边界上的氧浓度的条件，假设材料与氧接触的边界处的氧浓度为 c_0，则在内侧虚线边界上的氧浓度值分别为

$$\begin{cases} \begin{cases} c_{i,m+3}=c_0 & 2\leqslant i\leqslant n+3 \\ c_{i,j}=0 & 2\leqslant i\leqslant n+3,\ 2\leqslant j\leqslant m+2 \end{cases} & t=0 \\[2mm] \begin{cases} c_{i,m+3}=c_0 & 2\leqslant i\leqslant n+3 \\ c_{i,2}=c_{i,3} & 3\leqslant i\leqslant n+2 \\ c_{2,j}=c_{3,j} & 3\leqslant j\leqslant m+2 \\ c_{n+2,j}=c_{n+1,j} & 3\leqslant j\leqslant m+2 \\ c_{2,2}=c_{3,3}, \quad c_{n+3,2}=c_{n+2,3} \end{cases} & t>0 \end{cases} \tag{7.42}$$

由式(7.10)可知

$$f^{\text{grads}}=-k_{\text{c}}L_{\text{c}}\nabla^2\nabla^2 c_{i,j} \tag{7.43}$$

式中，k_{c} 为梯度能系数。

故只需求出 $\nabla^2\nabla^2 c_{i,j}$ 即可求得梯度能对氧浓度 c 的驱动力。$\nabla^2\nabla^2 c$ 对于二维问题可展开为

$$\nabla^2\nabla^2 c=\frac{\partial^4 c}{\partial x^4}+\frac{\partial^4 c}{\partial x^2\partial y^2}+\frac{\partial^4 c}{\partial y^4} \tag{7.44}$$

将式(7.44)在(i,j)点采用中心差分的形式展开有

$$\begin{aligned} \nabla^2\nabla^2 c_{i,j}=&\frac{6c_{i,j}-4\left(c_{i+1,j}+c_{i-1,j}\right)+c_{i+2,j}+c_{i-2,j}}{\Delta X^4} \\ &+\frac{2\left[4c_{i,j}-2\left(c_{i+1,j}+c_{i,j+1}+c_{i-1,j}+c_{i,j-1}\right)+c_{i+1,j-1}+c_{i+1,j+1}+c_{i-1,j+1}+c_{i-1,j-1}\right]}{\Delta X^2\Delta Y^2} \\ &+\frac{6c_{i,j}-4\left(c_{i,j+1}+c_{i,j-1}\right)+c_{i,j+2}+c_{i,j-2}}{\Delta Y^4} \end{aligned}$$

$$\tag{7.45}$$

梯度能驱动力的有限差分格式与自由能驱动力的有限差分格式类似，求解时首先需要确定如图 7.18 中内侧和外侧虚线上的氧浓度边界条件，假定材料边界处的氧浓度为 c_0，则内侧和外侧虚线边界上的氧浓度值可表达为

$$\left.\begin{array}{ll} c_{i,m+3}=c_0 & 2\leqslant i\leqslant n+3 \\ c_{i,j}=0 & 2\leqslant i\leqslant n+3,\ 2\leqslant j\leqslant m+2 \\ c_{i,m+4}=c_0 & 1\leqslant i\leqslant n+4 \\ c_{i,j}=0 & 1\leqslant i\leqslant n+4,\ 1\leqslant j\leqslant m+3 \end{array}\right\}\ t=0$$

$$\left.\begin{array}{ll} c_{i,m+3}=c_0 & 2\leqslant i\leqslant n+3 \\ c_{i,2}=c_{i,3} & 3\leqslant i\leqslant n+2 \\ c_{2,j}=c_{3,j} & 3\leqslant j\leqslant m+2 \\ c_{n+2,j}=c_{n+1,j} & 3\leqslant j\leqslant m+2 \\ c_{2,2}=c_{3,3} \quad c_{n+3,2}=c_{n+2,3} \\ c_{i,m+4}=c_0 & 1\leqslant i\leqslant n+4 \\ c_{i,1}=c_{i,2} & 2\leqslant i\leqslant n+3 \\ c_{1,j}=c_{2,j} & 2\leqslant j\leqslant m+3 \\ c_{n+3,j}=c_{n+2,j} & 2\leqslant j\leqslant m+3 \\ c_{1,1}=c_{2,2} \quad c_{n+4,1}=c_{n+3,2} \end{array}\right\}\ t>0 \tag{7.46}$$

由式(7.10)可知

$$f^{\text{elastic}}=-L_{\text{c}}\nabla^2\left(\varepsilon_{ij}^0 M_{ijkl}\left(\varepsilon_{kl}-\varepsilon_{kl}^*\right)\right) \tag{7.47}$$

式中，L_{c}是相场方程系数。

故只需求出 $\nabla^2\left(\varepsilon_{ij}^0 M_{ijkl}\left(\varepsilon_{kl}-\varepsilon_{kl}^*\right)\right)$ 即可求得弹性能对氧浓度 c 的驱动力。令 $W=\varepsilon_{ij}^0 M_{ijkl}\left(\varepsilon_{kl}-\varepsilon_{kl}\right)^*$，$\nabla^2\left(\varepsilon_{ij}^0 M_{ijkl}\left(\varepsilon_{kl}-\varepsilon_{kl}^*\right)\right)$ 对于二维问题在 (i,j) 点处可展开为

$$\nabla^2 W_{i,j}=\frac{W_{i+1,j}-2W_{i,j}+W_{i-1,j}}{\Delta X^2}+\frac{W_{i,j+1}-2W_{i,j}+W_{i,j-1}}{\Delta Y^2} \tag{7.48}$$

对于本章中研究的材料高温氧化问题，材料的计算模型在力学上属于平面应变问题，针对平面应变问题，其弹性物理方程为

$$\left\{\begin{array}{l} \sigma_x=\dfrac{E}{1-2\nu}\left(\varepsilon_x+\dfrac{\nu}{1-\nu}\varepsilon_y\right) \\[3mm] \sigma_y=\dfrac{E}{1-2\nu}\left(\varepsilon_y+\dfrac{\nu}{1-\nu}\varepsilon_x\right) \\[3mm] \tau_{xy}=\dfrac{E}{2(1+2\nu)}\gamma_{xy} \end{array}\right. \tag{7.49}$$

式中，E 为拉压弹性模量；ν 是泊松比。

对于平面问题，几何方程为

$$\begin{cases} \varepsilon_x = \dfrac{\partial u}{\partial x} \\[2mm] \varepsilon_y = \dfrac{\partial v}{\partial y} \\[2mm] \gamma_{xy} = \dfrac{\partial v}{\partial x} + \dfrac{\partial u}{\partial y} \end{cases} \tag{7.50}$$

式中，u 为 x 方向的位移分量；v 为 y 方向的位移分量。

对于平面问题，平衡方程为

$$\begin{cases} \dfrac{\partial \sigma_x}{\partial x} + \dfrac{\partial \tau_{yx}}{\partial y} + F_x = 0 \\[2mm] \dfrac{\partial \sigma_y}{\partial y} + \dfrac{\partial \tau_{xy}}{\partial x} + F_y = 0 \end{cases} \tag{7.51}$$

式中，σ 为正应力；τ 为切应力；F 为体力。

将物理方程(7.49)和几何方程(7.50)代入平衡方程(7.51)中可得

$$\begin{cases} A\dfrac{\partial^2 u}{\partial x^2} + (B+C)\dfrac{\partial^2 v}{\partial x \partial y} + C\dfrac{\partial^2 u}{\partial y^2} + F_x = 0 \\[2mm] A\dfrac{\partial^2 v}{\partial y^2} + (B+C)\dfrac{\partial^2 u}{\partial x \partial y} + C\dfrac{\partial^2 u}{\partial x^2} + F_y = 0 \end{cases} \tag{7.52}$$

将偏微分平衡方程(7.52)在 (i,j) 点采用中心差分展开为

$$\begin{cases} A\dfrac{u_{i+1,j} - 2u_{i,j} + u_{i-1,j}}{\Delta X^2} + (B+C)\dfrac{v_{i+1,j+1} + v_{i-1,j-1} - v_{i-1,j+1} - v_{i+1,j-1}}{4\Delta X \Delta Y} \\[2mm] + C\dfrac{u_{i,j+1} - 2u_{i,j} + u_{i,j-1}}{\Delta Y^2} + F_x = 0 \\[2mm] A\dfrac{v_{i,j+1} - 2v_{i,j} + v_{i,j-1}}{\Delta Y^2} + (B+C)\dfrac{u_{i+1,j+1} + u_{i-1,j-1} - u_{i-1,j+1} - u_{i+1,j-1}}{4\Delta X \Delta Y} \\[2mm] + C\dfrac{v_{i+1,j} - 2v_{i,j} + v_{i-1,j}}{\Delta X^2} + F_y = 0 \end{cases} \tag{7.53}$$

式中，$A = \dfrac{E}{1-2v}\cdot\dfrac{1-v}{1+v}$；$B = \dfrac{E}{1-2v}\cdot\dfrac{v}{1+v}$；$C = \dfrac{E}{2(1+v)}$。

本章求解的计算模型在 Y 方向采用位移边界条件，在 X 方向采用周期性边界条件，假设位移荷载在时间 T 内均匀加载到 u_y，则如图 7.18 所示的求解域中的边

界区域节点的边界条件为

$$\begin{cases} v_{i,m+3} = v_{i,m+4} = t \cdot u_y / T \quad 1 \leqslant i \leqslant n+4 \\ v_{i,1} = v_{i,2} = 0 \quad 1 \leqslant i \leqslant n+4 \\ u_{i,1} = u_{i,2} = 0 \quad 1 \leqslant i \leqslant n+4 \\ u_{1,j} = u_{2,j} = 0 \quad 3 \leqslant j \leqslant m+4 \\ u_{n+3,j} = u_{n+4,j} = 0 \quad 3 \leqslant j \leqslant m+4 \\ v_{1,j} = v_{2,j} = v_{3,j} \quad 3 \leqslant j \leqslant m+4 \\ v_{n+3,j} = v_{n+4,j} = v_{n+2,j} \quad 3 \leqslant j \leqslant m+4 \\ u_{i,m+4} = u_{i,m+3} \quad 3 \leqslant j \leqslant m+2 \\ u_{i,m+3} = \dfrac{\Delta Y}{\Delta X}(v_{i-1,m+3} - v_{i,m+3}) + u_{i,m+2} \quad 3 \leqslant j \leqslant m+2 \end{cases} \tag{7.54}$$

对于 $n \times m$ 个节点的求解域，其弹性力学微分平衡方程采用有限差分法共离散出 $2 \times n \times m$ 个代数方程，该方程组可通过高斯消元法求解，求解过程如图 7.19 所示。

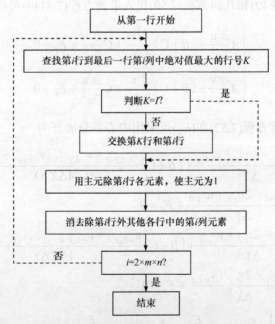

图 7.19　高斯消元法求解方程组路线图

式(7.53)代数方程组以节点位移 $u_{i,j}$ 和 $v_{i,j}$ 为未知数，对于 $n \times m$ 个节点的计算域，共包含 $2 \times n \times m$ 个未知数，节点位移求出后，计算域内各节点的应变求解如下：

$$
\begin{cases}
\varepsilon_{i,j}^{x} = \dfrac{u_{i+1,j} - u_{i-1,j}}{2\Delta X} \quad 3 \leqslant i \leqslant n+2, 1 \leqslant j \leqslant m+4 \\[2mm]
\left.\begin{array}{l}
\varepsilon_{1,j}^{x} = \dfrac{u_{2,j} - u_{1,j}}{\Delta X}, \varepsilon_{n+4,j}^{x} = \dfrac{u_{n+4,j} - u_{n+3,j}}{\Delta X} \\[3mm]
\varepsilon_{2,j}^{x} = \dfrac{u_{3,j} - u_{2,j}}{\Delta X}, \varepsilon_{n+3,j}^{x} = \dfrac{u_{n+3,j} - u_{n+2,j}}{\Delta X}
\end{array}\right\} 1 \leqslant j \leqslant m+4 \\[6mm]
\varepsilon_{i,j}^{y} = \dfrac{v_{i,j+1} - v_{i,j-1}}{2\Delta Y} \quad 1 \leqslant i \leqslant n+4, 3 \leqslant j \leqslant m+3 \\[2mm]
\left.\begin{array}{l}
\varepsilon_{i,1}^{y} = \dfrac{v_{i,2} - u_{i,1}}{\Delta Y}, \varepsilon_{i,m+4}^{y} = \dfrac{v_{i,m+4} - v_{i,m+3}}{\Delta Y} \\[3mm]
\varepsilon_{i,2}^{y} = \dfrac{v_{i,3} - v_{i,2}}{\Delta Y}, \varepsilon_{i,n+3}^{y} = \dfrac{v_{i,m+3} - v_{t,m+2}}{\Delta Y}
\end{array}\right\} 1 \leqslant i \leqslant n+4 \\[6mm]
\tau_{i,j}^{xy} = \dfrac{u_{i,j+1} - u_{i,j-1}}{2\Delta Y} + \dfrac{v_{i+1,j} - v_{i-1,j}}{2\Delta X} \quad 2 \leqslant j \leqslant m+3 \\[2mm]
\left.\begin{array}{l}
\tau_{i,1}^{xy} = \dfrac{u_{i,2} - u_{i,1}}{\Delta Y} + \dfrac{v_{i+1,1} - v_{i-1,1}}{2\Delta X} \\[3mm]
\tau_{i,m+4}^{xy} = \dfrac{u_{i,m+4} - u_{i,m+3}}{\Delta Y} + \dfrac{v_{i+1,m+4} - v_{i-1,m+4}}{2\Delta X}
\end{array}\right\} 2 \leqslant i \leqslant n+3 \\[6mm]
\left.\begin{array}{l}
\tau_{1,j}^{xy} = \dfrac{u_{1,j+1} - u_{1,j-1}}{2\Delta Y} + \dfrac{v_{2,j} - v_{1,j}}{\Delta X} \\[3mm]
\tau_{n+4,j}^{xy} = \dfrac{u_{n+4,j+1} - u_{n+4,j-1}}{2\Delta Y} + \dfrac{v_{n+4,j} - v_{n+3,j}}{\Delta X}
\end{array}\right\} 2 \leqslant j \leqslant m+3 \\[6mm]
\tau_{1,1}^{xy} = \dfrac{u_{1,2} - u_{1,1}}{\Delta Y} + \dfrac{v_{2,1} - v_{1,1}}{\Delta X} \\[3mm]
\tau_{1,m+4}^{xy} = \dfrac{u_{1,m+4} - u_{1,m+3}}{\Delta Y} + \dfrac{v_{2,m+4} - v_{1,m+4}}{\Delta X} \\[3mm]
\tau_{n+4,1}^{xy} = \dfrac{u_{n+4,2} - u_{n+4,1}}{\Delta Y} + \dfrac{v_{n+3,1} - v_{n+4,1}}{\Delta X} \\[3mm]
\tau_{n+4,m+4}^{xy} = \dfrac{u_{n+4,m+4} - u_{n+4,m+3}}{\Delta Y} + \dfrac{v_{n+3,m+4} - v_{n+4,m+4}}{\Delta X}
\end{cases} \tag{7.55}
$$

将式(7.54)给出的位移边界条件初始值代入式(7.53)的平衡方程中，通过图 7.20 所示的求解流程，即可求解出计算域中各节点的位移 $u_{i,j}$ 和 $v_{i,j}$，将求解得到的位移值代入式(7.55)中，可求得计算域内各节点的三个应变：ε_x、ε_y、τ_{xy}，然后由式(7.49)即可求解出计算域内各节点的应力：σ_x、σ_y、τ_{xy}，进而由式(7.5)求出弹性能，最终由式(7.48)和式(7.47)求出弹性能对氧浓度的驱动力 f^{elastic}。

2. 相场方程有限差分法的验证

为了验证本节中相场模型的有限差分法对氧浓度、热传导以及应力场的计算，首先将氧扩散关闭，分别施加位移荷载和温度荷载，通过相场方程求解应力场和温度场，然后将计算结果与有限元计算结果相对比，验证相场有限差分法关于应力场和温度场的计算结果。然后通过赋予氧浓度的初始边界值，计算氧的扩散过程，将计算结果与 7.1.2 节相场快速傅里叶变换计算结果相对比，验证相场有限差分法的可靠性。

1) 温度场验证

为研究相场有限差分法对二维热传导问题的温度场求解，建立如图 7.20 所示 12×12 节点的计算模型，其中 $\Delta X = \Delta Y = 0.15\text{mm}$。在进行温度场的验证时，令 $u=0$，$c_0=0$，温度荷载 $T=800℃$，初始温度为 20℃，计算时间为 60s，材料的热导率 $k=90\text{W/(m·K)}$，密度 $\rho=8.9\text{g/cm}^3$，比热容 $C=710\text{J/(kg·℃)}$。

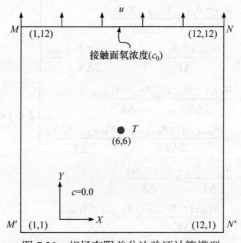

图 7.20 相场有限差分法验证计算模型

热传导 60s 后，虚拟试件的温度场与有限元计算结果对比如图 7.21 所示。

从图 7.21 可见，本节中给出的针对二维热传导的有限差分法对温度场的计算结果与 ABAQUS 有限元的计算结果吻合很好。

2) 变形场与应力场验证

在研究相场有限差分法对二维平面应变问题在位移荷载下应力场的求解，对于如图 7.20 所示的计算模型，令 $\varepsilon=1\%$，$c_0=0$，温度恒定为 20℃，材料的弹性模量 $E=70\text{GPa}$，泊松比 $\nu=0.3$。在 1%的应变荷载下，应力场的结算结果与有限元

ABAQUS 的计算结果对比如图 7.22 所示。

从图 7.22 可见，本节中给出的相场模型的有限差分法对于平面应变弹性力学中的变形与应变场的计算结果与 ABAQUS 有限元的计算结果吻合较好。其中 S11 的差分计算结果与有限元结果的误差为 0.0495%，S22 的差分计算结果与有限元计算结果的误差为 0.0319%。

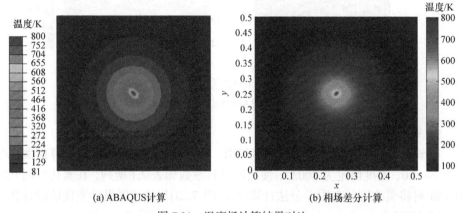

图 7.21　温度场计算结果对比

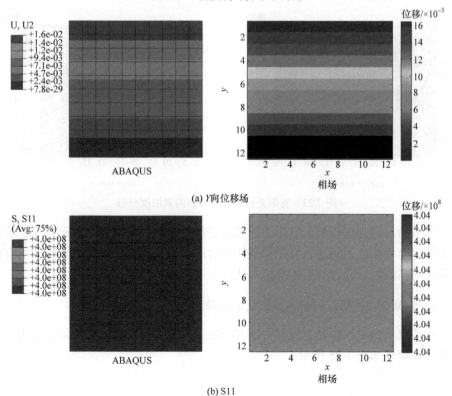

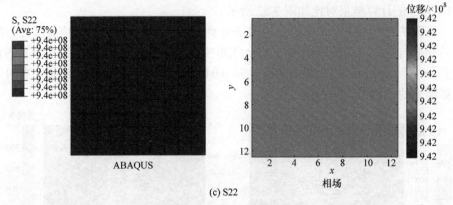

图 7.22　变形与应力场的 ABAQUS 计算与相场差分计算结果对比

3) 氧扩散的验证

本节利用有限差分法求解相场氧扩散。对于如图 7.20 所示的计算模型，令 $u=0$，$c_0=1.0$，温度恒定为 800℃，使用的材料参数如表 7.1 所列，在氧化时间 0.5h 和 16h 时将氧浓度的有限差分法计算结果(图 7.23)与快速傅里叶变换法的计算结果(图 7.24)对比。

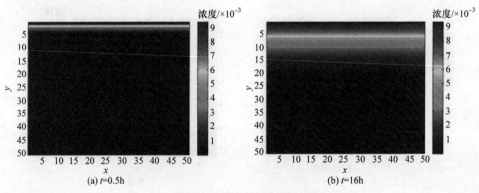

图 7.23　有限差分法计算得到的氧浓度分布

本节给出的相场模型的有限差分法对于氧扩散的计算结果与基于 7.1.2 节中快速傅里叶变换法得到的计算结果是相吻合的。下面将基于本节给出的相场有限差分法对高温编织复合材料的高温氧化行为开展数值模拟。

3. 单向 C/SiC 复合材料高温氧化的相场模拟

本节以单向 C/SiC 复合材料为研究对象，研究材料在高温下的氧化行为，建立的计算模型如图 7.25 所示。

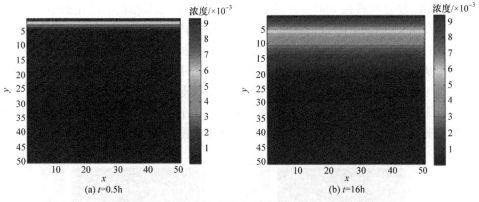

图 7.24　快速傅里叶变换法计算得到的氧浓度分布

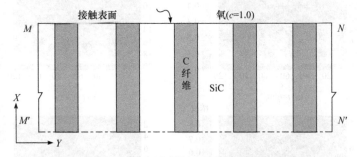

图 7.25　单向 C/SiC 复合材料高温氧化模拟的计算模型

对于如图 7.25 所示的计算模型，计算域共包括 5 根碳纤维束，碳纤维束的直径为 1mm，碳纤维束的体积比 V_f=41.7%。计算模型在 X 和 Y 方向的空间步长分别为 0.5mm 和 0.1mm，虚拟试件计算域中共包含 121×21 个计算节点，温度恒定为 800℃，碳纤维束与 SiC 基体的材料参数如表 7.2 所列。

表 7.2　C/SiC 氧化相场模拟采用的参数

物理量	碳纤维束	物理量	SiC 基体
E_1/GPa	230	E/GPa	410
E_2/GPa	18.2	ν	0.2
G_{12}/GPa	36.6	ρ/(g/cm³)	3.2
ν_{12}	0.27	L_c/(m⁵/(J·s))	1.0×10^{-17}
ρ/(g/cm³)	1.8	α_2/(×10⁶J/m³)	−3000
L_c/(m⁵/(J·s))	2.0×10^{-12}	K_c/(×10⁶J/m³)	−300
α_2/(×10⁶J/m³)	5	ω_r	0.18
K_c/(×10⁶J/m³)	1	PBR	0
ω_r	0.18		
PBR	0		

C/SiC 复合材料在 800℃下氧化 1h 内，材料内部氧浓度的演化如图 7.26 所示。由图可见，相对于 SiC 基体，氧在碳纤维束内的扩散速率更快，随着碳纤维在氧化过程中生成 CO 气体，纤维束被逐渐消耗掉，在原材料中碳纤维束所在的位置形成新的氧扩散通道，在这些氧的扩散通道中，氧与 SiC 基体接触，从而引起氧在 SiC 基体内的横向扩散。图 7.27 所示为文献中报道的 C/SiC 复合材料在不同温度下高温氧化后材料的表面形貌。可见，本节对于 C/SiC 复合材料高温氧化模拟得到的材料的氧化形貌与实验结果是相吻合的。

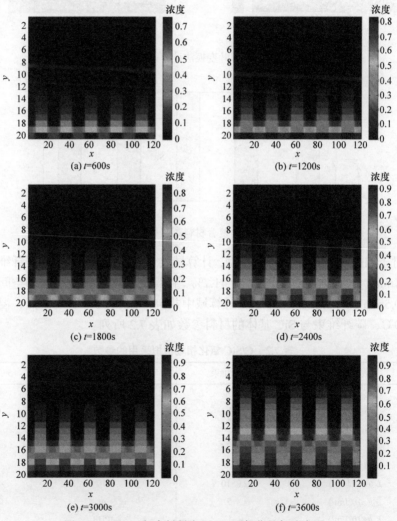

图 7.26　C/SiC 复合材料在 800℃下氧化的氧浓度图

C/SiC 复合材料高温下的化学反应如式(7.56)表达：

$$\begin{cases} SiC(s) + \dfrac{3}{2}O_2(g) \longrightarrow SiO_2(l) + CO(g) \\ 2C(s) + O_2(g) \longrightarrow 2CO(g) \end{cases} \tag{7.56}$$

由式(7.56)可知，1mol 碳完全氧化后，材料减重 12g，1mol SiC 完全氧化后，材料增重 20g，则对 C/SiC 进行高温氧化模拟时，材料的重量变化率可表示为

$$\Delta M = \frac{1.5\sum c_{i,j}^{SiC}(1-V_f)^2 \rho_{SiC} - \sum c_{i,j}^{C} V_f^2 \rho_C}{121 \times 21 \left[v_f \cdot \rho_C + (1-v_f)\rho_{SiC} \right]} \quad i = 1,2,\cdots,NX; j = 1,2,\cdots,NY$$

(7.57)

式中，$c_{i,j}^{SiC}$ 为 SiC 基体中 (i,j) 点的氧浓度；$c_{i,j}^{C}$ 为碳纤维束中 (i,j) 点的氧浓度；V_f 为复合材料中纤维束的体积含量；ρ_{SiC} 为 SiC 的密度；ρ_C 为碳纤维束的密度。

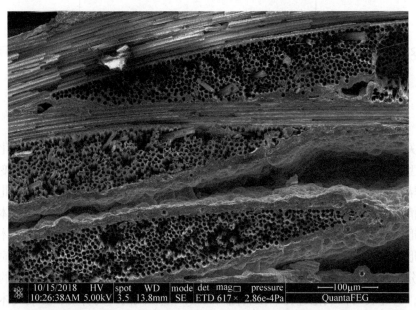

图 7.27　800℃下 C/SiC 复合材料在空气中氧化 3600s 时的形貌图

C/SiC 复合材料 800℃下高温氧化 1h 内，材料的氧化失重比与氧化时间的关系曲线与实验结果的对比如图 7.28 所示。

从图 7.28 可见，相场模拟结果在 300s 之前与实验结果的误差较大，氧化时间大于 300s 后，相场模拟与实验结果的误差逐渐减小。材料氧化实验中，氧化时间为 300s、600s、1200s、1800s 和 2400s 时，试件的重量减小的比例分别为 3.5%、8.75%、15.5%、25.9%和 38%。在上述时间点时，相场模拟得到的氧化失重比分别为 7.5%、11.1%、16.2%、20.3%和 23.6%，与实验结果的误差分别约为 114%、

27%、0.5%、−22%和−38%。总地来说，本节给出的基于有限差分法的相场高温氧化模拟方法能够比较好地模拟 C/SiC 复合材料的高温氧化行为，该方法可以用于含夹杂复合材料的高温氧化研究。

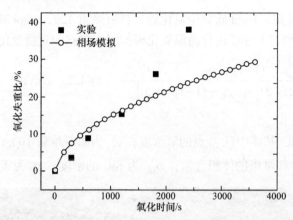

图 7.28　实验与相场模拟得到的 C/SiC 复合材料 800℃氧化 3600s 氧化失重比-氧化时间曲线

7.2　高温氧化动力学理论

关于材料的氧化动力学模型尽管已经有了不少报道，然而在现有的氧化动力学模型中仍然有许多因素没有予以考虑。例如，材料在发生氧化后的体积变化可以用毕林-彼德沃尔斯比(PBR)来描述，该因素在之前的模型中缺少考虑。此外，一般情况下氧化膜与基体的界面并不是平直的，力学分析发现氧化膜与基体间界面的形态对系统内的应力分布特性有较大的影响。已报道的针对氧化膜/基体起伏界面形貌演化的研究大多基于氧化实验，对于含起伏界面的氧化膜生长与演化的理论分析与数值计算研究还比较缺乏。另一方面，由于氧化膜和基体之间的晶格失配，研究表明在氧化过程中在氧化膜内会产生较大的应力梯度，影响气体在固体中的扩散，该影响因素在已报道的理论模型中也未予以考虑。

本节统筹考虑应力梯度、氧化体积变化、氧化界面曲率等因素对氧扩散速率与材料氧化行为的影响，建立氧化动力学模型，开展 Fe-Cr-Al-Y 材料的氧化行为研究，并将计算结果与文献中报道的实验结果进行对比分析，发现计算结果与实验结果一致性较好，验证模型的正确性。随后讨论体积变化和界面曲率对氧化速率的影响，在此基础上定性分析起伏氧化界面的演化趋势，并建立相场模型对界面演化过程进行模拟。

7.2.1　考虑氧化体积变化和界面曲率的氧化动力学模型

本节分别对纤维、圆管、平板建立氧化动力学模型，如图 7.29 所示。这三种情况分别对应了氧化界面曲率为正、负、零的情况，通过对比这三种材料构型的氧化行为来讨论界面曲率对氧化速率的影响。

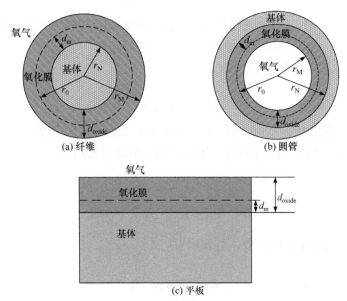

图 7.29　氧化模型示意图

1. 纤维氧化动力学模型

首先研究纤维的氧化，这对应界面曲率为正的情况。纤维氧化的横截面如图 7.29(a)所示，r_0 代表了基体纤维的初始半径，r_M 代表了氧化后纤维的半径，r_N 代表了未被氧化基体部分的半径，d_{oxide} 代表氧化膜厚度，d_m 代表氧化膜/基体界面移动的距离。

前面已经提到，高温氧化主要由氧扩散过程主导，因而氧化速率正比于氧化物/基体界面处的氧通量，也就是

$$-\frac{\mathrm{d}r_N}{\mathrm{d}t} = \beta_1 J_{O_2} \tag{7.58}$$

式中，t 为时间；J_{O_2} 为氧化膜/基体界面处的氧通量；β_1 为比例系数。

根据菲克扩散定律，氧通量正比于浓度梯度，即

$$J_{O_2} = -D_{oxide}\frac{\partial c}{\partial r} \tag{7.59}$$

式中，r 为半径；c 为氧浓度；D_{oxide} 为氧在氧化物中的扩散系数。

当反应达到准静态时，氧气/氧化膜和氧化膜/基体两个界面上的氧浓度近似为定值，所以式(7.59)中的微分可以用差分来近似：

$$J_{O_2} = -D_{oxide}\frac{c_1 - c_2}{d_{oxide}} \tag{7.60}$$

式中，c_1 和 c_2 分别为达到准静态时氧气/氧化膜界面和氧化膜/基体界面上的氧浓度。

由式(7.58)～式(7.60)可以得到如下的控制方程。

扩散系数 D_{oxide} 遵从阿伦乌尼斯方程：

$$D_{oxide} = D_0 e^{-\frac{E_{act}}{RT}} \tag{7.61}$$

式中，E_{act} 为激活能；R 为摩尔气体状态常数；T 为热力学温度；D_0 为不依赖温度的材料常数。根据热力学理论，平衡态的氧浓度可表示为

$$\begin{cases} c_1 = K_{chem}\sqrt{p_{O_2}^1} \\ c_2 = K_{chem}\sqrt{p_{O_2}^2} \end{cases} \tag{7.62}$$

式中，K_{chem} 为化学平衡常数，可表示为

$$K_{chem} = K_0 e^{-\frac{\Delta H}{RT}} \tag{7.63}$$

式中，ΔH 为自由焓。

将式(7.59)～式(7.63)代入(7.58)，可得到描述氧化膜生长的动力学方程为

$$-\frac{dr_N}{dt} = \beta_1 K_0 D_0 e^{-\frac{E_{act}+\Delta H}{RT}}\frac{\sqrt{p_{O_2}^1} - \sqrt{p_{O_2}^2}}{d_{oxide}} \tag{7.64}$$

为了书写简便起见，引入两个材料常数组合而成的参数，一个是表观激活能 E_{app}

$$E_{app} = E_{act} + \Delta H \tag{7.65}$$

另一个是氧化速率常数 κ_p

$$\kappa_p = \beta_1 K_0 D_0 \left(\sqrt{p_{O_2}^1} - \sqrt{p_{O_2}^2}\right) \tag{7.66}$$

于是氧化动力学方程可以记作：

$$-\frac{dr_N}{dt} = \kappa_p \frac{e^{-\frac{E_{app}}{RT}}}{d_{oxide}} \tag{7.67}$$

需要指出的是，方程中的变量 r_N 和 d_{oxide} 并非彼此独立，通过氧化前后的体积

变化关系可将这两者联系起来。根据毕林-彼德沃尔斯比的定义，氧化前后的体积变化关系可表示为

$$
\begin{cases}
V_{\text{oxide}} = \gamma V_{\text{matrix}} \\
\pi\left(r_{\text{M}}^2 - r_{\text{N}}^2\right)l = \gamma\pi\left(r_0^2 - r_{\text{N}}^2\right)l
\end{cases}
\tag{7.68}
$$

式中，l 为纤维的长度；γ 为毕林-彼德沃尔斯比，定义为氧化后的体积与相应物质在氧化前体积的比值，反映了氧化前后的体积变化关系。

由几何关系可以得到

$$
r_{\text{N}} + d_{\text{oxide}} = r_{\text{M}}
\tag{7.69}
$$

结合式(7.68)和式(7.69)，可以得到氧化后基体半径 r_{N} 和氧化膜厚度 d_{oxide} 之间的关系：

$$
r_{\text{N}} = \frac{1}{\gamma}\left[-d_{\text{oxide}} + \sqrt{\left(d_{\text{oxide}}\right)^2 - \gamma\left(d_{\text{oxide}}\right)^2 + \gamma^2 r_0^2}\,\right]
\tag{7.70}
$$

将式(7.70)代入式(7.67)，可得到只以氧化膜厚度 d_{oxide} 为自变量的动力学控制方程

$$
\frac{1}{\gamma}\left[1 - \frac{d_{\text{oxide}}\left(1-\gamma\right)}{\sqrt{\left(d_{\text{oxide}}\right)^2 - \gamma\left(d_{\text{oxide}}\right)^2 + \gamma^2 r_0^2}}\right]\frac{\mathrm{d}\left(d_{\text{oxide}}\right)}{\mathrm{d}t} = \frac{\kappa_{\text{p}} e^{-\frac{E_{\text{app}}}{RT}}}{d_{\text{oxide}}}
\tag{7.71}
$$

这是一个常微分方程，其初始条件为

$$
d_{\text{oxide}} = 0 \quad t = 0
\tag{7.72}
$$

当 $\gamma > 1$ 时，也就是氧化后体积增大，方程(7.71)在边界条件(7.72)下的解可以完全被确定，如下：

$$
\frac{1}{2\gamma}\left(d_{\text{oxide}}\right)^2 + \frac{\gamma}{2\sqrt{\gamma-1}}r_0^2 \arctan\left[\frac{\sqrt{\eta-1}\,d_{\text{oxide}}}{\sqrt{\left(d_{\text{oxide}}\right)^2\left(1-\gamma\right) + \gamma^2 r_0^2}}\right]
$$
$$
-\frac{1}{2\gamma}d_{\text{oxide}}\sqrt{\left(d_{\text{oxide}}\right)^2\left(1-\gamma\right) + \gamma^2 r_0^2} = \kappa_{\text{p}} e^{-\frac{E_{\text{app}}}{RT}}t
\tag{7.73}
$$

对于 $\gamma = 1$ 的特殊情况，也就是氧化前后体积不变时，该模型退化为经典的抛物线规律：

$$
\frac{1}{2}\left(d_{\text{oxide}}\right)^2 = \kappa_{\text{p}} e^{-\frac{E_{\text{app}}}{RT}}t
\tag{7.74}
$$

需要指出的是，对于如果氧化后体积减小，将难以形成致密的氧化层来保护

材料发生进一步氧化，所以此模型并不适用于 $\gamma < 1$ 的情形。

采用了氧化界面移动距离 d_m 来描述氧化进行的快慢，其定义如图 7.29 所示，其表达式如下：

$$d_m = r_0 - r_N = r_0 - \frac{1}{\gamma}\left[-d_{oxide} + \sqrt{\left(d_{oxide}\right)^2 - \gamma\left(d_{oxide}\right)^2 + \gamma^2 r_0^2}\right] \tag{7.75}$$

2. 圆管氧化动力学模型

在本小节中，研究圆管的氧化，对应界面曲率为负的情形。如图 7.29(b)所示，圆管内表面处于氧环境中，r_0 是管的初始半径，r_N 为氧化后的管的内径，r_M 为氧化界面对应的半径，d_{oxide} 是氧化膜的厚度。对于圆管，氧化前后的体积变化关系可以表示为

$$\begin{cases} V_{oxide} = \gamma V_{matrix} \\ \pi\left(r_N^2 - r_M^2\right) = \gamma\pi\left(r_N^2 - r_0^2\right) \end{cases} \tag{7.76}$$

从几何上的关系可知

$$r_M + d_{oxide} = r_N \tag{7.77}$$

由式(7.76)和式(7.77)可以得到

$$r_N = \frac{1}{\gamma}\left[d_{oxide} + \sqrt{\left(1-\gamma\right)\left(d_{oxide}\right)^2 + \gamma^2 r_0^2}\right] \tag{7.78}$$

类似于纤维氧化，可以进行相应的推导，得到关于圆管内氧化膜生长的控制方程

$$\frac{dr_N}{dt} = \frac{\kappa_p e^{-\frac{E_{app}}{RT}}}{d_{oxide}} \tag{7.79}$$

将式(7.78)代入式(7.79)得

$$\frac{1}{\gamma}\left[1 + \frac{d_{oxide}(1-\gamma)}{\sqrt{\left(d_{oxide}\right)^2 - \gamma\left(d_{oxide}\right)^2 + \gamma^2 r_0^2}}\right]\frac{d(d_{oxide})}{dt} = \frac{\kappa_p e^{-\frac{E_{app}}{RT}}}{d_{oxide}} \tag{7.80}$$

求解该方程，得到氧化膜厚度的和氧化时间之间关系的解析表达式为

$$\frac{1}{2\gamma}\left(d_{oxide}\right)^2 + \frac{1}{2\gamma}d_{oxide}\sqrt{\left(d_{oxide}\right)^2(1-\gamma) + \gamma^2 r_0^2}$$

$$-\frac{\gamma}{2\sqrt{\gamma-1}}r_0^2 \arctan\left[\frac{\sqrt{\gamma-1}d_{oxide}}{\sqrt{x^2(1-\gamma) + \gamma^2 r_0^2}}\right] = \kappa_p e^{-\frac{E_{app}}{RT}}t \tag{7.81}$$

相应地得到氧化界面移动距离的表达式:

$$d_{\mathrm{m}} = r_{\mathrm{N}} - r_0 = \frac{1}{\gamma}\left[d_{\mathrm{oxide}} + \sqrt{(1-\gamma)(d_{\mathrm{oxide}})^2 + \gamma^2 r_0^2} \right] - r_0 \tag{7.82}$$

3. 平板氧化动力学模型

在本节中,将研究如图 7.29(c)所示的平板的氧化,对应氧化界面曲率为零的情况。平板的氧化可以认为是纤维氧化(或圆管氧化)在初始半径 r_0 趋向于无穷大时的极限情况,所以其氧化动力学方程为

$$\frac{\mathrm{d}(d_{\mathrm{oxide}})}{\gamma \mathrm{d}t} = \frac{\kappa_{\mathrm{p}}\mathrm{e}^{-\frac{E_{\mathrm{app}}}{RT}}}{d_{\mathrm{oxide}}} \tag{7.83}$$

求解式(7.83)可得氧化膜厚度与氧化时间的关系为

$$\frac{1}{2}(d_{\mathrm{oxide}})^2 = \gamma \kappa_{\mathrm{p}}\mathrm{e}^{-\frac{E_{\mathrm{app}}}{RT}} t \tag{7.84}$$

氧化界面移动距离 d_{m} 为

$$d_{\mathrm{m}} = \frac{d_{\mathrm{oxide}}}{\gamma} \tag{7.85}$$

7.2.2　氧化生长应力对氧化速率的影响

研究表明,由于氧化膜和原有基体之间的晶格失配,在生长过程中氧化膜内部会产生较大的应力和应力梯度,而应力的存在一方面会影响氧化膜/基体界面处的氧化反应速率,另一方面会影响氧在氧化膜中的扩散。在本小节中,发展了一种考虑氧化生长应力的氧扩散模型来修正氧化速率常数。本小节仍以 Fe-Cr-Al-Y 合金为例进行计算,采用的材料参数见表 7.1。

首先采用一个比较简单的模型得到氧化膜内的生长应力,为了进行分析,把整个过程分以下三个步骤,如图 7.30 所示:

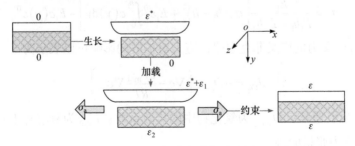

图 7.30　生长应力分析示意图

　　步骤一：假设氧化膜和基体之间暂时没有晶格失配，将氧化膜从基体上移走，让其自由生长，在这个过程中氧化膜内会有一个无应力应变 ε^*，称为生长应变。

　　步骤二：对氧化膜和基体施加外界机械载荷 σ_a，氧化膜和基体分别按各自的本构关系发生弹性变形，其变形分别记作 ε_1 和 ε_2。

　　步骤三：将变形后的氧化膜和基体重新粘在一起，这时二者横向的应变应该相等，记为 ε，所以在氧化膜和基体内会产生失配应力，也就是生长应力。假设氧化膜和基体在面内的尺寸远远大于厚度方向的尺度，应力只沿厚度方向变化。

　　假设氧化膜和基体都是弹性各向同性的，其本构关系为

$$\begin{cases} \sigma_1 = E_1(\varepsilon - \varepsilon^*) \\ \sigma_2 = E_2\varepsilon \end{cases} \tag{7.86}$$

式中，E_1 和 E_2 分别为氧化膜和基体的弹性模量；σ_1 和 σ_2 分别为氧化膜和基体沿 x 方向的应力，z 方向应力和 x 方向相同。

　　由于膜很薄，认为这是个平面应力问题，所以 y 方向应力为零。

　　应力平衡方程为

$$\int_0^{h_1} \sigma_1 \mathrm{d}y + \sigma_2 h_2 = \sigma_a(h_1 + h_2) \tag{7.87}$$

式中，σ_a 为外加载荷；h_1 和 h_2 分别为氧化膜和基体的厚度。

　　根据 Larche 和 Cahn 的理论，无应力应变 ε^* 正比于氧浓度 c

$$\varepsilon^* = c\varepsilon^0 \tag{7.88}$$

式中，ε^0 是材料完全被氧化时的生长应变，是一个材料参数，可以用毕林-彼德沃尔斯比(PBR)来表示，见式(7.7)。

　　根据式(7.86)~式(7.88)，氧化膜内应力可被表示为

$$\sigma_1 = \frac{E_1}{E_1 h_1 + E_2 h_2}\left[\sigma_a(h_1 + h)_2 + E_1\varepsilon^0\int_0^{h_1} c(y)\mathrm{d}y\right] - E_1 c(y)\varepsilon^0 \tag{7.89}$$

　　根据含广义力的广义菲克定律，应力对扩散的影响可以表示为

$$J_{O_2} = -D_{\text{oxide}}\left(\nabla c - \frac{cV_{\text{mol}}}{RT}\nabla\sigma_{\text{tr}}\right) \tag{7.90}$$

式中，J_{O_2} 为氧通量；D_{oxide} 为氧化物中的扩散系数；V_{mol} 为氧溶解于固体的溶解度；σ_{tr} 为应力张量的迹。

将氧化膜内应力的表达式(7.89)代入广义菲克定律，得

$$J_{O_2} = -D_{oxide}\left(\nabla c + \frac{2cV_{mol}E_1\varepsilon_0}{RT}\nabla c\right) = -D_{oxide}\nabla c\left(1 + \frac{2cV_{mol}E_1\varepsilon_0}{RT}\right) \tag{7.91}$$

假设面内尺寸远大于厚度方向的尺寸，将问题简化为平面问题：

$$J_{O_2} = -D_{oxide}\frac{\partial c}{\partial y}\left(1 + \frac{2cV_{mol}E_1\varepsilon_0}{RT}\right) \tag{7.92}$$

然后可以得出修正以后的氧化膜生长速率公式：

$$\frac{1}{2}(h_1)^2 = \gamma\left(1 + \frac{2cV_{mol}E_1\varepsilon_0}{RT}\right)\kappa_p e^{-\frac{E_{app}}{RT}}t \tag{7.93}$$

根据式(7.93)得到氧化膜/基体界面移动距离随时间演化的规律：

$$\frac{1}{2}(\gamma d_m)^2 = \gamma\left(1 + \frac{2cV_{mol}E_1\varepsilon_0}{RT}\right)\kappa_p e^{-\frac{E_{app}}{RT}}t \tag{7.94}$$

记氧化增重为 ΔW ，假设氧化界面移动单位距离，也就是单位体积的基体发生氧化后，质量增加为 ΔW_0 ，则有

$$\frac{\Delta W}{\Delta W_0} = \frac{d_m}{1} \tag{7.95}$$

所以关于无量纲氧化增重的控制方程为

$$\frac{1}{2}\left(\frac{\Delta W}{\Delta W_0}\right)^2 = \frac{1}{\gamma}\left(1 + \frac{2cV_{mol}E_1\varepsilon_0}{RT}\right)\kappa_p e^{-\frac{E_{app}}{RT}}t \tag{7.96}$$

若还将其写成传统的抛物线规律的形式：

$$\frac{1}{2}\left(\frac{\Delta W}{\Delta W_0}\right)^2 = \bar{\kappa}_p e^{-\frac{E_{app}}{RT}}t \tag{7.97}$$

式中，修正后的氧化速率常数 $\bar{\kappa}_p$ 的表达式为

$$\bar{\kappa}_p = \frac{1}{\gamma}\left(1 + \frac{2cV_{mol}E_1\varepsilon_0}{RT}\right)\kappa_p \tag{7.98}$$

也就是说考虑了氧化后的体积变化、生长应力以及温度变化对氧化速率的影响，相当于在氧化速率常数这部分引入了一个修正因子 η_m

$$\eta_m = \frac{\bar{\kappa}_p}{\kappa_p} = \frac{1}{\gamma}\left(1 + \frac{2cV_{mol}E_1\varepsilon_0}{RT}\right) \tag{7.99}$$

7.2.3　实验验证及讨论

为了验证模型的正确性，计算了 Fe-Cr-Al-Y 合金纤维在 1073K 和 1183K 时的氧化行为，并与文献中的实验结果进行了对比(Fei et al., 2004)，与实验数据吻合较好，如图 7.31 所示。

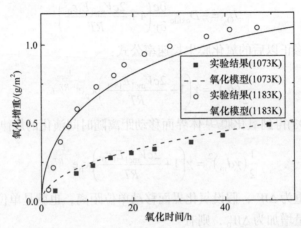

图 7.31　Fe-Cr-Al-Y 合金纤维在不同温度下的增重曲线，其中实验结果取自 Fei 等(2004)

从式(7.99)可以看出，环境氧浓度、环境温度、氧化导致的体积变化等因素都会影响到氧化速率。下面对这几个因素的影响一一进行计算和讨论。采用的材料参数如表 7.3 所示。图 7.32 为环境氧浓度和修正因子之间的关系曲线，从图中可以看出，环境氧浓度越大，应力梯度效应对氧扩散速率的影响越明显。这是因为氧化生长应力正比于材料被氧化的程度，也就和环境氧浓度的大小成正比。

表 7.3　氧化模型计算中用到的材料参数

物理量	符号	数值	物理量	符号	数值
杨氏模量/GPa	E_1	95	气体摩尔体积 /(m^3/mol)	V_{mol}	1.67×10^{-6}
泊松比	ν	0.3	表现激活能 /(kJ/mol)	E_{app}	237
PBR	γ	1.28	环境氧浓度	c	1.0
纤维初始半径 /μm	r_0	12.5	松弛因子	ω_r	0.18
摩尔气体常数 /(J/(mol·K))	R	8.31			

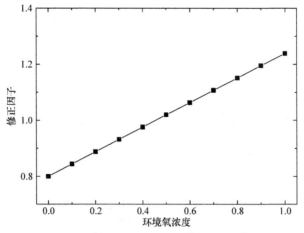

图 7.32　氧化速率修正因子和环境氧浓度之间的关系

　　修正因子的温度相关性如图 7.33 所示，可以看出，当温度比较高的时候生长应力梯度对氧化速率的影响被削弱了，这是因为温度越高氧离子扩散速率越快，高温可以使它们更容易摆脱应力梯度的影响。

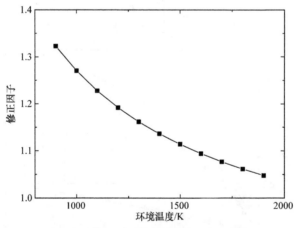

图 7.33　修正因子与环境温度之间的关系

　　另外，模型中考虑了氧化引起的体积变化对氧化速率的影响。图 7.34 所示为不同 PBR 值对应的增重曲线。可以看出，PBR 值越大，材料抗氧化性能越好。这是由于 PBR 越大，相应地生成的氧化膜就越厚，外界环境中的氧需要通过更长的扩散路径才能到达氧化膜/基体界面与基体发生反应。分别取了 PBR 等于 1、1.28、1.5、1.8 四种情况进行了对比，可以看出，PBR 值对于氧化速率的影响比较明显。

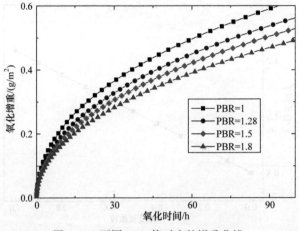

图 7.34　不同 PBR 值对应的增重曲线

除此之外，为了进一步验证理论模型，将理论结果同 Sadrnezhaad 等(2007)对于 MgO-C 圆柱体在不同温度下的氧化实验结果进行了对比，与实验符合较好，如图 7.35 所示。这里文献中采用了被氧化百分比 ψ 作为评价氧化进程的指标，其表达式为

$$\psi = \left(\frac{r_0 - r_N}{r_0} \right)^2 \tag{7.100}$$

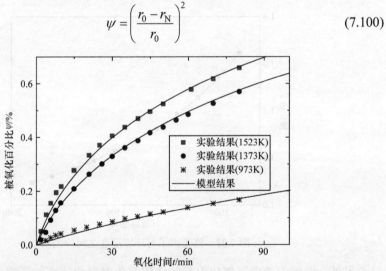

图 7.35　MgO-C 圆柱体在不同温度下的氧化，其中实验结果取自 Sadrnezhaad 等(2007)

本书还讨论了圆柱体初始半径 r_0 对氧化速率的影响，如图 7.36 所示，可以看出，初始半径越大，氧化越慢。这是因为圆柱体的初始半径越大，氧扩散到材料内部需要的时间就越长。

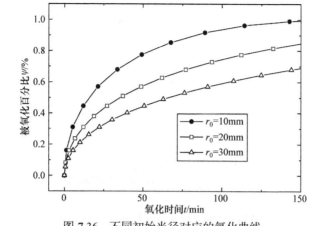

图 7.36　不同初始半径对应的氧化曲线

7.2.4　波浪形氧化界面的演化

由于模型包含了界面曲率的影响,可以通过计算界面曲率对氧化速率的影响进而分析波浪形氧化界面的演化规律。图 7.37 给出了不同界面曲率对应的氧化界面移动距离-时间曲线,其中 $\kappa = \dfrac{1}{r_0}$ 为氧化膜/基体界面曲率,从中可以看出,界面曲率越大,氧化速率越快。这是因为界面曲率越大,局部的氧浓度就越大。对此,本书采用图 7.38 来进行比较形象的解释:一个颗粒点 A 如果孤立于氧环境中,对应界面曲率为正无穷大,其四周均被氧所包围;如果 A 处于一个凸出界面上,对应的界面曲率为正,其大半部分与氧接触;如果 A 处于一个平面上,对应界面曲率为零,则只有一半与氧接触;而 A 如果处在凹进去的表面上,对应界面曲率为负,则只有一少半的面积与氧接触。

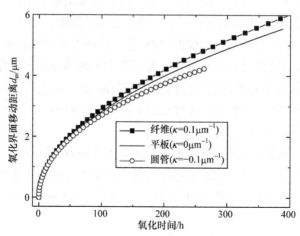

图 7.37　不同界面曲率对应的氧化界面移动距离-时间曲线

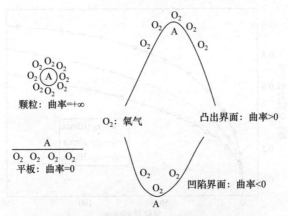

图 7.38　不同界面曲率处氧浓度分布示意图

如图 7.39 所示，处在同样的环境时，界面向外凸出的部分(A_1 点)会比凹进去的部分(A_2 点)氧化得更快，也就是说氧化会使得原来起伏的表面趋于平缓。

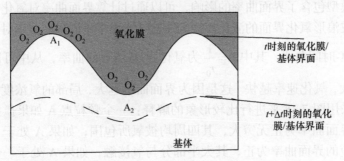

图 7.39　氧化界面演化示意图

上述是采用理论分析得到的结论，为了进一步证实这个结论，同时也采用了7.1 节所建立的相场方法对氧化界面起伏进行了数值模拟，如图 7.40 所示。将初始条件设置为一个三角波形状起伏的界面，然后让序参量遵照演化方程进行演化，其中序参量等于 0 的部分表示基体，序参量等于 1 的部分表示氧化物。从相场模拟的结果可以看出，随着氧化的进行氧化物/基体界面逐渐趋于平缓，这与理论模型分析所得到的趋势是一致的，这与 Carim 和 Sinclair(1987)在 Si/SiO 体系的氧化界面演化实验中观察到的趋势也是一致的。

除此之外，还计算了伴随界面形貌的演化氧化膜和基体中应力的变化。随着氧化界面逐渐平缓，整体应力水平逐渐降低，在 x 方向基体中主要呈拉应力，而氧化膜中主要呈压应力。如图 7.41 所示，为不同时刻的应力分布云图。

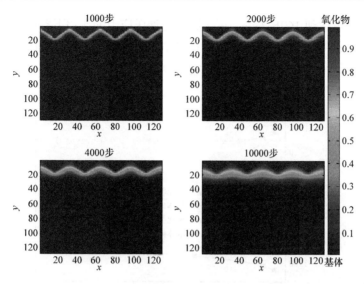

图 7.40　相场模拟的氧化界面演化过程

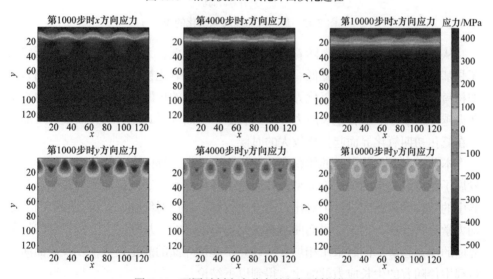

图 7.41　不同时刻应力分布的相场计算结果

为了更加定量化地探讨氧化界面演化对氧化膜/基体系统应力演化的影响，分别计算了 x 方向和 y 方向最大拉、压应力随时间的演化曲线，如图 7.42 所示。最大拉应力总是出现在基体中，在初始阶段界面起伏还比较大的时候基体中的最大拉应力出现在 y 方向，可以达到几百兆帕，这就有可能导致界面的分层或脱黏。随着界面逐渐变平缓，基体中的最大拉应力迅速地减低，这表明基体中的拉应力对界面起伏程度比较敏感。与之相对，最大压应力出现在氧化膜中，而且出现在

x 方向，最大可达到 1GPa 左右，氧化膜在这种压应力的作用下有可能发生屈曲破坏。从图 7.42 中可以看出，随着界面逐渐平缓，氧化膜内的最大压应力也会逐渐降低，但降低得比较缓慢，也就是说它对界面起伏程度不太敏感。

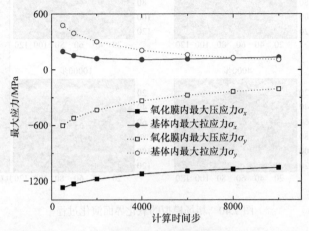

图 7.42　最大应力随时间演化的规律

　　从上述分析可以看出，随着氧化界面逐渐变平缓，无论是氧化膜内的压应力还是基体内的拉应力都会降低。也就是说，即使在氧化初期由于一些偶然因素，如材料的不均匀性，使得氧化界面呈起伏状，随后的扩散和氧化也会使应力水平变得越来越安全。氧化生长应力导致的脱黏、屈曲等形式的力学失效最有可能发生在氧化初期氧化界面起伏比较大的时候。

　　本节考虑了氧化引起的体积变化、氧化生长应力等因素对氧化速率的影响，发展了新的氧化动力学理论模型，并讨论了各种因素对于氧化速率的影响。与实验中的氧化增重曲线进行了对比，吻合比较好。通过对纤维、平板、圆管的氧化动力学分析计算，讨论了界面曲率对氧化速率的影响，从理论上分析了起伏氧化界面的演化趋势。同时采用相场方法计算了起伏界面的演化趋势，以及界面演化过程中伴随着的生长应力的演化。得到以下结论：

　　(1) 环境氧浓度越大，应力梯度效应对氧扩散速率的影响越明显，温度越高，生长应力梯度对氧化速率的影响越不明显。

　　(2) PBR 值越大，材料抗氧化性能越好，而界面曲率越大，材料氧化速率越快。

　　(3) 如果氧化后材料的体积减小，则附加应力强度因子为正，此时氧化促进材料中的裂纹扩展；相反，如果氧化后材料的体积增加，则附加应力强度因子为负，此时氧化阻碍材料中的裂纹扩展。同时，氧化会改变裂纹尖端材料的物理性质，裂纹的扩展取决于上述机制的竞争关系。

(4) 环境氧浓度越高,氧化产生的附加应力强度因子越大。温度升高原子扩散加剧,氧原子克服弹性驱动力的束缚,将降低裂纹尖端氧浓度,因而氧化引起的附加应力强度因子随环境温度的升高而降低。

7.3　高温氧化与断裂的相互作用

已有对于氧化的研究大多针对完整材料,对于含初始裂纹材料的氧化研究比较缺乏。研究表明,裂纹对材料的氧化行为会产生比较大的影响。首先,裂纹为氧气和其他气体进出材料提供了通道。此外,裂纹尖端的应力集中为氧扩散提供了驱动力,导致裂纹尖端氧浓度的集中,使得裂纹尖端附近发生局部氧化。本节从菲克定律和线弹性裂纹尖端应力场出发,推导得到了裂纹尖端的氧浓度分布以及裂纹尖端氧化区的形状,应用权函数法计算获取了裂纹尖端氧化区的应力强度因子;发展了适用于含缺陷材料高温氧化计算的相场模型,研究了裂纹附近区域的氧扩散和材料氧化行为,分析了环境参数对含初始裂纹材料氧化行为以及氧化对材料断裂性能的影响。理论模型与数值计算表明,在静水应力梯度的作用下气体原子由低应力区域移动到高应力区域,由于裂纹尖端的应力集中,裂纹尖端区域氧浓度有较大的奇异性,初始裂纹的存在会加速材料的氧化失效。

7.3.1　氧化断裂理论模型

1. 裂纹尖端氧浓度分布

要研究的问题如图 7.43 所示。前面已经提到,由于高温氧化主要和离子在固体材料中的扩散过程相关,所以推导就从描述扩散的菲克定律出发。

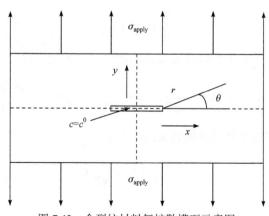

图 7.43　含裂纹材料氧扩散模型示意图

极坐标系下，广义菲克定律的表达式具有如下形式：

$$J_{O_2} = -D_{\text{oxide}}\nabla c(r,\theta,t) - \frac{D_{\text{oxide}}c(r,\theta,t)}{RT}\nabla E^{\text{p}}(r,\theta) \tag{7.101}$$

式中，c 为摩尔浓度；J_{O_2} 为氧通量；D_{oxide} 为扩散系数；R 为摩尔气体常数；T 为热力学温度。

与传统菲克定律不同的是，式(7.101)右边多了一项，这里 E^{p} 代表某种势能，根据所研究问题的不同可以是静电能、磁能等。而 $F=-\nabla E^{\text{p}}$ 则代表了广义能量对扩散离子的驱动力。由于要研究的是氧化扩散和力学行为之间的关系，E^{p} 在这里代表了弹性能，其表达式为

$$E^{\text{p}} = \frac{1}{3}V_{\text{mol}}\sum_{i=1}^{3}\sigma_{ii} \tag{7.102}$$

式中，V_{mol} 为氧溶解于固体的摩尔体积；σ_{ii} 为裂纹尖端附近应力场，采用了经典的线弹性裂纹尖端应力场作为近似。

极坐标系下，线弹性材料 I 型裂纹尖端应力分布的解析表达式为

$$\begin{cases} \sigma_{xx} = \dfrac{K_{\text{I}}^{\text{far}}}{\sqrt{2\pi r}}\cos\dfrac{\theta}{2}\left(1-\sin\dfrac{\theta}{2}\sin\dfrac{3\theta}{2}\right) \\[3mm] \sigma_{yy} = \dfrac{K_{\text{I}}^{\text{far}}}{\sqrt{2\pi r}}\cos\dfrac{\theta}{2}\left(1+\sin\dfrac{\theta}{2}\sin\dfrac{3\theta}{2}\right) \\[3mm] \sigma_{xy} = \dfrac{K_{\text{I}}^{\text{far}}}{\sqrt{2\pi r}}\cos\dfrac{\theta}{2}\sin\dfrac{\theta}{2}\cos\dfrac{3\theta}{2} \end{cases} \tag{7.103}$$

式中，r 和 θ 为极坐标中的变量，如图 7.43 所示；$K_{\text{I}}^{\text{far}}$ 为远场应力强度因子。

将式(7.101)～式(7.103)代入下面的菲克第二定律中

$$\frac{\partial c}{\partial t} = -\nabla \cdot J_{O_2} \tag{7.104}$$

就可以得到极坐标系下 I 型裂纹尖端氧浓度分布的控制方程

$$\frac{\partial c}{\partial t} = D_{\text{oxide}}\left(\nabla^2 c + \frac{1}{2}\chi r^{-\frac{3}{2}}\cos\frac{\theta}{2}\frac{\partial c}{\partial r} + \frac{1}{2}\chi r^{-\frac{5}{2}}\cos\frac{\theta}{2}\frac{\partial c}{\partial \theta}\right) \tag{7.105}$$

式中，χ 为和材料以及外界环境相关的参数。

$$\chi = \frac{2}{3\sqrt{2\pi}}(1+\nu)\frac{V_{\text{mol}}}{RT}K_{\text{I}}^{\text{far}} \tag{7.106}$$

式中，ν 为泊松比。

假设外界环境氧浓度始终维持不变，即裂纹面上和无穷远处的氧浓度保持不变，则边界条件为

$$
\begin{cases}
c = c^0 & (\theta = \pm\pi) \\
c = c^0 & (r \to \infty)
\end{cases}
\tag{7.107}
$$

这里考虑扩散过程达到稳态的情况，此时氧浓度 c 在各种驱动力作用下达到平衡，即氧浓度 c 不再随时间变化，此时裂纹尖端氧浓度分布的控制方程(7.105)简化为

$$
D_{\text{oxide}}\left(\nabla^2 c + \frac{1}{2}\chi r^{-\frac{3}{2}}\cos\frac{\theta}{2}\frac{\partial c}{\partial r} + \frac{1}{2}\chi r^{-\frac{5}{2}}\cos\frac{\theta}{2}\frac{\partial c}{\partial \theta}\right) = 0
\tag{7.108}
$$

即

$$
D_{\text{oxide}}\left(\frac{\partial^2 c}{\partial r^2} + \frac{1}{r}\frac{\partial c}{\partial r} + \frac{1}{r^2}\frac{\partial^2 c}{\partial \theta^2} + \frac{1}{2}\chi r^{-\frac{3}{2}}\cos\frac{\theta}{2}\frac{\partial c}{\partial r} + \frac{1}{2}\chi r^{-\frac{5}{2}}\cos\frac{\theta}{2}\frac{\partial c}{\partial \theta}\right) = 0 \quad (7.109)
$$

在满足边界条件(7.107)的前提下求解控制方程(7.109)，可以得到 I 性裂纹尖端氧浓度分布的解析解为

$$
c = c^0 \mathrm{e}^{\chi r^{-\frac{1}{2}}\cos\frac{\theta}{2}}
\tag{7.110}
$$

从式(7.110)可以看出，尽管在裂纹尖端应力的奇异性仅为 $r^{-1/2}$，然而在裂纹尖端氧浓度却具有很高的奇异性，为 $\mathrm{e}^{r^{-1/2}}$ 奇异性。离子在静水应力梯度的驱动下，会从应力较低区域移动到应力较高区域，造成裂纹尖端的氧浓度集中。

2. 裂纹尖端氧化区面积

从式(7.110)可以看出，随着距离裂纹尖端越来越远，氧浓度会下降得非常快。本节要推导出裂纹尖端氧化区面积，来评价裂纹尖端被氧化的程度。假设氧化区边界的氧浓度为

$$
c = c^{\text{cri}}
\tag{7.111}
$$

再根据上一小节导出的氧浓度分布式(7.110)，就可以得到裂纹尖端氧化区面积边界的表达式为

$$
r^{\frac{1}{2}} = \frac{A\cos\dfrac{\theta}{2}}{\ln\left(\dfrac{c^{\text{cri}}}{c^0}\right)}
\tag{7.112}
$$

这是裂纹尖端附近的一块由心形线围成的闭合区域，其形状如图 7.44 所示。

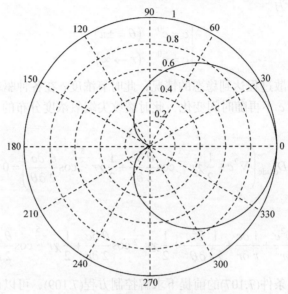

图 7.44　裂纹尖端氧化区形状

对该域进行积分，可得裂纹尖端氧化区面积为

$$S = \frac{3}{8}\pi\chi^4\left[\ln\left(\frac{c^{\mathrm{cri}}}{c^0}\right)\right]^{-4} \tag{7.113}$$

将式(7.106)代入式(7.113)，也就是

$$S = \frac{1}{54\pi}\left[\ln\left(\frac{c^{\mathrm{cri}}}{c^0}\right)\right]^{-4}(1+\nu)^4\left(\frac{V_{\mathrm{mol}}K_{\mathrm{I}}^{\mathrm{far}}}{RT}\right)^4 \tag{7.114}$$

3. 氧化增韧(减韧)效应

　　由于在整个过程中，裂纹尖端有氧化物生成，氧化物与原有材料相比体积会相应地膨胀或者缩小，也就是说，被氧化的区域会产生无应力应变。这会影响裂纹尖端的弹性场分布，可以用一个附加应力强度因子来表征。已知氧化区后，采用权函数法，就可以求解氧化产生的附加应力强度因子 ΔK (Rice, 1972)。求解思路如图 7.45 所示，将裂纹问题和夹杂问题分解为两个独立问题的线性叠加，先求解夹杂问题的应力场，将这个应力场作为边界条件代入裂纹问题中，解出裂纹问题的应力场，最后将这两者叠加，得到整个问题的应力解。

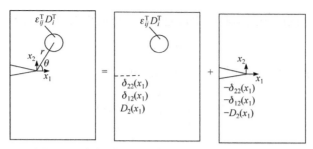

图 7.45　夹杂对裂纹尖端应力场影响求解示意图

氧化产生的附加应力强度因子 ΔK 的表达式为

$$\Delta K = \int_{\Gamma} T_i h_i \mathrm{d}\Gamma \tag{7.115}$$

式中，Γ 为式(7.112)所表示的氧化区边界；T_i 为单位边界上氧化导致的应力，如图 7.46 所示。

$$T_i = \frac{E}{1+\nu} \varepsilon_{ij}^0 n_j \tag{7.116}$$

式中，n_j 为法向矢量；h_i 为权函数，其表达式为(Rice, 1972)

$$
\begin{cases}
h_1 = \dfrac{(1-\kappa)\cos\dfrac{\theta}{2} + \sin\theta\sin\dfrac{3\theta}{2}}{(\kappa+1)\sqrt{2\pi r}} \\[4mm]
h_2 = \dfrac{(1+\kappa)\sin\dfrac{\theta}{2} - \sin\theta\cos\dfrac{3\theta}{2}}{(\kappa+1)\sqrt{2\pi r}}
\end{cases}
\tag{7.117}
$$

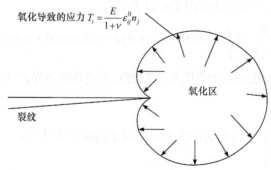

图 7.46　氧化对裂纹尖端弹性场影响模型示意图

对于平面应变情况有 $\kappa = 3 - 4\nu$；对于平面应力情况有 $\kappa = \dfrac{3-\nu}{1+\nu}$。$\varepsilon_{ij}^0$ 是由于

氧化物与基底之间的失配引起的生长应变，这里假设材料为各向同性所以有

$$\varepsilon_{ij}^0 = \delta_{ij}\varepsilon^0 \tag{7.118}$$

将式(7.116)～式(7.118)代入式(7.115)，可得

$$\Delta K = \int_{\Gamma} h_i \frac{E}{1+\nu} \varepsilon^0 \delta_{ij} n_j \mathrm{d}\Gamma \tag{7.119}$$

即

$$\Delta K = \frac{E}{1+\nu} \varepsilon^0 \int_{\Gamma} h_j n_j \mathrm{d}\Gamma \tag{7.120}$$

根据几何关系有

$$\begin{cases} n_1 \mathrm{d}\Gamma = \mathrm{d}y \\ n_2 \mathrm{d}\Gamma = -\mathrm{d}x \end{cases} \tag{7.121}$$

所以式(7.120)可进一步写成

$$\Delta K = \frac{E}{1+\nu} \varepsilon^0 \int_{\Gamma} (h_1 \mathrm{d}y - h_2 \mathrm{d}x) \tag{7.122}$$

根据直角坐标与极坐标之间的转换关系

$$\begin{cases} x = r\cos\theta \\ y = r\sin\theta \end{cases} \tag{7.123}$$

所以有

$$\begin{cases} \mathrm{d}x = \cos\theta \mathrm{d}r - r\sin\theta \mathrm{d}\theta \\ \mathrm{d}y = \sin\theta \mathrm{d}r + r\cos\theta \mathrm{d}\theta \end{cases} \tag{7.124}$$

所以氧化引起的附加应力强度因子可以表示为

$$\Delta K = \frac{E}{1+\nu} \varepsilon^0 \int_{\Gamma} (h_1 \sin\theta - h_2 \cos\theta)\mathrm{d}r + (h_1 r\cos\theta + h_2 r\sin\theta)\mathrm{d}\theta \tag{7.125}$$

将权函数 h_i 的表达式(7.117)代入式(7.125)，再考虑到边界 Γ 上满足式(7.112)，也

就是 $r = \left[\dfrac{A\cos\dfrac{\theta}{2}}{\ln\left(\dfrac{c^{\mathrm{cri}}}{c^0}\right)} \right]^2$，得到附加应力强度因子的解析表达式：

$$\Delta K = -\frac{1}{3\pi} \frac{V_{\mathrm{mol}}}{RT} \frac{E}{(1-\nu)(1-2\nu)} \varepsilon^0 \frac{K_{\mathrm{I}}^{\mathrm{far}}}{\left| \ln\left(\dfrac{c^{\mathrm{cri}}}{c^0}\right) \right|} \tag{7.126}$$

即

$$\frac{\Delta K}{K_{\mathrm{I}}^{\mathrm{far}}} = -\frac{1}{3\pi}\frac{V_{\mathrm{mol}}}{RT}\frac{E}{(1-\nu)(1-2\nu)}\frac{\varepsilon^0}{\left|\ln\left(\dfrac{c^{\mathrm{cri}}}{c^0}\right)\right|} \tag{7.127}$$

实际裂纹尖端的局部应力强度因子等于外加力学载荷引起的远场应力强度因子再加上氧化引起的附加应力强度因子,即

$$K_{\mathrm{I}}^{\mathrm{local}} = K_{\mathrm{I}}^{\mathrm{far}} + \Delta K \tag{7.128}$$

除了理论建模以外,还建立了用于模拟含裂纹材料高温氧化的相场方法来计算裂纹尖端的扩散氧化,具体细节已在 7.1 节中介绍,这里不再赘述。

7.3.2　裂纹尖端附近的氧化行为

在本节中,采用硼化锆(ZrB_2)单晶陶瓷作为算例来研究材料氧化与断裂性能的相互作用。用到的材料参数如表 7.4 所示(Okamoto et al., 2010; Karlsdottir et al., 2007; Huntz, 1995)。

表 7.4　计算中用到的硼化锆的材料参数

物理量	符号	数值	物理量	符号	数值
杨氏模量/GPa	E	526	远场应力强度因子/(MPa·m$^{1/2}$)	$K_{\mathrm{I}}^{\mathrm{far}}$	2.0
泊松比	ν	0.135	气体摩尔体积/(m^3/mol)	V_{mol}	1.2×10^{-5}
氧化生长应变/%	ε^0	0.66	环境氧浓度	c	1.0

首先采用相场方法计算了氧扩散后的裂纹尖端应力场,并与理想线弹性理论裂纹尖端应力场进行了比较。模拟的是中心裂纹,因对称性,只取了裂纹的一半区域来说明问题,如图 7.47 所示。

采用相场计算和经典理论公式得到的应力比较吻合,说明相场方法能很好地模拟裂纹尖端应力场。同时也说明在模型中将裂纹尖端附近的应力状态近似为理想线弹性裂纹尖端应力场是合理的。图 7.48 所示为理论模型与相场计算得到的裂纹尖端氧浓度分布的结果。可以看出,氧由低应力区域扩散到高应力区域,在裂纹尖端造成了氧浓度的集中,无论是相场模型还是理论分析都支持这一结论。不过由理论模型式(7.101)和式(7.102)可以得出,粒子扩散的驱动力不是静水应力,而是静水应力梯度。换句话说,如果仅有分布均匀的高应力并不会造成氧原子的

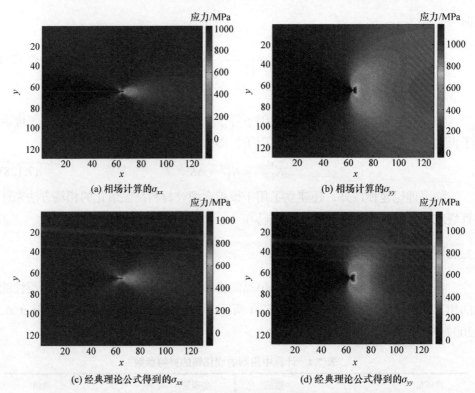

(a) 相场计算的 σ_{xx}　　　　　　　(b) 相场计算的 σ_{yy}

(c) 经典理论公式得到的 σ_{xx}　　　　　(d) 经典理论公式得到的 σ_{yy}

图 7.47　相场计算裂纹尖端应力场与线弹性裂纹尖端应力场理论解的对比

迁移和集中，是应力集中造成的高应力梯度引起了氧原子向高应力区的迁移，从而造成裂纹尖端的氧浓度集中。虽然在裂纹面上的氧浓度值是一个有限值，裂纹尖端氧浓度理论上却可以趋近于无穷大。

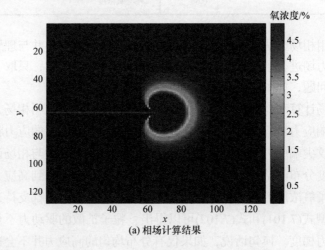

(a) 相场计算结果

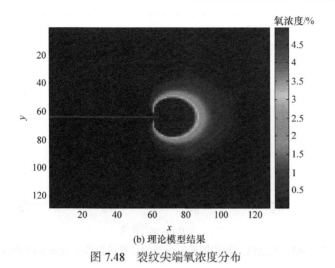

(b) 理论模型结果

图 7.48　裂纹尖端氧浓度分布

　　为了进一步定量化确认裂纹尖端氧浓度集中，计算了裂纹延长线上$(\theta = 0)$氧浓度 c 的分布，如图 7.49 所示。图 7.49(a)所示是采用所建立的理论模型和相场模拟两种方法计算的裂纹尖端延长线上氧浓度的对比，可以看出，两种方法得到的结果趋势比较吻合，都表明裂纹尖端附近氧浓度的高奇异性。

　　更具体地，根据理论模型的结果式(7.110)，裂纹尖端氧浓度具有 $\mathrm{e}^{r^{-1/2}}$ 奇异性。为了证实这一点，把图 7.49(a)中的得到的计算结果进行处理分析，如图 7.49(b)所示，c 为氧的摩尔浓度，r 为裂纹延长线上的点到裂纹尖端的距离。可以看出 $\ln c$ 和 $r^{-1/2}$ 之间呈现比较好的线性关系，即 $\ln c \propto r^{-1/2}$，也就是说 $c \propto \mathrm{e}^{r^{-1/2}}$。理论模型结果和相场模拟结果均表明，裂纹尖端附近氧浓度的奇异性是 $\mathrm{e}^{r^{-1/2}}$。

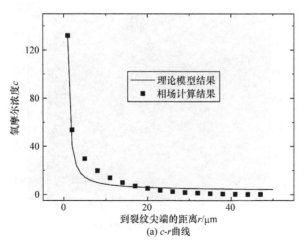

(a) c-r曲线

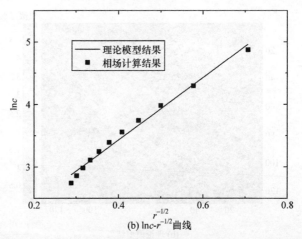

(b) $\ln c$-$r^{-1/2}$曲线

图 7.49　理论模型和相场模拟得到的裂纹延长线上氧浓度的分布

这就是说材料在服役过程中，如果有裂纹存在并产生了应力集中，即使环境氧浓度很低，在裂纹尖端氧浓度也会很大，导致裂纹尖端发生氧化失效，即裂纹的存在会明显地降低材料的抗氧化性能。图 7.50 所示为无初始裂纹材料和有初始裂纹材料在相同的氧环境、温度和外界载荷下的氧化行为，用以说明初始裂纹对氧化性能的影响。从图 7.50(a)中可以看到，对于无初始裂纹材料，由于环境氧浓度比较低，仅有表面的一小部分会由于氧的扩散作用发生轻微的氧化；而对于有初始裂纹材料，由于裂纹成为氧气进入的通道，应力集中导致裂纹尖端氧浓度的集中，尽管外界环境氧浓度比较低，还是在裂纹尖端发生了比较严重的氧化，如图 7.50(b)所示。

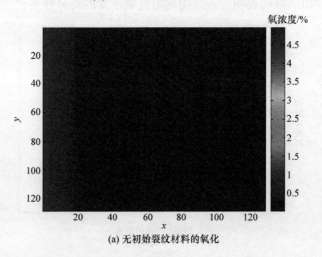

(a) 无初始裂纹材料的氧化

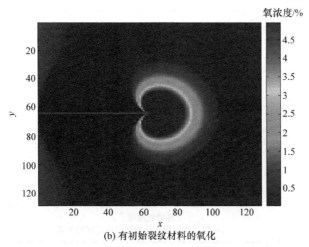

(b) 有初始裂纹材料的氧化

图 7.50　相场模拟的无初始裂纹与有初始裂纹材料氧化的对比

　　采用裂纹尖端氧化区面积来评价裂纹尖端氧化失效的程度。裂尖氧化区的面积已经由式(7.114)给出，这里讨论一些外界环境因素对裂纹尖端氧化程度的影响。首先是环境氧浓度对氧化区面积的影响，如图 7.51(a)所示，外界氧浓度超过一个较低的阈值时裂纹尖端就会发生明显的氧化，在这之后氧化面积随外界氧浓度增长得很快。由图 7.51(b)可以看出，氧化区面积随外界施加的应力强度因子的增加而增加，氧化区面积与远场应力强度因子之间呈四次方关系。

　　因为外界力学载荷越大，应力集中就越严重，氧浓度也就越集中，所以对于含裂纹的高温热防护材料，增加其服役过程中受到的力学载荷也会加速氧化失效。因而在热防护材料的服役过程中，一方面要尽量减少表面裂纹的产生，另一方面如果已经存在裂纹，应使裂纹处尽可能少地受到拉应力作用或使其处于受压应力作用状态。

7.3.3　氧化对裂纹尖端弹性场的影响

　　材料发生氧化后，体积会发生变化，这样会在被氧化的区域产生本征应变，从而影响裂纹尖端弹性场的分布。已经得到由于氧化导致的附加应力强度因子的表达式，即式(7.127)，这里讨论一些外界环境因素和材料参数对附加应力强度因子的影响。图 7.52 所示为不同生长应变下无量纲的附加应力强度因子和温度之间的关系，可以看出，温度越高，附加应力强度因子越小，这是因为温度越高，扩散进行得越剧烈，氧原子更有可能摆脱弹性驱动力的束缚，而不会在裂纹尖端造成氧浓度的集中。另外可以看出，氧化生长应变 ε^0 值越大，氧化产生的附加应力

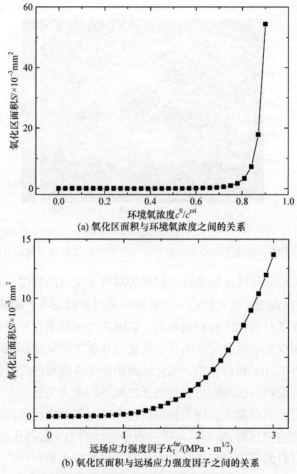

(a) 氧化区面积与环境氧浓度之间的关系

(b) 氧化区面积与远场应力强度因子之间的关系

图 7.51　裂纹尖端氧化区面积与外界环境氧浓度和力学载荷之间的关系

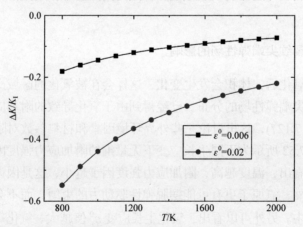

图 7.52　附加应力强度因子和温度之间的关系

强度因子绝对值越大，对裂纹尖端弹性场的影响也就越大。另外还计算了附加应力强度因子和外界环境氧浓度之间的关系，如图 7.53 所示。环境浓度越大，氧化引起的附加应力强度因子越大。

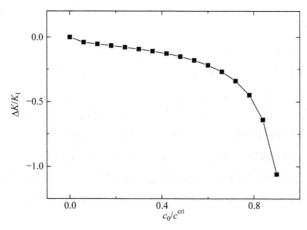

图 7.53　附加应力强度因子和环境氧浓度的关系

本节最后讨论一下裂纹尖端氧化与裂纹扩展之间的关系。氧化之前裂纹扩展判据为

$$K_I^{far} \geqslant K_{IC}^{matrix} \tag{7.129}$$

式中，K_{IC}^{matrix} 为未氧化基体的断裂韧性。

裂纹尖端发生氧化后，局部的应力强度因子和裂纹尖端材料的断裂韧性均发生了改变，这时的裂纹扩展判据变为

$$K_I^{far} + \Delta K \geqslant K_{IC}^{oxide} \tag{7.130}$$

式中，K_{IC}^{oxide} 为新生成氧化物的断裂韧性。

对比式(7.130)和式(7.129)可以发现，不等式的两边都发生了变化，所以这里总结了两种氧化对裂纹扩展的影响机制：一种是氧化对断裂韧性的影响，一般来讲新生成的氧化物的断裂韧性比原有基体要低，即 $K_{IC}^{oxide} < K_{IC}^{matrix}$，这种机制使得断裂更容易发生。另一种机制是应力强度因子的改变，也就是断裂驱动力的改变，从式(7.127)可以看出，如果生长应变为负，则附加应力强度因子为正，也就是局部应力强度因子会增加，氧化促进裂纹进一步扩展；反之如果生长应变为正，则局部应力强度因子会降低，氧化阻碍裂纹进一步扩展。

本节建立了理论模型来计算 I 型裂纹尖端氧浓度分布、裂纹尖端氧化区的分布，最后还计算了氧化对裂纹尖端应力场的影响，即附加应力强度因子；另一方面，发展了有初始裂纹材料氧化的相场方法，来模拟裂纹尖端附近的氧化，得到

的结果与理论模型的结果比较吻合。得到的主要结论有以下几点：

(1) I 型裂纹尖端附近氧浓度具有 $e^{r^{-1/2}}$ 奇异性。也就是说，即使周围环境氧浓度较低，只要有裂纹的存在，裂纹尖端氧浓度也会非常高，从而在裂纹尖端的区域造成局部氧化。所以裂纹的存在对于评价材料的抗氧化性能非常重要。采用相场方法模拟也得到同样的结论。

(2) 讨论了裂纹尖端氧化区面积和环境参数、载荷之间的关系。外界环境氧浓度的升高和力学载荷的增加，均会导致裂纹尖端氧化加剧。

(3) 如果氧化后体积减小，附加应力强度因子为正，氧化促进裂纹扩展；如果氧化后体积增加，附加应力强度因子为负，氧化阻碍裂纹扩展。但另一方面，氧化会使裂纹尖端材料性质发生改变，裂纹是否继续扩展取决于这两种机制的竞争。

(4) 环境氧浓度越高，氧化产生的附加应力强度因子越大。而环境温度越高，氧化引起的附加应力强度因子越小，这是因为温度越高原子扩散越剧烈，氧原子就能够克服弹性驱动力的束缚，这种情况下裂纹尖端不容易出现氧浓度的集中。

7.4　本章小结

热防护材料的高温氧化机制非常复杂，目前的理论和计算研究尚无法满足工程实际的需要，因而热防护材料在力/热耦合环境下的抗氧化性能研究就成为兼具学术价值和实际工程意义的课题。本章基于材料热力学理论发展了用于模拟高温氧化的相场方法，这种方法考虑了外界氧浓度、外界机械载荷等环境因素的影响，考虑了高温扩散、氧化生长应力的产生和释放等复杂的机制，特别是考虑了氧化中的微结构演化过程。采用该方法计算了几种常见高温材料的抗氧化行为、氧化生长应力以及氧化后的微观形貌，计算结果与文献中的实验结果吻合良好。所建立的相场方法解决了高温氧化定量化预测的问题，为研究热防护材料在复杂环境下的高温氧化提供了一种有力的计算手段。其次，建立了考虑氧化生长应力、氧化体积变化和氧化/基体界面曲率的氧化动力学理论模型，研究了不同外界环境因素与氧化速率之间的定量关系。采用所建立的氧化动力学模型分析了起伏氧化界面的演化趋势，并通过相场计算模拟，揭示了界面演化过程中应力的演化规律。针对含缺陷材料的氧化行为开展了理论与计算方面的研究。从考虑弹性能驱动力的广义菲克定律出发，基于裂纹尖端线弹性应力场的假设，从理论上推导出裂纹尖端附近的氧浓度分布解析表达式。同时发展了有初始裂纹材料氧化的相场方法，定量化地说明了裂纹的存在对于材料高温抗氧化性能的重要影响，讨论了裂纹尖端氧化对于裂纹尖端局部断裂行为的影响。

值得指出的是，本章的研究还存在以下问题需要进一步完善：在相场计算方法方面，现有的相场程序还没有显式地引入和温度相关的部分，所以目前仅能计算恒温氧化的过程，因此一方面需要在现有的能量项中引入和温度相关的因子，另一方面需要在方程中加入和温度相关的热传导、热辐射等方程，将温度的传导和分布考虑进去，发展同时考虑热冲击、热传导和变温氧化过程的相场方法，使计算模拟更接近于实际情况。近年来，外界力学载荷对扩散和氧化行为的影响也日益受到关注，可以利用所开发的相场计算程序结合理论建模分析对该问题进行研究。

参 考 文 献

Aifantis E C. 1980. On the problem of diffusion in solids. Acta Mechanica, 37(3-4): 265-296.

Alam M Z, Das D K. 2009. Effect of cracking in diffusion aluminide coatings on their cyclic oxidation performance on Ti-based IMI-834 alloy. Corrosion Science, 51(6): 1405-1412.

Carim A H, Sinclair R. 1987. The evolution of Si/SiO$_2$ interface roughness. Journal of the Electrochemical Society, 134(3): 741-746.

Fei W, Kuiry S C, Seal S. 2004. Inhibition of metastable alumina formation on Fe-Cr-Al-Y alloy fibers at high temperature using titania coating. Oxidation of Metals, 62(1-2): 29-44.

Guo X H, Shi S Q, Qiao L J. 2007. Simulation of hydrogen diffusion and initiation of hydrogen-induced cracking in PZT ferroelectric ceramics using a phase field model. Journal of the American Ceramic Society, 90(9): 2868-2872.

Haugsrud R. 2003. On the high-temperature oxidation of nickel. Corrosion Science, 45(1): 211-235.

Henry H, Levine H. 2004. Dynamic instabilities of fracture under biaxial strain using a phase field model. Physical Review Letters, 93(10): 105504-1-105504-4.

Huntz A M. 1995. Stresses in NiO, Cr$_2$O$_3$ and Al$_2$O$_3$ oxide scales. Materials Science and Engineering A: Structural Materials Properties Microstructure and Processing, 201(1-2): 211-228.

Huntz A M, Calvarin A G, Evans H E, et al. 2002. Comparison of oxidation-growth stresses in NiO film measured by deflection and calculated using creep analysis or finite-element modeling. Oxidation of Metals, 57(5-6): 499-521.

Jin Y M, Wang Y U, Khachaturyan A G. 2001. Three-dimensional phase field microelasticity theory and modeling of multiple cracks and voids. Applied Physics Letters, 79(19): 3071-3073.

Karlsdottir S N, Halloran J W, Henderson C E. 2007. Convection patterns in liquid oxide films on ZrB$_2$-SiC composites oxidized at a high temperature. Journal of the American Ceramic Society, 90(9): 2863-2867.

Kobayashi R. 1993. Modeling and numerical simulations of dendritic crystal-growth. Physica D: Nonlinear Phenomena, 63(3-4): 410-423.

Luo R Y, Cheng J W, Wang T M. 2002. Oxidation behavior and protection of carbon/carbon composites prepared using rapid directional diffused CVI techniques. Carbon, 40(11): 1965-1972.

Okamoto N L, Kusakari M, Tanaka K, et al. 2010. Anisotropic elastic constants and thermal expansivities in monocrystal CrB$_2$, TiB$_2$, and ZrB$_2$. Acta Materialia, 58(1): 76-84.

Reddy K P R, Smialek J L, Cooper A R. 1982. O-18 tracer studies of Al$_2$O$_3$ scale formation on NiCrAl alloys. Oxidation of Metals, 17(5-6): 429-449.

Rice J R. 1972. Some remarks on elastic crack-tip stress fields. International Journal of Solids and Structures, 8(6): 751-758.

Sadrnezhaad S K, Nemati Z A, Mahshid S, et al. 2007. Effect of Al antioxidant on the rate of oxidation of carbon in MgO-C refractory. Journal of the American Ceramic Society, 90(2): 509-515.

Shewmon P G. 1963. Diffusion in Solid. New York: McGraw-Hill.

Shu Y C, Yen J H. 2008. Multivariant model of martensitic microstructure in thin films. Acta Materialia, 56(15): 3969-3981.

Tolpygo V K, Clarke D R. 1998. Competition between stress generation and relaxation during oxidation of an Fe-Cr-Al-Y alloy. Oxidation of Metals, 49(1-2): 187-212.

Tolpygo V K, Clarke D R. 2000. Surface rumpling of a (Ni, Pt) Al bond coat induced by cyclic oxidation. Acta Materialia, 48(13): 3283-3293.

Wang J, Zhang T Y. 2007. Phase field simulations of polarization switching-induced toughening in ferroelectric ceramics. Acta Materialia, 55(7): 2465-2477.

第8章　超高温实验力学测试技术与仪器

超高温材料与结构广泛应用于高新技术领域和国防装备建设中，其服役安全性是亟待解决的一个关键问题。例如，高超声速飞行器再入时，由于与大气发生剧烈摩擦，鼻锥和翼前缘温度可达 2000℃以上；推重比为 10 的一级加力式燃气涡轮发动机和航空发动机涡轮进口温度可达 1600℃。

材料超高温力学性能试验机主要的加热方式有环境加热、感应加热和通电加热。感应加热又可分为直接感应加热和间接感应加热。直接感应加热是感应线圈直接对待测试件进行感应加热。间接感应加热是感应线圈先对发热体进行感应加热，然后发热体再将热量辐射给试件。直接感应加热和通电加热均要求试件能够导电。

对于环境加热试验机，真空(惰性)气氛下，国外研究机构(如美国南方研究所、乌克兰强度所、日本产业技术综合研究所)最高测试温度可达 3000℃。国内长春试验机研究所于 20 世纪 90 年代研制了一台环境加热超高温力学性能试验机，最高测试温度可达 2800℃。西北工业大学从乌克兰强度所和乌克兰科学院引进了 5 台设备，但最高使用温度局限在 2000℃以内。重庆大学研制了一台真空(惰性)环境材料力学性能超高温试验机，最高工作温度可达 2300℃。关于大气环境下材料的超高温力学性能测试技术最高测试温度，美国南方研究所和美国密苏里科技大学可达 1650℃，国内北京大学可达 1800℃。

对于通电加热试验机，国内外研究机构(如德国耶拿应用科技大学、中国运载火箭技术研究院航天材料及工艺研究所、哈尔滨工业大学)，最高测试温度可达 3000℃但该设备主要针对惰性环境。

对于直接感应加热试验机，国内外研究机构(如澳大利亚阿德莱德大学和中国科学院金属研究所)最高测试温度可达 1500℃，主要针对大气环境。对于间接感应加热试验机，国外研究机构惰性气氛可达 2600℃(美国密苏里科技大学)，大气环境可达 1500℃(美国密西根大学、德国联邦材料研究院)，国内(北京理工大学)近年来研制了一台快速升温/多气氛/超高温力学性能试验机，有氧环境最高测试温度可达 1950℃，惰性气氛可达 2600℃。

环境加热升温速率较慢(5～50℃/min)不仅使得升温过程中试件过度氧化，导致测试结果与材料在服役环境下的性能差异较大，还将造成极低的测试效率，不能满足航空航天重大装备的研发需求。通电加热升温速率快(100～2000℃/s)，但受材料导电性能的限制，且对于复合材料，不同相的导电性能往往不同，还将带来材料局部加热现象，影响材料性能的评价。此外，已报道的通电加热主要局限于惰性环境。感应加热升温速率介于环境加热和通电加热之间，对于惰性环境，采用石墨发热体，加热速率可达600℃/min；有氧环境采用SiC发热体，由于其半导体特性，导电性能差，加热速率仅可达50℃/min，且使用温度局限在1500℃以内；近年来北京理工大学研制了有氧环境新型超高温陶瓷发热体，加热速率可达250℃/min，最高使用温度可达1950℃。

8.1　先进材料超高温拉/压/弯/剪力学性能测试

8.1.1　超高温发热体和夹具制备技术

常见的发热体材料及其使用环境和最高工作温度如表8.1所示。

表 8.1　常见发热体材料及其使用环境和最高工作温度

发热体材料	使用环境	最高工作温度/℃	备注
硅碳棒	有氧环境	1300	—
硅钼棒	有氧环境	1700	进口
氧化锆	有氧环境	—	辅助加热
铬酸镧	有氧环境	1700	过程极慢
石墨	惰性环境	3000	—

惰性气氛下，发热体主要采用石墨材料，工作温度可达3000℃。有氧环境下，传统商用发热体使用温度较低(<1700℃)，稳定性和抗氧化性较差。然而，高超声速飞行器上的热防护材料服役温度可达1800℃，甚至2000℃，商用发热体不能满足材料在有氧环境下的超高温力学性能评价需求。

方岱宁院士课题组采用ZrB_2-xSiC-yAdditives和HfB_2-xSiC-yAdditives超高温陶瓷材料体系，通过抗氧化相和高导电相的优化，解决了发热体材料的抗氧化性和稳定性差的问题，制备出了可耐1800℃的电阻加热棒和可耐1950℃以上的感应加热发热体。新型抗氧化超高温发热体如图8.1所示，典型升温曲线如图8.2所示。

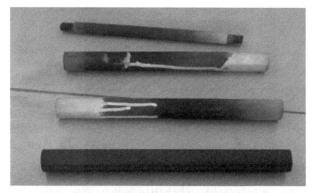

图 8.1　新型抗氧化超高温发热体

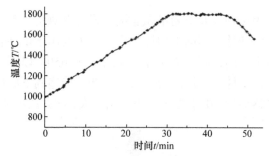

图 8.2　新型抗氧化超高温发热体典型升温曲线

　　惰性环境，常用金属和石墨作夹具。有氧环境常用的夹具有氧化铝陶瓷和碳化硅陶瓷，其最高使用温度可分别达 1200℃和 1600℃，不能满足超高温力学性能试验机的加载需求。方岱宁院士课题组采用 ZrB_2-xSiC-yAdditives 和 HfB_2-xSiC-yAdditives 超高温陶瓷材料体系，研制出了大尺寸、耐 1800℃有氧环境的超高温陶瓷材料夹具，如图 8.3 所示。

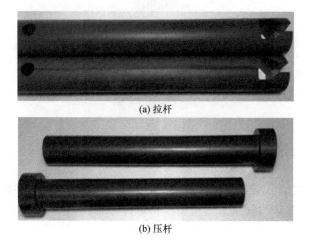

(a) 拉杆

(b) 压杆

(c) 三点弯压杆和支座

图 8.3　新型抗氧化、耐 1800℃超高温陶瓷夹具

8.1.2　材料超高温力学性能测试技术

　　超高温极端环境下材料的变形测试一直是试验机行业里的一个技术难点。大部分超高温材料力学性能试验机均不能对试件变形进行精确测量，如前述美国密苏里科技大学的感应加热试验机，往往用试验机的横梁位移替代试件的变形，这可能引起较大误差。

　　变形测量可分为接触式变形测量和非接触式变形测量。常见的接触式变形测量有应变片、竖向引伸计、横向引伸计。应变片主要用于试件表面比较光滑的情形，且主要在常温下使用，高温应变片主要局限在 650℃以下。竖向引伸计，如图 8.4 所示，主要把试件标距段的变形通过引伸杆传递到下面低温区，通过差动变压器测量其位移移动量，由于受热膨胀影响较大，该方法不适用于小变形测量。

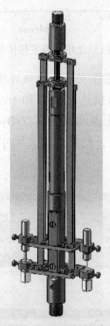

图 8.4　竖向引伸计

　　横向引伸计(示意图如图 8.5 所示)通过两根引伸杆将试件标距段的变形传递到位于低温区的主体传感部分，进而获得试件标距段的变形，该方法对小变形具

有较好的测量效果。然而，商用高温横向引伸计最高工作温度低于 1600℃，不能满足材料超高温力学性能的测试需求。

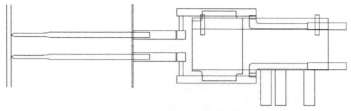

图 8.5　横向引伸计示意图

方岱宁院士课题组采用 ZrB_2-xSiC-yAdditives 和 HfB_2-xSiC-yAdditives 超高温陶瓷材料体系，研制出了耐 1800℃ 有氧环境的超高温陶瓷引伸杆，并进一步优化引伸计的防隔热、水冷、气流引流等设计，研发了 1800℃ 有氧环境下材料变形测量方法，拉伸和压缩测试方案如图 8.6 所示。

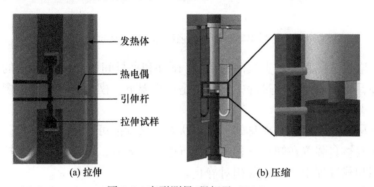

发热体

热电偶

引伸杆

拉伸试样

(a) 拉伸　　　　　　　　　　　(b) 压缩

图 8.6　变形测量(程相孟, 2016)

脆性材料的拉伸强度通常通过间接方法测得，例如，块体陶瓷的拉伸强度通常由三点弯或四点弯方法测得。但是，随着温度的升高，陶瓷材料的拉压各向异性程度增加，试件中性面向受压侧移动。此外，对于一些材料，如岩石，即使是在室温，材料的拉压各向异性也可能较为明显。因此，发展脆性材料直接拉伸强度测试装置和测试方法十分重要。

脆性材料直接拉伸测试的难点在于在拉伸过程中试件对弯曲和扭曲特别敏感，如不能很好地消除弯曲和扭曲，试件往往会在标距外断，或者测得的直接拉伸强度过低。在常规的用于测试金属等材料的拉伸夹具上，通过调整试验机和夹具的对中度来测试脆性陶瓷和岩石等材料的直接拉伸强度几乎是不可能成功的。

Cheng 等(2015)设计了脆性材料单轴直接拉伸强度测试方法，如图 8.7 所示。试件两端由楔形块夹持，上楔形块通过圆环和放置在上拉头里面的圆柱连接，下楔形块通过椭圆环和位于下拉杆里面的销钉连接。由于圆环和椭圆环可绕圆柱转动，故测试中的弯曲可以被消除。为了确保拉伸过程中试件不受扭曲，下拉杆特意未拧紧，从而可绕下端晃动。

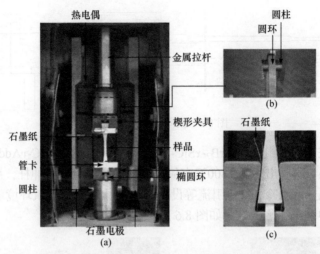

图 8.7 脆性材料单轴直接拉伸强度测试装置(Cheng et al., 2015)

为了增强试件和楔形夹具间的接触，试件和夹具间用 0.1mm 厚度的石墨纸隔开。此外，为了避免拉伸过程中，特别是在高温下，楔形夹具张开，楔形夹具的端口用管卡锁紧。

为了尽可能确保整套夹具处于对中状态，试验前可预拉较小的力，然后将力卸掉，观察整套装置在卸载过程中是否有摆动，如有，可适当转动上拉头或下拉杆，直到卸载过程中整套装置相对静止。

试验前，下方的椭圆环和销钉未接触，加热过程中，由于热膨胀，上面装置会往下移，下面装置会往上移，故可确保加载前试件始终处于自由状态。

试验测得的化学气相沉积(CVD)ZnS 从室温到 600℃的单轴直接拉伸强度如图 8.8 所示，随着温度的升高，CVD ZnS 的直接单轴拉伸强度不断增加。此外，还测试了 CVD ZnS 的室温三点弯强度(见图 8.8)。为了尽可能确保三点弯试件和单拉试件具有相同的缺陷，三点弯试件是通过直接剪掉单拉试件的夹持部分得到的。

脆性材料的直接单拉强度可以通过韦布尔(Weibull)统计分布和三点弯强度联系：

$$\frac{\sigma_{ut}}{\sigma_{3\text{-}pt}} = \left\{ \frac{V_{3\text{-}pt} \left[2(m+1)^2 \right]}{V_{ut}} \right\}^{1/m} \tag{8.1}$$

式中，σ 为强度；V 为体积；m 为 Weibull 模数；下标 ut 和 3-pt 表示直接单拉和三点弯。

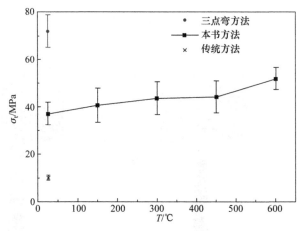

图 8.8 试验测得 CVD ZnS 拉伸强度(成天宝, 2016)

根据 Klein 等(2002)的报道,CVD ZnS 的室温 Weibull 模数 $m = 9.08$,式(8.1)给出 $\sigma_{ut}/\sigma_{3\text{-}pt} = 54.9\%$,这个值和试验测得的 51.5%接近。

传统拉伸夹具常采用楔形夹持形式,如图 8.9 所示,高温有氧环境下拉伸测试中夹具易出现黏结、卡紧等现象,试验成功率较低,夹具使用温度和寿命较低。

图 8.9 传统楔形夹具

方岱宁院士课题组通过有限元仿真计算,优化了拉伸夹具夹持楔形角度,提出半通孔设计,极大地改善了夹具的卡紧、黏结的问题(图 8.10)。此外还优化了试样夹持段、过渡段及标距段的尺寸，使试样在标距内断裂，如图 8.11 所示。

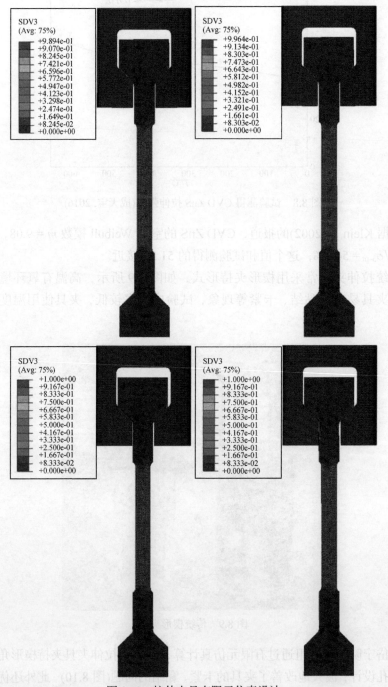

图 8.10 拉伸夹具有限元仿真设计

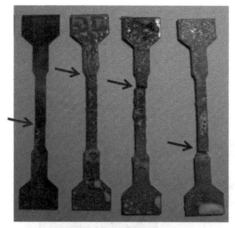

图 8.11　拉伸测试后的试件

对于复合材料面内剪切试验, 常用的方法主要有 Iosipescu 方法和非对称四点弯方法。Iosipescu 方法夹具结构形式复杂, 高温有氧环境需要用陶瓷夹具, 加工难, 且该方法中夹具与试样接触面积大, 高温有氧环境下易出现黏结问题。

非对称四点弯方法结构形式简单, 夹具易于加工, 但上下压头与试样为线接触, 试验过程中易造成试样局部损坏, 进而降低试验成功率。平压头非对称四点弯方法, 如图 8.12 所示, 增大了压头与试样接触面积, 且较好地维持了试样剪切区域的纯剪切状态(图 8.13)。

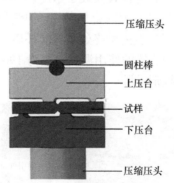

图 8.12　平压头非对称四点弯方法(程相孟, 2016)

8.1.3　材料超高温力学性能测试仪器

北京大学自主研制的 1800℃大气环境超高温力学性能试验机如图 8.14 所示, 主要包括温度控制系统、载荷控制系统和接触式变形测量系统等。计算机通过控制试验机的横梁位移对试样进行位移加载。高温电炉通过电子控制系统将炉腔加热到设定温度，为了保证测量准确度及设备安全，该温度用红外温度仪和热电偶同时检测。温度测量结果以及变形和力载荷测量结果均被计算机采集并传送到软件管理系统，以便做后续数据的分析处理并生成试验报告。

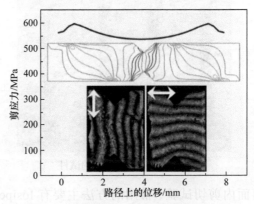

图 8.13 剪切路径上剪应力分布(程相孟, 2016)

高温炉采用立式筒状炉体结构，炉壁由外向内依次为高温合金外壳、隔热毡及耐高温隔热砖。考虑到试验人员安全问题，在高温炉体金属外壳内植了空气隔热层，以降低炉体外侧温度。在高温炉壁上均匀分布着高温引伸计、热电偶以及红外温度计的安装孔，高温炉正面炉壁预留观察窗用于非接触测量及观察试验过程中炉腔的状态。由于高温环境下辐射比较严重，避免安装在观察窗口及红外测温仪上的石英玻璃软化，在相应位置安装了水冷装置。高温炉的上下底面分别预开 $\phi35mm$ 的圆柱孔，用于安装高温陶瓷加载杆。炉壁与加载杆留一定的空隙作为空气对流的通道，保持高温炉腔内始终处于有氧环境。高温炉腔内环向均匀分布的加热棒用于加热炉腔，加热棒的使用温度极限为 1900℃。高温炉腔有效温度区域为 $\phi80mm×240mm$ 的圆柱形空腔。

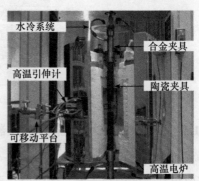

(a) 超高温力学性能试验机

(b) 高温炉内部结构

图 8.14　1800℃大气环境超高温力学性能试验机和高温炉内部结构(程相孟, 2016)

当温度较低时，炉腔内部的温度采用铂铑热电偶进行测量，当温度大于1200℃时，红外温度计才开始工作。热电偶及红外温度计共同测量高温环境下的炉腔温度，保证了高温环境下温度测量的准确性，同时避免某一个测量装置失效对电炉其他部件造成损伤。加热棒的加热功率会根据炉腔内的温度与设定温度及升温速率进行闭环调节，保证了炉腔温度的精度。

测试获得的典型载荷-位移曲线如图 8.15 所示(Zhang et al., 2013)。

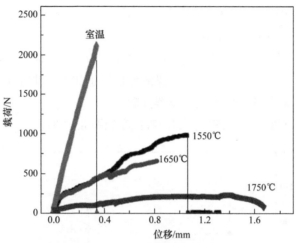

图 8.15　大气环境下 ZrB_2-SiC-G 复合材料载荷-位移曲线(Zhang et al., 2013)

重庆大学自主研制的2300℃真空(惰性)环境超高温力学性能试验机如图 8.16(a)所示，由高温炉、电子万能试验机、抽真空系统、测温系统、水冷系统、控制系统

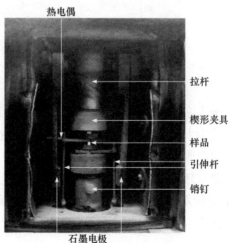

(a) 超高温力学性能试验机　　　　　　　(b) 高温炉内部结构

图 8.16　2300℃真空(惰性)环境超高温力学性能试验机和高温炉内部结构(成天宝, 2016)

等部分组成(Cheng et al., 2014)。高温炉内部结构如图 8.16(b)所示，发热体采用等静压石墨，三块石墨电极围成一个正六边形区域，加热区大小为 ϕ80mm×300mm。保温系统由炭毡和石墨纸组成，炉体由不锈钢制成，为确保炉体外层为室温，炉体采用水冷设计。

该试验机最高测试温度为 2300℃，试验类型为拉/压/弯/剪，真空度为 5×10⁻²Pa，平均升温速率为 10～20℃/min，保温阶段温度波动小于±5℃。室温到 1200℃ 热电偶伸到试件附近测温，高于 1200℃ 红外比色计打到试件上测温。1200℃ 以下夹具采用钼合金，1200℃ 以上采用高强石墨。

变形测量采用竖向引伸计，通过横向引伸臂和两根竖向引伸杆连接，引伸杆最下端和差动变压器连接，试件标距段的伸长等于和上引伸臂连接的差动变压器读数减去和下引伸臂连接的差动变压器读数。

测试获得的 C/C 复合材料的拉/压/弯强度如图 8.17 所示。

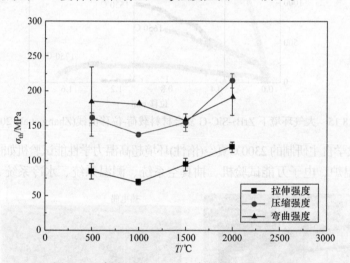

图 8.17　真空环境下 C/C 复合材料拉/压/弯强度

绝大多数的材料超高温力学性能试验机，测试氛围单一，或为真空(惰性)气氛，或为大气环境，与超高温材料实际服役的氧分压环境差异较大，不能准确反映材料在服役时的力学性能。

北京理工大学自主研制的 2600℃ 快速升温/多气氛/超高温力学性能试验机如图 8.18 所示(Cheng et al., 2020b)。该测试系统由发热区、环境箱、电子万能试验机、抽真空系统、充气系统、水冷系统、感应加热电源、测温系统、控制系统等部分组成。

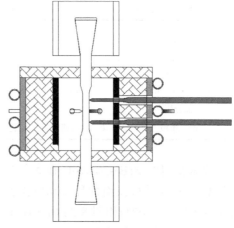

(a) 超高温力学性能试验机　　　　　　　　　(b) 实验方案示意图

图 8.18　2600℃快速升温/多气氛/超高温力学性能试验机和实验方案示意图(Cheng et al., 2020b)

有氧环境下采用 HfB_2-xSiC-yAdditives 发热体，氧化铝和氧化锆纤维制品保温；惰性环境下采用等静压石墨发热体，石墨硬毡保温。拉伸测试采用冷夹持，拉伸试件伸出发热区，由高温合金夹具夹持。压缩、弯曲、剪切试验有氧环境采用 ZrB_2-xSiC-yAdditives 夹具，惰性环境下采用高强石墨和 C/C 复合材料夹具。

变形测量采用高温轴向引伸计，将试样标距段的变形传递到热区外进行测量，有氧环境下采用 ZrB_2-xSiC-yAdditives 引伸杆，惰性环境下采用 C/C 引伸杆。

温度测量采用热电偶和红外比色计相结合的方法，有氧环境 1800℃ 以下用双铂铑热电偶进行测量，惰性气氛 2200℃ 以下采用钨铼热电偶测量，超出热电偶测温范围用红外双比色计测量。

氧分压控制中，氧气浓度和炉内压力各自形成闭环控制，在常温下通过混气达到目标氧分压，升温和保温过程中处于动态平衡状态。

该测试系统主要技术指标和功能如下。

(1) 惰性气氛测试温度范围：室温至 2600℃；

(2) 有氧环境测试温度范围：室温至 1950℃；

(3) 惰性气氛最高升温速率：600℃/min；

(4) 有氧环境最高升温速率：250℃/min；

(5) 氧分压可控范围：4Pa～0.91atm。

该测试系统可完成试验类型：拉伸、压缩、弯曲、剪切、氧化、应力氧化、热冲击。

有氧环境下国内外材料力学性能超高温测试仪器主要性能参数对比情况如表 8.2 所示。

表 8.2　有氧环境下国内外材料力学性能超高温测试仪器主要性能参数对比情况

参数	环境加热		感应加热	
	国外	国内	国外	国内
最高测试温度/℃	1650	1800	1500	1950
升温速率/(℃/min)	10	5~10	50	250
氧分压	—	—	—	4Pa~0.91atm
研发单位	美国南方研究所	北京大学	德国联邦材料研究院	北京理工大学

　　测试获得的 ZrB₂-20%SiC 在大气环境从室温到 1950℃的拉伸应力-应变曲线和 C/C 复合材料在惰性环境从室温到 2600℃的三点弯载荷-挠度曲线分别如图 8.19(Cheng, 2021)和图 8.20 所示(Cheng et al., 2019b)。

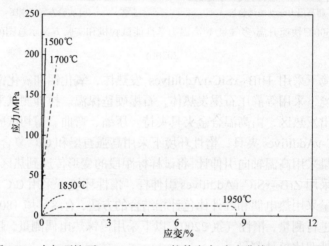

图 8.19　大气环境下 ZrB₂-20 %SiC 拉伸应力-应变曲线(Cheng, 2021)

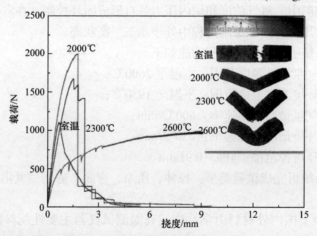

图 8.20　惰性环境下 C/C 三点弯载荷-挠度曲线(Cheng et al., 2019b)

8.1.4　先进材料超高温力学性能试验研究

Cheng 等(2020a, 2020b, 2019a)利用快速升温技术开展了 C/SiC 复合材料在大气环境和惰性气氛下的超高温力学性能试验。试验采用的材料为二维平纹编织 C/SiC。首先将薄的 PyC 中间相沉积到 C 纤维表面，然后将 SiC 基体渗入到预制体中，将由此得到的复合材料板加工成样品，最后再通过回炉在样品表面沉积上一层 SiC 涂层。材料制备中预制体由 T300-1K 碳纤维平纹布叠加而成，相邻碳布之间成 90°角。最终得到的复合材料中 C 纤维体积含量约 40%，样品密度约 2g/cm³，材料内部典型微观结构如图 8.21 所示。

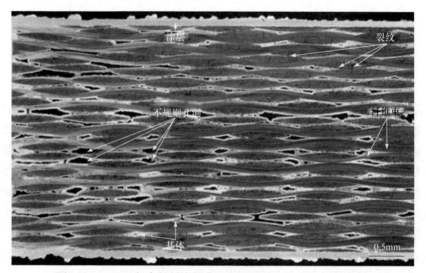

图 8.21　C/SiC 复合材料内部典型微观结构(Cheng et al., 2019a)

实验获得的惰性气氛不同温度下 C/SiC 复合材料典型拉伸应力-应变曲线如图 8.22 所示。C/SiC 材料在室温下随着载荷的施加，先表现出线性变形行为，然后是抛物线形式的非线性特征。随着温度的升高，非线性特征迅速降低。这是因为 SiC 基体在 1000℃通过化学气相渗透(CVI)工艺渗入到 C 纤维预制体中，基体的热膨胀系数比纤维的热膨胀系数高很多，于是当从制备温度冷却下来时，基体的收缩要比纤维大，基体会受到纤维的约束，不能自由收缩，最终导致基体和纤维分别受到拉应力和压应力。由于陶瓷材料固有的脆性，SiC 基体的断裂应变较低，于是微裂纹在基体中产生。此外，由于工艺原因，在制备过程中不规则的孔洞不可避免地出现在复合材料中，导致应力集中。在室温下，裂纹和孔洞在较低的应力下扩展，导致非线性力学行为。残余热应力随着温度的升高而降低，在制备温度(1000℃)消失。高于制备温度，基体将受到压缩应力，促使裂纹闭合。因而，非线性变形行为随着温度的升高而减少。

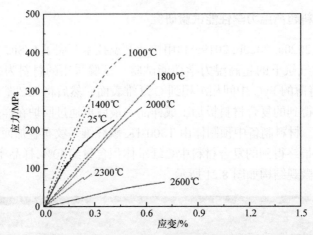

图 8.22　惰性气氛不同温度下 C/SiC 复合材料典型拉伸应力-应变曲线

(Cheng et al., 2020a, 2020b)

　　惰性气氛下 C/SiC 复合材料杨氏模量和拉伸强度随温度的变化如图 8.23 所示。随着温度的升高，杨氏模量先增加至 1000℃，然后下降。这是因为 C 纤维和 SiC 块体的杨氏模量在室温到 1000℃ 是缓慢降低的，然而，当温度从室温升到 1000℃，复合材料中的残余热应力快速释放，促进了基体中微裂纹的闭合。此外，在室温下，C 纤维受到残余压应力的作用，处于弯曲状态，当施加拉伸载荷时，更倾向于恢复。因此，复合材料在室温下更容易变形，进而表现出低的杨氏模量。高于制备温度，由于热失配，C 纤维受到拉应力作用，提高了拉伸载荷下 C 纤维抵抗进一步拉伸变形的能力。此外，1000℃ 以上，SiC 的杨氏模量继续线性地降

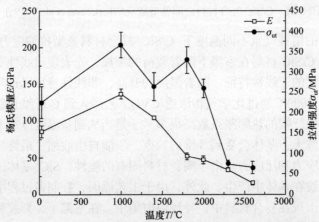

图 8.23　惰性气氛下 C/SiC 复合材料杨氏模量和拉伸强度与温度关系曲线

(Cheng et al., 2020a, 2020b)

低，然而，C 纤维的杨氏模量迅速降低，由此，复合材料的杨氏模量在 1000℃后快速下降。

此外，从图 8.23 可见，惰性气氛下，随着温度的升高，C/SiC 复合材料的拉伸强度先升高，接着降低，再升高，最后下降。复合材料的拉伸强度不仅受组元材料强度的温度相关性、残余热应力、缺陷等因素影响，还与材料的断裂模式和断裂机理有关。对于聚丙烯腈(PAN)基碳纤维，随着温度的升高，其拉伸强度缓慢增加至 1600℃，然后迅速升高至 1800℃，最后再迅速降低。块体 SiC 材料拉伸强度的温度相关性受制备工艺的影响，对于致密的 CVD β-SiC，在 1500℃以前，其拉伸强度随着温度的升高而增加。此外，SiC 基体中的热残余拉应力随着温度升高而释放，并在 1000℃消失。这些因素都将导致当温度从室温升到 1000℃时 C/SiC 复合材料拉伸强度增加。

C/SiC 复合材料实验后样品的断面在 SEM 下进行了观察，1400℃实验后典型断面如图 8.24 所示，可观察到严重的纤维束脱黏现象。这是因为当温度高于制备温度(1000℃)时，由于基体和纤维之间的热失配，纤维束将受到拉应力，当其大于相应的脱黏强度，即发生纤维束脱黏现象，从而导致 C/SiC 复合材料拉伸强度在 1400℃有所下降。

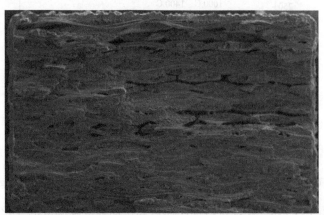

图 8.24　惰性气氛下 C/SiC 复合材料 1400℃实验后典型断面形貌(Cheng et al., 2020b)

SiC 材料的力学性能在 1800℃发生了退化，但 C 纤维的拉伸强度在 1800℃达到了最大值，因此，1800℃实验后样品断面上一些基体发生了脱落，如图 8.25 所示，但 C/SiC 复合材料的拉伸强度得到了提高。1800℃后，SiC 基体和 C 纤维的力学性能均下降，这导致 1800℃后 C/SiC 复合材料拉伸强度的降低。

上面讨论了 C/SiC 复合材料在惰性气氛下的超高温拉伸力学行为，下面接着讨论其在大气环境下的超高温拉伸力学行为。实验获得的大气环境不同温度下 C/SiC 复合材料典型拉伸应力-应变曲线如图 8.26 所示。和惰性气氛下类似，C/SiC

材料在室温下先表现出线性变形行为，然后是非线性特征，但随着温度的升高，非线性特征迅速降低。

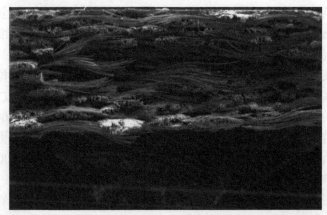

图8.25 惰性气氛下C/SiC复合材料1800℃实验后典型断面形貌(Cheng et al., 2020b)

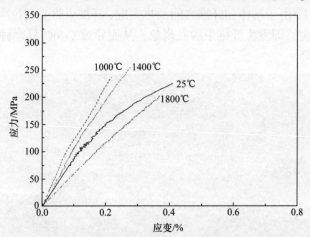

图8.26 大气环境不同温度下C/SiC复合材料典型拉伸应力-应变曲线(Cheng et al., 2019a)

大气环境下C/SiC复合材料杨氏模量和拉伸强度随温度的变化如图8.27所示。随着温度的升高，杨氏模量先增加至1000℃，然后下降。其温度相关性和惰性气氛下一致，这是因为试件有SiC涂层保护，且采用快速升温技术，材料的杨氏模量(拉伸应力-应变曲线初始线性段的斜率)，受氧化影响不大。

此外，从图8.27可见，大气环境下，随着温度的升高，C/SiC复合材料的拉伸强度先升高，再降低。与惰性气氛下的实验结果相比，大气环境下拉伸强度的温度相关性较弱，这是因为氧化降低了材料的拉伸强度。实验后样品断面如图8.28所示，随着温度的升高，断面氧化程度逐渐增加。

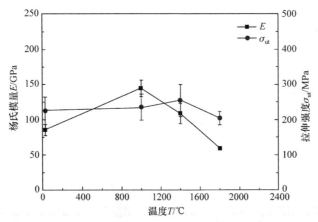

图 8.27　大气环境下 C/SiC 复合材料杨氏模量和拉伸强度与温度关系曲线(Cheng et al., 2019a)

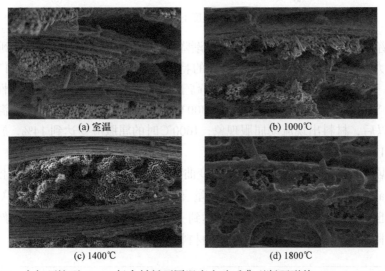

(a) 室温　　　　　　　　　　　(b) 1000℃

(c) 1400℃　　　　　　　　　　(d) 1800℃

图 8.28　大气环境下 C/SiC 复合材料不同温度实验后典型断面形貌(Cheng et al., 2019a)

程相孟(2016)研究了 Yb_2SiO_5 的压缩性能。图 8.29 给出了 Yb_2SiO_5 在大气环境不同温度下压缩应力-应变曲线。对于所有温度下曲线的初始阶段均表现出较好的线弹性。进一步加载后发现在不同的温度范围内表现出不同的力学行为。对于温度较低的测试结果，如图 8.29(a)所示，当载荷超过某个临界值时，应力会出现一系列的突然下降。这是因为试样内部分布着不同大小的微裂纹及空隙。随着载荷的增大，当达到部分微裂纹扩展的临界载荷时，裂纹开始扩展，试样的刚度突然下降，从而导致宏观载荷的下降。然而，初始微裂纹的扩展并不能导致试样整体的破坏，扩展到一个稳定状态后，试样的承载能力继续增大。因此，温度较低时试样表现为脆性材料的性质。随着微裂纹不断扩展，裂纹空隙不断聚集，试样的损伤程度增大，积聚到一定程度后，裂纹贯通导致试样的承载能力下降，最终导致试样失效破坏。

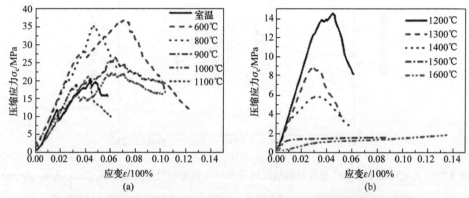

图 8.29　Yb$_2$SiO$_5$大气环境不同温度下压缩应力-应变曲线(程相孟, 2016)

随着温度的升高，应力波动现象逐渐降低，曲线趋于平滑，当温度达到 1300℃时，应力-应变曲线表现出塑性屈服的特性，也就是说当温度低于 1300℃时Yb$_2$SiO$_5$表现为脆性破坏机制，当温度高于 1300℃时 Yb$_2$SiO$_5$表现为塑性破坏机制，即 Yb$_2$SiO$_5$的韧脆转变温度为 1300℃。随着温度的进一步升高，温度达到1500℃以后，材料出现流动屈服现象，1600℃时的屈服应变达到 14%，屈服平台应力为 1.5MPa 左右。

根据 Yb$_2$SiO$_5$材料的压缩应力-应变曲线，可获得不同温度下的弹性模量，如图 8.30(a)所示。在 800℃以下，弹性模量衰减幅度较小，当温度超过 900℃以后弹性模量迅速衰减。即便如此，当温度达到 1500℃时，材料的弹性模量仍然维持在0.2MPa 附近，能够满足大面积热防护材料的性能需求。

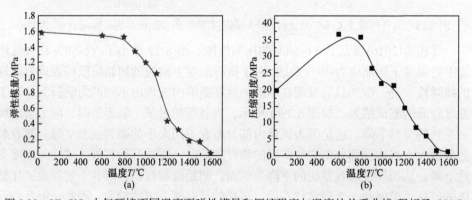

图 8.30　Yb$_2$SiO$_5$大气环境不同温度下弹性模量和压缩强度与温度的关系曲线(程相孟, 2016)

　　与弹性模量不同，材料的压缩强度随着温度的升高先升高，并在 700℃ 左右达到峰值，然后随着温度的升高迅速降低如图 8.30(b)所示。当温度较低时，材料表现为脆性破坏性能，对材料内部的微裂纹具有较强的敏感性。而随着温度的增加，裂纹尖端及材料的晶界逐渐出现熔化现象，使得尖端钝化，降低了材料强度对裂纹的敏感程度，因此强度出现升高现象。而随着温度的持续升高，晶界部分的材料熔化程度增大逐渐出现滑移现象导致材料的承载能力下降。因此，两种机制分别在不同的温度段制约着陶瓷材料的强度，而当温度到达 700℃ 时这种机制达到平衡状态，强度达到最大值。超高这个温度点，晶界熔化占主导机制，因此造成试样强度逐渐降低。实验表明，当温度达到 1600℃ 时 Yb_2SiO_5 材料仍保持 1.2MPa 的压缩强度，表现出较好的高温性能。

　　为了进一步分析 Yb_2SiO_5 材料的耐高温性能，采用 SEM 对经过高温压缩之后试样的微观形貌进行观测，如图 8.31 所示。从图中可以看出，当温度从室温升高到 1600℃ 时，Yb_2SiO_5 材料晶粒形状从圆盘形变成椭球形，同时，晶粒大小从 1μm 增加到 2μm。实际上，材料晶粒尺寸的增大有利于高温变形，但会导致高温强度衰减。例如，经过 1400℃ 甚至更高温度下的压缩试验之后，材料的平均晶粒大小增大到 1.5μm。同时在压缩载荷作用下晶粒发生扭曲变形，宏观上试样表现出较好的塑性变形。因此，晶粒进一步生长与晶粒的软化变形是导致 Yb_2SiO_5 材料发生高温塑性变形的主要微观机制。

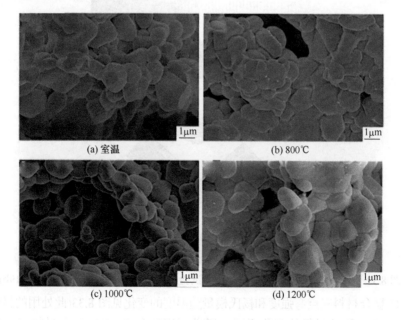

(a) 室温　　　　　　　　　　　(b) 800℃

(c) 1000℃　　　　　　　　　　(d) 1200℃

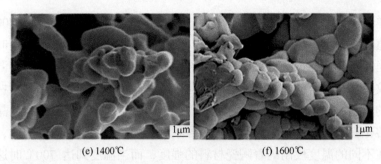

(e) 1400℃　　　　　　　　　　　　　(f) 1600℃

图 8.31　Yb$_2$SiO$_5$ 微观形貌(程相孟, 2016)

Cheng 等(2019b)研究了 C/C 复合材料的高温弯曲性能。惰性环境不同温度下 C/C 复合材料的三点弯载荷-挠度曲线见图 8.20。C/C 复合材料在室温表现为脆性断裂,加载过程中,载荷迅速增加直到受拉面裂纹起始,然后由于纤维的桥接作用载荷逐渐降低。在 2000℃时,C/C 复合材料先表现出线性变形行为,然后是塑性特征,在最大载荷处,受拉面发生断裂,但余下的部分还能承担一定的载荷,随着加载继续,剩余部分逐渐断裂,由于有足够的塑性,样品并没有完全断开。与 2000℃相比,C/C 复合材料在 2300℃时受拉面的 C 纤维被逐渐拉断,在最高载荷后出现了高应力的阶梯断裂形式。在 2600℃,C/C 复合材料完全表现出塑性变形行为,不能被弯断,如图 8.32 所示。

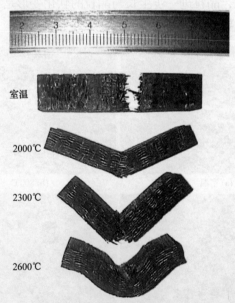

图 8.32　惰性气氛下 C/C 复合材料弯曲试验后样品宏观形貌(Cheng et al., 2019b)

C/C 复合材料三点弯强度和杨氏模量随温度的变化见图 8.33(此处用的材料的工艺与图 8.17 中用的材料的工艺不同)。随着温度的升高,C/C 复合材料三点弯强度增加(2000℃)，然后中等程度地降低(2300℃)，最后急剧降低(2600℃)。杨氏模量总体上和弯曲强度具有类似的温度相关性，不同之处在于，杨氏模量在 2000℃后降低得更迅速。从室温到 2000℃，弯曲强度的增加是由于在热处理工艺中 C 基体在 C 纤维束界面附近积累的热应力得到释放。C/C 复合材料在 2600℃强度的急剧降低是由于 C 的力学性能在 2300℃后迅速降低所致。

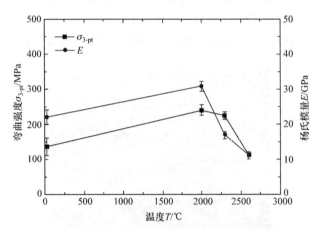

图 8.33　惰性气氛下 C/C 复合材料弯曲强度和杨氏模量与温度关系曲线(Cheng et al., 2019b)

SiC/SiC 复合材料在超高温环境下仍保持较高的机械强度与抗氧化性等优异性能，成为航空航天领域热点研究材料。图 8.34 给出了不同温度下试样的剪切应力与位移的变化曲线。室温和 1200℃时，当应力达到最大之后试样突然断裂，表现为明显的脆性断裂特性。而当温度升高到 1300℃时，试样断裂前经历了短暂的塑性阶段。而随着温度的进一步升高，塑性阶段逐渐增长。可见，SiC/SiC 复合材料的韧脆转变温度约 1300℃。

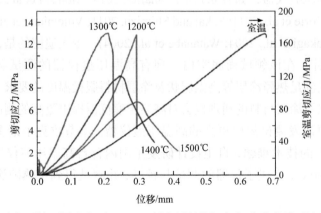

图 8.34　大气环境不同温度下 SiC/SiC 复合材料剪切应力-位移曲线(程相孟, 2016)

　　另外,当温度升高到1200℃和1300℃时,实验获得的剪切应力均为12.8MPa,与室温下178MPa的剪切应力相比大大降低,进一步升高温度后试样的强度相对衰减幅度有所降低,1400℃和1500℃的剪切强度分别为8.8MPa和6.2MPa。

　　从试样剪切破坏形貌图8.35可以看出,断口与剪切面呈45°倾斜角,并没有在试样的受剪面发生剪切断裂。事实上,±45°二维编织SiC/SiC复合材料的受拉性能相对较弱,实验过程中在剪切面处于纯剪应力状态,其45°方向处于较大的拉伸应力状态,当拉应力值超过材料的拉伸应力极限随即发生拉伸断裂破坏。

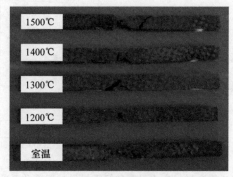

图8.35　SiC/SiC复合材料试样破坏形貌(程相孟, 2016)

8.2　高温压痕测试技术与仪器研发

　　高温压痕技术作为一种典型的局部力学性能测试方法,在高温层状材料领域有着广阔的应用前景,得到了广泛的关注。许多国外公司和科研单位都设计研发了相应的高温压痕仪器,如表8.3所示(Shaffer, 2014; Albinski et al., 2013; Wheeler et al., 2013a; Korte et al., 2011; Sakai and Shimizu, 2011; Villemiane et al., 2011; Schuh et al., 2006; Takagi et al., 2004; Watanabe et al., 2004)。令人遗憾的是,国内由于相关研究的滞后,在该领域尚属空白。现有高温压痕仪器的测试温度大都低于1200℃,无法满足热障涂层等高温层状及涂层材料服役温度的要求。此外,一些新型高温层状及涂层材料的涌现也会对高温压痕仪器提出更高的测试温度需求。因此,有必要研发测试温度更高的高温压痕仪器。本节攻克了诸多高温压痕仪器研发过程中的技术难题,自主设计研发了国内首台高温压痕仪器,最高测试温度可达1300℃,完成了仪器的调试与校准,并测试得到了热障涂层的高温力学性能。

表 8.3　国外高温压痕仪器详细情况列表

单位	最高温度/℃	尺度	氛围	压头材料
英国微材料公司(MML)	800	纳米	惰性/真空	蓝宝石/c-BN
美国海思创科技公司(Hysitron)	1000	纳米	惰性	蓝宝石
德国布鲁克光谱仪器公司	1000	微米	空气	WC
	800		真空/惰性	金刚石/WC(球)
瑞士联邦材料科学与技术研究所	500	纳米	真空	金刚石
法国国家航空航天研究院	1000	微米	惰性	蓝宝石
德国卡尔斯鲁厄理工学院	800	微米	惰性/真空	金刚石/蓝宝石
美国加利福尼亚大学	1137	微米	空气	蓝宝石
日本干桥技术科学大学	617	微米	空气	蓝宝石
日本大学	1000	微米	惰性	c-BN

8.2.1　高温压痕测试仪器关键技术方案设计及验证

高温压痕仪器的研发过程是一个复杂的系统工程，需要着重考虑温度对加载测试系统的影响。在研发过程中，攻克了压头材料选取、制备与加工、隔热方案设计以及双传感器测量与屏蔽方案设计等技术难题。

1. 压头材料选取、制备与加工

压头材料的选取是高温压痕仪器研发过程中的关键问题，也是限制高温压痕仪器测试温度进一步提高的重要因素。压头材料应该具有足够的刚度和硬度，以保证在高温压痕过程中保持良好的化学稳定性，不会发生明显的力学磨损和钝化。综合考虑材料硬度和耐受温度要求，提出了分温度段选用压头材料的方案。

在室温至 400℃，选用金刚石作为压头材料。在此温度段内，金刚石具有较高的硬度和较好的化学稳定性，可以满足压痕测试的要求。而在更高温度(>400℃)下，金刚石则会发生氧化和热分解，导致硬度急剧降低，不足以用作压头材料。在 400～1200℃，选用蓝宝石(α-Al$_2$O$_3$)作为压头材料。蓝宝石作为氧化物，不存在氧化的问题，在 1200℃以下可以保持较高的硬度。但是，当温度大于 1200℃时，蓝宝石的化学稳定性会变差，导致硬度迅速下降，无法满足压头材料的要求(Wheeler and Michler, 2013b)。因此，1200℃以上压头材料的选取是高温压痕仪器研发过程的关键问题。

本书选用氧化物复合陶瓷来制备加工可用于 1200℃以上的高温压头。以氧化锆和氧化钇粉体为基体，添加高熔点的金属铪粉末，通过球磨将上述粉料混合均匀；然后采用压片机进行压片，通过冷等静压实现进一步密实化；最后利用马弗炉进行无压烧结，得到氧化物复合陶瓷。借助精细加工工艺将制备得到的陶瓷块体加工成多种形状的高温压头，包括平压头、球形压头、维氏压头和玻氏压头等，如图 8.36 所示。

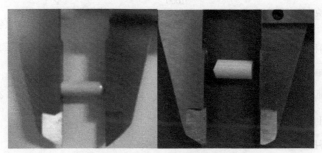

图 8.36　氧化物复合陶瓷压头照片

为了验证氧化物复合陶瓷压头应用于高温压痕仪器的可行性，利用制备加工的压头开展了高温压痕试验。首先，利用球形压头针对陶瓷基底的热障涂层开展了 1300℃的高温压痕试验，采用载荷控制的加载方式，最大测试载荷设定为 15N，测得了 5 组载荷-位移数据，利用光学显微镜观测得到了试验前后压头的形貌变化，如图 8.37 所示。从图中可以看出，高温压痕试验后，压头基本没有发生明显的磨损和变形，但是附着上了小部分的测试材料。附着的测试材料可以通过酒精擦洗和超声波清洗去除。因此，高温压痕试验后，球形压头的尖端面积函数没有明显变化，不会对压入深度及其接触投影面积的测量造成明显影响，满足压痕测试对压头的要求。

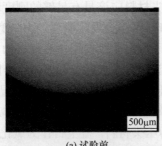

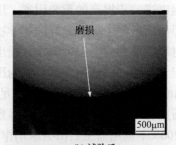
磨损

500μm　　　　　　　　　500μm

(a) 试验前　　　　　　　　　(b) 试验后

图 8.37　高温压痕试验前后球形压头显微照片

球形压头属于较钝的压头类型，在测试硬度较高材料的力学性能时，一般需要较大的加载载荷，这在一定程度上限制了压痕测试的应用。而玻氏压头和维氏压头等尖压头的尖端接触半径较小，压痕过程中所需的压痕载荷也较小，在微纳米压痕测试中有着更为广泛的应用。但是，由于压头尖端与试样的接触面积较小，导致尖端接触处的应力较大,从而导致压头尖端比较容易出现磨损的现象。为了验证氧化物复合陶瓷材料用作高温尖压头的可行性,设计加工了氧化物复合陶瓷材质的玻氏压头。利用加工的玻氏压头针对陶瓷基底的热障涂层开展了 1300℃下的高温压痕试验。采用载荷控制的加载方式,最大测试载荷为 1N,测试得到了 5 组载荷-位移数据,利用光学显微镜观测得到了实验前后压头尖端的形貌变化,如图 8.38 所示。

 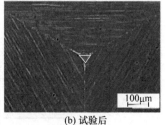

(a) 试验前　　　　　　　　　　　　　(b) 试验后

图 8.38　高温压痕试验前后玻氏压头显微照片

从图 8.38 中可以看出,玻氏压头在高温压痕试验后尖端出现了一定的磨损。测量得到了试验前后的压头尖端特征尺寸(即图中三角形边长),定义了压头的磨损比如下:

$$\eta = \frac{l_1 - l_0}{l_0} \times 100\% \tag{8.2}$$

式中,l_0 和 l_1 分别为测试前后尖端投影三角形的边长。由图 8.38 可知,试验前压头的特征尺寸为 68.01μm,试验后压头的特征尺寸为 74.31μm,计算得到了 1300℃下压头的损耗比为 9.3%。根据玻氏压头尖端的几何关系,可以将磨损的边长等效为压入方向的长度,大约为 0.85μm。热障涂层陶瓷外层材料在 1300℃高温环境下会发生一定的蠕变现象,导致压痕过程中的压入深度较大(本实验中,1300℃对应的最大压入深度大约为 17μm)。

综上所述,玻氏压头虽然在高温压痕过程中发生了一定的磨损,但是磨损后的压头仍然保持原有的压头形状,并且磨损引起的压入方向高度的变化相对于压入深度可以忽略不计(仅为压入深度的 5%),因此,氧化物复合陶瓷材料可以被用来制备高温尖压头。

2. 隔热方案设计及验证

高温压痕仪器需要在高温腔的外部设置电子器件进行加载和测量,根据设计方案,电子器件将设置在高温腔的上部。为了保护电子器件免受温度影响以及减小温度对加载测试的干扰,有必要对电子器件进行隔热保护,为此,给出了如图 8.39

所示的隔热方案。温度影响电子器件的方式主要包括热辐射、热对流和热传导。由于高温腔腔体的存在，腔内热量辐射对外部电子器件的影响可以忽略不计。

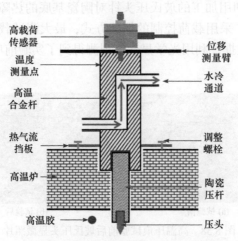

图 8.39　高温压痕仪器隔热方案示意图

　　热气流则会通过腔体和加载执行部分之间的缝隙，从高温腔炉溢出。为了减小溢出热流对电子器件的影响，设计了一个中间开孔的圆形热屏蔽罩放置在腔体上表面。热屏蔽罩的中心孔与加载执行部分采用同轴心设计，并且中心孔的直径与相邻加载执行部分的直径几乎一样(相差 0.5mm)。四个调整螺栓装配在热屏蔽罩上，可以通过旋转调整螺栓来调节屏蔽罩和腔体上表面的间隙大小。由于热屏蔽罩的阻挡作用，从高温腔内溢出的热流会改变流向，大部分通过屏蔽罩和腔体上表面的间隙流向外界大气空间。为了减小热传导的影响，高温腔体外壁设计有循环水冷层。另外，采用带有 Z 型水冷通道的高温合金转接杆来连接电子器件和陶瓷压杆。冷却水从 Z 型通道的下端流入，上端流出，从而将从底部陶瓷压杆传导上来的热量吸收带走。为了验证上述隔热方案的可行性，建立了有限元模型对高温压痕系统的温度分布进行模拟，发现高温合金转接杆上部的温度在电子元件的许用温度范围内，如图 8.40 所示。

　　另外，开展了实验研究来进一步验证上述隔热方案的可行性和合理性，将高温腔升温到 1300℃，保温一段时间后降温，同时利用 K 型热电偶对高温合金转接杆上部的温度进行监测，得到的温度曲线如图 8.41 所示。从图中可以看出，监测点的温度在加热和保温过程中有所上升，在降温过程中有所下降。但是在整个实验过程中，监测点的温度始终低于 35℃，因此，上部的电子器件可以正常工作。

　　为了减小通过试样平台传导出的热量对外部装置的影响，将试样平台装配在内部设置有水冷通道的高温合金基座上；高温合金基座与旋转电机相连；旋转电机旋转可以带动高温合金基座和试样平台同时转动，完成测试点的切换。同时，由于高温合金基座内部水冷通道的冷却作用，旋转电机可以正常工作。

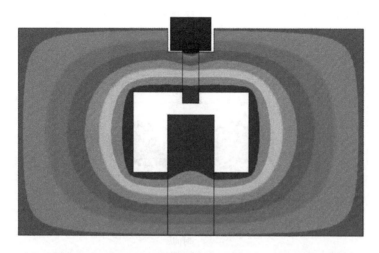

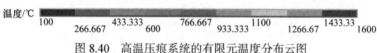

图 8.40　高温压痕系统的有限元温度分布云图

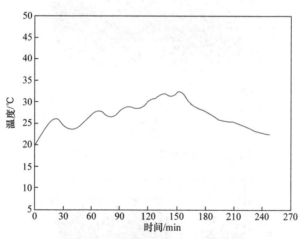

图 8.41　高温合金转接杆上部监测点的温度变化图

　　当水流流经高温合金转接杆水冷通道时，会与通道内壁产生摩擦，引起高温合金转接杆的振动。而高温合金转接杆、陶瓷压杆和压头是串联结构，因此水流引起的振动也会对载荷-位移数据的测量造成影响。提取对比有无水冷时，载荷和位移传感器的示数变化，如图 8.42 和图 8.43 所示。从图中可以看出，当水冷通道内没有水流流过时，位移信号的波动范围为 0～40nm，载荷信号的波动范围是 8mN；当水冷通道内有水流流过时，位移信号的波动范围变为 0～90nm，载荷信号的波动范围变为 12mN。在压痕试验过程中，可以根据加载量程的大小，通过调节水流流量来改变位移和载荷信号波动范围的大小，以满足压痕测试的精度要求。

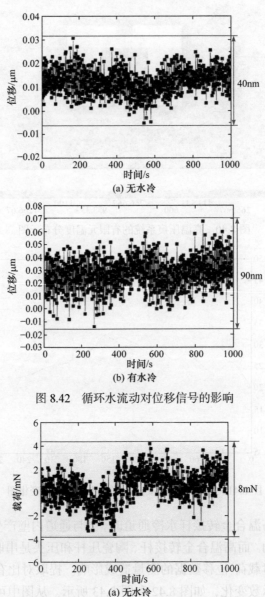

图 8.42　循环水流动对位移信号的影响

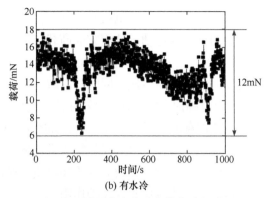

(b) 有水冷

图 8.43　循环水流动对载荷信号的影响

　　众所周知，热漂移是高温压痕仪器研发过程中不可回避的重要问题。为了保证测试结果的准确性，压痕测试过程应尽可能地减小热漂移。显而易见，加热系统和冷却系统应尽可能地保持稳定，相应地，系统的温场才会恒定。其次，在测试过程中，首先利用高温腔将温度升高到设定的测试温度，稳定一段时间，尽量使系统达到热平衡；然后以较小的载荷使压头和试样进行微接触。由于压头和试样的温度一般会存在着差异，微接触会导致热量的重新分布，引起较大的热漂移。在小载荷微接触的过程中，记录压头位移的变化，从而可以求得热漂移速率。当热漂移速率基本保持不变时，迅速抬起压头，在与之前微接触点较远的位置开展压痕试验，一般压痕点之间的距离为 100μm，得到位移数据后进行热漂移修正，最终得到准确的位移数据。

3. 双传感器测量与屏蔽方案设计及验证

　　为了更全面地研究材料的力学行为和性能，高温压痕仪器被设计用来在低载荷范围内研究材料的弹塑性行为，在高载荷范围内研究材料的断裂行为。材料的断裂行为在小载荷作用下较难发生，一般需要较大的载荷加载。但是大载荷加载的精度无法满足小载荷压痕试验的要求。为了同时实现低载荷(弹塑性性能)和高载荷(断裂性能)的测试，兼顾精度和量程的要求，采用分载荷段加载(低载荷段采用压电加载，高载荷段采用电机加载)、双载荷传感器测量的方案。然而，对于双载荷传感器串联的系统，如何在高载荷加载的过程中保护低载荷传感器是需要考虑的重要问题。为此，本书提出了一种屏蔽方案，用来在高载荷加载的过程中保护低载荷传感器，如图 8.44 所示。

　　屏蔽方案采用由屏蔽环和屏蔽螺栓组成的屏蔽系统，屏蔽螺栓安装在屏蔽环的下部。低载荷加载测量系统由压电制动器、铰链和低载荷传感器组成，位于屏

蔽环的内侧。高载荷加载测量系统由加载电机和高载荷传感器组成，加载电机位
于屏蔽环的上方，可以驱动屏蔽环运动，从而完成高载荷加载，高载荷传感器位
于屏蔽螺栓下方。当利用压电陶瓷进行低载荷加载时，屏蔽螺栓松开，如图 8.44(a)
所示。载荷通过压电陶瓷的轴线方向传递，同时被高载荷传感器和低载荷传感器
测量。由于载荷处在低载荷范围内，高载荷传感器和低载荷传感器均能正常工作。
当利用加载电机进行高载荷加载时，屏蔽螺栓拧紧，如图 8.44(b)所示。加载电机
驱动整个屏蔽环内的部件运动，沿着压电陶瓷的轴线进行加载，其量值被高载荷
传感器测量。此时，由于屏蔽螺栓改变了载荷的传递路线，通过低载荷传感器的
载荷会明显变小，从而对低载荷传感器起到保护作用。

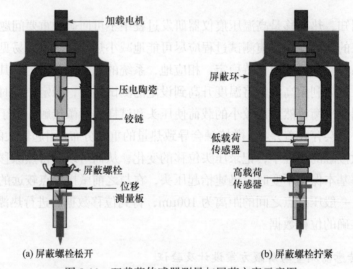

(a) 屏蔽螺栓松开　　　　　　　　　　　　(b) 屏蔽螺栓拧紧

图 8.44　双载荷传感器测量与屏蔽方案示意图

　　为了验证屏蔽方案的合理性和可行性，在加载电机高载荷加载过程中记录了
高载荷和低载荷传感器的载荷数据，如图 8.45 所示。为了保护低载荷传感器，高
载荷加载开始前需将屏蔽螺栓拧紧，使低载荷传感器处于预拉伸状态，施加的预
拉力分别为 20.7N、21.3N、22.1N、26.7N 和 29.5N。从图 8.45 可知，加载过程中
低载荷传感器示数变化明显小于高载荷传感器的示数变化。在特定预拉力作用下，
低载荷传感器的示数变化与高载荷传感器的示数变化近似呈线性关系，并且在不
同预拉力作用下，斜率近似相等。选取预拉力为 25.4N 的情况来估算上述斜率，
如图 8.46 所示。通过对数据进行线性拟合，低载荷传感器的示数(F_L)和高载荷传
感器的示数(F_H)可近似表达为

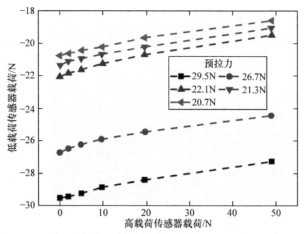

图 8.45　不同屏蔽螺栓预紧力作用下低载荷与高载荷传感器示数

$$F_L = aF_H + b \tag{8.3}$$

式中，斜率 a 可以确定为 0.03776；截距 b 可以确定为−25.386。当高载荷传感器满量程(0~440N)工作时，低载荷传感器的变化为 16.61N，远小于低载荷传感器的量程(44N)。因此，当利用加载电机进行高载荷加载时，为了保护低载荷传感器，可以通过拧紧屏蔽螺栓将低载荷传感器预拉伸到 30N。

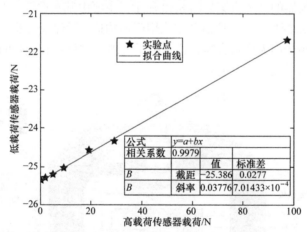

图 8.46　预拉力为 25.4N 时低载荷传感器与高载荷传感器示数变化

此外，还研究了屏蔽方案是否会对测试结果产生影响，分别采用压电和电机载荷控制的方式在标准硬度块上进行加载。一方面，将屏蔽螺栓松开，采用压电陶瓷进行驱动加载，低载荷传感器测量；另一方面，将屏蔽螺栓拧紧，采用加载电机进行加载，高载荷传感器测量，记录压电和电机加载过程中的载荷-位移数据，得到载荷-位移曲线，如图 8.47 所示。从图中可以发现，利用压电和电机两种加载方式得到的载荷-位移曲线基本重合，从而可以说明屏蔽方案对测试结果的影响可以忽略不计。

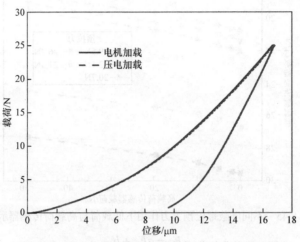

图 8.47　压电加载和电机加载载荷-位移曲线对比图

8.2.2　高温压痕测试仪器研发与调试校准

1. 高温压痕仪器研发

高温压痕仪器的具体方案如图 8.48 所示，主要由基本框架、力学模块、温度模块和控制/记录模块组成。仪器基座采用门形构造，以保证仪器具有较高的刚度和稳定性。基座选用大理石材料，这是由于大理石材料具有较好的减振效果，可以减小外部振动对测试仪器的影响。

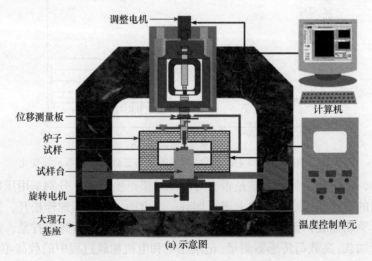

(a) 示意图

(b) 实物图

图 8.48　高温压痕仪器

　　高温压痕试验需要在高温环境下开展,而加载测量元件需要在室温环境工作。力学加载与测量模块固定在仪器基座上部,具体位置可通过宏观伺服电机来调整。采用分载荷段加载(低载荷段采用压电加载, 高载荷段采用电机加载)、双载荷传感器测量的方案。位移数据通过电容式位移传感器采集, 一个位移测量臂固定在试样平台上部、试样的下方, 另一个固定在载荷传感器和高温合金转接杆之间。高温压痕试验过程中, 难熔材料制成的陶瓷压杆和压头需要深入到高温腔内承受高温和力学载荷, 而加载和测量元件则处于高温腔外的室温环境中, 此时, 高温压痕仪器的加载执行部分需要承受复杂的温度载荷和较大的温度梯度。为此, 将其设计为一个由多部件、多材料体系组成的较长串行结构, 包括高温合金转接杆、陶瓷压杆和压头。各部件之间连接的可靠性会对加载执行部分的载荷传递效率产生重要影响, 应予以重视。

　　按照各部件所处的温度环境,采用多种连接方式相结合的连接方案,如图 8.49所示。首先为了便于更换压头, 将高温合金转接杆进行了分体设计, 分为有水冷部分和无水冷部分。有水冷部分与上方的加载测量元件直接相连, 实验过程中尽量减小其安装、拆卸次数, 以保护上方的加载测量元件。下方无水冷部分通过螺纹与上部有水冷部分连接, 为了保证同轴连接, 两部分上设计有相互配合的台阶(止扣)。其次, 下方无水冷部分还需要与陶瓷压杆相连接, 由于连接处的温度较高, 又考虑到金属与陶瓷两种材料的热失配, 一般的机械连接不再适用, 采用高温无机胶对高温合金转接杆和陶瓷压杆进行胶连接处理。最后, 对于陶瓷压杆与压头的连接, 同样采用高温无机胶进行胶连接处理。而后通过开展常温和高温压痕试验对上述连接方案进行验证, 得到了较为可靠的载荷-位移数据, 说明了连接方案的合理性和可行性。

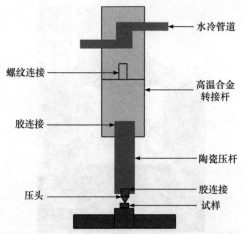

图 8.49　高温压痕加载执行部分连接示意图

　　试样平台固定在基座下方，试样通过高温胶固定在试样平台上。为了防止试样平台在高温下发生蠕变等软化现象，试样平台采用超高温陶瓷材料制造加工而成。试样平台轴线与加载轴线采用偏心设计，通过旋转电机旋转试样平台，可实现对单个试样进行多次试验，采集得到多组数据。

　　仪器的高温环境通过固定在基座下部的箱式高温腔来实现。箱式高温腔通过硅钼棒进行加热，最高工作温度为 1350℃；采用对开式设计，以方便进行试样装夹和压头更换，如图 8.50 所示。高温腔配备有精确的温度控制系统，腔内温度通过 B 型热电偶测量，温度波动控制在±1℃。试样放置在箱式高温腔的均温区，均温区是一个 120mm×70mm×40mm(长×宽×高)的长方体区域。高温腔体上设置有进气口和出气口，从而可以通过通入氮气等惰性气体实现惰性环境。为了便于压痕点的精确定位和实时观测压痕过程，高温腔体采用开窗设计，窗口玻璃采用石英材料。

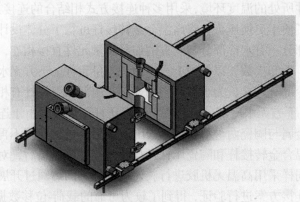

图 8.50　对开式箱式高温腔示意图

仪器通过电脑上的控制软件完成加载过程的反馈控制，如图 8.51 所示。控制软件将控制指令传递给驱动电机和压电陶瓷以完成加载，采集卡将载荷传感器和位移传感器的信号传递给控制软件以完成反馈，同时记录载荷-位移信息，得到压痕过程中的载荷-位移曲线。控制软件可实现多种加载模式，包括压电驱动-位移控制加载、压电驱动-载荷控制加载、电机驱动-位移控制加载、电机驱动-载荷控制加载四种；并可以根据具体的实验要求设定加载曲线。

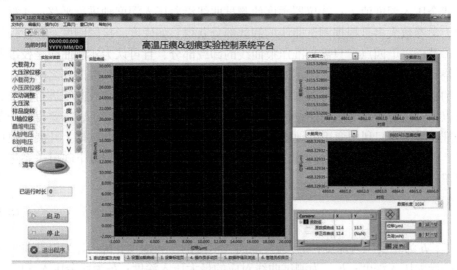

图 8.51　高温压痕仪器控制软件界面

2. 仪器基本指标

超高温压痕仪器的最高测试温度可达到 1300℃，温度波动控制在±1℃；最大压入深度为 500μm，位移噪声背景控制在 100nm 以下；小载荷加载采用压电加载，载荷范围为 0～44N，载荷分辨率为 3mN，大载荷加载采用电机加载，载荷范围为 0～440N，载荷分辨率为 30mN；可实现大气和惰性两种测试氛围。

3. 高温压痕仪器调试校准

高温压痕试验过程中，载荷传感器和位移传感器可以记录压头压入过程中的载荷和位移数据，得到载荷-位移曲线，进而分析计算多种力学性能参数。由于压痕加载系统是一种典型的串联结构，因而载荷传感器测量得到的载荷可以认为是试样承受的真实载荷。然而位移数据则是通过电容式位移传感器测量得到，其中一个位移测量臂固定在试样平台上，固定点靠近试样下方；另一个位移测量臂位于高载荷传感器和高温合金转接杆之间。位移传感器测得的位移数据包括实际的压痕位移和压头与上部位移测量臂之间部件的力学变形。部件的力学变形我们称之为仪器柔度。显而易见，为了得到准确的压入位移，需要将仪器柔度从整体位移数据中去除。

相关学者已经提出了多种压痕仪器柔度校准的方法(Huang et al., 2011; van Vliet et al., 2004; Sawa and Tanaka, 2001)。本书中，采用参考映射法进行柔度修正(Huang et al., 2011)。参考映射法采用的假设有：①压痕曲线的卸载部分载荷-位移变化近似为线性关系；②完全卸载后测试仪器恢复到初始状态，即仪器柔度不影响残余压入深度值 h_f；③仪器柔度使测试曲线沿着压入深度轴进行平移；④材料的力学参数大多是根据测试曲线的卸载部分获得，如硬度、接触刚度、弹性模量等。基于以上四点，只需校准压痕曲线的卸载部分，且可认为实测曲线是校准曲线绕残余压入深度点通过一定的旋转得到的，即实测曲线与校准曲线之间存在一定的映射关系，找到这种映射关系就可以对测试仪器测得的卸载曲线进行校准，所以该方法称为参考映射法。因此，如果要对仪器柔度进行修正，需要得到一条校准曲线。我们利用商用的硬度测试仪器(ZHU0.2/Z2.5)在标准试样上开展压痕试验，以得到校准曲线。得到测试曲线和校准曲线后，可以根据以下映射关系进行修正：

$$\frac{h}{h_{ref}} = \frac{h_{ref\text{-}max} - h_f}{h_{max} - h_f} \tag{8.4}$$

式中，h 为真实压入深度；h_{ref} 为校准曲线对应的压入深度；$h_{ref\text{-}max}$ 为校准曲线对应的最大压入深度；h_{max} 为测试曲线对应的最大压入深度；h_f 为残余压入深度。

为了完成仪器的柔度修正，室温环境下，分别利用商用硬度计(如图 8.52 所示)和自主研发的仪器针对标准硬度块开展了压痕试验，采用载荷控制加载的方式，最大载荷为 25N 和 100N，每种工况下至少测试得到 5 组数据来提取得到测试数据的平均值。将两个仪器测试得到的载荷-位移曲线进行对比，如图 8.53 所示。根据商用硬度计测试得到的校准曲线，利用参考映射法对研发仪器测试得到的曲线进行了柔度修正，发现修正后的曲线与校准曲线基本重合。

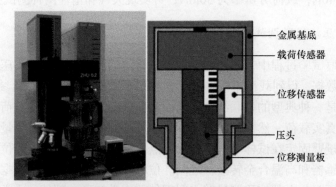

图 8.52　商用硬度计照片及位移测量示意图

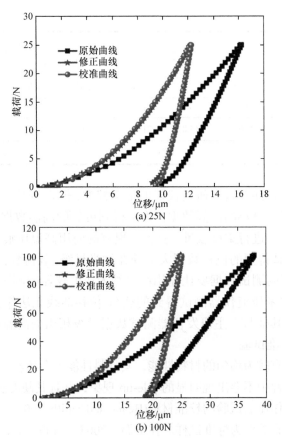

图 8.53　商用硬度计和自主研发仪器测试得到的载荷-位移曲线

　　根据 Oliver-Pharr 方法，可以提取得到不同载荷下标准硬度块的硬度和模量，并将商用硬度计得到的数据与自主研发仪器得到的数据进行了对比，如表 8.4 所示。从表中可以看出，自主研发仪器测试得到的数据与参考数据基本一致，并且误差控制在 2%以下，说明自主研发仪器测试得到的室温数据是可信的。

表 8.4　仪器测试数据与参考数据对比

编号	25N				100N			
	硬度/GPa		模量/GPa		硬度/GPa		模量/GPa	
	参考值	测量值	参考值	测量值	参考值	测量值	参考值	测量值
1	8.82	8.80	215.9	217.2	8.30	8.50	213.3	211.9
2	8.75	8.87	217.1	218.8	8.41	8.78	214.6	211.6
3	8.98	8.85	213.5	210.9	8.40	8.51	215.5	208.8
4	8.94	8.91	211.9	218.3	8.47	8.50	211.3	214.9

续表

| 编号 | 25N | | | | 100N | | | |
| | 硬度/GPa | | 模量/GPa | | 硬度/GPa | | 模量/GPa | |
	参考值	测量值	参考值	测量值	参考值	测量值	参考值	测量值
5	8.93	9.06	210.4	217.5	8.43	8.37	215.0	211.6
平均值	8.88	8.90	213.8	216.5	8.40	8.53	213.9	211.8
误差/%	0.23		1.26		1.55		0.98	

　　上述研究主要涉及自主研发仪器的常温校准,但是高温压痕仪器需要在高温环境下测试得到材料的高温数据。为了得到可靠的高温数据,自主研发的仪器在高温下也需要进行柔度校准。然而,现有的商用高温压痕仪器测试范围多为纳米尺度,测试得到的位移数据大多处在纳米量级,载荷数据处在毫牛级别,而自主研发仪器的测试数据要比商用高温纳米压痕仪器的测试数据量级高,因此,商用高温纳米压痕仪器测试得到的载荷-位移曲线无法作为校准曲线。此外,也没有找到其他与自主研发仪器测试数据量级相当的高温仪器化压入设备来开展相应的校准试验。

　　熔融石英具有较为均匀的材料性能,其材料性能不会随着压入深度的改变而改变,在压痕过程中不会出现明显的 pile-up 现象,并且其硬度随温度变化较小,因此,一般被选作压痕试验的校准材料(Beake and Smith, 2002)。本书选用高纯、镜面磨抛的熔融石英作为标准试样。在室温、200℃、400℃下,利用自主研发的仪器对其开展了高温压痕试验。采用载荷控制的方式进行加载,最大压入载荷设定为 3N,得到了相应的载荷-位移曲线。利用常温下参考映射法得到的校准参数对测试曲线进行校准,根据 Oliver-Pharr 方法,提取得到熔融石英在不同测试温度下的硬度和模量数据,如图 8.54 所示。硬度结果表明,随着测试温度的升高,熔融石英的硬度逐渐减小,出现了软化现象;而模量结果则表明,随着测试温度的升高,熔融石英的模量逐渐增大,出现了刚度硬化现象。

　　为了说明研发仪器测试得到的高温数据的可靠性,查找了文献中的熔融石英高温压痕数据(Everitt et al., 2011; Trenkle et al., 2010; Beake and Smith, 2002),并将其绘于图 8.54 中。同时利用商用的纳米压痕仪器(TI-900, Tribo Indenter, Hysitron, USA)对本书高温压痕试验中的熔融石英试样开展了室温下的纳米压痕试验,测试得到了其硬度和模量,也将其绘于图 8.54 中。从图中可以看出,测试得到的硬度和模量数据随温度的变化趋势与文献中报道的趋势基本一致,并且测试得到的数据也与文献中报道的数据吻合较好。因此,可以认为研发仪器测试得到的高温数据是可信的。

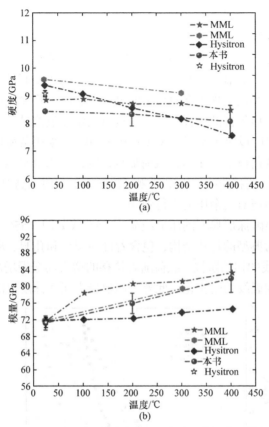

图 8.54　不同温度下压痕测试得到的熔融石英硬度和模量数值

8.2.3　基于高温压痕技术的热障涂层高温力学性能测试

为了验证高温压痕仪器的功能和指标，针对热障涂层开展了实验。热障涂层可以增加发动机部件的使用寿命并提高进口温度，从而提高发动机的性能和效率。然而，服役环境下热障涂层的过早失效破坏限制着其进一步应用和发展。开展热障涂层的热力学特性研究对于深入理解其失效破坏机理具有重要的意义。研究表明，力学性能是热力学行为研究中必不可少的参数，一般表现为温度的函数。因此，有必要测试和表征服役环境下热障涂层的力学性能。热障涂层是一种典型的层状结构，压痕技术在研究其力学行为方面有着巨大的优势。压痕技术已经被广泛用来测试热障涂层的模量和硬度等力学性能参数，但是上述研究大多是在离位室温环境下开展的，原位高温环境下的研究还较为缺乏(Nath et al., 2015; Zotov et al., 2009; Jang and Matsubara, 2005)。相关学者已经利用高温压痕技术研究了热障涂层 900℃的力学性能(Shang et al., 2014; Kim and Heuer, 2004)。然而，发动机最热端部件热障涂层的服役温度可达 1200℃。令人遗憾的是，1000℃以上热障涂层力学性能的研究十分有限。本节利用自主设计研发的高温压痕仪器研究热障涂层1200℃时的力学性能。

选用纳米氧化钇稳定氧化锆(YSZ)涂层作为研究对象。采用大气等离子喷涂工艺将涂层喷涂在多晶氧化铝基底上。选用氧化铝陶瓷基底是考虑到金属基底在高温环境下的氧化和蠕变现象会对压痕测试造成影响。将涂层试样表面磨抛光滑后，固定在高温压痕仪器的试样平台上，进行高温压痕测试。实验中选用维氏蓝宝石压头，测试温度设定为室温、1000℃和1200℃，采用载荷控制加载模式进行加载，最大压入载荷设定为15N，载荷加载速度设定为0.5N/s。每个温度点至少测试得到5组载荷-位移曲线，以得到测试数据的平均值。高温压痕试验结束后，利用扫描电子显微镜对残余压痕进行观测。

不同温度下热障涂层典型的压痕载荷-位移曲线如图8.55(a)所示。众所周知，喷涂涂层微结构为典型的片状结构，包含着许多裂纹和孔洞。从图8.55(a)可以看出，载荷-位移曲线的初始阶段，载荷随着位移的增大而缓慢增加，该过程对应着涂层近表面孔洞和裂纹的密实化。此外，压痕最大压入深度也随着温度的增加而

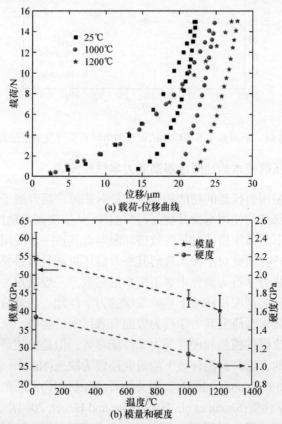

(a) 载荷-位移曲线

(b) 模量和硬度

图8.55　不同温度下压痕测试得到的载荷-位移曲线以及模量和硬度曲线

逐渐增大，这是由于高温环境下涂层材料更容易发生塑性变形。根据 Oliver-Pharr 方法，通过对载荷-位移曲线分析可以得到涂层材料的模量和硬度值，如图 8.55(b)所示。25℃、1000℃和 1200℃下，纳米 YSZ 涂层材料的模量分别为 54.34GPa±7.26GPa、43.58GPa±2.34GPa 和 40.33GPa±4.10GPa，硬度分别为 1.54GPa±0.30GPa、1.14GPa±0.14GPa 和 1.01GPa±0.14GPa。可以发现，纳米 YSZ 涂层材料的模量和硬度对温度较为敏感，都随着温度升高而逐渐减小，这与文献中报道的电子束物理气相沉积工艺制备 YSZ 涂层的高温压痕测试结果一致(Kim and Heuer, 2004)。硬度和模量随温度的减小可能对应着材料塑性的增强。

不同温度下残余压痕的 SEM 照片如图 8.56 所示。残余维氏压痕对角线的平均长度随着温度的升高逐渐增大，这与载荷-位移曲线中残余压痕深度的趋势一致。从图中可以看出，1200℃高温压痕试验中，残余压痕处出现了裂纹。这是由于等离子喷涂过程一般会得到亚稳态相(t'-ZrO$_2$)，然而当温度达到 1200℃时，亚稳态相会转化为四方相和单斜相，向单斜相的转变会引起巨大的体积变化，从而诱发裂纹(Darolia, 2013; Krogstad et al., 2011)。通过上述高温压痕测试，证明了自主设计研发的高温压痕仪器可以可靠地用于高温材料力学行为的研究。

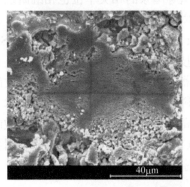
(a) 室温

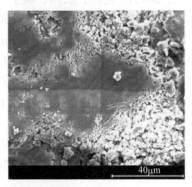
(b) 1000℃

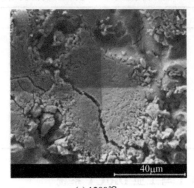
(c) 1200℃

图 8.56　不同温度下残余压痕 SEM 照片

8.3 基于原位加载 CT 的材料力学行为评价技术与仪器

　　超高温材料与结构的高温力学行为和性能已经被广泛研究，但是航天器热防护系统、航空发动机叶片及叶片用涂层等高温结构仍会出现多次热致结构失效问题，材料与结构内部缺陷萌生及演化是导致其失效的重要原因。然而，目前的研究主要集中在材料与结构高温强度和表面参量测量等领域，较少关注内部热应力变化与缺陷演化规律，急需发展超高温环境下材料与结构内部参量和损伤演化原位测量技术与表征方法以及宏观行为预测技术。

　　超高温原位加载 CT 技术可实现材料内部形貌观测，为先进高温材料与微结构及损伤缺陷等内部参量分析提供了强有力的工具。美国加利福尼亚大学伯克利分校连同劳伦斯伯克利国家实验室基于同步辐射光源研发了测试温度高达1750℃的超高温原位加载 CT 仪器，并研究了高温环境下陶瓷基复合材料内部损伤演化行为，相关成果发表在 *Nature Materials* 等期刊(Haboub et al., 2014; Bale et al., 2013)。此外，法国、瑞士、英国等国家的相关单位也相继研发了高温原位加载 CT 仪器，发展了相应的测试技术与方法，如表 8.5 所示(Mazars et al., 2017; Dezecot et al., 2016; Puncreobutr et al., 2014; Fife et al., 2012; Suéry et al., 2012)。令人遗憾的是，由于国内相关技术落后和国外核心技术封锁，我国在超高温原位加载 CT 测试方法、技术及仪器等领域仍处于空白，急需研发出具有中国自主知识产权的超高温原位加载 CT 科学仪器，发展相应的测试技术与表征方法。本书主要介绍作者课题组为研发超高温原位加载 CT 科学仪器所做的前期研究基础工作，包括建立多场原位微焦点 CT 与工业 DR/CT 系统，并利用该系统对多种材料与结构的内部参量及损伤演化原位进行表征与评价。

表 8.5　国外高温原位加载 CT 设备调研列表

单位	温度/℃	气氛	原位	CT 设备
加利福尼亚大学伯克利分校	1750	真空/惰性/氧	拉、弯	劳伦斯伯克利国家实验室
法国国家科研中心	250	大气	疲劳	欧洲同步辐射实验室
瑞士同步辐射实验室	1227	大气	压	瑞士同步辐射实验室
波尔多第一大学	1250	大气	拉伸	欧洲同步辐射实验室
里昂大学	650	大气	半固体拉伸	欧洲同步辐射实验室
曼彻斯特大学	1000	大气	半固体拉伸	瑞士同步辐射实验室

8.3.1　多场原位微焦点 CT 与工业 DR/CT 系统

　　电子计算机断层扫描(computed tomography，CT)技术是利用 X 射线束对物体某一选定体层面进行不同角度的扫描，测量透过物体后的 X 射线的强度，将强度对数化后得到该层面各个角度的吸收系数，然后重建得到图像的一种成像技术。根据 Lamb-Beer 定律，在一均匀物体中，物体吸收造成的 X 射线强度衰减服从指数规律。由于物体由不同密度的多种物质成分构成，在 X 射线穿透物体时各点对 X 射线的吸收系数是不同的。将沿着 X 射线束通过路径的物体分割成许多小单元体(体素)，令每个体素的厚度相等。设厚度足够小，使得每个体素均匀，则每个体素的吸收系数为常值，如果 X 射线的入射强度 I_0、透射强度 I 和体素的厚度 l 均为已知，沿着 X 射线通过路径上的吸收系数之和 $\mu_1+\mu_2+\cdots+\mu_n$ 即投影值就可计算出来。为了建立 CT 图像，即得到每个体素的吸收系数 μ_1、μ_2、$\cdots$、μ_n，就需要利用一些算法从一系列投影值反演出每个体素的吸收系数，这一过程称为 CT 重建过程。CT 重建算法种类繁多，每种算法适用的条件也不尽相同，常用的算法可分为两类，一类为迭代算法，另一类为解析算法。迭代算法是通过建立基于投影的独立方程，并构造迭代形式，进行迭代求解的方法。因此，CT 成像装置要从不同方向上进行多次扫描，来获取足够的数据建立求解吸收系数的方程。解析方法是利用 Radon 变换，建立投影与衰减系数之间的关系，通过一系列的变换与反变换操作得到吸收系数在物体内的分布。吸收系数是一个物理量，是 CT 影像中每个像素所对应的物质对 X 射线线性平均衰减量大小的表示。将图像面上各像素的 CT 值线性转换为灰度，就得到图像面上的灰度分布，就是 CT 图像。

　　CT 设备主要包括扫描部分、计算机系统和图像显示和存储设备。扫描部分是 CT 设备的硬件基础，主要由 X 射线发生装置、X 射线检测接收装置和机械运动装置组成。X 射线发生装置主要包括实验室 X 射线管、直线加速器、大型同步辐射光源等。X 射线检测接收装置则主要包括平板探测器和带有闪烁体的 CCD 相机。CT 扫描过程中，物体需要完成 180° 或 360° 的旋转，另外检测接收装置与试样中心以及发生装置与试样中心的距离也需要调节，因此需要配备高精度的机械运动系统。

　　计算机系统主要功能是将扫描收集到的信息数据进行储存运算。图像显示和存储系统将经计算机处理、重建的图像显示在显示屏上，或用多幅照相机或激光照相机将图像摄下来。为了得到清晰的、可用于分析的扫描图像，需要对重建的图像进行进一步的图像处理，主要包括滤波降噪和图像分割处理，并利用均匀化、归一化、直方图均衡化等图像处理方法解决图像对比度低、灰度分布不均匀的问题。得到清晰的扫描图像后，利用重构方法可以将二维扫描图像转化为精细化的三维几何模型，用于后续的内部变量分析。

　　原位加载 CT 技术是在常规 CT 设备的基础上配备拉伸、压缩和弯曲等原位加载设备，实现物体在加载作用下原位实时 CT 扫描。利用该技术可以分析得到材料及结构在载荷作用下内部裂纹、孔洞等缺陷及损伤的演化规律，为材料及结构的失效机理研究提供数据支撑,进而指导材料及结构的设计制备与工程应用。

作者研究组为了研发超高温原位加载 CT 科学仪器,搭建了常温环境下的双源双探原位加载 CT 成像系统,主要包括微焦点原位加载 DR*/CT 成像仪器和 600kV 工业 DR/CT 成像仪器,如图 8.57 和图 8.58 所示。微焦点原位加载 DR/CT 成像仪器采用最高管电压为 225kV、最大功率为 320W 的微焦点射线源,最小焦距可达 6μm,射线源与试样中心距离可调节的范围为 10~300mm;采用成像面积为 409.6mm×409.6mm、成像矩阵为 2048×2048、探元尺寸为 0.2mm 的单晶硅面阵列探测器,探测器与试样中心距离可调节的范围为 100~1400mm。力学原位加载装置主要用于材料的拉伸、压缩等力学性能的测试和分析研究,配合 X 射线成像检测,实时原位观测分析材料力学特性。力学原位加载装置最大载荷为 100kN,测试速度为 0.0005~500mm/min,具备位移控制与力控制两种加载方式,同时配备上下两个同步旋转电机,可控制上下夹具进行同步旋转,旋转精度为 25″,以配合 CT 成像设备实现旋转扫描的需求,该原位加载设备可实现数字测试和控制。射线源和探测器分别位于原位加载系统两侧,并且底部装配有大理石基底用于减震,以及精细的导轨系统用于调整射线源与探测器的位置。进行原位测试时工件被夹具固定于加载设备中,在不加载或固定加载载荷的情况下进行 CT 成像,CT 扫描结束后再开始或继续进行力学加载。

600kV 工业 DR/CT 成像仪器主要针对大尺寸结构件的扫描和检测而建立,可

图 8.57 微焦点原位加载 DR/CT 成像仪器

---

* 数字 X 射线摄影(digital radiography)

扫描的试样最大尺寸为ϕ1.2mm×5m，采用最高管电压为 600kV 的射线源。该射线源有大小焦点两种工作模式，其中大焦点模式下焦斑尺寸为 2.0mm，最大功率为 1500W；小焦点模式下焦斑尺寸为 0.7mm，最大功率为 700W。采用成像长度为 820mm、探元尺寸为 0.4mm 的钨酸镉线阵探测器。测试过程中利用夹具夹持试样完成试样旋转，射线源与探测器通过龙门架连接成为一个整体，可实现两者的联动。射线源、探测器和龙门架可以沿着试样轴线方向移动，以完成试样轴向的 CT 扫描。

图 8.58　600kV 工业 DR/CT 成像仪器

对于一些通常服役于超高温环境下的材料和结构，为了表征其在超高温服役环境下内部参量及损伤的真实演化情况，作者研究组在原位加载 CT 仪器上还集成了高温加热装置，如图 8.59 所示。该加热装置最高能提供 1100℃的高温氛围环境，从而实现高温与加载条件下材料的损伤失效机理的研究。对于微聚焦 CT，其分辨率取决于几何放大倍数，即 X 射线源到高分辨率探测器的距离与 X 射线源到样品的距离之比。放大倍数越大，分辨率越高。为了获得高分辨率，探测器与试样之间的距离应尽可能大，而试样与 X 射线源之间的距离应尽可能小。因此，为了减少试样与 X 射线源之间的距离，在 X 射线束方向上，高温腔室被设计得比其他两个方向要小得多。加热系统采用加热的方式为辐射加热，以四个对称分布的卤素灯作为热源，并配备椭球形灯罩进行聚焦，椭球共焦位置即为加热区域，加热区域的大小可以通过控制卤素灯与高温炉体中心的距离进行调节。加热的温度由卤素灯的功率控制，并且可通过水平可插拔热电偶进行实时的监测。为了减小高温炉体温度对周围 X 射线源与探测器的影响，以及增加卤素灯的使用寿命，高温炉壁以及卤素灯座上设有水冷通道，在高温试验过程中通入循环冷却水，保持周边设备位于一个适宜工作的环境。温度的调试情况如图 8.60 所示，由于热辐射和热传导等因素的影响，加热温度会由于试样的存在与否有所不同，在中间 5.5mm 的区域温度分布比较均匀，为加热的均温区。为实现高温炉的密闭环境，在高温设备和加载连杆的连接处设有动密封结构，如图 8.61 所示，该结构允许连杆的上下移动与旋转运动。为了减少 X 射线由于炉壁遮挡而引起额外的衰减，从而影响成像质量，在炉体的前后盖板上设有 200μm 厚的铝窗以增加 X 射线的透射量。进行原位高温加载试验时，将试样通过夹具装夹于高温炉的中央，调节卤素灯功率使加热区域的温度达到指定值并保持稳定，然后再进行加载和 CT 成像，在成像过程中高温炉保持固定，加载设备中的旋转电机驱动位于上下夹具中的试样完成 360°投影图片的采集。

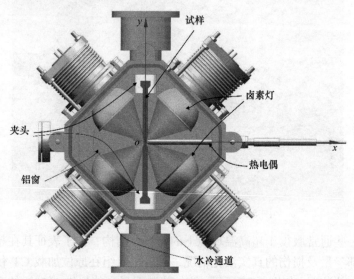

图 8.59　高温加热装置原理图

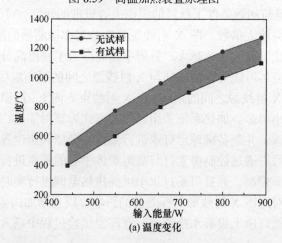

(a) 温度变化

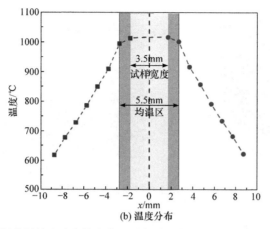

(b) 温度分布

图 8.60 温度随输入功率的变化以及高温炉中温度沿水平轴的分布情况

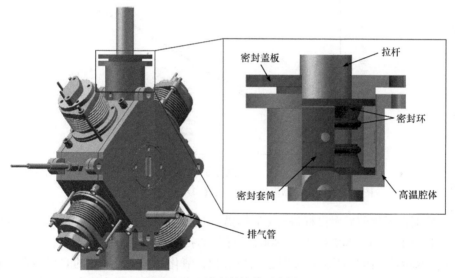

图 8.61 动密封结构示意图

8.3.2 结构与材料微结构及损伤演化原位表征与评价

1. 基于 CT 扫描的改性 C/C 复合材料氧化行为研究

本节采用 CT 扫描技术研究了改性 C/C 复合材料在 800℃和 1100℃两个典型服役温度下的氧化行为，为建立和验证热-力-氧耦合失效模型提供基础。对外形相同的试样在空气氛围下进行氧化处理，试样尺寸和表面光学图片如图 8.62 所示。氧化实验结果如图 8.63 所示，可以看出，800℃下，氧化速率较慢，氧化失重随时间呈现线性关系。而在 1100℃下，试样快速氧化失重，失重速率大约为 800℃环境下的 3 倍。

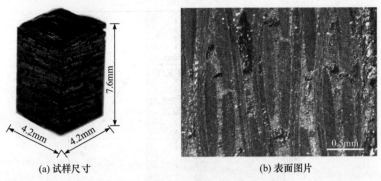

(a) 试样尺寸　　　　　(b) 表面图片

图 8.62　改性 C/C 复合材料氧化试样

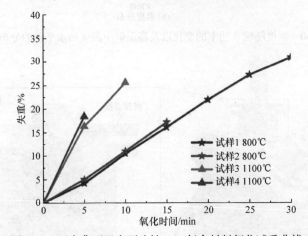

图 8.63　两个典型温度下改性 C/C 复合材料氧化减重曲线

　　分别在氧化前后对试样进行 CT 扫描,扫描参数为:80kV/200μA,体素 3.6μm,扫描时间 100min。800℃氧化 1800s 后样品的扫描结果如图 8.64 所示,选取三个位置在氧化前后的切片进行对比。可以看出,氧化后,试样内部的 C 纤维灰度值比较均匀地降低。说明由于氧化的进行,纤维束内部孔洞增多,吸收 X 射线能力减弱。氧化行为在试样内部分布比较均匀,说明在 800℃氧化环境下,试样的氧化过程为反应控制型,即氧气在试样内部的扩散速率快于氧气与碳材料发生化学反应的速率。

　　1100℃氧化 600s 后样品的 CT 结果如图 8.65 所示,从氧化前后的灰度图片对比可以看出,在 1100℃氧化环境下,试样内部 C 纤维束的氧化程度呈现明显的空间不均匀性,以图中虚线为分割,靠近试样外表面处的 C 纤维束氧化程度明显,灰度值显著降低,而试样内部的纤维束灰度值变化较小,氧化程度微弱。由此可见,在 1100℃下,试样的氧化过程为扩散控制型,即氧化反应速率快于氧气在试样中的扩散速率,导致试样的氧化程度呈现显著的空间不均匀性。

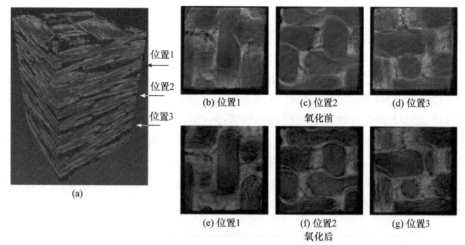

图 8.64 800℃氧化 1800s 后样品的 CT 扫描切片

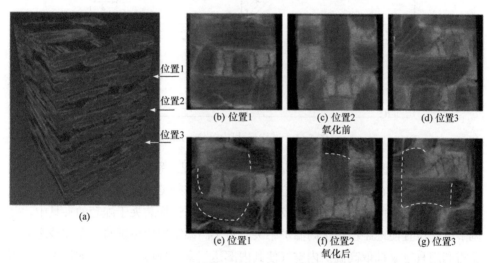

图 8.65 1100℃氧化 600s 后样品的 CT 扫描切片

在改性 C/C 复合材料真实服役环境下，不同的温度、气压、氧化氛围、载荷条件都会对材料的氧化过程(包括扩散过程和反应过程)产生显著的影响。与此同时，不同的氧化行为(扩散控制型和反应控制型)也会对结构的力学性能产生不同的反馈作用。力学过程与氧化过程的相互作用机理还有待进一步深入研究，继而改进和完善之前所述的热-力-氧耦合失效模型，对高温结构的设计和优化提供指导。

2. 陶瓷基复合材料高温在位拉伸 CT 测试

在一系列高温材料中，C/SiC 陶瓷基复合材料由于其卓越的高温力学性能和很强的可设计性成为目前应用较为广泛并且较有前景的材料之一。但是由于其复杂的内部结构，以及高温实验技术的限制，其失效机理的探究至今仍不清晰。而对其失效过程的在位观测是揭示其失效机理的一种直接有效的方法，因此，对C/SiC 陶瓷基复合材料进行 CT 原位损伤表征和评价具有重大意义。

实验使用的 C 纤维直径为 7.0μm，密度为 1.76g/cm³，拉伸模量为 3.53GPa，弹性模量为 250GPa。利用该 C 纤维正交编织成碳布，将碳布进行堆叠和针刺形成纤维预制体后在纤维丝表面沉积热解碳(PyC)层，最后利用化学气相渗透法，以三氯甲基硅烷(CH₃SiCl₃)为气源制备沉积 SiC 得到基体相，为了减小高温实验中试样氧化的影响，在切割后通过化学气相沉积法(CVD)在试样表面沉积一层 SiC涂层。为控制试样发生断裂的位置，将试样裁剪为如图 8.66 所示形状，中部区域宽度为 3mm 为加热和观测的区域。

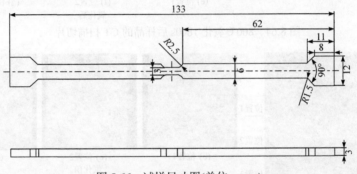

图 8.66　试样尺寸图(单位：mm)

C/SiC 陶瓷基复合材料的 CT 原位加载测试工况分别为室温大气氛围和 800℃高温真空氛围，在开始正式的原位测试前，需要进行 CT 设备的底噪校正，以消除背景噪声对成像质量的影响。校正完成后将待测试样装夹于配套的夹具中，并调节试样位置使标距段位于高温炉中央。对于高温工况原位试验，在加载之前，还需利用真空泵抽取高温炉内空气使其内部达到真空环境，并调控加热温度达到指定的温度后保温半个小时，使试样受热区域的温度达到一个稳定均匀的状态。随后开始试样初始状态的扫描。初始扫描结束之后进行位移控制的步进式加载，到设定载荷后保载进行 CT 扫描。重复上述过程，直到试样发生断裂。

为了说明试样内部的微观结构，在试样初始未加载状态下截取标距段部分体积的三维重构实体如图 8.67 所示。其中，纤维相形状为一个梭形的束状，横纵纤维之间呈现一个平纹正交编织的构型，整个试样是由多个纤维层堆叠形成，基体包覆在纤维相的周围。试样的内部体积并非完全致密，依然存在不少的孔洞，主要集中在各纤维层之间，呈扁平形状，这是在制备过程中，基体渗透不充分所导致。

(a) 三维实体　　　　　　(b) 纤维相

(c) 基体相　　　　　　(d) 孔洞

图 8.67　试样标距段部分体积的三维实体以及提取的纤维相、基体相、孔洞

在常温原位加载试验中，不同加载阶段试样标距段的内部损伤发展情况如图 8.68 所示，当拉力达到 100N 时，裂纹已经起始于试样标距段下端表面的缺陷处，为了观察得更加明显，实体中出现的主裂纹已经在对应位置的纵向切片中标示出，随着载荷的增加，主裂纹沿长度和深度方向逐渐扩展，从对应位置的切片中可以看出，裂纹在加载过程中逐渐穿透下面的涂层与基体。同时在加载过程中，试样表面也不断出现新的裂纹，新出现的裂纹同样沿厚度与宽度方向发生扩展。高温原位加载试验表征结果如图 8.69 所示，值得注意的是，800℃高温原位 CT 测试采用的试样中，由于纤维预制体编织时纤维的打结意外引入了一大纤维束，而裂纹恰好起始于大纤维的内部，并随着载荷的增加在与加载方向垂直的平面中逐渐沿纤维轴向和径向扩展。

3. 3D 打印金属材料原位加载 CT 测试

增材制造(3D 打印)技术具有成型接近任意复杂结构的能力，近年来已在航空、航天、军用装备、汽车、医疗等国防与民用装备领域的轻量化结构中得到广

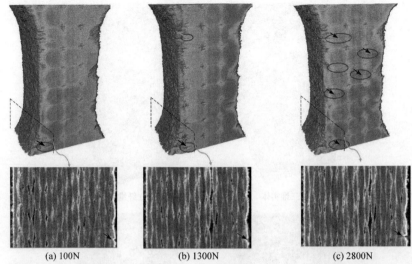

(a) 100N　　　　　　　　(b) 1300N　　　　　　　(c) 2800N

图 8.68　常温原位加载试验中不同加载阶段下试样内部损伤发展情况

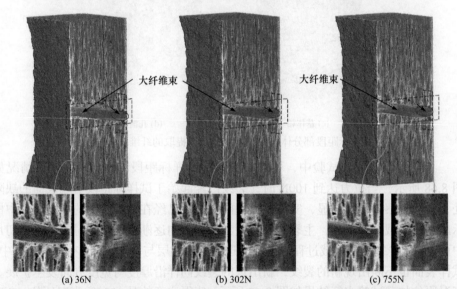

(a) 36N　　　　　　　　(b) 302N　　　　　　　(c) 755N

图 8.69　800℃原位加载试验中不同加载阶段下试样内部损伤发展情况

泛应用，如图 8.70 所示。三维模型切割为固定厚度的二维切片，然后切片一层一层打印，最终形成整体结构，其中激光选区熔化(SLM)工艺是一种典型的金属 3D 打印过程，可以打印多孔结构、点阵等复杂构型，解决传统制造工艺难以加工甚至无法加工的制造难题。

SLM 因其工艺较为复杂，在打印过程中避免不了结构出现缺陷，而且缺陷的成因较为复杂。铝合金对激光的吸收率低，材料本身热导率高、密度小、易氧化

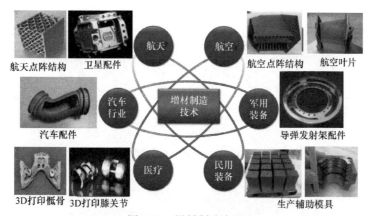

图 8.70　增材制造应用

等物理特性决定了其 SLM 成型非常困难；熔化不充分的金属粉末黏附在熔化区冷凝后的熔道周围，导致成型误差较大，材料出现过熔现象；金属液滴飞溅形成金属小球，周围产生夹杂，造成球化缺陷；激光能量沿基板消耗，增加溶体黏度，导致成型球化效应及内部孔隙、裂纹等缺陷；结构节点处聚集液滴，导致材料表面几何缺陷，杆径分布不均匀。因此制造工艺对增材制造成型结构的几何误差以及内部缺陷的影响的研究近些年来得到广泛关注(Liu et al., 2017；Suard et al., 2015；Suard et al., 2014)。

　　借助高分辨率的 CT 扫描可以有效地对 3D 打印结构件的几何误差、内部缺陷进行表征，研究表面几何缺陷和内部缺陷对材料力学性能的影响。利用原位加载 CT 装置研究在拉伸载荷下，3D 打印 AlSi10Mg 材料缺陷的几何演化，试样尺寸与实物如图 8.71 所示。在 3D 打印过程中，SLM 预制通孔时，粉末飞溅，并黏附孔道，最终导致通孔表面不规则，孔道堵塞，重构模型如图 8.72(a)所示。通过对通孔几何尺寸的分析，3D 打印预制孔洞的试样底部和顶部误差最大，如图 8.72(b)所示，从底部到中心，孔洞打印公差先降低后增加。通孔与计算机辅助设计(CAD)模型的圆柱通孔设计尺寸相比，几何缺陷较大，在拉伸载荷下的演化，会严重影响材料的力学性能。

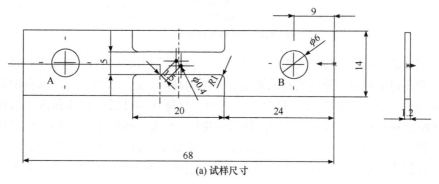

(a) 试样尺寸

(b) 实物

图 8.71　3D 打印 AlSi10Mg 材料(单位：mm)

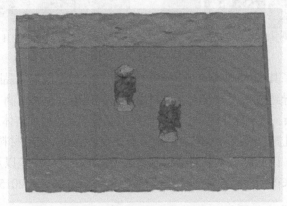

(a) 重构模型

(b) 孔洞直径分布

图 8.72　材料几何缺陷分析

　　试样的载荷-位移曲线如图 8.73 所示。材料每隔 300N 进行一次 CT 扫描，通过三维几何重构方法重建通孔的真实三维结构缺陷，如图 8.74 所示。通孔的几何尺寸与设计尺寸差别很大，且分布不均匀，试样在弹性段孔洞体积线性增加，1500N 后材料进入塑性段，孔洞的体积变化加快，裂纹萌生并且发生扩展。3D 打印过程中材料打印的几何公差和表面缺陷严重影响材料的损伤演化过程；几何缺陷在材料进入塑性后，通孔发生开裂，进而裂纹发生扩展。本小节利用双源双探力学原位加载系统研究了增材制造金属材料在拉伸载荷下，孔洞的三维结构演化以及体积变化，研究了材料的失效过程。

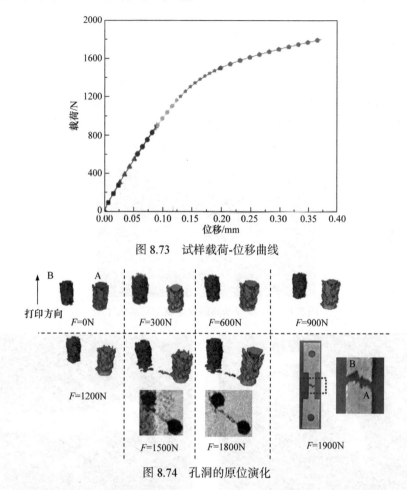

图 8.73　试样载荷-位移曲线

图 8.74　孔洞的原位演化

4. 航空发动机叶片 CT 无损检测

　　航空发动机叶片是将燃气热能转换为旋转机械能的关键部件，在飞机飞行性能的保障和提升方面发挥着无可替代的作用，被誉为飞机"心脏中的心脏"。叶片在发动机中数量众多，随着航空技术的飞速发展，对航空发动机的性能要求也随之越来越高，其中，提高发动机涡轮进口温度是提高发动机推重比和单位推力性能的重要途径之一。但是，涡轮室内燃气温度非常高，涡轮叶片在高压腐蚀性燃气的冲击下高速旋转工作，除了要承受频率、幅度变化巨大的交变拉应力和扭转应力外，还要受到热腐蚀、高温氧化作用和机械摩擦作用，再加上飞机的频繁起停和长时间航行，使叶片长期在过载、恶劣环境等状态下工作，因此，更容易出现故障。涡轮叶片故障是航空发动机最主要的失效形式(Bi and Gasser，2011；Carter，2005)。

　　针对航空发动机叶片复杂构件及其内部微小缺陷，CT 无损检测技术可以获得被检工件的断层图像。如图 8.75 所示，F100 镍基高温合金，其叶片最大轮廓厚度为 7.5mm，微米 CT 扫描可以获取其真实几何结构和详细内部缺陷信息，扫描电流为 1.6mA，扫描电压为 430kV，图像体素大小为 50μm，扫描图片如图 8.76所示。断层图片基于图像处理技术，对图像进行去噪、增强、滤波及边缘检测等处理，最终重构出叶片的真实三维结构，如图 8.77 所示。

图 8.75　F100 镍基高温合金航空发动机叶片

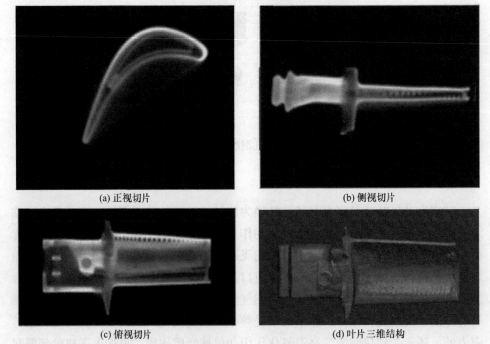

(a) 正视切片　　　　　　　　　　　　(b) 侧视切片

(c) 俯视切片　　　　　　　　　　　　(d) 叶片三维结构

图 8.76　叶片扫描结果

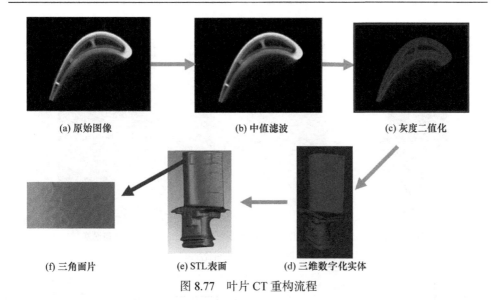

(a) 原始图像	(b) 中值滤波	(c) 灰度二值化
(f) 三角面片	(e) STL表面	(d) 三维数字化实体

图 8.77　叶片 CT 重构流程

经过 CT 扫描以及图像处理技术，可以获得叶片的真实几何模型。叶片在服役过程中受到复杂多场环境的影响，结构发生变形，内部产生缺陷，这些因素会影响叶片的使用寿命。CT 重建模型可以通过预对齐、局部最佳拟合的模型对比方法对比服役前后叶片的几何模型，分析叶片发生的形变，对比流程如图 8.78 所示 (Szymor et al., 2016；Kurt et al., 2009)。最终可以分析叶片在服役过程中表面发生的几何变形，如图 8.79 所示。进一步分析可以获得叶片每一截面的几何参数的变化，如图 8.80 所示，这为研究服役环境对航空发动机叶片力学性能影响提供了方法和依据。

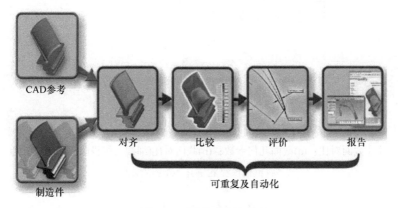

图 8.78　模型对比流程

(a) 服役前模型　　　(b) 服役后重构模型　　　(c) 表面几何误差

图 8.79　模型对比

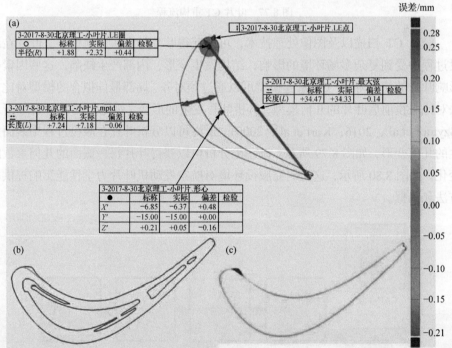

图 8.80　叶片截面对比：(a)截面几何参数；(b)截面对比(细线为服役前模型轮廓，粗线为服役后重构模型轮廓)；(c)轮廓误差

8.4　本章小结

现代科技迅速发展，对大型结构和装备的寿命设计与安全可靠性提出了新要

求，尤其在航空航天领域，新型飞行器的大型化和复杂化、服役环境超常化、使用性能高要求化等发展趋势对极端环境下材料与结构力学性能评价提出了严峻的挑战。传统航天器热防护系统或高温结构，主要通过加大安全裕度来保证结构完整性，但也出现过多次热致结构失效的问题，至今未能得到彻底解决。本章主要介绍了超高温实验力学测试技术与仪器，通过实验评价了材料的超高温力学性能，从而为超高温材料与结构服役安全性和可靠性评价提供支撑。

超高温有氧环境对发热体和夹具提出了挑战，传统商用发热体使用温度小于1700℃，夹具使用温度小于 1600℃。采用 ZrB₂-xSiC-yAdditives 和 HfB₂-xSiC-yAdditives 超高温陶瓷材料体系，通过抗氧化相和高导电相的优化，解决了发热体材料的抗氧化性和稳定性差的问题，制备出了可耐 1800℃的电阻加热棒、可耐1950℃以上的感应加热发热体和可耐 1800℃的拉/压/弯/剪夹具。研制了 1800℃大气环境超高温力学性能试验机和 2600℃快速升温/多气氛/超高温力学性能试验机，有氧环境最高测试温度可达 1950℃，最高升温速率可达 250℃/min。

选用氧化物复合陶瓷材料制备了可用于 1200℃以上的高温压头，研制了1300℃超高温压痕仪器，小载荷加载采用压电加载，大载荷加载采用电机加载，可实现大气和惰性两种测试氛围，完成了超高温压痕仪器的常温和高温校准，开展了热障涂层高温力学性能测试。

搭建了多场环境下的双源双探原位加载 CT 成像系统，主要包括微焦点原位加载 DR/CT 成像仪器和 600kV 工业 DR/CT 成像仪器，实现了高温在位加载 CT测试表征，开展了陶瓷基复合材料高温在位拉伸 CT 测试、3D 打印金属材料原位加载 CT 测试和航空发动机叶片 CT 无损检测。

参 考 文 献

成天宝. 2016. 先进高温材料强度和抗热震性能研究. 重庆: 重庆大学.

程相孟. 2016. 超高温陶瓷材料试验测试技术与表征方法. 北京: 北京大学.

曲兆亮. 2017. 高温层状材料压痕测试技术与表征方法. 北京: 北京大学.

Albinski B, Schneider H C, Sacksteder I, et al. 2013. A new high-temperature indentation device for characterization of materials for fusion applications. Journal of Nuclear Materials, 442(1): S865-S868.

Bale H A, Haboub A, MacDowell A A, et al. 2013. Real-time quantitative imaging of failure events in materials under load at temperatures above 1600℃. Nature Materials, 12(1): 40-46.

Beake B D, Smith J F. 2002. High-temperature nanoindentation testing of fused silica and other materials. Philosophical Magazine A, 82(10): 2179-2186.

Bi G, Gasser A. 2011. Restoration of nickel-base turbine blade knife-edges with controlled laser aided additive manufacturing. Physics Procedia, 12: 402-409.

Carter T J. 2005. Common failures in gas turbine blades. Engineering Failure Analysis, 12: 237-247.

Cheng T B. 2021. Tensile properties of ZrB₂-SiC ultra-high temperature ceramics up to 2050℃. In preparation.

Cheng T B, Li W G, Li Q M, et al. 2014. The bending strength of bulk polycrystalline alumina from room temperature to melting point. High Temperatures-High Pressures, 43: 285-295.

Cheng T B, Li W G, Zhang R B, et al. 2015. The direct uniaxial tensile strength of chemical vapor deposited zinc sulfide from room temperature to 600℃. Materials Letters, 158: 140-142.

Cheng T B, Qu Z L, Li W G, et al. 2020a. Fracture strength behaviors of ultra-high-temperature materials. Journal of Applied Mechanics, 87: 031006.

Cheng T B, Wang X R, Zhang R B, et al. 2020b. Tensile properties of two-dimensional carbon fiber reinforced silicon carbide composites at temperatures up to 2300℃. Journal of the European Ceramic Society, 40: 630-635.

Cheng T B, Zhang R B, Pei Y M, et al. 2019a.Tensile properties of two-dimensional carbon fiber reinforced silicon carbide composites at temperatures up to 1800℃ in air. Extreme Mechanics Letters, 31: 100546.

Cheng T B, Zhang R B, Pei Y M, et al. 2019b. Flexural properties of carbon-carbon composites at temperatures up to 2600℃. Materials Research Express, 6: 085629.

Darolia C H, Heuer A H. 2004. A high-temperature displacement-sensitive indenter for studying mechanical properties of thermal barrier coatings. Journal of materials research, 19(1): 351-356.

Darolia R. 2013. Thermal barrier coatings technology: Critical review, progress update, remaining challenges and prospects. International Materials Reviews, 58(6): 315-348.

Dezecot S, Buffiere J Y, Koster A, et al. 2016. In situ 3D characterization of high temperature fatigue damage mechanisms in a cast aluminum alloy using synchrotron X-ray tomography. Scripta Materialia, 113: 254-258.

Everitt N M, Davies M I, Smith J F. 2011. High temperature nanoindentation–the importance of isothermal contact. Philosophical Magazine, 91(7-9): 1221-1244.

Fife J L, Rappaz M, Pistone M, et al. 2012. Development of a laser-based heating system for in situ synchrotron-based X-ray tomographic microscopy. Journal of synchrotron radiation, 19(3): 352-358.

Haboub A, Bale H A, Nasiatka J R, et al. 2014. Tensile testing of materials at high temperatures above 1700℃ with in situ synchrotron X-ray micro-tomography. Review of Scientific Instruments, 85(8): 083702.

Huang H, Zhao H, Mi J, et al. 2011. Experimental research on a modular miniaturization nanoindentation device. Review of Scientific Instruments, 82(9): 095101.

Jang B K, Matsubara H. 2005. Influence of porosity on hardness and Young's modulus of nanoporous EB-PVD TBCs by nanoindentation. Materials Letters, 59(27): 3462-3466.

Kim C H, Heuer A H. 2004. A high-temperature displacement-sensitive indenter for studying mechanical properties of thermal barrier coatings. Journal of Materials Research, 19 (1): 351-356.

Klein C A, Miller R P, Gentilman R L. 2002. Characteristic strength and Weibull modulus of selected infrared-transmitting materials. Optical Engineering, 41(12): 3151-3160.

Korte S, Stearn R J, Wheeler J M, et al. 2011. High temperature microcompression and nanoindentation in vacuum. Journal of Materials Research, 27(1): 167-176.

Krogstad J A, Krämer S, Lipkin D M, et al. 2011. Phase stability of t′-zirconia-based thermal barrier coatings: Mechanistic insights. Journal of the American Ceramic Society, 94: S168-S177.

Kurt M, Saban Kamber O, Kaynak Y, et al. 2009. Experimental investigation of plastic injection molding: Assessment of the effects of cavity pressure and mold temperature on the quality of the final products. Materials & Design, 30: 3217-3224.

Liu L, Kamm P, García-Moreno F, et al. 2017. Elastic and failure response of imperfect three-dimensional metallic lattices: the role of geometric defects induced by selective laser melting. Journal of the Mechanics and Physics of Solids, 107: 160-184.

Mazars V, Caty O, Couégnat G, et al. 2017. Damage investigation and modeling of 3D woven ceramic matrix composites from X-ray tomography in-situ tensile tests. Acta Materialia, 140: 130-139.

Nath S, Manna I, Majumdar J D. 2015. Nanomechanical behavior of yttria stabilized zirconia (YSZ) based thermal barrier coating. Ceramics International, 41(4): 5247-5256.

Puncreobutr C, Phillion A B, Fife J L, et al. 2014. In situ quantification of the nucleation and growth of Fe-rich intermetallics during Al alloy solidification. Acta Materialia, 79: 292-303.

Sakai M, Shimizu S. 2001. Indentation rheometry for glass-forming materials. Journal of Non-Crystalline Solids, 282(2): 236-247.

Sawa T, Tanaka K. 2001. Simplified method for analyzing nanoindentation data and evaluating performance of nanoindentation instruments. Journal of Materials Research, 16(11): 3084-3096.

Schuh C A, Packard C E, Lund A C. 2006. Nanoindentation and contact-mode imaging at high temperatures. Journal of Materials Research, 21(3): 725-736.

Shaffer S J. 2014. Hardness Testing at Elevated Temperatures. Bruker.

Shang F L, Zhang X, Guo X C, et al. 2014. Determination of high temperature mechanical properties of thermal barrier coatings by nanoindentation. Surface Engineering, 30(4): 283-289.

Suard M, Lhuissier P, Dendievel R, et al. 2014. Towards stiffness prediction of cellular structures made by electron beam melting (EBM). Powder Metallurgy, 57: 190-195.

Suard M, Martin G, Lhuissier P, et al. 2015. Mechanical equivalent diameter of single struts for the stiffness prediction of lattice structures produced by Electron Beam Melting. Additive Manufacturing, 8: 124-131.

Suéry M, Terzi S, Mireux B, et al. 2012. Fast in situ X-Ray microtomography observations of solidification and semisolid deformation of Al-Cu alloys. JOM, 64(1): 83-88.

Szymor P, Kozakiewicz M, Olszewski R. 2016. Accuracy of open-source software segmentation and paper-based printed three-dimensional models. Journal of Cranio-Maxillofacial Surgery, 44: 202-209.

Takagi H, Fujiwara M, Kakehi K. 2004. Measuring Young's modulus of Ni-based superalloy single crystals at elevated temperatures through microindentation. Materials Science and Engineering A, 387: 348-351.

Trenkle J C, Packard C E, Schuh C A. 2010. Hot nanoindentation in inert environments. Review of Scientific Instruments, 81(7): 073901.

van Vliet K J, Prchlik L, Smith J F. 2004. Direct measurement of indentation frame compliance. Journal of materials research, 19 (1): 325-331.

Villemiane A, Passilly B, Fajfrowski M, et al. 2011. Determination of mechanical properties of bondcoat materials by high temperature instrumented indentation. Matériaux and Techniques, 99(2): 211-218.

Watanabe M, Mercer C, Levi C G, et al. 2004. A probe for the high temperature deformation of thermal barrier oxides. Acta Materialia, 52 (6): 1479-1487.

Wheeler J M, Michler J. 2013a. Elevated temperature, nano-mechanical testing in situ in the scanning electron microscope. Review of Scientific Instruments, 84(4): 045103.

Wheeler J M, Michler J. 2013b. Invited article: Indenter materials for high temperature nanoindentation. Review of Scientific Instruments, 84(10): 101301.

Zhang R B, Cheng X M, Fang D N, et al. 2013. Ultra-high-temperature tensile properties and fracture behavior of ZrB₂-based ceramics in air above 1500℃. Materials and Design, 52: 17-22.

Zotov N, Bartsch M, Eggeler G. 2009. Thermal barrier coating systems-analysis of nanoindentation curves. Surface and Coatings Technology, 203(14): 2064-2072.

第9章 高温点阵热防护结构功能一体化设计与表征

轻量化是飞行器追求的永恒目标。传统的热防护系统结构各层由不同材料组成，各层界面处存在明显结合缺陷的缺点，且防热、承载、隔热、散热等功能分别由各功能层单独实现，大大增加了热防护系统的体积与重量。点阵结构由于其低密度、高比强度与比刚度以及结构可设计性，有望应用于各类飞行器热防护系统的轻量化设计中，为新型热防护系统的设计提供新思路。因此，开展基于高温点阵热防护的结构功能一体化设计与表征研究对于新型热防护系统研制与应用具有积极的科学价值与工程意义。

2012 年 12 月，美国 X-37B 飞行器进行了第二次成功试飞。以 X-37B、X-51A 等型号空天飞行器为代表的高超声速飞行器是美国为了实现其军事战略构想的核心研究计划。美国政府大力支持军工企业、研究机构及高等院校开展"高超声速飞行器"研制计划，并先后成功进行了多次跨大气层再入高超声速飞行器的飞行验证试验。图 9.1 所示分别为 X-37B 和 X-51A 高超声速飞行器。

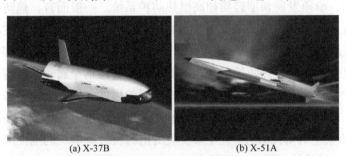

(a) X-37B   (b) X-51A

图 9.1 美国 X-37B 和 X-51A 高超声速飞行器

然而，在这些高超声速飞行器跨大气层飞行及再入过程中，飞行速度高达 6 马赫以上，飞行器端头、翼前缘等关键热部件(见图 9.2)温度将达 1700～2500℃，这就对材料的耐高温、防隔热、抗氧化、抗烧蚀性能提出了苛刻的要求，同时高超声速飞行器可重复使用，以及长时间、高马赫数飞行的服役特征对飞行器关键部位的热防护系统(thermal protection system, TPS)提出了苛刻的要求，飞行器热防护系统的可靠性成为影响飞行任务成败的关键(解维华等，2013；韩杰才等，2009；杨亚政等，2008)。高超声速飞行器在再入过程中会经受恶劣的气动热，为了保证良好

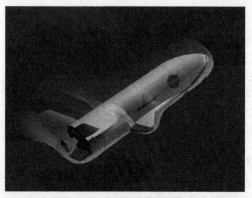

图 9.2　从地球轨道再入的 X-37B 飞行器

的气动外形，飞行器外表面各部件不允许发生明显的烧蚀，否则将直接影响飞行器机动距离和打击精度，甚至造成重大事故(韩杰才等,2009)。另外，为了保证高超声速飞行器服役过程中具有足够的气动升力与更大的有效载荷，飞行器关键热部件还必须满足轻质要求(陈立明等,2011)。因此，发展新型轻量化超高温的热防护系统已成为高超声速飞行器研究领域高度关注的焦点问题之一，对于高超声速飞行器的研制具有基础性、先导性的意义。目前轻量化超高温热防护系统的研究存在的主要困难在于寻求一种兼顾轻质与耐超高温需求的热防护材料/结构。

　　传统的热防护系统已难以同时满足高超声速飞行器服役环境和高效轻质承载的双重需求，亟须发展新型轻质超高温热防护系统。一般而言，热防护系统从防热机理上可分为主动式(崔尔杰,2009)、被动式(王振国等,2009)及半主动半被动式热防护系统(谢宗蕻和孙俊峰,2013)。其中主动式热防护系统虽然冷却效率高，但结构极其复杂；被动式热防护系统相对简单，主要包括金属、刚性陶瓷瓦、复合材料热防护系统等。金属热防护系统具有良好的强度、韧性、耐冲击性能及一体化设计加工能力，但其使用温度一般不超过 1000℃，难以在苛刻的高超声速服役环境下使用(余艳辉等,2013)。近年来发展的由石英纤维编织的刚性陶瓷瓦的耐温性有所提高，但其使用温度一般仍难超过 1200℃(裴雨辰等,2012)。随着飞行速度的进一步增大，高超声速飞行器关键热部件承受的气动热一般高于 1600℃，传统的金属、刚性陶瓷瓦都难以满足服役需求，需要寻求一种能够承受超高温服役环境的热防护材料/结构。

　　传统的热防护系统结构一般由外部防热层、承力结构层、隔热层、散热层等构成(见图 9.3)(王琪等,2013；卢天健等,2006)。然而，由于各层由不同材料组成，各层界面处存在明显结合缺陷的缺点；此外由于防热、承载、隔热、散热等功能分别由各功能层单独实现，大大增加了热防护系统的体积与重量。为了保证飞行器具备更大的升阻比与有效载荷，飞行器的关键热部件期待采用一种轻质的热防护材料/结构。

图 9.3　传统多层热防护系统结构概念图

　　点阵结构由于其低密度、高比强度与比刚度以及结构可设计性，广泛应用于各类飞行器热防护系统的轻质化设计中。美国国防高等研究署(DARPA)和海军研究局(ONR)、哈佛大学、麻省理工学院、加利福尼亚大学与英国剑桥大学等开展了大量点阵结构制备、力学性能、结构设计与优化的研究。国内清华大学、北京大学、北京理工大学、西安交通大学、哈尔滨工业大学、大连理工大学、西北工业大学等也进行了点阵结构的设计与力学性能的系列研究，取得的一些成果在国际上处于先进地位。点阵结构具有多功能一体化集成能力。卢天健等(2006)开展了超轻质金属点阵材料的多功能集成特性与应用研究，实现了承载、储能、隐身、降噪、传感、促动等多功能的一体化。方岱宁等(2012)也开展了玻璃纤维点阵结构与碳纤维复合材料点阵结构的结构承载与吸波、隐身功能的一体化研究。但是，上述国内外在点阵材料的进展主要集中在金属点阵材料和树脂基碳纤维复合材料，这些材料无法应用在超高温的热防护结构上。近年来，国际上提出了一种新型防隔热一体化结构的热防护系统的概念，其外部采用点阵结构(波纹结构)作为结构体防热、承载，内部通过填充隔热材料实现隔热(见图 9.4)，这种多功能的一体化设计不仅可以实现热防护结构的承载与防隔热功能，而且可以大大减轻热防护系统的体积与重量。

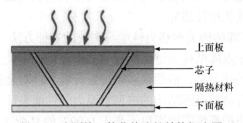

图 9.4　防隔热一体化热防护结构概念图

　　因此，作者团队将轻质点阵结构与高温陶瓷材料、陶瓷基复合材料相结合，提出了防隔热一体化的高温点阵结构热防护系统的概念，重点关注解决以下关键

科学问题:

(1) 由于点阵特殊的多孔结构,对防隔热一体化高温点阵结构的传热机理研究不足,目前难以对防隔热效率进行有效评价,也未建立轻质多孔高温材料的热-力耦合分析理论。

轻质多孔高温材料的传热机理与热-力耦合分析理论是相关研究的热点与难点。针对点阵结构的传热机理与传热模型,国内外学者近年来开展了大量研究。北京航空航天大学吴大方等(2013, 2012)采用红外辐射加热方法对高超声速飞行器传统高温合金蜂窝平板结构的隔热性能进行了研究,成功获得了蜂窝板结构的瞬态和稳态传热特性以及不同温度下金属蜂窝平板结构的隔热效率,并进行了考虑结构内部蜂窝芯壁面间辐射、金属结构传热以及蜂窝腔内空气传热的多重热交换条件下的蜂窝板隔热特性的数值模拟研究。哈尔滨工业大学吴林志等(2012)也系统研究了点阵夹芯结构的换热机理与换热特性,探讨了点阵构型对换热性能的影响规律,并采用数值模拟方法对碳纤维点阵夹芯结构的传导、辐射耦合换热进行了研究。然而,这些研究一般关注点阵结构的热传导或热辐射单一机制,较少考虑热传导、热辐射机制的耦合效应对点阵结构传热模型与传热机理的影响,既不能给出防隔热效率的评价方法,也无法获得轻质多孔高温材料的热-力耦合分析理论。因此,有必要耦合考虑热传导与热辐射效应,建立超高温陶瓷波纹结构在服役环境中的传热模型与热-力耦合分析理论。

(2) 缺乏防隔热一体化高温点阵结构的结构优化设计与制备方法。

目前防隔热一体化高温点阵结构的结构优化设计方法仍欠缺。Bapanapalli等(2006)针对服役环境需求,对波纹结构面板长度、面板厚度、面板间高度、芯子尺寸、芯子角度以及胞元数目等开展了波纹结构的理论设计工作。范华林和杨卫(2007)也开展了不同构型点阵结构的优化设计研究。为了保障高温点阵结构在热防护系统中的成功应用,防隔热一体化高温点阵结构的结构优化设计需要建立在点阵结构传热机理、力学模型的基础上。然而,高温点阵结构的传热机理目前研究得尚不明确,因此需要开展基于力学模型与传热模型基础上的防隔热一体化高温点阵结构的结构优化设计研究。

(3) 欠缺高温点阵结构关键热力性能与失效的表征方法。

目前国内外关于点阵结构关键力学行为的研究仍较多关注室温力学性能与点阵构型之间的相互关联关系,前期众多单位也开展了针对金属点阵结构、树脂点阵结构或碳纤维复合材料点阵结构的典型室温力学性能表征的系列研究。然而,高超声速飞行器热防护系统需要服役于高于1600℃的复杂气动热-力耦合环境中,目前关于超高温氧化极端环境下的点阵结构关键热力性能表征方法却鲜有报道。为了确保热防护系统性能能够满足服役环境(如超高温、高气氛压力、氧化等严酷条件)要求,亟须建立和完善超高温、氧化等极端恶劣环境中高温点阵结构关键热力性能的表征方法。

此外,服役环境下点阵结构的热-力耦合分析对于评估热防护系统性能与寿命具有重要的指导意义。前期很多研究工作者都曾系列开展了针对金属点阵结构、树脂点阵结构或碳纤维复合材料点阵结构的热-力耦合行为及其性能研究,并对点阵结构复合材料的失效模式和失效机理进行了探讨。然而这些研究大多数是在完全解耦或部分解耦的前提下进行的分析,并且尚未达到超高温温度范围。因此,针对高温点阵结构,亟须开展其在复杂气动热-力耦合环境下的热-力耦合失效的分析,研究其超高温热-力耦合失效的评价方法,为高温点阵结构的工程化应用提供理论和实验依据。

作者研究团队近年来在以上关键科学问题上进行了集中攻关,拓展了 ZrO_2 高温陶瓷波纹结构、ZrB_2-SiC-G(石墨)超高温陶瓷波纹结构、C/SiC 陶瓷基复合材料点阵结构等多种材料体系、多种构型的轻量化高温点阵结构,并基于这些新型轻量化高温点阵结构进行了轻量化防隔热一体化热防护系统的创新尝试。

9.1　ZrO_2 高温陶瓷波纹结构

9.1.1　设计与制备

1. 实验原料

采用凝胶注模工艺制备 ZrO_2 高温陶瓷波纹结构,采用的高温陶瓷材料为 ZrO_2 陶瓷,粒径 $1\mu m$。凝胶注模工艺采用聚乙烯亚胺(Polyethylen imine,PEI)及柠檬酸铵(Ammonium citrate)为分散剂,聚乙烯醇(Polyethylene glycol,PEG)为粉体表面增润剂;采用丙烯酰胺(Acrylaminde,AM,$C_2H_3CONH_2$)为单体,N,N'-亚甲基双丙烯酰胺(N,N'-methylenebisacrylamide,MBAM,$(C_2H_3CONH)_2CH_2$)为交联剂,过硫酸铵(Ammonium persulphate,APS,$(NH_4)_2S_2O_8$)为引发剂,N,N,N',N'-四甲基乙二胺(N,N,N',N'-tetramethylethylenediamine,TEMED,$C_6H_{16}N_2$)为催化剂。

2. 模具设计

刚性模具制备:模具由底座、一对外边框、一对半立柱、多个立柱组成,如图 9.5 所示。每个外边框为半个回字形,一对外边框组成了回字形。立柱截面形状呈梯形,沿截面垂直方向拉伸得到立柱。半立柱则由垂直于立柱的截面梯形的上下底边均匀剖分得到。底座由多个凹槽组成:最外层是回字形的凹槽,这对凹槽用来插入外边框;紧邻外边框凹槽的是半立柱凹槽;最后是底座内部的多个立柱凹槽。

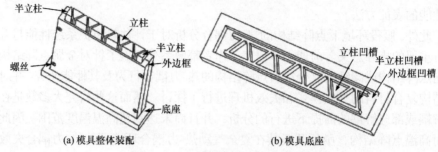

(a) 模具整体装配　　　　　　　　　　　　(b) 模具底座

图 9.5　ZrO₂ 陶瓷波纹结构模具设计

模具装配与处理：模具由多个刚性模具组成。用丙酮溶液清洗模具表面，然后用脱模剂处理表面。先将立柱插入底座中心的立柱凹槽中，再将半立柱插入底座两端的半立柱凹槽中，最后将外边框插入最外层的外边框凹槽中。在外边框两端的螺纹孔中用螺丝拧紧。最终在组合的模具中形成以波纹结构为芯层构型的夹芯板间隙槽。

3. 凝胶注模成型

ZrO₂ 陶瓷材料波纹结构的凝胶注模成型工艺流程如图 9.6 所示。由丙烯酰胺单体、N,N'-亚甲基双丙烯酰胺交联剂、ZrO₂ 粉体、蒸馏水、聚乙烯亚胺及柠檬酸胺分散剂组成的 ZrO₂ 水系陶瓷浆料(50%体积固含量)，经球磨机 240r/min 球磨 8h 后，真空除泡，加入过硫酸铵溶液、N,N,N',N'-四甲基乙二胺溶液，均匀搅拌后注入波纹结构模具内，如图 9.7(a)所示，凝胶化 30min 后坯体固化成型。

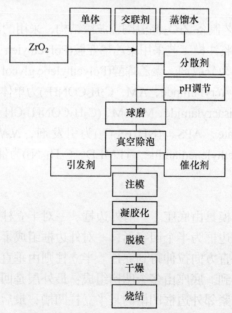

图 9.6　凝胶注模法制备 ZrO₂ 陶瓷波纹结构工艺流程图

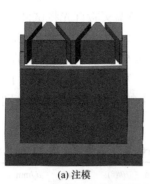

(a) 注模　　　　　　　　　　(b) 脱模

图 9.7　ZrO₂ 陶瓷波纹结构注模脱模过程

　　凝胶注模 30min 后坯体固化成型,对 ZrO₂ 陶瓷波纹结构坯体进行脱模,脱模过程如图 9.7(b)所示。首先将底座与其他部分分离,将外边框的螺丝拧出。将立柱和半立柱从组合模具中拔出,最后将外边框分离,即可得到波纹构型的 ZrO₂ 陶瓷波纹结构生坯。将 ZrO₂ 陶瓷波纹结构生坯置于冷冻干燥机中干燥 6h,即可获得具有一定强度的 ZrO₂ 陶瓷波纹结构生坯。将干燥后获得的 ZrO₂ 陶瓷波纹结构生坯于马弗炉内 1400℃烧结,烧结时间 2h,升温速率 1℃/min,烧结完成后随炉冷却至室温,即可获得 ZrO₂ 陶瓷波纹结构。本书制备的典型 ZrO₂ 陶瓷波纹结构如图 9.8 所示。图 9.8(a)为 ZrO₂ 陶瓷波纹结构几何参数,其中 t_f 为面板厚度,l_s 为肋板长度,t_s 为肋板厚度,d_c 为胞元间距,θ 表示倾斜角,H 表示总高度,W 表示波纹板总长度,L 表示波纹板总宽度。图 9.8(b)为烧结后的 ZrO₂ 陶瓷波纹结构。

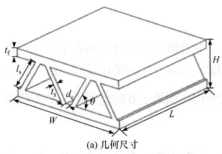
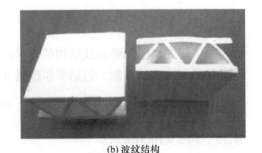

(a) 几何尺寸　　　　　　　　(b) 波纹结构

图 9.8　波纹结构几何尺寸图和实验制备的 ZrO₂ 陶瓷波纹结构

9.1.2　实验测试

　　本书实验测试了制备的 ZrO₂ 高温陶瓷波纹结构的力学性能,包括室温和高温下的平压和三点弯曲性能。试件几何参数列于表 9.1。实验在作者团队自主开发的高温力学试验机完成，实验参照实验标准 ASTM C365 和 ASTM C393，采用位移控制加载，加载速度为 0.5mm/min。其中高温实验首先将试件放置在试验机的高温炉中，从室温以 10℃/min 速率升高至 1000℃，并保持 10min 后开始实验。图 9.9(a)、(b)分别给出了室温和高温下的平压及三点弯曲试验载荷-位移曲线。本书测试的 ZrO_2 高温陶瓷的室温三点弯曲强度为 325.1MPa。室温下的压缩强度和模量分别为 669.5MPa 与 234.4GPa。1000℃下的压缩强度和模量分别为 573.0MPa 与 199.8GPa。

表 9.1　平压和三点弯曲试验 ZrO_2 高温陶瓷波纹结构几何参数

试件	质量/g	H/mm	W/mm	L/mm	θ/(°)	l_s/mm	d_c/mm	t_f/mm	t_s/mm
平压样件	47.4	17.2	42.0	42.0	60.0	13.0	2.0	3.0	1.8
弯曲样件	62.8	17.8	42.0	32.5	60.0	13.0	2.0	3.2	1.8

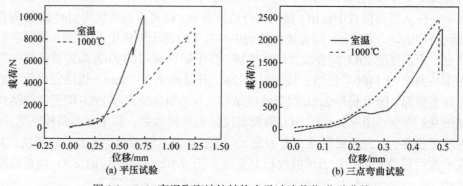

图 9.9　ZrO_2 高温陶瓷波纹结构力学试验载荷-位移曲线

9.1.3　理论表征

为了研究高温陶瓷波纹结构的力学性能，本书给出了波纹结构在平压和三点弯曲载荷下的力学性能，包括平压模量和强度、三点弯曲的破坏模式。波纹结构的相对密度为 $\bar{\rho} = \dfrac{t_s}{(l_s \cdot \cos\theta + d_c) \cdot \sin\theta}$，波纹结构在面外 z 方向受到均匀平压载荷 $\sigma_z^*(T)$ 如图 9.10(a)所示。

波纹结构在平压载荷下沿 z 方向的变形位移为 $\Delta(T)$，其中 T 为温度。将位移沿轴向和切线方向分别分解可以得到

$$\begin{cases} \Delta_a(T) = \Delta(T) \cdot \sin\theta \\ \Delta_t(T) = \Delta(T) \cdot \cos\theta \end{cases} \tag{9.1}$$

则沿轴向和切线方向的内力可以求解得到

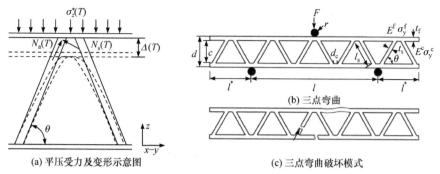

图 9.10　ZrO_2高温陶瓷波纹结构力学性能推导示意图

$$\begin{cases} N_a(T) = \dfrac{t_s \cdot L \cdot E_c(T) \cdot \Delta(T) \cdot \sin\theta}{l_s} \\[3mm] N_s(T) = \dfrac{3 \cdot I \cdot E_c(T) \cdot \Delta(T) \cdot \cos\theta}{l_s^3} \end{cases} \tag{9.2}$$

式中，E_c 为组分材料压缩模量；L 为波纹结构面外宽度；I 为肋板二次惯性矩。

根据 z 方向的平衡方程，并考虑到波纹结构单胞中有两根位置相同的肋板承受载荷，可以解得

$$\sigma_z^*(T) = \left(\frac{t_s \cdot E_c(T) \cdot \Delta(T) \cdot \sin^2\theta}{l_s} + \frac{t_s^3 \cdot E_c(T) \cdot \Delta(T) \cdot \cos^2\theta}{4l_s^3} \right) \Big/ (l_s \cdot \cos\theta + d_c) \tag{9.3}$$

沿 z 方向等效应变为 $\varepsilon_z^*(T) = \Delta(T)/(l_s \cdot \sin\theta)$，则可得到波纹结构在平压载荷下的平压模量：

$$E_z(T) = \frac{\sigma_z^*(T)}{\varepsilon_z^*(T)} = \frac{t_s \cdot E_c(T) \cdot \sin\theta}{l_s \cdot \cos\theta + d_c} \left[\sin^2\theta + \frac{\cos^2\theta}{4} \left(\frac{t_s}{l_s} \right)^2 \right] \tag{9.4}$$

由于 ZrO_2 高温陶瓷波纹结构的脆性，在平压载荷下肋板的弯曲变形相对较小，忽略弯曲产生的变形，则 z 方向波纹结构的等效平压模量为

$$E_z(T) = E_c(T) \cdot \sin^4\theta \cdot \bar{\rho} \tag{9.5}$$

波纹结构在沿 z 方向的平压载荷 $\sigma_z^x(T)$ 下，其破坏模式为芯层肋板的压缩断裂和弹性屈曲，对应极限载荷可推导得到

$$\sigma_z(T) = \begin{cases} \sigma_c(T)\sin^2\theta \cdot \bar{\rho} \\[3mm] \dfrac{1}{3} \cdot \pi^2 \cdot \bar{\rho} \cdot E_c(T) \cdot \left(\dfrac{t_s}{l_s} \right)^2 \end{cases} \tag{9.6}$$

式中，σ_c 为材料的压缩强度；$\bar{\rho}$ 为材料相对密度。

　　波纹结构在三点弯曲载荷作用下，其典型的破坏模式包括面板屈服、面板褶皱及芯层肋板被剪切失效，如图 9.10(b)所示。对应的破坏模式表达式如下。

面板褶皱：

其中
$$F_{fw} = \frac{4Lt_f\left(c + t_f\right)}{l} \cdot \sigma_y^w$$

$$\sigma_y^w = \frac{k^2\pi^2 E_c}{12\left(1 - \nu^2\right)}\left(\frac{t_f}{2l_s\cos\theta + d_c}\right)^2 \tag{9.7}$$

面板屈服：

$$F_{fy} = \frac{4Lt_f\left(c + t_f\right)}{l} \cdot \sigma_y^f \tag{9.8}$$

芯层剪切失效：

$$F_{cs} = \frac{4Lt_f^2 \cdot \sigma_y^f}{l} + 2Lc\tau_y^{xz} \tag{9.9}$$

式(9.7)~式(9.9)中，E_c 和 ν 为组分材料的压缩模量和泊松比；$k = 2$ 为面板的约束系数；c 为芯层高度；l 为三点弯曲跨度；σ_y^f 为面板的屈服强度；τ_y^{xz} 为芯层的等效剪切强度。根据波纹结构受剪切载荷作用下的力学性能，可以推导得到芯层剪切强度 τ_y^{xz} 和剪切模量 G_{xz} 如下：

$$\tau_y^{xz}(T) = \begin{cases} \dfrac{1}{2}\overline{\rho}\cdot\sin 2\theta\cdot\sigma_y(T) & \text{拉伸断裂} \\[3mm] \dfrac{1}{2}\overline{\rho}\cdot\sin 2\theta\cdot\sigma_c(T) & \text{压缩断裂} \\[3mm] \dfrac{\pi^2}{3}\overline{\rho}\cdot E_c(T)\cdot\tan\theta\cdot\left(\dfrac{t_s}{l_s}\right)^2 & \text{弹性屈曲} \end{cases} \tag{9.10}$$

$$G_{xz}(T) = \frac{\overline{\rho}\cdot E_c(T)\cdot(\sin 2\theta)^2}{4} \tag{9.11}$$

　　结合实验测量得到的 ZrO_2 高温陶瓷材料性能，可以理论计算得到 ZrO_2 高温陶瓷波纹结构在室温和高温环境下的平压模量、平压强度、平压破坏模式以及三点弯曲破坏模式。

　　图 9.11(a)给出 ZrO_2 高温陶瓷波纹结构在室温和 1000℃平压载荷下的应力-应变曲线。实验中夹具存在一定的间隙，因此在加载初始阶段，应力-应变曲线有小平台段。随后应力-应变曲线表现出一定的线性。由于 ZrO_2 高温陶瓷材料本身的脆性和较低的塑性，经过线性段之后随之发生脆性断裂后失效，丧失承载能力。

图 9.11(b)给出了 ZrO₂ 高温陶瓷波纹结构室温和 1000℃的破坏模式图以及实验测量得到的平压强度和破坏模式。表 9.2 汇总给出了 ZrO₂ 高温陶瓷波纹结构平压载荷下的平压强度和模量。计算得到平压强度理论值在室温和 1000℃下分别为11.8MPa 和 10.1MPa，略高于实验测量得到的 9.8MPa 和 8.5MPa。利用式(9.5)计算室温和 1000℃平在压模量的理论值分别 427.5MPa 和 396.3MPa，略高于实验测得的平压模量 375.9MPa 和 340.9MPa。制备的 ZrO₂ 高温陶瓷波纹结构在烧结过程中有一定的初始挠度和微裂纹(气泡、孔洞等，如图 9.12 所示)，因此导致测试的实验平压强度和模量小于理论预测值。另一方面从室温升高 1000℃，ZrO₂ 中的晶粒长大粗化，导致其强度和模量都有一定衰减，所以 ZrO₂ 高温陶瓷波纹结构的平压强度和模量从室温到 1000℃有一定的衰减。同时由于组分材料的衰减，芯层肋板的弹性屈曲和断裂破坏模式分界线发生一定的偏移，如图 9.11(b)所示。实验中观察到室温和 1000℃下，设计的 ZrO₂ 高温陶瓷波纹结构在平压载荷下发生芯层肋板的断裂破坏与理论预测的破坏模式一致。

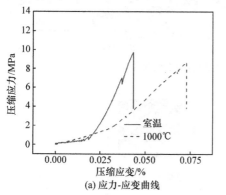
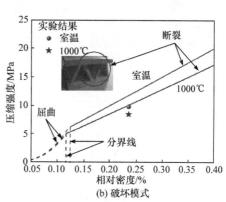

图 9.11　ZrO₂ 高温陶瓷波纹结构室温和 1000℃平压应力-应变曲线和破坏模式

表 9.2　ZrO₂ 高温陶瓷波纹结构平压载荷下的平压强度和模量

温度	理论预测值		实验值	
	平压强度/MPa	平压模量/MPa	平压强度/MPa	平压模量/MPa
室温	11.8	427.5	9.8	375.9
1000℃	10.1	396.3	8.5	340.9

图 9.13 给出了 ZrO₂ 高温陶瓷波纹结构的三点弯曲破坏模式，制备的 ZrO₂ 高温陶瓷波纹结构在其几何参数下，通过实验观察得到破坏模式为芯层肋板由于剪切发生断裂，这与理论预测的破坏模式一致。图 9.13 同时表明，由于组分材料随温度升高发生性能的衰减对破坏模式分界线影响不大。实验得到三点弯曲极限载荷在室温和 1000℃下分别为 2488.0N 和 2295.0N，利用三点弯曲强度计算式计算

得到 ZrO_2 高温陶瓷波纹结构的弯曲强度列于表 9.3 中。结合 ZrO_2 高温陶瓷波纹结构的密度，可以计算 ZrO_2 高温陶瓷波纹结构比弯曲强度，比弯曲强度同时表征了 ZrO_2 高温陶瓷波纹结构弯曲强度和轻量化特性。制备的 ZrO_2 高温陶瓷波纹结构的比弯曲强度在室温和 1000℃ 相较于实体 ZrO_2 陶瓷提高约一倍。因此通过波纹结构设计实现了 ZrO_2 高温陶瓷轻质化，为高温陶瓷结构件在航空航天中的轻质和防热一体化热端部件的应用提供了设计思路和力学性能评价依据。

图 9.12 ZrO_2 陶瓷波纹结构内部微缺陷

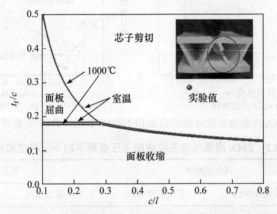

图 9.13 ZrO_2 高温陶瓷波纹结构三点弯曲破坏模式

表 9.3 ZrO_2 高温陶瓷波纹结构的弯曲强度和比弯曲强度

材料/结构	密度/(g/cm³)	弯曲强度/MPa	比弯曲强度/(MPa/(g/cm³))
ZrO_2 高温陶瓷波纹结构(室温)	2.4	298.4	124.3
ZrO_2 高温陶瓷波纹结构(1000℃)	2.4	275.2	114.6
ZrO_2 陶瓷材料(室温)	5.6	325.1	58.1

9.2 ZrB₂-SiC-G 超高温陶瓷波纹结构

9.2.1 设计与制备

1. 实验原料

本节采用热压烧结结合电火花线切割加工工艺制备超高温陶瓷波纹结构。采用商业 ZrB₂(粒径 2μm，纯度>99.5%)、SiC(粒径 1μm，纯度>99.5%)、石墨 G(粒径 15μm，厚度 1.5μm，纯度>99%)为原料。ZrB₂-20%SiC-15%G(体积分数，余同)的混合粉体在聚四氟乙烯球磨罐内，采用无水乙醇及 ZrO₂ 磨球球磨 8h 后，经旋转蒸发干燥、过筛。

2. 热压烧结及波纹结构制备

将干燥后的 ZrB₂-20%SiC-15%G 粉体装入石墨模具内，于热压烧结炉内 1900℃/30min/30MPa 热压烧结。热压烧结后的 ZrB₂-SiC-G(标记为 ZSG)超高温陶瓷材料采用电火花线切割加工为波纹结构。加工后的超高温陶瓷波纹结构如图 9.14 所示，详细尺寸参数见表 9.4 所示。

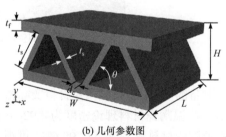

(a) 照片　　　　　　　　(b) 几何参数图

图 9.14 超高温陶瓷波纹结构

材料密度采用阿基米德排水法进行测试。采用作者团队自主研发的超高温有氧力学试验机对 ZSG 超高温陶瓷波纹结构 1600℃高温压缩性能进行测试。试件在炉内装配图如图 9.15 所示。测试中，测试炉升温至 1600℃，试样于 1600℃有氧环境下保温 10min 达到温度稳态。压头压缩位移速度 0.5mm/min。超高温陶瓷微观组织形貌采用扫描电镜进行观察。使用 ABAQUS 有限元模拟软件对超高温陶瓷波纹结构高温压缩过程中的应力状态进行有限元分析(FEA)。

表 9.4　超高温陶瓷波纹结构几何参数

参数	数值
t_f	3mm
t_s	1.73mm
l_s	13mm
d_c	2mm
W	40mm
L	30mm
H	17.26mm
θ	60°

图 9.15　超高温陶瓷波纹结构高温压缩装配图

9.2.2　实验测试

制备的 ZSG 超高温陶瓷材料实际密度为 4.90g/cm³, 采用混合定律计算出的 ZSG 超高温陶瓷材料理论密度为 4.92g/cm³。因此, 本研究中热压烧结制备的 ZSG 超高温陶瓷材料致密度高达 99.6%, 可视为致密。图 9.16 给出的是制备的 ZSG 超高温陶瓷材料抛光表面形貌, 其中可以观察到黑色 SiC 颗粒及长条状黑色石墨片均匀分布于灰色 ZrB_2 基体中, 未观察到明显的团聚现象。研究中加工的 ZSG 超高温陶瓷波纹结构密度为 2.0g/cm³。研究表明, ZSG 超高温陶瓷波纹结构的密度仅为致密块体材料的 40.6%, 有效地实现了轻量化。

图 9.17 所示为 ZSG 超高温陶瓷波纹结构 1600℃高温压缩应力-应变曲线, 该曲线的斜率表示的 ZSG 超高温陶瓷波纹结构的压缩模量。由图可以看出, 测试过程中压缩应力-应变曲线的斜率并没有保持为一个常数。在 1600℃的高温有氧环境下, ZSG 超高温陶瓷材料暴露于空气中, 其表面会形成一层氧化层。该过程中主要发生的物理、化学反应如下所示:

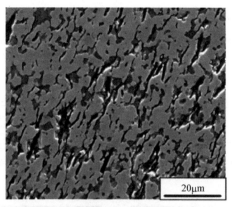

图 9.16　超高温陶瓷抛光表面形貌

$$2C(s) + O_2 \longrightarrow 2CO(g) \tag{9.12}$$

$$ZrB_2(s) + 5/2O_2 \longrightarrow ZrO_2(g) + B_2O_3(l) \tag{9.13}$$

$$SiC(s) + 3/2O_2 \longrightarrow SiO_2(l) + CO(g) \tag{9.14}$$

$$B_2O_3(l) \longrightarrow B_2O_3(g) \tag{9.15}$$

$$SiO_2(l) \longrightarrow SiO_2(g) \tag{9.16}$$

测试过程中，ZSG 超高温陶瓷波纹结构会发生剧烈氧化。当温度为 1600℃时，氧化生成的 B_2O_3 由于其较低的熔点(450℃)及较高的蒸气压而挥发。挥发后，ZSG 超高温陶瓷波纹结构的氧化层主要由具有较低氧通透性的液体硅玻璃组成。液相玻璃层相对于 ZSG 基体材料具有较低的模量，因此压缩应力-应变曲线出现一个较小的斜率区(即较小的压缩模量)。随着测试过程的进行，氧化层中的 SiO_2 开始出现剧烈挥发，压缩压头开始较直接地接触基体材料，因此应力-应变曲线的斜率变大。由图 9.17 可知，ZSG 超高温陶瓷波纹结构 1600℃高温的平均压缩模

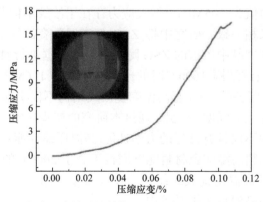

图 9.17　超高温陶瓷波纹结构 1600℃高温压缩应力-应变曲线

量为 312MPa，压缩强度 17MPa。此外，实验中还观察到 ZSG 超高温陶瓷波纹结构压缩过程中的主要破坏区域位于波纹结构芯子与面板的结合部位。

图 9.18(a)所示为高温压缩测试后的 ZSG 超高温陶瓷波纹结构微观组织形貌，材料内发现明显的裂纹萌生与生长。波纹结构面板上表面被一层玻璃层覆盖，B_2O_3 与 SiO_2 的挥发造成表面残留气泡。图 9.18(b)给出了 ZSG 超高温陶瓷波纹结构 1600℃高温后的材料断面形貌，发现其氧化层主要由三层组成：最外层氧化层由较多 SiO_2、一部分 ZrO_2 及一些气孔组成；第二层氧化层主要由一部分 SiO_2、重新结晶的 ZrO_2 及未发生氧化反应的 SiC 组成；第三层则为 ZSG 基体层。这与文献报道相一致。

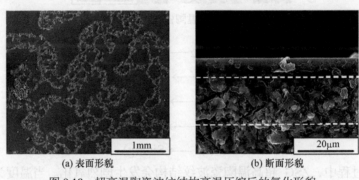

(a) 表面形貌　　　　　　　　　　　　　(b) 断面形貌

图 9.18　超高温陶瓷波纹结构高温压缩后的氧化形貌

9.2.3　数值模拟

为了更好地研究 ZSG 超高温陶瓷波纹结构高温压缩过程中的应力状态，采用 ABAQUS 软件对高温压缩过程中波纹结构的应力分布状态进行了有限元分析。数值模拟分析模型按照实验过程建立。高温压缩过程中，ZSG 超高温陶瓷波纹结构的应力分布状态如图 9.19 所示。通过数值模拟可知，波纹结构压缩过程中的最大应力值为 105MPa，最大应力存在于波纹结构芯子与面板的结合处，这与实验结果相一致。研究中将 ZSG 超高温陶瓷波纹结构的高温压缩强度与比压缩强度同文献中报道的 ZSG 陶瓷材料的数据进行对比，列于表 9.5。ZSG 超高温陶瓷波纹结构 1600℃时的比压缩强度为 156MPa/(g/cm³)，远高于文献报道。本研究制备的 ZSG 超高温陶瓷波纹结构不仅实现了良好的轻量化，而且具有良好的比压缩强度。因此，通过本研究的初步探索，我们发现 ZSG 超高温陶瓷波纹结构不仅具有良好的力学性能(高温压缩性能)，同时还具有轻量化优势。综合考虑超高温陶瓷材料能够服役于高于 2000℃的恶劣氧化环境中，从而本研究针对超高温陶瓷波纹结构的设计有望应用于下一代新型高超声速飞行器的轻质耐超高温热防护系统中。

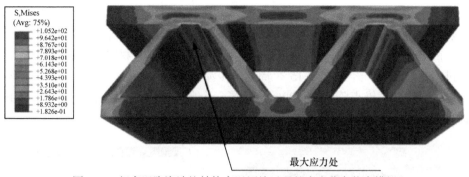

最大应力处

图 9.19　超高温陶瓷波纹结构高温压缩过程的应力分布状态模拟

表 9.5　超高温陶瓷波纹结构高温压缩强度与比压缩强度

材料	密度/(g/cm³)	压缩强度/MPa(1600℃)	比压缩强度/(MPa/(g/cm³))(1600℃)
ZSG 波纹结构	2.0(结构相对密度)	312	156
ZSG 陶瓷材料	4.92	62.7	12.8

9.3　C/SiC 陶瓷基复合材料高温点阵结构

9.3.1　设计与制备

ZrO_2 仅在 1000℃具有较好的力学性能，因此 ZrO_2 高温陶瓷波纹结构适合温度不超过 1000℃的服役环境。值得注意，C/SiC 陶瓷基复合材料在 1600℃下具有优异的力学性能而被广泛应用到航空航天的热结构中，以 C/SiC 陶瓷基复合材料为组分材料的高温点阵将有望进一步提高点阵材料的服役温度。因此作者团队继续提出了 C/SiC 陶瓷基复合材料高温点阵结构设计，并开展了高温力学性能研究，为点阵材料在 1600℃高温下的工程应用提供了设计思路和实验评价。C/SiC 陶瓷基复合材料高温点阵主要采用纤维穿插和前驱体浸渍裂解(PIP)工艺方法制备，其制备的主要工艺流程如下。

点阵上下面板制备：将碳纤维布放入真空压力含浸机内浸渍，前驱体浸渍液由聚碳硅烷(PCS)、二乙烯苯(DVB)混合溶解得到。将浸渍后的碳纤维布铺层，共两组作为一对面板。将铺层后的碳纤维布放入烘箱中烘干，裁剪后放入复合材料热压罐热压固化成型得到面板生坯。将面板生坯按照设计位置打孔，两块面板孔洞位置连线成为四棱锥构型。

四棱锥点阵结构芯层穿插：将模具均匀涂抹高温绝缘硅脂，将上述制备的面板固定在模具两侧。将碳纤维丝穿过缝纫针，然后按照模具的缝纫路径穿插，与上下面板构建成四棱锥点阵构型。将上下面板碳纤维布用碳纤维丝缝合。将上述

C/SiC 陶瓷基复合材料四棱锥点阵结构缝合体与模具整体放入复合材料热压罐进行热压固化成型，脱模得到陶瓷基复合材料 C/SiC 四棱锥点阵生坯。

　　前驱体浸渍裂解致密化：将制备的 C/SiC 陶瓷基复合材料四棱锥点阵结构生坯进行高温裂解。经过 12～15 个周期的浸渍裂解过程获得致密化的 C/SiC 陶瓷基复合材料四棱锥点阵。图 9.20(a)给出了一个典型的 C/SiC 陶瓷基复合材料四棱锥高温点阵夹芯结构。

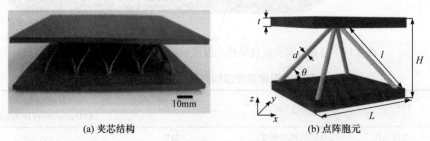

(a) 夹芯结构　　　　　　　　　　　　　　(b) 点阵胞元

图 9.20　C/SiC 陶瓷基复合材料四棱锥高温点阵夹芯结构和四棱锥点阵胞元

9.3.2　实验测试

　　实验测试了 C/SiC 陶瓷基复合材料四棱锥高温点阵结构在室温和高温下的力学性能。分别于室温、1200℃和1600℃下测试平压和三点弯曲力学性能。高温实验时，升温速率为 10℃/min，达到目标温度后，保温 10min 后开始实验。实验参照实验标准 ASTM C365 和 ASTM C393，采用位移控制加载，加载速度为0.5mm/min。点阵芯层杆件的力学行为决定了点阵材料在各种载荷下的力学行为，因此，实验测试了室温和高温下芯层杆件的压缩强度和模量。室温下的强度和模量分别为 150MPa 和 12.0GPa，1200℃的强度和模量分别为 46.7MPa 和 5.9GPa，1600℃的强度和模量分别为 24.2MPa 和 2.9GPa。

　　作者研究团队集中测试了 C/SiC 陶瓷基复合材料高温点阵结构的力学性能，包括平压载荷下的平压模量、破坏模式及三点弯曲加载下的破坏模式。图 9.20(b)给出四棱锥点阵胞元，它包含上下面板和四棱锥构型的四根芯层杆件，在分析中被当作拉伸主导变形的杆件。胞元的几何参数 d、l 和 θ 分别为杆件的直径、长度和倾斜角，t 为面板厚度，H、L 为胞元高度和宽度。四棱锥点阵的相对密度为

$$\bar{\rho} = \frac{\pi}{2\cos^2\theta \cdot \sin\theta} \cdot \left(\frac{d}{l}\right)^2 \tag{9.17}$$

　　在平压加载下，C/SiC 陶瓷基复合材料四棱锥点阵结构在面外 z 方向受到均匀平压载荷 $\sigma_z^*(T)$，沿 z 方向的变形位移为 $\Delta(T)$。将位移沿杆件长度和切线方向分别分解可以得

$$\begin{cases} \varDelta_{a}(T) = \varDelta(T) \cdot \sin\theta \\ \varDelta_{s}(T) = \varDelta(T) \cdot \cos\theta \end{cases} \tag{9.18}$$

杆件中沿轴向和切线方向的力可以求解:

$$N_{a}(T) = \frac{\pi \cdot d^2 \cdot E_{c}(T) \cdot \varDelta(T) \cdot \sin\theta}{4l} \tag{9.19}$$

$$N_{s}(T) = \frac{3\pi \cdot d^4 \cdot E_{c}(T) \cdot \varDelta(T) \cdot \cos\theta}{64l^3} \tag{9.20}$$

根据 z 方向的力平衡方程,并考虑到四棱锥单胞中有四根位置相同的杆件承受载荷,在拉伸主导型的假设下,杆件的弯曲变形相对较小,可以忽略,则可以解得

$$\sigma_z^*(T) = \frac{\pi \cdot d^2 \cdot E_{c}(T) \cdot \varDelta(T) \cdot \sin^2\theta}{2l^3 \cos^2\theta} \tag{9.21}$$

式中,E_{c} 为 C/SiC 陶瓷基复合材料压缩模量。沿 z 方向的等效应变为 $\varepsilon_z^*(T) = \varDelta(T)/l \cdot \sin\theta$,则 z 方向四棱锥点阵的等效弹性模量为

$$E_z(T) = E_{c}(T) \sin^4\theta \cdot \bar{\rho} \tag{9.22}$$

C/SiC 陶瓷基复合材料四棱锥点阵结构在平压载荷 $\sigma_z^*(T)$ 下破坏模式为芯层杆件的分层压缩断裂和弹性屈曲,其对应的破坏强度为

$$\sigma_z(T) = \begin{cases} \sigma_{c}(T)\sin^2\theta \cdot \bar{\rho} \\ \dfrac{\pi^2}{4} E_{c}(T) \cdot \bar{\rho} \cdot \left(\dfrac{d}{l}\right) \end{cases} \tag{9.23}$$

式中,σ_{c} 为 C/SiC 陶瓷基复合材料压缩模量的压缩强度。C/SiC 陶瓷基复合材料高温点阵结构在三点弯曲下的破坏模式与 9.2 节中波纹结构的相同,此处不再赘述。上述推导给出的 C/SiC 陶瓷基复合材料高温点阵结构在平压和三点弯曲下载荷下力学性能理论描述,将在后续章节与实验结果中详细讨论。

9.3.3　理论表征与数值模拟

实验测试仅能得到 C/SiC 陶瓷基复合材料高温点阵结构的等效应力-应变曲线和最终破坏模式,而无法获得试件全场尤其是芯层杆件应力-应变分布,且无法获得试件中损伤的演化规律。为此本书针对上述实验测试建立了数值模拟方法以模拟实验过程。数值模拟方法中的几何模型、边界条件和加载方式与实际实验一致。对于平压试验过程,考虑试件、载荷和边界条件的对称性,选用模型的 1/4 来计算。

　　数值模拟中采用最大应力失效准则，基于 ABAQUS 软件编写了 VUMAT 子程序，在 ABAQUS 主程序中计算每个载荷增量步下模型中每个单元积分点的应力-应变，然后调用 VUMAT 子程序读取每个单元积分点的应力分量。其次，由应力分量计算积分点的主应力分量，然后判断积分点应力与材料在当前温度下的材料强度极限值大小，当主应力大于材料强度极限，即判断该点材料发生失效，不再具备承载能力，应力置为 0，损伤状态变量置为 1。如果主应力值没有达到材料强度极限，应力保持其原值，该点的损伤状态变量置为 0。对所有单元判断完毕之后更新整个模型的状态变量，退出子程序开始下一载荷增量步计算。数值模拟得到了平压载荷下的应力-应变曲线和破坏模式以及三点弯曲载荷下的载荷-位移曲线和破坏模式。

　　1. 平压性能

　　图 9.21 给出 C/SiC 陶瓷基复合材料高温点阵结构在不同温度平压载荷下的应力-应变曲线。C/SiC 陶瓷基复合材料在加载的初始阶段应力-应变曲线近似表现出一定的线性。由于 C/SiC 编织陶瓷基复合材料较低的塑性，经过线性段之后，应力-应变曲线中的塑性段很小，随之发生脆性断裂后失效，丧失承载能力。图中同时给出了数值模拟的应力-应变曲线，数值模拟采用线弹性本构关系，应力-应变曲线与实验线弹性段吻合较好。

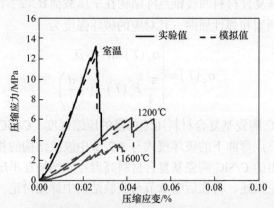

图 9.21　C/SiC 陶瓷基复合材料高温点阵结构平压应力-应变曲线

　　根据式(9.17)可以计算得到不同温度下随相对密度变化的破坏模式分界线。图 9.22 给出了 C/SiC 陶瓷基复合材料高温点阵结构在平压载荷下的强度理论预测与实验测量值对比，以及芯层杆件弹性屈曲及杆件断裂两种破坏模式的相对密度分界线。在杆件细长比(d/l)较小，相对密度较小时，C/SiC 陶瓷基复合材料高温点阵结构会发生芯层杆件弹性屈曲破坏模式，其平压强度由弹性屈曲极限决定。在杆件细长比较大，相对密度增大时，芯层杆件发生分层而断裂失效，其平压强度由杆件断裂强度决定。由于 C/SiC 陶瓷基复合材料高温点阵结构芯层杆件的压缩强度和模量随温度发生衰减,破坏模式的临界相对密度随温度升高而向左移动。这是由于从室温升高到 1200℃和 1600℃时, C/SiC 陶瓷基复合材料高温点阵结构芯层杆件的压缩强度分别衰减了 68.9%和 83.9%,而压缩模量分别衰减了 50.8%和 75.8%。相较而言,压缩强度衰减更多,因而在某一相同的相对密度下,温度升高会使原本发生弹性屈曲破坏模式的 C/SiC 陶瓷基复合材料高温点阵结构转变为断裂破坏模式。这种温度变化导致破坏模式的转变效应在 C/SiC 陶瓷基复合材料高温点阵结构的几何参数设计中应予以考虑,确保高温服役环境下平压强度设计采用正确理论计算。

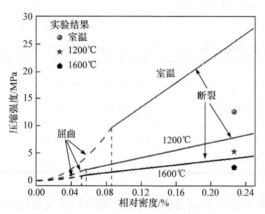

图 9.22　C/SiC 陶瓷基复合材料高温点阵结构在平压载荷下的强度与理论预测对比

C/SiC 陶瓷基复合材料高温点阵结构相对密度约为 $\bar{\rho}=21\%$,具有较大的细长比。实验观察得到其破坏模式为靠近面板处芯层杆件的断裂破坏,如图 9.23(a)所示,这与理论预测的破坏模式吻合,如图 9.22 所示。图 9.23(b)给出数值模拟得到的 C/SiC 陶瓷基复合材料高温点阵结构靠近面板的芯层杆件断裂失效破坏模式,与实验和理论预测的破坏模式一致,表明本书建立的数值模拟方法能较好地捕捉实验中的破坏模式。表 9.6 汇总给出了 C/SiC 陶瓷基复合材料高温点阵结构平压加载下的压缩强度、压缩模量理论预测和实验测量值对比。随温度升高,C/SiC 陶瓷基复合材料高温点阵结构的平压强度和模量随之降低,且小于理论预测值。数值模拟的应力场表明,因为面板仅与芯层杆件在连接处连接,在平压载荷作用下只有芯层杆件承受面外压缩载荷,所以在杆件与面板连接处发生较大的应力集中,成为最薄弱的部位而发生芯层杆件断裂失效。C/SiC 陶瓷基复合材料高温点阵结构采用纤维穿插面板得到四棱锥芯层构型,并采用纤维缝纫得到完整的上下面板,在制备过程中不可避免地引入初始缺陷。在载荷作用下试件极易沿缺陷发生破坏而小于理论预测值。针对芯层杆件与面板连接处的补强是提高 C/SiC 陶瓷基复合材料高温点阵结构平压强度和模量的重要途径。

(a) 芯层杆件在面板连接处分层断裂破坏　　　　　　　　　　(b) 仿真结果

图 9.23　C/SiC 陶瓷基复合材料高温点阵结构平压加载下的破坏模式

表 9.6　C/SiC 陶瓷基复合材料高温点阵结构平压载荷下的平压强度和模量

温度	理论预测值		实验测量值	
	平压强度/MPa	平压模量/GPa	平压强度/MPa	平压模量/GPa
室温	24.50	1.47	12.70	0.63
1200℃	7.60	0.73	5.35	0.26
1600℃	3.90	0.35	2.45	0.12

图 9.24 给出本书设计和制备的 ZrO_2 高温陶瓷波纹结构与 C/SiC 陶瓷基复合材料高温点阵结构的比强度、比刚度与文献报道的结果对比。随温度升高，C/SiC 陶瓷基复合材料强度和模量发生衰减，因此 C/SiC 陶瓷基复合材料高温点阵结构的比强度和比刚度随温度升高而衰减。尽管如此，在 1200℃ 和 1600℃ 下 C/SiC 陶瓷基复合材料高温点阵结构的比强度和比刚度仍然大于文献报道的碳纤维复合材料四棱锥点阵。与文献报道的碳纤维复合材料波纹结构相比，研究设计的 ZrO_2 高温陶瓷波纹结构在室温到 1000℃ 温度范围内具有更高的比强度，而比刚度略小。ZrO_2 高温陶瓷波纹结构具有与 C/SiC 陶瓷基复合材料高温点阵结构接近的平压强度，但由于其组分材料 ZrO_2 高温陶瓷密度大于 C/SiC 编织复合材料，且其芯层构型相较于四棱锥的相对密度更大，导致其比强度和比刚度都小于 C/SiC 陶瓷基复合材料高温点阵结构，并且 C/SiC 陶瓷基复合材料具有更高的服役温度，因此具有更好的热防护系统应用前景。

2. 三点弯曲性能

图 9.25 给出 C/SiC 陶瓷基复合材料高温点阵结构在不同温度下的三点弯曲载荷-位移曲线。C/SiC 陶瓷基复合材料高温点阵结构在三点弯曲加载初始阶段载荷-位移曲线表现出一定的线性。经过线性段之后，载荷-位移曲线中的塑性

段很小，随之发生脆性断裂后失效，丧失承载能力。图中同时给出了数值模拟的载荷-位移曲线，与实验线弹性段吻合较好。

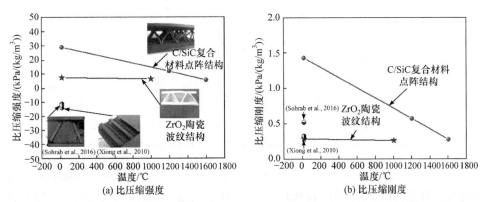

(a) 比压缩强度 　　　　　(b) 比压缩刚度

图 9.24　ZrO₂高温陶瓷波纹结构和 C/SiC 陶瓷基复合材料高温点阵结构比
压缩强度与比压缩刚度对比

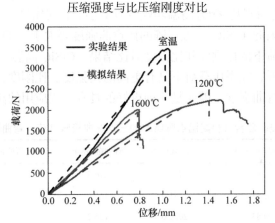

图 9.25　C/SiC 陶瓷基复合材料高温点阵结构不同温度下的三点弯曲载荷-位移曲线

　　三点弯曲载荷下 C/SiC 陶瓷基复合材料高温点阵结构的破坏模式如图 9.26(a)所示。相较于平压载荷中破坏模式分界线随温度的变化，由温度变化导致 C/SiC 性能的衰减对三点弯曲的破坏模式临界曲线影响较小(由于 1600℃破坏模式临界曲线与 1200℃的变化较小，图中没有给出)。图 9.26(a)给出了实验观察到的三点弯曲的破坏模式，试件在弯曲过程中发生了压头一侧杆件的断裂。图 9.26(b)给出数值模拟中损伤状态变量的分布，其结果表明在加载压头两侧与面板连接处的杆件的损伤状态变量被置为 1，两侧的芯层杆件发生断裂破坏，与实验结果破坏模式吻合。本书建立的数值模拟方法能够很好地捕捉实验中的破坏模式。芯层杆件的应力和变形表明，跨中压头下方杆件发生拉伸主导型变形，而跨中两侧的杆件发生弯曲主导型变形，应力水平更高，发生破坏最早。

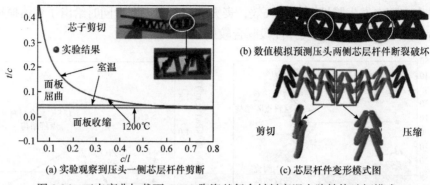

(a) 实验观察到压头一侧芯层杆件剪断　　　　(c) 芯层杆件变形模式图

图 9.26　三点弯曲加载下 C/SiC 陶瓷基复合材料高温点阵结构破坏模式

　　表 9.7 给出了 C/SiC 陶瓷基复合材料高温点阵结构的三点弯曲极限载荷、弯曲强度和比弯曲强度。对比表 9.3 给出的 ZrO₂ 高温陶瓷波纹结构的弯曲强度和比弯曲强度表明，ZrO₂ 高温陶瓷波纹结构具有更大的弯曲强度，但由于组分材料 C/SiC 陶瓷基复合材料比 ZrO₂ 高温陶瓷具有更小的相对密度，C/SiC 高温点阵具有更小的密度，因此 C/SiC 高温点阵的比弯曲强度要大于 ZrO₂ 高温陶瓷波纹结构。综合平压载荷下的比刚度和比强度对比结果，C/SiC 高温点阵具有 1600℃ 的高温服役温度极限，在平压载荷下具有更高的比强度、比刚度，在三点弯曲载荷下具有更高的比弯曲强度，因而是一种更好的具有工程应用的高温点阵设计。

表 9.7　C/SiC 陶瓷基复合材料高温点阵结构的三点弯曲极限载荷、弯曲强度和比弯曲强度

温度	密度/(g/cm³)	极限载荷/N	弯曲强度/MPa	比弯曲强度/(MPa/(g/cm³))
室温	0.83	3478.0	216.4	260.7
1200℃	0.83	2241.0	140.0	168.7
1600℃	0.83	2020.0	126.2	152.1

9.4　C/SiC 陶瓷基复合材料高温点阵结构的防隔热性能

9.4.1　实验测试

　　为表征 C/SiC 陶瓷基复合材料高温点阵结构的高温防隔热性能，本节针对四棱锥构型的 C/SiC 陶瓷基复合材料高温点阵结构进行防隔热性能实验测试。试件如图 9.27 所示，夹芯板由上下面板和四棱锥点阵构型的芯层杆件所构成，芯层杆件包含沿两个 4×4 方向的周期排列四棱锥胞元。试件的几何参数列于表 9.8。图 9.28 给出了试件面板断面的 SEM 照片和 EDS 分析，其结果表明，C 纤维较好地被 SiC 包裹于其中。

图 9.27　C/SiC 陶瓷基复合材料四棱锥点阵夹芯结构试件

表 9.8　C/SiC 陶瓷基复合材料四棱锥点阵夹芯结构试件的几何参数

夹角 θ/(°)	面板厚度 t/mm	杆件直径 d/mm	杆件长度 l/mm
60	3.8	2.0	18.5

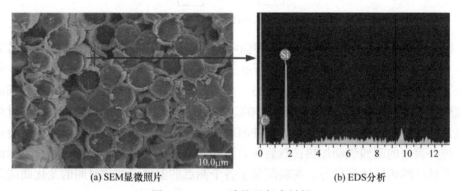

(a) SEM 显微照片　　　　　　　　　(b) EDS 分析

图 9.28　C/SiC 陶瓷基复合材料

本节采用石英灯系统对试件前表面辐射加热，模拟 C/SiC 陶瓷基复合材料四棱锥点阵夹芯结构受到飞行器表面的气动加热过程，整个测试系统示意图如图9.29 所示。测试系统包括石英灯加热系统，它由双排间相排布的石英灯进行通电辐射加热，石英灯后方有一块反射板，使热量经过反射较多地辐射到试件表面。C/SiC 陶瓷基复合材料四棱锥点阵夹芯结构试件被垂直安放在石英灯前方，试件被四周绝热框架夹持，使试件与石英灯系统保持平行。绝热框架使试件内部成为封闭系统并尽量减小试件四周与周围的热交换。试件的背面与外界环境通过环境辐射和自然对流发生热交换。整个系统包含水冷系统，以确保系统中的各个装置不会过热而损坏。

由于 C/SiC 陶瓷基复合材料四棱锥点阵夹芯结构内部芯层杆件具有周期性，面板只与芯层杆件连接，造成面板中有两类区域。第 1 类是与芯层杆件连接的区域，第 2 类是没有与杆件连接的胞元中心位置，如图 9.30(c)所示。本节在温度测试中考虑了上述面板的区域差异性。试件前表面正对石英灯加热系统，受到均匀辐射加热，因此仅在前面板的前表面中心位置布置一个 K 型热电偶，标号为 1，

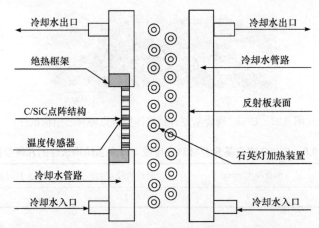

图 9.29　高温防隔热性能实验测试装置示意图

如图 9.30(a)所示。在试件后面板后表面中心 50mm×50mm 的区域内布置了标号为 2~7 的 K 型热电偶，如图 9.30(b)所示。其中，2 号位置为第 1 类区域，3~4 号位置为第 2 类区域，而 7 号位置为另一个四棱锥周期的第 1 类区域。试件分别被加热到 600℃、800℃、1000℃和 1150℃的最高加载温度，即目标温度。加热过程包含两个阶段：首先在前 200s，试件前表面被快速加热到目标温度以模拟热防护系统外表面的剧烈气动加热；然后在后续的 1000s 保持加载的目标温度，以保证整个试件的传热达到稳态。实验测量了各个测点的温度随加载时间的变化曲线并

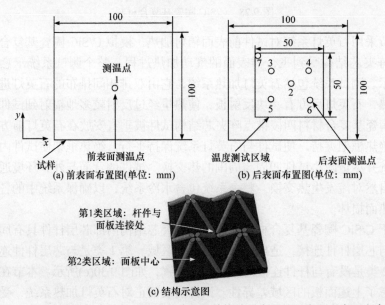

图 9.30　C/SiC 陶瓷基复合材料四棱锥点阵夹芯结构前后表面的温度测点布置方案示意图

与数值模拟结果一起在下面详细讨论。在前表面的加载温度标记为 $T_f(\tau)$（测点 1 的温度），加载时间为 τ。后表面测试的温度统称为 $T_b(\tau)$（包含测点 2～7 的温度值）。

9.4.2　等效热导率理论模型

　　由于防隔热实验测试只能得到试件前后表面有限个测点位置的温度，而无法获得全场尤其是芯层杆件的温度分布，为此本书采用数值模拟方法模拟了上述实验过程。三维数值模拟模型如图 9.31 所示。几何模型与试件的几何尺寸一致。对于夹芯结构，如蜂窝夹芯结构和本书研究的点阵夹芯结构，其中的传热方式包括：①沿上面板厚度方向经芯层杆件到下面板的热传导；②芯层内部空气的热传导；③上下面板内表面和芯层杆件的外表面之间的空腔辐射传热；④空气作为流体介质的对流换热。针对蜂窝夹芯板等效热导率和传热特性的研究工作表明，蜂窝夹芯板中传热的主导方式是组分材料的导热和内部的空腔辐射。本书研究的 C/SiC 陶瓷基复合材料四棱锥点阵夹芯结构相较于内部封闭的蜂窝夹芯板，其内部的芯

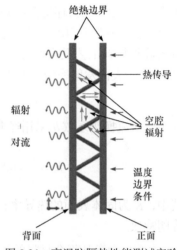

图 9.31　高温防隔热性能测试实验的数值模拟模型(侧视图)

层与外界是联通的。但在本书的防隔热实验中，试件的四周侧边被绝热框架所包围而被封闭，试件内部的空气与外界无法发生热交换。类比蜂窝夹芯板，本书的数值模拟中只考虑导热和空腔辐射两种传热方式。其中导热可以通过三维瞬态傅里叶导热方程计算，如式(9.24)所示。

$$\rho_s c \cdot \frac{\partial T}{\partial \tau} = \frac{\partial}{\partial x}\left(\lambda_s \frac{\partial T}{\partial x}\right) + \frac{\partial}{\partial y}\left(\lambda_s \frac{\partial T}{\partial y}\right) + \frac{\partial}{\partial z}\left(\lambda_s \frac{\partial T}{\partial z}\right) \tag{9.24}$$

式中，T 为温度；ρ_s 为材料密度；λ_s 为材料热导率；c 为比热容。对于空腔辐射，其辐射热流密度可通过式(9.25)计算。

$$q_i^r = \xi \cdot \varepsilon_i \sum_{j=1}^{N} \varepsilon_j \sum_{k=1}^{N} F_{ik} C_{kj}^{-1} \left[\left(T_j - T_z\right)^4 - \left(T_i - T_z\right)^4\right] \tag{9.25}$$

式中，ε_i、ε_j 和 T_i、T_j 在数值模拟中分别为单元 i 和 j 表面的表面发射率和温度；ξ 为玻尔兹曼常量；T_z 为热力学零度；F_{ik} 为辐射角系数；C_{kj} 为反射矩阵，其计算式为

$$C_{kj} = \delta_{kj} - \left(1 - \varepsilon_i\right)F_{kj} \tag{9.26}$$

试件四周边界被绝热框架包围，在模型中用绝热边界模拟。模型的前表面施加实验测得的前表面温度加载曲线。试件后表面通过热辐射和自然对流与环境发生热交换。其中热辐射导致的热流可以用式(9.27)计算。

$$q_{\mathrm{rad}} = \varepsilon\xi\left(T_{\mathrm{b}}^4 - T_{\mathrm{a}}^4\right) \tag{9.27}$$

式中，T_a、T_b 分别为环境温度和后表面温度，环境温度在模型中被取为 $T_a = 30℃$；ε 为后表面材料发射率或称发射系数。研究表明，C/SiC 陶瓷基复合材料的表面发射系数与材料工艺及表面几何形态相关，在本书的数值计算中，对式(9.25)和式(9.27)中的表面发射率统一取为 0.85。对流换热采用牛顿冷却定理(9.28)计算。

$$q_{\mathrm{conv}} = h_{\mathrm{s}} \cdot \left(T_{\mathrm{b}} - T_{\mathrm{a}}\right) \tag{9.28}$$

式中，对流换热系数 h_s 采用经典无限大垂直平板对流换热式(9.29)计算。

$$h_{\mathrm{s}} = \frac{K}{L}\left\{0.825 + \frac{0.387Re_{\mathrm{L}}}{[1 + (0.492/Pr)^{9/16}]^{8/27}}\right\}^2 \tag{9.29}$$

其中，K 为固体表面的热导率；L 为固体的几何特征参数；Re_L 为雷诺数；Pr 为普朗特数。

C/SiC 陶瓷基复合材料的热物理参数见表 9.9。

表 9.9　C/SiC 陶瓷基复合材料热物理参数

温度/℃	热导率 λ_s /(W/(m·℃))	热膨胀系数 α /(10^{-6}/℃)	比热容 c/(J/(kg·℃))	表面发射系数 ε	密度 ρ_s /(kg/m³)
20	9.3	0.38			
300	6.4	3.09			
600	5.2	3.72			
900	4.8	3.41	1420.0	0.85	2100
1000	4.7	4.33			
1100	4.6	4.49			
1200	4.5	3.91			

9.4.3　数值模拟

图 9.32 给出了试件前后表面各个测量点温度随加载时间的变化曲线。实验中前表面测量点 1 的温度值与预先设定的温度曲线相差很小，表明整个实验系统具有较高精度的温度加载控制，实现了预定的模拟气动加热的升温速率和目标温度。

试件后表面测点 2～7 的温度值从室温(大致在 28.5～29.2℃附近)随加载过

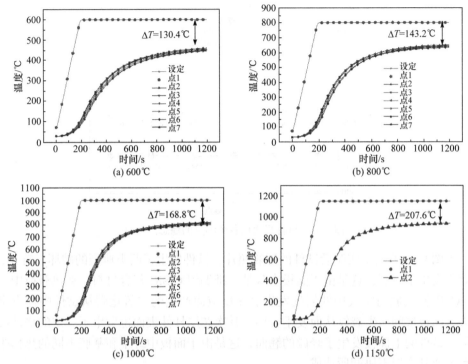

图 9.32　四种目标温度下试件前后表面各个测点的温度曲线

程而逐渐上升。在加载的初始 200s 阶段内，后表面升温过程相对于前表面加载滞后，升温速率较为缓慢。这是由于四棱锥点阵夹芯板芯层的多孔细观结构和相对较小的热导率(C/SiC 陶瓷基复合材料典型值为 9.3W/(m·℃)，铜的热导率为 398W/(m·℃))，使沿试件厚度方向的热扩散系数相对较小。经过这一阶段之后，后表面的升温速率增加，温度快速上升。约在 600s，后表面的升温速率又放缓并逐渐随着加载时间到而趋于稳态。试件前后表面的相对温差 $\Delta T = T_f - T_b$ 标注在图 9.32 中，T_f、T_b 分别为测点 1、2 的稳态温度值。随目标温度从 600℃增大到 1150℃，温差值 ΔT 从 130.4℃增大到 207.6℃。后表面各个测点的稳态温度值汇总于图 9.33 中，在 600℃加载下，各点最大温差为 13.0℃，在 800℃条件下，最大温差为 18.0℃，在 1000℃条件下，最大温差为 18.5℃。相较于试件的目标温度和后表面温度，测点的温差相对很低，这是由于稳态时，试件的后面板的面内导热使得温度场趋于均匀。另一方面，在所有的数据中，测点 2(其位置在"芯层杆件与面板的连接处")的温度最高，而测点 3～6(其位置在"胞元中心")的温度都小于测点 2，测点 7 的温度最低，因为它远离试件中心并靠近试件边缘，边缘的热损耗对其影响最显著。

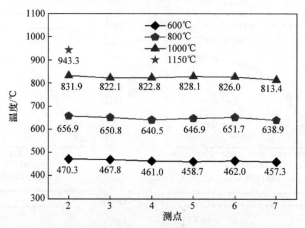

图 9.33　试件后表面各个测点的稳态温度值

　　图 9.34 给出了实验后试件的形貌照片，试件发生了两类典型的破坏。首先，面板发生了分层，这是由于面板本身是二维编织 C/SiC 复合材料，在热载荷中，SiC 陶瓷基底与空气中的氧气发生氧化反应而产生的二氧化碳从试件中挥发出去，面板层间萌生裂纹从而发生分层。其次芯层杆件表面也发生了一定的烧蚀破坏。试件的上面板发生了轻微的翘曲，这是由于面板中纤维和基底不同的热膨胀系数使其变形不协调所造成。

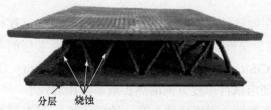

图 9.34　实验后的试件形貌：试件发生了面板分层和芯层杆件烧蚀破坏

　　为表征 C/SiC 陶瓷基复合材料四棱锥点阵夹芯结构的隔热效果，定义隔热效率如下：

$$\varphi = \frac{T_f(\tau) - T_b(\tau)}{T_f(\tau)} \times 100\% \tag{9.30}$$

式中，T_f 为前表面测点 1 的温度值；T_b 取为后表面测点 2 的温度值。图 9.35 给出了隔热效率随加载时间的变化曲线。在加载过程中，C/SiC 陶瓷基复合材料四棱锥点阵夹芯结构的隔热效率随时间不断变化，存在一个峰值约为 90%，出现在 150s 附近。这段时间内，前表面加载温度急剧上升，但由于试件热扩散率的限制，后表面温度的升高存在热滞后，从而出现了较大的温差和隔热效率。当温度加载继续，后表面的温度逐渐升高到达到稳态，隔热效率也随之减小，其数值大致为

16.8%～21.7%。上述结果表明，作为飞行器的热防护系统，在短时间内，如约为 150s 的服役时间，C/SiC 点阵夹芯板既能够承受高达 1600℃温度，又具有 90% 的隔热效率。然而对于长时间的服役要求，单纯依靠 C/SiC 陶瓷基复合材料四棱锥点阵夹芯结构无法达到隔热的要求。但考虑到 C/SiC 陶瓷基复合材料四棱锥点阵夹芯结构中存在的间隙，填充耐高温隔热纤维将有可能实现更高的稳态隔热效率。

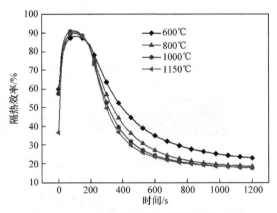

图 9.35　C/SiC 高温点阵夹芯板的隔热效率

图 9.36 给出了数值模拟目标温度为 600℃下稳态时整体和后表面的温度场分布。由于点阵芯层杆件的周期分布，后表面的温度也具有一定的周期性。中心测点 2 所在的位置温度值最大，与实验结果吻合。图 9.37 给出了数值模拟后表面测点所在位置温度随时间的变化曲线。由于实验和数值模拟中，后表面多个测量点的温度值相差较小，为了图中能够较为清晰地分辨，仅选取了测点 2、3、7 的实验值和数值模拟结果进行对比。由于在数值模拟中仅考虑了导热和空腔热辐射，使得各个测点的数值模拟温度都小于实验测量值。图 9.38 进一步给出了四种加载温度下后表面测点 2 的实验和数值模拟的温度曲线，结果表明数值模拟的温度值偏小。

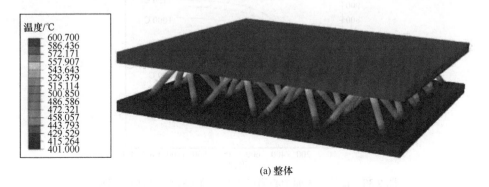

(a) 整体

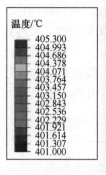

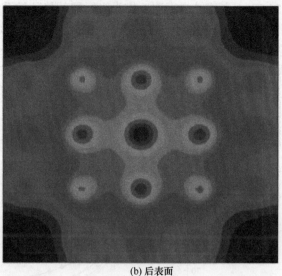

(b) 后表面

图 9.36 整体温度场分布和后表面温度场分布(试件前表面加载目标温度为 600℃)

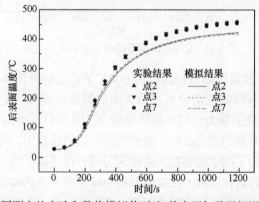

图 9.37 不同测点的实验和数值模拟值对比(前表面加载目标温度为 600℃)

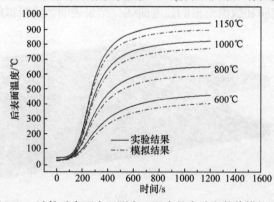

图 9.38 试件后表面中心测点 2 温度的实验和数值模拟对比

实验中的总热流密度 q_{exp} 可以由式(9.31)表示。

$$q_{\text{exp}} = q_{\text{c,s}} + q_{\text{c,gas}} + q_{\text{r}} + q_{\text{conv}} \tag{9.31}$$

它包含了组分材料的导热热流密度 $q_{\text{c,s}}$，内部空气导热热流密度 $q_{\text{c,gas}}$，空腔辐射热流密度 q_{r} 以及内部空气对流热流密度 q_{conv}。数值模拟的总热流密度 q_{sim} 只包含导热热流密度 $q_{\text{c,s}}$ 和空腔辐射热流密度 q_{r}，如式(9.32)所示。

$$q_{\text{sim}} = q_{\text{c,s}} + q_{\text{r}} \tag{9.32}$$

上述四种热流密度的幅值可以用式(9.33)~式(9.36)进行估计：

$$q_{\text{c,s}} \sim \lambda_{\text{s}} \cdot \left(T_{\text{f}} - T_{\text{b}}\right) \tag{9.33}$$

$$q_{\text{c,gas}} \sim \lambda_{\text{gas}} \cdot \left(T_{\text{f}} - T_{\text{b}}\right) \tag{9.34}$$

$$q_{\text{conv}} \sim h \cdot \left(T_{\text{f}} - T_{\text{b}}\right) \tag{9.35}$$

$$q_{\text{r}} \sim \frac{\sigma \cdot \varepsilon}{2 - \varepsilon} \cdot \left(T_{\text{f}}^4 - T_{\text{b}}^4\right) = r \cdot \left(T_{\text{f}} - T_{\text{b}}\right) \tag{9.36}$$

式(9.36)中的 r 由式(9.37)计算：

$$r = \frac{\sigma \cdot \varepsilon}{2 - \varepsilon} \cdot \left(T_{\text{f}}^3 + T_{\text{b}}^3\right) \tag{9.37}$$

由于 r 是前后表面温度的三次方函数，随目标温度 T_{f} 的增加，r 以三次方函数快速增加，因而空腔辐射热流密度也快速增加。以数值模拟中的空腔辐射热流密度 q_{r} 为例，式(9.38)定义 φ 为数值模拟中 q_{r} 在 q_{sim} 的百分比。

$$\varphi = \frac{q_{\text{r}}}{q_{\text{sim}}} \times 100\% \tag{9.38}$$

图 9.39 表明，φ 随目标温度快速增大，当目标温度为 1150℃时，φ 达到了 0.93，表明 q_{r} 是组成 q_{sim} 的绝大部分。

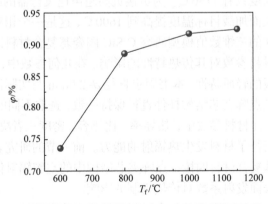

图 9.39　数值模拟中辐射热流密度 q_{r} 在总热流密度中的比值

实验与数值模拟的热流密度相对误差绝对值可以由式(9.39)计算。

$$\left|\frac{q_{\text{sim}} - q_{\text{exp}}}{q_{\text{exp}}}\right| = \frac{q_{\text{c,gas}} + a_{\text{conv}}}{q_{\text{c,s}} + q_{\text{c,gas}} + q_{\text{r}} + q_{\text{conv}}} \sim \frac{\lambda_{\text{gas}} + h}{\lambda_{\text{s}} + \lambda_{\text{gas}} + r + h} \tag{9.39}$$

式中，λ_{s}、λ_{gas} 和 h 分别为组分材料热导率、空气热导率和对流换热系数，它们仅随温度有小幅度变化。式(9.39)分母中的 r 随目标温度而三次方增加，q_{r} 组成了实验和数值模拟中热流密度的绝大部分，因此将导致 q_{exp} 与 q_{sim} 的相对误差随之减小。在 600℃时，相对误差为 12.0%，而随前表面的目标温度升高，相对误差随之减小。当目标温度为 1150℃，误差减小到 5%。

上述误差分析表明，当试件加载的目标温度较低时，数值模型忽略了试件内部的空气导热和对流换热，因而对后表面的温度模拟会引入一定的计算误差而导致温度值小于实验结果。表 9.10 中列出了试件后表面测温点 2 的温度以及实验与数值计算的相对误差，同样发现实验测量值与数值计算值有以上趋势。但当目标温度较高，如高于 1150℃，本书建立的包含组分材料导热和空腔辐射两种主导传热方式的三维数值模型能够很好地模拟试件后表面的温度场，并将相对误差控制在 5%以内。

表 9.10　试件后表面测点 2 温度：实验与数值计算的相对误差

目标温度/℃	后表面温度(实验测量)/℃	后表面温度(数值计算)/℃	相对误差/%
600	470.3	405.3	12.0
800	656.9	595.0	10.1
1000	831.9	772.2	6.0
1150	943.3	896.1	5.0

9.4.4　分析与讨论

由于实验条件限制，实验测试中 C/SiC 陶瓷基复合材料四棱锥点阵夹芯结构前表面最大加载温度只有 1150℃。为更接近高超声速飞行器的高温环境，本书在数值模拟中将前表面加载目标温度提高到 1600℃，这是一个相对更苛刻的服役条件。本书采用建立的三维数值模型研究 C/SiC 陶瓷基复合材料四棱锥点阵夹芯结构的几何尺寸及材料参数对其传热特性的影响。在几何参数中，杆件的细长比 d/l 表征了点阵夹芯板的轻质特性。本书固定直径 $d=2.0$mm 与实际制备的 C/SiC 陶瓷基复合材料四棱锥点阵夹芯结构杆件直径保持一致，选取不同的 $l=4.0$mm,8.0mm, 13.0mm, 18.5mm。在材料参数中，热导率、比热容、密度三者决定了热扩散系数，而表面发射系数表征了材料发生热辐射的能力。前一节的研究表明，在高温环境下，C/SiC 陶瓷基复合材料四棱锥点阵夹芯结构中的空腔辐射传热起主导作用。因此重点研究了表面发射系数对传热机制的影响。

图 9.40 表明，C/SiC 陶瓷基复合材料四棱锥点阵夹芯结构后表面最大温度出

现的位置随着表面发射系数而变化。最大温度出现两类位置，第 1 类区域：与芯层杆件连接的后面板表面位置，第 2 类区域：后面板胞元中心位置。当表面发射系数较小时，最大温度出现在第 1 类区域，热流从上面板随芯层杆件由材料导热

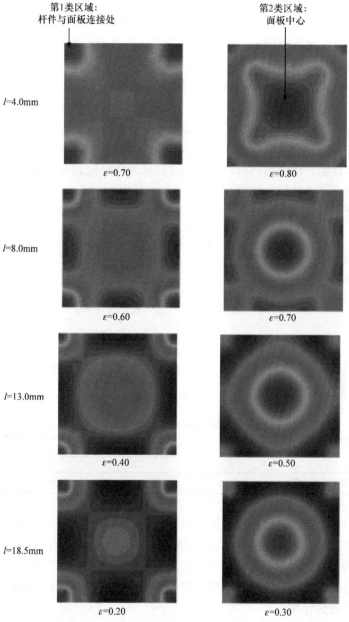

图 9.40　后表面最大温度位置随表面发射率的转变(中心胞元的后表面)

快速传递至此。而当表面发射系数大于某个临界值时，最大温度位置转变到第 2 类区域。第 2 类区域处于芯层杆件胞元中心，受到杆件的遮挡最少，表面发射系数增大致使空腔辐射换热加强，大量热流通过辐射达到此处，温度达到最大。定义最大温度出现在第 1 类区域的温度为 T_1，出现在第 2 类区域的温度为 T_2，T_1-T_2 表征了最大温度出现位置，图 9.41 给出了不同 l 的 T_1-T_2 随表面发射率的变化规律。随着表面发射系数增加，T_1-T_2 由正转负，临界表面发射系数列于表 9.11 中。当 l=18.5mm，d=2.0mm，与实验的试件几何参数一致时，对应的临界表面发射系数为 $\varepsilon_{cr}=0.26$。而 C/SiC 陶瓷基复合材料表面发射系数为 0.85，辐射成为主导传热方式，最大温度出现在第 2 类区域。由于 C/SiC 陶瓷基复合材料四棱锥点阵夹芯结构本身的多孔特性，以及 C/SiC 陶瓷基复合材料较高的表面发射系数，空腔辐射是其主导传热方式。为进一步提高 C/SiC 陶瓷基复合材料四棱锥点阵夹芯结构的防隔热性能，填充隔热材料、表面涂层或改性降低表面发射系数都将是有效降低辐射增强隔热性能的措施。

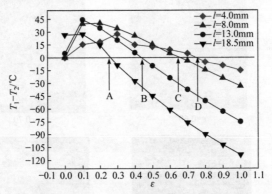

图 9.41　T_1-T_2 随表面发射率变化曲线

表 9.11　四种杆件长度下的临界表面发射率

参数	杆件长度 l/mm			
	4.0	8.0	13.0	18.5
临界表面发射系数 ε_{cr}	0.75	0.65	0.44	0.26

对于耐高温点阵夹芯结构，如高温金属蜂窝夹芯板，沿夹芯板厚度方向的等效热导率表征了夹芯结构的厚度方向的隔热性能。由于夹芯结构芯层非均质的细观几何结构，导致其内部的传热方式较为复杂。本书针对实验测试数据及数值模型计算的结果，从三层夹芯板模型计算得到 C/SiC 陶瓷基复合材料四棱锥点阵夹芯结构的等效热导率。

数值计算得到沿 C/SiC 点阵夹芯板厚度方向(z 方向)的温度分布。图 9.42 给出了目标温度为 600℃时上下面板及芯层杆件的温度分布。两个面板各自两个表面的温度差别仅为 3℃，相较于整体温度非常小。芯层杆件温度沿坐标 z 呈线性变化。基于上述数值结果，上下面板温度沿其厚度方向的变化可忽略，因而上下面板的温度可认为分别等于实验测量得到的加载温度 T_f 和结果温度 T_b，如图 9.43(a) 所示。芯层杆件的温度线性变化，其斜率 $K(T_f)$ 随目标温度而变化的规律为

$$K\left(T_f\right) = 13.4 - 0.014 T_f + 1.28 \times 10^{-5} \left(T_f\right)^2 \tag{9.40}$$

最终本书的 C/SiC 点阵夹芯板试件可以看作三层夹芯板结构，在目标温度为 600～1150℃，各点处温度分布可以用式(9.41)表示。

$$T_z = \begin{cases} T_f & 0 \leqslant z < t \\ T_f - K\left(T_f\right) \cdot (z - t) & t \leqslant z < H - t \\ T_b & H - t \leqslant z < H \end{cases} \tag{9.41}$$

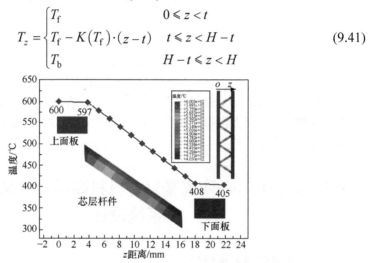

图 9.42　沿 C/SiC 陶瓷基复合材料四棱锥点阵夹芯结构厚度方向的温度场分布(目标温度为 600℃，时刻为 1200s)

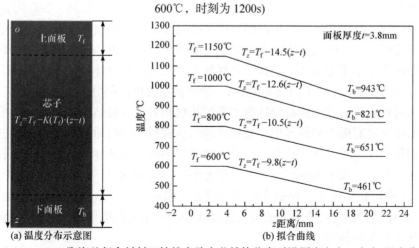

(a) 温度分布示意图　　　　　　(b) 拟合曲线

图 9.43　C/SiC 陶瓷基复合材料四棱锥点阵夹芯结构稳态时沿厚度方向(z 方向)温度分布

(a)温度分布示意图：上面板温度为目标温度 T_f，芯层杆件温度为线性分布，下面板温度为结果温度 T_b；(b)对实验测量得到温度场的拟合曲线

由于芯层温度线性分布，其斜率 $K = \dfrac{\mathrm{d}T}{\mathrm{d}z}$ 为常值，将其代入稳态的一维傅里叶导热定理则有

$$q = -\lambda_{\mathrm{core}} \cdot \frac{\mathrm{d}T}{\mathrm{d}z} = -\lambda_{\mathrm{core}} \cdot K \tag{9.42}$$

式中，q 为夹芯板沿厚度方向稳态热流密度；λ_{core} 为芯层的等效热导率；K 为芯层杆件温度线性变化斜率。根据式(9.42)可以计算得到芯层的等效热导率：$\lambda_{\mathrm{core}} = -q / K$。根据三层板的串联等效热阻法，可以得到 C/SiC 点阵夹芯板厚度方向的等效热导率计算式：

$$\lambda_{\mathrm{eq}} = \frac{H}{\dfrac{2t}{\lambda_{\mathrm{s}}} + \dfrac{H - 2t}{\lambda_{\mathrm{core}}}} \tag{9.43}$$

代入 C/SiC 陶瓷基复合材料四棱锥点阵夹芯结构的几何尺寸，以及由数值模型计算得到的沿厚度方向热流密度，可以计算得到 C/SiC 陶瓷基复合材料四棱锥点阵夹芯结构的等效热导率。

9.5　基于 C/SiC 陶瓷基复合材料高温点阵结构的热防护系统设计

9.5.1　集成式热防护系统设计

本书研究的 C/SiC 陶瓷基复合材料点阵夹芯结构，组分材料 C/SiC 陶瓷基复合材料相较于高温金属具有更高的服役温度极限；芯层构型相较于波纹结构具有更高的比强度、比刚度，因而有望实现更高服役温度且更加轻质的热防护系统设计。因此本书基于 C/SiC 陶瓷基复合材料点阵夹芯结构设计了填充氧化铝纤维的集成式热防护系统，如图 9.44(a)所示。热防护系统由两部分组成：①C/SiC 陶瓷基复合材料点阵夹芯结构被设计为主要的防热和力学承载结构；②氧化铝纤维在1400℃以下具有极小的热导率，是良好的隔热材料，因此用其填充点阵夹芯板的空隙中作为隔热层。热防护系统设计需要满足多种约束条件，并使热防护系统的质量达到最小。在本书的研究中，主要考虑以下三种约束：

(1) 热防护系统下表面最大温度必须小于限制温度：热防护系统下表面与飞行器的内部结构相连，下表面的最大温度应小于一定的温度极限，如式(9.44)所示，以保证飞行器内部安全。

$$T_{\max} \leqslant T_{\mathrm{limit}} \tag{9.44}$$

(2) 热防护系统中对应破坏模式的极限载荷必须大于外载荷：热防护系统受

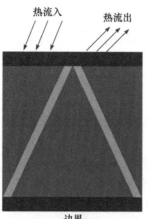
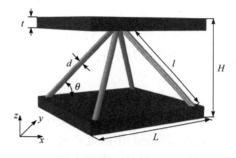

(a) 热防护系统设计　　　　　　　　　　**(b) 几何设计变量**

图 9.44　基于 C/SiC 陶瓷基复合材料点阵夹芯结构填充氧化铝纤维的热防护系统设计(主视图)
　　　以及 C/SiC 陶瓷基复合材料点阵夹芯结构的几何设计变量

到气动压力载荷,相当于对系统施加平压载荷,点阵夹芯板的破坏模式为芯层杆件的弹性屈曲或断裂。因此要求系统在可能的破坏模式下对应的极限载荷大于外载荷,如式(9.45)所示。

$$F_{\text{failure}} \geqslant F_{\text{load}} \tag{9.45}$$

(3) 热防护系统最大应力必须小于材料在对应温度下的屈服极限:热防护系统各个部分受到热载荷以及气动压力载荷作用,高温环境下材料的模量和强度发生衰减,因此应该保证各个部分的最大应力不超过材料的强度而失效,其表达式如下:

$$\sigma_{\text{max}} \leqslant \sigma_{\text{s}} \tag{9.46}$$

热防护系统的最终设计目标为满足上述约束条件下系统的面质量密度最小,其计算式为

$$M_{\text{A}} = \frac{M}{\left(\sqrt{2}l \cdot \cos\theta\right)^2} \tag{9.47}$$

式(9.47)中整个热防护系统的质量为

$$M = (\pi l \cdot d^2 + 4t \cdot l^2 \cos^2\theta) \cdot \rho_{\text{s}} + (2l^3 \cos^3\theta \cdot \sin\theta - \pi l \cdot d^2) \cdot \rho_{\text{f}} \tag{9.48}$$

采用数值模拟方法建立三维数值模型计算热防护系统的温度和应力场。与大部分文献采用壳和梁建立点阵夹芯板的面板和芯层杆件不同,本书对上下面板和芯层杆件都采用三维实体建模,以更精确地计算出系统的温度和应力值。图9.44(b)给出 C/SiC 陶瓷基复合材料点阵夹芯结构的几何参数。独立的几何设计变量包括:上下面板厚度 t,杆件直径 d,长度 l,倾斜角 θ。在高温环境下,C/SiC

陶瓷基复合材料点阵夹芯结构上下面板中的温度沿厚度方向变化较小，面板厚度对系统下表面最大温度影响较小。因此固定上下面板的厚度与实际制备尺寸一致为：$t = 3.8\text{mm}$。综合考虑实际制备工艺选取倾斜角 $\theta = 60°$。最终选取 l 和 d 作为几何设计参数。对不同杆件长度 l，选取对应直径 d，使 C/SiC 陶瓷基复合材料点阵夹芯结构的相对密度保持为 5.67%。最终热防护系统设计问题归结为，针对不同 l 和 d 进行传热分析和应力分析，找到满足所有约束条件且使面质量密度最小的方案。

计算流程如下：

(1) 计算初始化，给定热防护系统各部分初始几何尺寸。

(2) 在系统上表面施加气动热流载荷，传热分析计算系统的温度场分布。

(3) 下表面温度场若不满足要求，则调整几何尺寸重新进行传热分析(2)。

(4) 温度场满足要求，则建立应力场计算模型，对模型导入计算得到的温度场，并在上表面施加气动压力载荷，计算系统的热应力场。

(5) 如果系统的最大热应力超过屈服极限，则调整几何尺寸重复步骤(2)~(4)。

(6) 如果系统的最大热应力小于屈服极限，则计算结束，系统的几何参数可接受，计算系统的面质量密度。

9.5.2　热防护系统的传热特性

本书以飞行器的入射和再入整个过程的典型气动热流载荷对热防护系统进行设计。为与已有的集成式热防护系统对比，本书采用了文献报道的高温金属波纹结构集成式热防护系统采用的气动热流载荷，模拟热流载荷作为入射热流加载在热防护系统的上表面。为了模拟飞行器在着陆之后整个热防护系统的后续传热，本书在入射热流密度加载完毕之后，仍然计算了约 6000s，以评估飞行器着陆之后的热防护系统温度分布。因此最终得到了四个阶段的热流密度载荷，如图 9.45 所示。

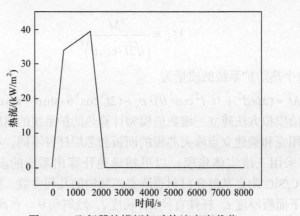

图 9.45　飞行器的模拟气动热流密度载荷

　　氧化铝隔热纤维填充对 C/SiC 陶瓷基复合材料点阵夹芯结构芯层空腔辐射产生遮挡,热防护系统中仅有材料导热传热。考虑材料参数随温度的变化,描述系统的热传导为三维瞬态傅里叶导热定理式(9.24)。系统下表面为绝热边界条件,热量不能通过任何方式耗散,这是一种相对安全的设计。不考虑热防护系统的横向热流,侧边为绝热边界。系统的上表面辐射热流到周围环境中由用式(9.27)描述。整个结构的初始温度为 30℃。

　　一个典型的热防护系统温度分布如图 9.46(a)所示。下表面采用绝热边界条件,使流入的热流无法耗散,热防护系统的温度沿厚度方向由上至下逐渐增加。相较于均质材料,四棱锥点阵构型的夹芯板结构由于具有周期性的芯层杆件排布,其上下面板的温度分布并不均匀,在面板的中心温度最大,四个角点位置温度最小,如图 9.46(c)、(d)所示。

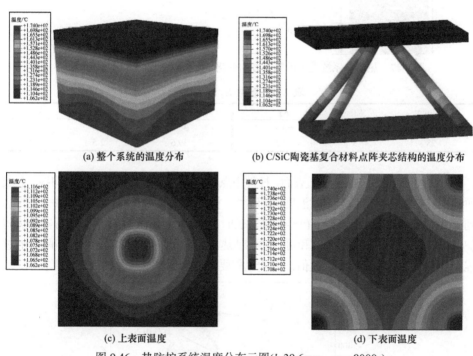

(a) 整个系统的温度分布　　　　　　(b) C/SiC陶瓷基复合材料点阵夹芯结构的温度分布

(c) 上表面温度　　　　　　　　　(d) 下表面温度

图 9.46　热防护系统温度分布云图(l=39.6mm,　τ = 8000s)

　　图 9.47 给出下表面最高温度时刻的 C/SiC 陶瓷基复合材料点阵夹芯结构沿厚度方向的温度分布规律。热防护系统中的 C/SiC 陶瓷基复合材料点阵夹芯结构可当作三层夹芯板来计算其温度。其中,上下面板中的温度梯度非常小,而芯层杆件的温度则可以用二次曲线来描述。整个热防护系统中 C/SiC 陶瓷基复合材料点阵夹芯结构的温度场可以写为式(9.49),其中的参数值 K_1 和 K_2 列于表 9.12。T_f 和 T_b 分别为上下面板的温度。

$$T_z = \begin{cases} T_f & 0 \leqslant z < t \\ T_f + K_1 \cdot (z-t) + K_2 \cdot (z-t)^2 & t \leqslant z < H-t \\ T_b & H-t \leqslant z < H \end{cases} \quad (9.49)$$

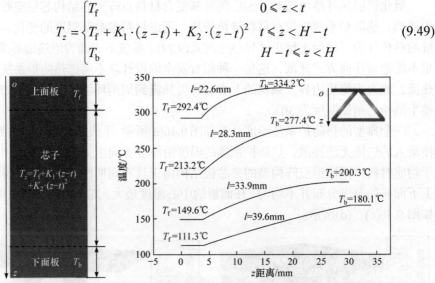

图 9.47　热防护系统温度沿厚度方向变化(时刻为下表面温度达到最高值)

表 9.12　参数 K_1 和 K_2 值

l/mm	K_1	K_2	l/mm	K_1	K_2
22.6	7.1	−0.3	33.9	3.8	−0.07
28.3	7.3	−0.2	39.6	2.5	−0.01

　　图 9.48 给出热防护系统上表面、杆件中点和下表面三个特征点的温度曲线。上表面在入射热流密度达到峰值时温度达到最大。杆件中点温度在入射热流加载完毕时达到最大。下表面温度是飞行器已经着陆较长时间后达到最高。因此对于飞行器的热防护系统设计，不仅要考虑入射和再入的气动热流载荷，而且要考虑飞行器着陆后的过程中下表面温度才能达到最大值，因此也需要将着陆后的这段时间考核计算在内。

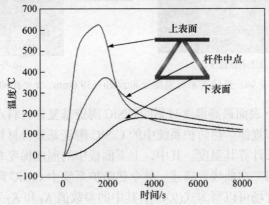

图 9.48　热防护系统中不同位置的温度曲线(l=39.6mm)

　　图 9.49 给出下表面温度曲线。当 l 较小时，峰值温度较大，峰值温度出现的时间也更早。下表面温度是在上表面加载的热流流过整个系统厚度方向时产生。系统内部几何细观结构对整个传热过程产生较为显著的影响，导致上述不同几何参数下表面温度的差异。l 减小导致整个热防护系统的等效热导率增大，使上表面的入射热流以更快的速度流向热防护系统的下表面，因而下表面达到峰值温度的时间更早。另一方面，由于 l 减小，系统的体积减小，填充的隔热材料相应减少，使存储在整个系统中的热量减少，达到下表面的热量更多温度更高。对于 l =33.9mm、39.6mm 两种几何尺寸，其最大温度分别不超过 200℃和 180℃，具有较好的热防护效果。

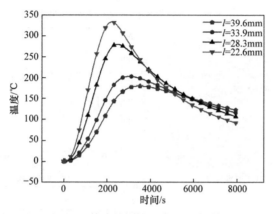

图 9.49　热防护系统下表面温度曲线

9.5.3　热防护系统的力学性能

　　选取典型的飞行器入射和再入过程中的模拟气动压力载荷曲线如图 9.50 所示。C/SiC 陶瓷基复合材料点阵夹芯结构发生杆件弹性屈曲时，较大的屈曲变形会导致热防护系统外表面发生较大的变形而影响飞行器的气动外形，因此本书设计其细长比(d/l)，使相对密度大于临界值而以杆件断裂为破坏模式。约束条件式(9.44)和式(9.45)最终归结为求解系统中的最大应力，使其满足式(9.46)。将气动压力载荷加载到热防护系统上表面，并将传热分析得到温度场导入计算模型中。热防护系统覆盖在飞行器外表面并紧密连接，同时受到周围安装框架的约束，因此约束了热防护系统侧面所有面内位移和转动自由度，同时底面被完全固定。

　　图 9.51(a)～(c)给出了热防护系统的应力云图。上下面板最大应力出现在面板与杆件的连接处。芯层杆件应力沿杆件从上至下逐渐增大，在杆件内侧与下面板连接处达到最大。由于杆件和面板连接处几何结构较为复杂，杆件与面板之间的变形不协调，致使此处应力达到最大。图 9.51(d)～(f)给出基于最大应力强度准则的强度校核。当 l =22.6mm 时，热防护系统上面板和芯层杆件中的应力分别达到了 482MPa 和 381MPa，超过了 C/SiC 的强度，此时上面板和芯层杆件已经发生破

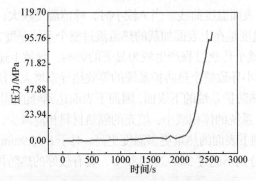

图 9.50　飞行器模拟气动压力载荷曲线

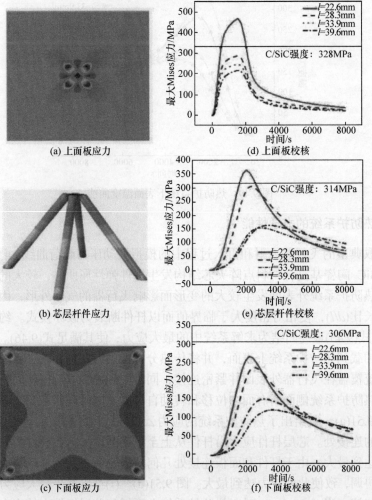

(a) 上面板应力

(b) 芯层杆件应力

(c) 下面板应力

(d) 上面板校核

(e) 芯层杆件校核

(f) 下面板校核

图 9.51　上面板、芯层杆件和下面板的应力分布以及热防护系统基于最大应力强度准则的强度校核

坏，不符合设计的强度要求。而其他几何尺寸的最大的应力水平没有超过 C/SiC 对应温度下的强度而满足承载要求。

表 9.13 给出了满足一定温度限制和承载约束下基于 C/SiC 陶瓷基复合材料高温点阵结构的热防护系统与文献报道的波纹结构热防护系统对比。在下表面温度为 200℃和 180℃的限制下，本书的热防护设计系统面密度相较于波纹结构热防护系统分别减轻 35.9%和 38.5%。因此设计的集成式热防护系统具有更高的服役温度极限和更小的面密度，是一种具有应用前景的热防护系统。

表 9.13　基于 C/SiC 陶瓷基复合材料高温点阵结构的热防护系统与波纹结构热防护系统对比

l/mm	d/mm	最大温度/℃	面密度/(kg/m²)	波纹结构面密度/(kg/m²)	减重百分比/%
28.3	2.5	285.0	34.6	—	—
33.9	3.0	200.0	39.1	61.0	35.9
39.6	3.5	180.0	43.6	70.8	38 5

9.6　本 章 小 结

点阵材料因具有比传统材料更高的比强度、比刚度而成为近年来广泛研究的热点材料。点阵材料在航空航天、建筑、交通、国防等领域得到了广泛的应用。近年来，随着航空航天领域的深入研究，点阵材料在温度变化以及在高温环境的应用需求和问题日益突出。材料和结构的热变形控制，尤其是具有零热膨胀系数的材料设计是工程应用中的重要问题。另一方面，适用于高温环境应用的点材料设计、制备及性能表征将有益于实现航空航天热结构的轻量化设计，实现更大的有效载荷设计。然而目前点阵材料主要集中在室温环境下的研究，尚无点阵在高温环境下的设计、制备和相关性能的研究。本书针对点阵材料在温度变化和高温环境中的应用背景，从理论设计、制备工艺到实验性能测试系统研究了点阵材料的热膨胀系数设计及高温点阵材料的设计、制备及高温力学、防隔热性能。

采用凝胶注模法一体化制备了高温陶瓷波纹结构。高温陶瓷波纹结构在室温/高温下比文献报道的碳纤维复合材料波纹结构具有更高的比强度。提出了 C/SiC 四棱锥高温点阵设计，建立的数值模型能很好地捕捉 C/SiC 陶瓷基复合材料点阵结构在高温力学性能试验中的破坏模式。对比了高温陶瓷点阵结构和 C/SiC 陶瓷基复合材料点阵结构，结果表明，C/SiC 陶瓷基复合材料点阵结构具有更高的服役温度、比强度、比刚度和比弯曲强度，是一种具有较好应用前景的高温点阵材料。

从实验和数值模拟两方面开展了 C/SiC 陶瓷基复合材料点阵结构在 1150℃

气动加热环境下的防隔热性能研究。从实验角度测试的 C/SiC 陶瓷基复合材料点阵结构的瞬态隔热效率最高为 90%，而稳态的隔热效率约为 20%。建立的数值传热模型能够准确地模拟 C/SiC 陶瓷基复合材料点阵结构的传热过程，并揭示出高温下 C/SiC 陶瓷基复合材料点阵结构的主导传热机制为芯层中的空腔辐射换热。设计了填充隔热纤维的轻质-承载-防隔热一体化 C/SiC 高温点阵集成式热防护系统，并给出了热防护系统的防隔热性能指标。结果表明，本书设计的热防护系统面质量密度小于文献报道的镍基高温金属波纹结构热防护系统，具有较好的应用前景。

值得指出的是，本书的研究还存在一些问题需要进一步研究和完善。由于高温力学性能试验的成本问题，本书只研究了几个温度点和几种几何尺寸下高温点阵的力学性能，为全面地给出高温点阵的力学性能评价，需要进一步完善实验数据，得到高温点阵在高温下的力学性能变化规律。本书给出的集成式热防护系统具有较好的防隔热和承载性能，后续需要进一步实际制备热防护系统，开展高温下的力学和防热性能测试，以验证本书的设计。

参 考 文 献

陈立明, 戴政, 谷宇, 等. 2011. 轻质多层热防护结构的一体化优化设计研究. 力学学报, 43(2): 289-295.

崔尔杰. 2009. 近空间飞行器研究发展现状及关键技术问题. 力学进展, 39(6): 658-672.

范华林, 杨卫. 2007. 轻质高强点阵材料及其力学性能研究进展. 力学进展, 37 (1): 99-112.

方岱宁, 裴永茂, 曾涛, 等. 2012. 轻质点阵复合材料与结构设计、制备与表征. 第十四届中国科协年会第 11 分会场: 低成本、高性能复合材料发展论坛, 石家庄.

韩杰才, 梁军, 王超, 等. 2009. 高超声速飞行器两类典型防热材料的性能表征与评价. 力学进展, 39(6): 695-715.

卢天健, 何德坪, 陈常青, 等. 2006. 超轻多孔金属材料的多功能特性及应用. 力学进展, 36(4): 517-535.

裴雨辰, 李文静, 张凡, 等. 2012. 刚性陶瓷隔热瓦研究现状及启示. 飞航导弹, 3: 93-96.

王琪, 吉庭武, 谢公南, 等. 2013. 轻质热防护系统波纹夹芯结构热力耦合分析. 应用数学和力学, 34 (2):172-182.

王振国, 梁剑寒, 丁猛, 等. 2009. 高超声速飞行器动力系统研究进展. 力学进展, 39(6): 716-739.

吴大方, 赵寿根, 潘兵, 等. 2013. 高速飞行器中空翼结构高温热振动特性试验研究. 力学学报, 45(4): 598-605.

吴大方, 郑力铭, 潘兵, 等. 2012. 非线性热环境下高温合金蜂窝板隔热性能研究. 力学学报, 44(2): 297-307.

吴林志, 熊健, 马力, 等. 2012. 新型复合材料点阵结构的研究进展. 力学进展, 42(1): 41-67.

解维华, 霍施宇, 杨强, 等. 2013. 新型一体化热防护系统热力分析与试验研究. 航空学报, 34: 1-8.

谢宗蕻, 孙俊峰. 2013. 高超声速飞行器翼面前缘半主动金属热防护系统设计与分析. 航天器环境工程, 30(1): 1-7.

杨亚政, 杨嘉陵, 方岱宁. 2008. 高超声速飞行器热防护材料与结构的研究进展. 应用数学和力学, 29(1): 47-56.

余艳辉, 李书, 王远达. 2013. 热环境下的金属热防护系统的动力学特性研究. 振动、测试与诊断, 33(S1): 171-175.

Bapanapalli S K, Martinez O M, Gogu C, et al. 2006. Analysis and design of corrugated-core sandwich panels for thermal protection systems of space vehicles. AIAA, 47: 1-18.

Sohrab S, Schneider C, Zenkert D, et al. 2016. Bending energy absorption of self-reinforced poly(ethylene terephthalate) composite sandwich beams. Composite Structures, 140: 582-589.

Xiong J, Ma L, Wu L, et al. 2010. Fabrication and crushing behavior of low density carbon fiber composite pyramidal truss structures. Composite Structures, 92: 2695-2702.

[续表] 30.1.1-5.

陈东伟, 陈丽华, 刘宝生. 2008. 基于LS-DYNA的泡沫铝夹芯结构抗爆性能数值模拟. 材料科学与工程学报, 2011: 47-56.

宋波涛, 李明, 王鑫伟. 2013. 点阵夹芯结构的制备方法及其力学性能研究进展. 航空材料学报, 33(5): 173-175.

Bapanapalli SS, Martinez OM, Gogu C, et al. 2006. Analysis and design of corrugated-core sandwich panels for thermal protection systems of space vehicles. AIAA, 42, 1-18.

Schrodt S, Schneider C, Zenkert D, et al. 2016. Bending energy absorption of self-reinforced polyethylene terephthalate (composite) sandwich beams. Composite Structures, 140: 582-589.

Xiong J, Ma L, Wu L, et al. 2010. Fabrication and crushing behavior of low density carbon fiber composite pyramidal truss structures. Composite Structures, 92: 2695-2702.